中 国 国 家 标 准 汇 编

2014 年修订-22

中国标准出版社　编

中国标准出版社

北　京

图书在版编目(CIP)数据

中国国家标准汇编:2014年修订.22/中国标准出版社编.—北京:中国标准出版社,2015.11
ISBN 978-7-5066-7958-9

Ⅰ.①中… Ⅱ.①中… Ⅲ.①国家标准-汇编-中国-2014 Ⅳ.①T-652.1

中国版本图书馆CIP数据核字(2015)第179920号

中国标准出版社出版发行
北京市朝阳区和平里西街甲2号(100029)
北京市西城区三里河北街16号(100045)

网址 www.spc.net.cn
总编室:(010)68533533 发行中心:(010)51780238
读者服务部:(010)68523946

中国标准出版社秦皇岛印刷厂印刷
各地新华书店经销

*

开本 880×1230 1/16 印张 32.25 字数 1 006 千字
2015年11月第一版 2015年11月第一次印刷

*

定价 220.00 元

出 版 说 明

1.《中国国家标准汇编》是一部大型综合性国家标准全集。自 1983 年起，按国家标准顺序号以精装本、平装本两种装帧形式陆续分册汇编出版。它在一定程度上反映了我国建国以来标准化事业发展的基本情况和主要成就，是各级标准化管理机构，工矿企事业单位，农林牧副渔系统，科研、设计、教学等部门必不可少的工具书。

2.《中国国家标准汇编》收入我国每年正式发布的全部国家标准，分为"制定"卷和"修订"卷两种编辑版本。

"制定"卷收入上一年度我国发布的、新制定的国家标准，顺延前年度标准编号分成若干分册，封面和书脊上注明"20××年制定"字样及分册号，分册号一直连续。各分册中的标准是按照标准编号顺序连续排列的，如有标准顺序号缺号的，除特殊情况注明外，暂为空号。

"修订"卷收入上一年度我国发布的、被修订的国家标准，视篇幅分设若干分册，但与"制定"卷分册号无关联，仅在封面和书脊上注明"20××年修订-1，-2，-3，……"字样。"修订"卷各分册中的标准，仍按标准编号顺序排列(但不连续)；如有遗漏的，均在当年最后一分册中补齐。需提请读者注意的是，个别非顺延前年度标准编号的新制定的国家标准没有收入在"制定"卷中，而是收入在"修订"卷中。

读者配套购买《中国国家标准汇编》"制定"卷和"修订"卷则可收齐由我社出版的上一年度我国制定和修订的全部国家标准。

3. 由于读者需求的变化，自 1996 年起，《中国国家标准汇编》仅出版精装本。

4. 2014 年我国制修订国家标准共 1 611 项。本分册为"2014 年修订-22"，收入新制修订的国家标准 27 项。

中国标准出版社

2015 年 8 月

目　　录

ICS 65.060.80
B 95

中华人民共和国国家标准

GB 19725.1—2014/ISO 11806-1:2011
代替 GB 19725—2005

农林机械 便携式割灌机和割草机安全要求和试验 第1部分:侧挂式动力机械

Agricultural and forestry machinery—Safety requirements and testing for portable, hand-held, powered brush-cutters and grass-trimmers—Part 1: Machines fitted with an integral combustion engine

(ISO 11806-1:2011, IDT)

2014-09-03 发布 2015-10-01 实施

中华人民共和国国家质量监督检验检疫总局
中国国家标准化管理委员会 发布

前　　言

GB 19725 的本部分的第 4 章和第 5 章为强制性的，其余为推荐性的。

GB 19725《农林机械　便携式割灌机和割草机安全要求和试验》分为以下两个部分：

——第 1 部分：侧挂式动力机械；

——第 2 部分：背负式动力机械。

本部分为 GB 19725 的第 1 部分。

本部分按照 GB/T 1.1—2009 给出的规则起草。

本部分代替 GB 19725—2005《林业机械　便携式割灌机和割草机　安全要求》。

本部分与 GB 19725—2005 相比，主要技术变化如下：

——修改了标准的中英文名称，为了保证与国际标准的一致性，将名称由“林业机械　便携式割灌机和割草机　安全要求”改为“农林机械　便携式割灌机和割草机安全要求和试验　第 1 部分：侧挂式动力机械”，英文名称修改为“Agricultural and forestry machinery—Safety requirements and testing for portable, hand-held, powered brush-cutters and grass-trimmers—Part 1: Machines fitted with an integral combustion engine”；

——修改了范围的内容，本部分涉及的危害变为“本部分涉及了在正常使用以及合理的、生产厂家可预见的误用整机时所有与整机相关的严重危险、危险情况及严重危害事件”；

——修改了“规范性引文文件”的内容；

——删除了原标准“术语和定义”中的所有术语及其定义，增加了“整机”的术语和定义，并修改了割灌机和割草机的图例内容（见第 3 章，2005 年版第 3 章）；

——修改了“安全要求”中“通则”的内容，增加了对安全距离、随机提供特殊工具等的要求（见 4.1，2005 年版 4.1）；

——增加了“手把距离（l）示例”图示（见图 3）；

——将原标准中的“挡把”修改为“挡把及到切割附件的距离（只适用于割灌机）”，增加了挡把到切割附件的距离的要求（见 4.3，2005 年版 4.6）；

——修改了“背带”的安全要求，增加了对快速释放机构的要求（见 4.4，2005 年版 4.10）；

——修改了“切割附件强度”的检验中对转速的要求（见 4.6，2005 年版 4.12）；

——“切割附件的固定”中增加了对金属切割附件的安装要求（见 4.7，2005 年版 4.13）；

——“切割附件安全罩”中增加了对移除安全罩时的要求（见 4.8，2005 年版 4.14）；

——增加了“运输护罩”、“柔性切割绳的长度”的要求及检验的内容（见 4.9、4.10）；

——将“启动装置”修改为“发动机起动装置”，并修改其内容（见 4.11，2005 年版 4.18）；

——修改了“油门控制”的要求，增加了手把握持部位的定义，增加了对切割附件为绳式及绕轴旋转的非金属刀片的割草机的要求以及绳式及绕轴旋转的非金属刀片的动能计算方法（见 4.13，2005 年版 4.7）；

——增加了停机开关应安装在低电压回路中的要求（见 4.16）；

——修改了“高温部件的防护”中对需要进行防护的部位的规定，增加了可接触部位以及防护罩和防护板表面温度要求，并对应给出了表面温度的测量方法（见 4.17，2005 年版 4.17）；

——删除了对机器的振动限值，并修改了振动的测量方法（见 4.19，2005 年版 4.2）；

——删除了对机器的噪声限值，并修改了噪声的测量方法（见 4.20，2005 年版 4.3）；

——增加了“电磁兼容”的要求和检验方法的内容（见 4.21）；

——删除了“吊挂点距切割附件的距离”的要求(见2005年版4.15);

——删除了第5章“各项安全要求的检验”的内容,并在文本中每一条安全要求后,增加其对应的检验方法的内容(见第4章,2005年版第5章);

——修改了“使用说明书”中“技术参数”的内容(见5.1.2,2005年版6.2);

——将“使用说明书”中的“操作手册”改为“其他信息”,并修改了其内容(见5.1.3,2005年版6.3);

——修改了“标志”的内容,并增加了标签的试验要求(见5.2,2005年版6.4);

——增加了“警告”的内容(见5.3);

——增加了“标签试验”的内容(见5.4);

——将原附录A改为附录C,并修改了其内容(见附录C,2005年版附录A);

——将原附录B改为附录A,并修改了其内容(见附录A,2005年版附录B);

——将原附录C改为附录B,并修改了其内容(见附录B,2005年版附录C);

——删除了原标准中“附录D(规范性附录)尺寸”的内容;

——增加了“参考文献”的内容。

本部分使用翻译法等同采用ISO 11806-1:2011《农林机械　便携式割灌机和割草机安全要求和试验　第1部分:侧挂式动力机械》。

与本部分中规范性引用国际文件有一致性对应关系的我国文件如下:

——GB/T 5390—2013　林业及园林机械　以内燃机为动力的便携式手持操作机械噪声测定规范　工程法(2级精度)(ISO 22868:2011,IDT);

——GB/T 5395—2014　林业及园林机械　以内燃机为动力的便携式手持操作机械振动测定规范　手把振动(ISO 22867:2011,IDT);

——GB/T 18961—2012　林业机械　便携式割灌机和割草机　词汇(ISO 7112:2008,IDT);

——LY/T 1036—2000　便携式割灌机和割草机　切割附件安全罩　尺寸(eqv ISO 7918:1995);

——LY/T 1349—2000　便携式割灌机和割草机　切割附件安全罩　强度(eqv ISO 8380:1993)。

本部分由国家林业局提出。

本部分由全国林业机械标准化技术委员会(SAC/TC 61)归口。

本部分负责起草单位:山东华盛中天机械集团股份有限公司。

本部分参加起草单位:浙江宇森百联工具有限公司、永康市威力园林机械有限公司、国家林业局哈尔滨林业机械研究所。

本部分主要起草人:邵逸群、郭丽、郭凤江、赵政、胡永进、唐恩常、李峰、王振东、李应珍。

本部分于2005年4月第一次发布,本次为第一次修订。

农林机械　便携式割灌机和割草机安全要求和试验　第1部分：侧挂式动力机械

1　范围

GB 19725 的本部分规定了以内燃机为动力并将机械动力传递至切割附件的便携式侧挂动力割灌机和割草机（以下简称整机）的设计、结构和使用方面的安全要求及其试验方法。本部分提出了消除或减少在使用割灌机和割草机过程中所产生的各种危害的方法，规定了由生产厂商提供的有关安全操作方面资料的要求。

本部分涉及了在正常使用以及合理的、生产厂家可预见的误用整机时所有与整机相关的严重危险、危险情况及严重危害事件。

本部分不适用于装备有非整体金属切割附件的整机，例如甩链或甩刀刀片。

注：严重危害一览表参见附录C。

本部分适用于在其颁布实施后生产的便携式侧挂动力割灌机和割草机。

2　规范性引用文件

下列文件对于本文件的应用是必不可少的。凡是注日期的引用文件，仅注日期的版本适用于本文件。凡是不注日期的引用文件，其最新版本（包括所有的修改单）适用于本文件。

GB 3883.1—2008　手持式电动工具的安全　第一部分：通用要求(IEC 60745-1：2006，IDT)

GB/T 21398—2008　农林机械　电磁兼容性　试验方法和验收规则(ISO 14982:1998,IDT)

GB 23821—2009　机械安全　防止上下肢触及危险区的安全距离(ISO 13857:2008，IDT)

LY/T 1035—2001　便携式割灌机　切割附件　单片金属刀片(idt ISO 7113:1999)

ISO 683-9:1988　热处理钢、合金钢和易切削钢　第9部分：锻造易切削钢(Heat-treatable steel, alloy steels and free-cutting steels—Part 9: Wrought free-cutting steels)

ISO 7112　林业机械　便携式割灌机和割草机　词汇(Machinery for forestry—Portable brush-cutters and grass-trimmers—Vocabulary)

ISO 7918　林业机械　便携式割灌机和割草机　切割附件安全罩尺寸(Forestry machinery—Portable brush-cutters and grass-trimmers—Cutting attachment guard dimensions)

ISO 8380　林业机械　便携式割灌机和割草机　切割附件安全罩强度(Forestry machinery—Portable brush-cutters and grass-trimmers—Cutting attachment guard strength)

ISO 8893　林业机械　便携式割灌机　发动机性能和燃油消耗(Forestry machinery—Portable brush-saws—Engine performance and fuel consumption)

ISO/TR 11688-1　声学　低噪声机器和设备设计的推荐实用规程　第1部分：设计(Acoustics—Recommended practice for the design of low-noise machinery and equipment—Part 1: Planning)

ISO 12100:2010　机械安全　设计通则　风险评估和降低风险 (Safety of machinery—General principles for design—Risk assessment and risk reduction)

ISO 22867　林业及园林机械　以内燃机为动力的便携手持式机械振动测定规范　手把振动(Forestry and gardening machinery—Vibration test code for portable hand-held machines with internal combustion engine—Vibration at the handles)

ISO 22868 林业及园林机械 以内燃机为动力的便携式手持操作机械噪声测定规范 工程法(2级精度)(Forestry and gardening machinery—Noise test code for portable hand-held machines with internal combustion engine—Engineering method (Grade 2 accuracy))

3 术语和定义

ISO 7112，ISO 12100:2010 界定的以及下列术语和定义适用于本文件。

注：图 1 与图 2 分别给出了适用于本文件的割灌机示例和割草机示例。

3.1

整机 machine

除背带以外的所有割灌机(或割草机)部件的总称，包括动力源、驱动轴套管组合、切割附件及护罩。

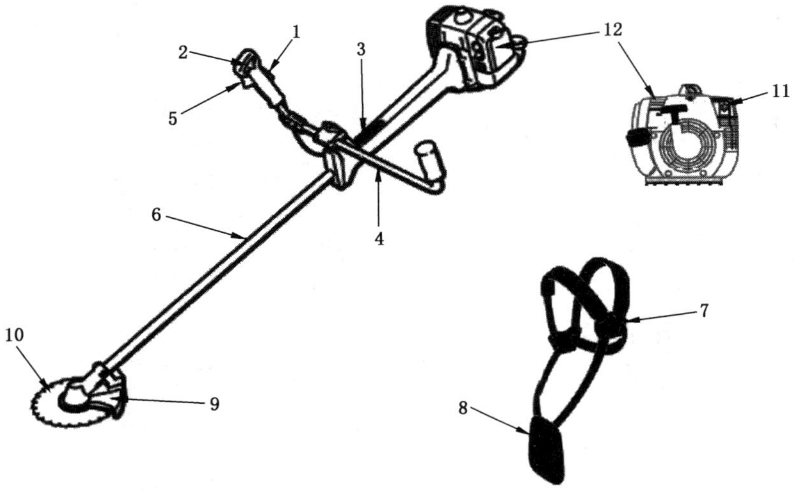

说明：

1 ——油门扳机锁定装置；

2 ——发动机停机开关；

3 ——吊挂点；

4 ——手把；

5 ——油门扳机；

6 ——驱动轴套管组合；

7 ——背带，快速释放机构；

8 ——背带，护垫；

9 ——切割附件安全罩；

10——切割附件，如：刀片；

11——消声器；

12——动力装置。

图 1 以内燃机为动力的侧挂式割灌机

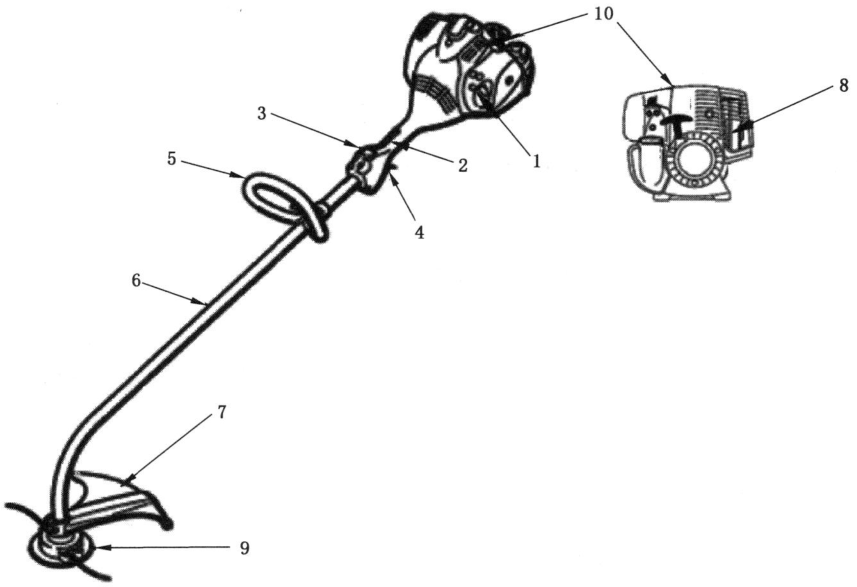

说明：
1 ——阻风门；
2 ——后手把；
3 ——发动机停机开关；
4 ——油门扳机；
5 ——前手把；
6 ——驱动轴套管组合；
7 ——切割附件安全罩；
8 ——消声器；
9 ——切割附件，如：绳式割草头；
10——动力装置。

图 2　以内燃机为动力的侧挂式割草机

4　安全要求和/或防护措施

4.1　通则

整机应满足本章中的安全要求和/或防护措施。另外，整机的设计应满足 ISO 12100:2010 中给出的本部分未涉及的相关但非严重危害的准则。整机应按 5.2 的规定进行标志，按 5.3 的规定给出警告信息。

安全使用割灌机或割草机取决于两个方面，一是本章给出的安全要求；二是与使用个人防护设备(如手套、工作靴及腿、眼部、听力的防护装备等)相关的安全环境，以及安全工作程序(见 5.1)。

随机提供的使用说明书应满足 5.1 的要求。

如果割草机能被改装成割灌机，那么改装后的整机应符合对割灌机的要求，反之亦然。

单个切割附件的整体安全性应将切割附件安装在整机上来进行检验。

除非本部分中另行规定，否则安全距离应满足 GB 23821—2009 中 4.2.4.1 与 4.2.4.3 的要求。

若需要特殊工具来更换切割附件，则应随机提供。

4.2 手把

4.2.1 要求

整机应具有供双手分别握持的两个手把，其结构设计应满足如下要求：

——确保操作者戴上防护手套时能完全握住手把；

——手把的形状和表面能确保握持的可靠性；

——手把握持长度最少为 100 mm；

——对于安装金属圆锯片的整机，手把中心间距 l（见图 3）至少为 500 mm，其他整机至少为 250 mm；

——手把应是可调的，从而可得到符合人体工程学要求的合适的工作位置，设计中应避免其可调尺寸的最小值小于上述规定的最小尺寸 l。

注：操作者相对于切割附件的操作位置取决于吊挂点（见 4.5 与 4.6）和挡把的位置（见 4.3）。

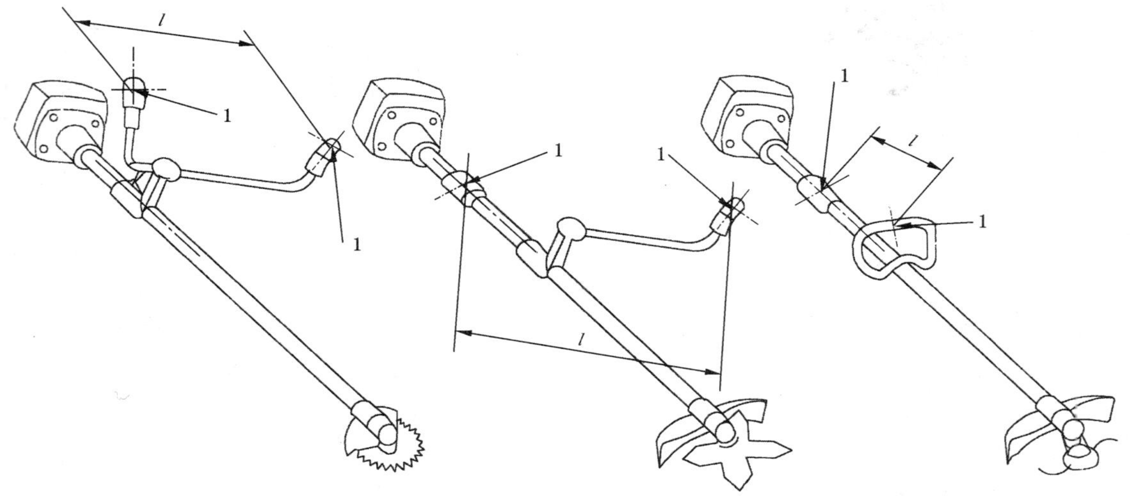

说明：

1——握持部位中心。

图 3 手把距离（l）示例

4.2.2 检验

通过观察、测量和功能测试来检验手把的设计、调整及其尺寸。

4.3 挡把及到切割附件的距离（只适用于割灌机）

4.3.1 要求

割灌机应有挡把以防操作时人与切割附件的意外接触。

挡把在与传动轴套管中心线垂直方向的水平伸出长度应至少为 200 mm，手把也可用作挡把，见图 4。

挡把后部上点 2 距轴套管中心线垂直距离为 200 mm；点 2 至切割附件上未防护点 1 的最小距离应至少为 830 mm，其中切割附件上未防护点为垂直于切割路径的平面与切割附件安全罩侧边的交点，见图 4。

按照说明书的要求，若拆除挡把是进行维护保养程序的一个步骤，应只有借助工具才能将挡把拆卸下来。当挡把与手把相互独立时，拆除挡把后，挡把的安装系统应与挡把和/或整机相联接。

单位为毫米

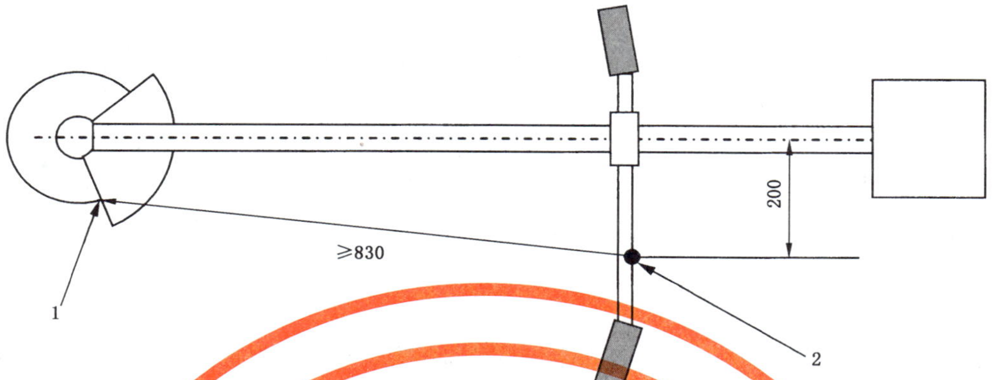

a） 自行车式手把作为挡把

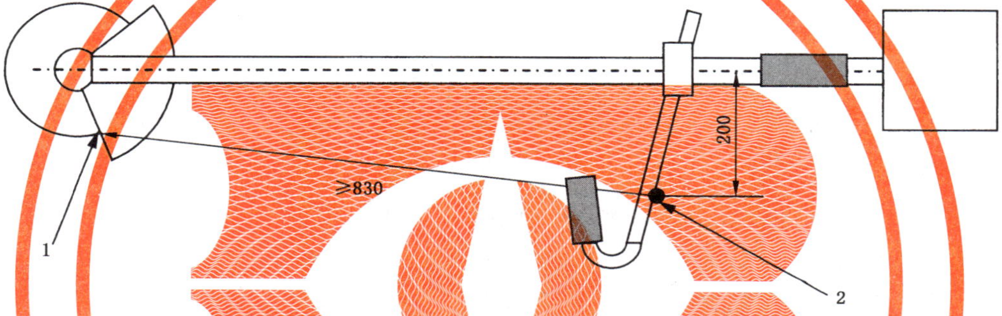

b） 具有前、后手把，且将前手把作为挡把

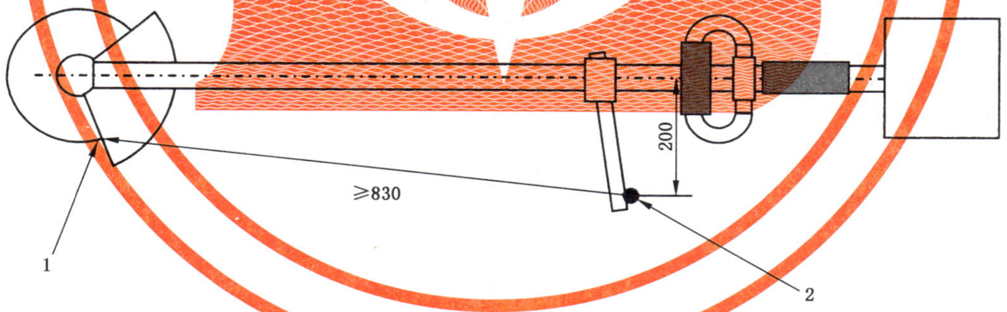

c） 具有独立挡把以及前、后手把

说明：

1——切割附件的未防护点；

2——手把/挡把的后部上点。

图 4 具有不同手把配置的整机、挡把及其至切割附件的距离

4.3.2 检验

通过检查、测量来检验挡把的设计、调整及其尺寸。

4.4 背带

4.4.1 要求

净质量超过 7.5 kg 的整机及圆锯片式割灌机都应配备双肩背带。

净质量小于或等于 7.5 kg 的割灌机(圆锯片式割灌机除外)至少应使用单肩背带。净质量在 6 kg～7.5 kg 的割草机至少应使用单肩背带。净质量小于 6 kg 的割草机不要求使用背带。

双肩背带应使操作者双肩受力均衡且在任何方向均不应滑脱,并应配备护垫。

所有的双肩背带应安装有快速释放机构,快速释放机构可位于整机和背带之间或者背带和操作者之间。无论是背带的设计还是快速释放机构的使用均应保证在发生紧急事故时能迅速使人与整机分离。

背带尺寸应可调。

若安装有快速释放机构,应保证即使在载荷状态下,也能用一只手将其打开。

4.4.2 检验

通过观察来检验背带及其调整机构的功能。通过在操作者使用背带时并在吊挂点垂直施加 3 倍于整机净重量的力的方法,来对快速释放机构进行功能测试。

4.5 平衡

4.5.1 要求

4.5.1.1 除了 4.5.1.2 中规定的整机外,所有配备有背带的整机均应有可调节的吊挂点,以便整机在此点吊挂时可保持平衡。

处于平衡状态下的整机,其吊挂点距地面的垂直距离应不小于 750 mm,且:

——割灌机从地面到刀片最低点的距离应为 200 mm±100 mm;

——割草机从地面到切割附件最低点的距离应为 200^{+100}_{-200} mm。

平衡时应满足燃油箱中装半箱燃油且安装生产厂家推荐的切割附件。

4.5.1.2 有背带且以地面为支撑的整机,应有可调节的吊挂点,以便使整机(燃油箱中装半箱燃油且安装生产厂家推荐的切割附件)与地的接触压力不超过 20 N。

4.5.2 检验

在分别使用推荐的最轻和最重切割附件的情形下,通过测量和观察来检验 4.5.1 的要求。

4.6 切割附件强度

4.6.1 要求

当切割附件(不包括柔性切割绳)在与直径为 25 mm±1 mm 钢棒碰撞一次后,不应发生断裂或开裂。

对上述碰撞后的切割附件,不经过任何调整,再进行超速运行,不应发生断裂或开裂。

单片金属刀片不必满足上述第二条要求,其刀片的材质应满足 LY/T 1035—2001 中第 5 章的要求。

上述要求适用于所有推荐的切割附件。

4.6.2 检验

按照附录 A 的要求,进行切割附件的撞击强度的检验,然后对该切割附件,按 ISO 7112 的定义,以发动机高速空转转速的 133%(超速)运转 5 min,目视检查切割附件是否有断裂或开裂。

单片金属刀片的检验按 LY/T 1035—2001 中第 5 章的规定进行。

4.7 切割附件的固定

4.7.1 要求

金属切割附件安装后，应保证金属切割附件与夹紧装置之间或金属切割附件与其安装轴之间无任何的相对位移。

金属切割附件的安装应能防止使用过程中切割附件松动。

上述要求适用于使用说明书推荐的所有金属切割附件。

4.7.2 检验

通过观察和如下试验来检验切割附件的安装：

a) 按使用说明书要求安装切割附件；

b) 锁定传动轴；

c) 给切割附件施加一扭矩 M，其数值按式(1)进行计算：

$$M = 0.4 \times V \times k \quad \cdots\cdots (1)$$

式中：

M ——扭矩，单位为牛顿米(N·m)；

V ——发动机排量，单位为立方厘米(cm^3)；

k ——传动比(发动机与切割附件的转数比)。

按正常转动方向进行 5 次试验，然后按相反方向再进行 5 次试验。

4.8 切割附件安全罩

4.8.1 要求

安全罩的尺寸应符合 ISO 7918 的规定。

安全罩安装位置若可调，其位置应符合 ISO 7918 的要求。

安全罩强度应符合 ISO 8380 的规定，其中－25 ℃的试验不适用于割草机的切割附件安全罩。

在 4.8.2 规定的试验前后，安全罩的尺寸均应符合 ISO 7918 的规定。

按附录 B 对安全罩进行抛物试验时，在实验壁 0.3 m～2 m 的高度范围内，穿透点不得超过 3 处。如果出现超过 3 处穿透的情况，应再重复进行 5 次试验，并且达到每次试验都不超过 3 处穿透。安全罩不得有断裂或开裂。

按照说明书中的规定，在更换切割附件或维护过程中如需移除安全罩，只有使用工具才能实现，且当安全罩被移除后，其紧固部件应仍联接在安全罩或整机上。

4.8.2 检验

通过观察和测量检验安全罩的尺寸、固定系统及其位置。按 ISO 8380 的规定检验安全罩的强度要求。按附录 B 的规定进行抛物试验。

4.9 运输护罩

4.9.1 要求

安装金属切割附件的整机应配备运输安全护罩，其设计应保证整机在运输和贮存期间护罩罩在切割附件上不脱落。

4.9.2 检验

握持整机于任意方向，观察切割附件的运输护罩是否脱落。

4.10 柔性切割绳的长度

4.10.1 要求

安装柔性切割绳的割草机应具有绳长限定装置或者通过其他方式控制绳的长度。

限制装置应能将柔性切割绳剪切至与切割附件安全罩相符的长度。

4.10.2 检验

通过功能测试和观察来检验。

4.11 发动机起动装置

4.11.1 要求

起动装置可以是自带电池的电启动器和/或永久固定在机器上的手拉自回绳起动器。

安装手拉绳起动器的整机应有自回绳装置。

对电启动器，应需经两个或两个以上单独且不同的操作步骤方能启动。

4.11.2 检验

通过观察和功能测试来检验发动机的起动装置。

4.12 发动机停机开关

4.12.1 要求

整机应有发动机停机开关，通过该开关可以不依靠持续的人力操作使发动机停止工作。比停机开关应安装在操作者双手配戴手套握持机器时仍可对其控制的位置处。停机开关的颜色与背景应对比鲜明。

4.12.2 检验

操作整机，观察发动机停机开关的功能。通过观察来检验停机开关的位置和颜色。

4.13 油门控制

4.13.1 位置

4.13.1.1 要求

油门扳机的位置应确保戴防护手套握持机器手把时能勾动和松开扳机。

4.13.1.2 检验

通过观察和功能测试来检验油门扳机的位置。

4.13.2 操作

4.13.2.1 要求

整机应安装有油门扳机，当油门扳机松开时，发动机应能自动复位到怠速状态。依靠油门扳机锁定装置的自动锁定,油门扳机应能保持在怠速状态,切割附件为绳式或绕轴旋转的非金属刀片且每根绳或每片非金属刀片动能小于 10 J 的割草机除外。

注:当油门锁用于辅助起动时,勾动及释放油门扳机前,油门锁将保持发动机转速高于怠速。

对于割灌机及切割附件为绳式或绕轴旋转的非金属刀片且每根绳或每片非金属刀片动能不小于 10 J 的割草机,发动机起动过程结束以后,只有在油门扳机锁定装置解除锁定状态后,勾动油门扳机才能使发动机转速升高到切割附件开始运动的状态。

当操作者释放油门锁,且发动机回到怠速状态后,发动机的起动过程结束。

除切割附件为绳式或绕轴旋转的非金属刀片且每根绳或每片非金属刀片动能小于 10 J 的割草机外,为了减少切割附件的意外运动,油门控制联结结构的设计应保证油门扳机锁定装置接合时,对油门控制手把施加力,发动机的转速不会升高到离合器接合、切割附件开始运动的状态。

动能的计算见 4.13.2.2。

4.13.2.2 绳式及绕轴旋转的非金属刀片的动能的计算

绳式及绕轴旋转的非金属刀片的动能(E_k)按式(2)进行计算:

$$E_k = 0.5m\left[\frac{\pi}{30}n\left(r-\frac{L}{2}\right)\right]^2 \qquad \cdots\cdots(2)$$

式中:

E_k ——绳式及绕轴旋转的非金属刀片的动能,单位为焦耳(J);

L ——绳的自由端的最大长度或绕轴旋转的非金属刀片的轴心至刀片最远端的距离,单位为米(m);

m ——长度为 L 的绳的质量,单位为千克(kg);

n ——切割附件(绳或刀片)的长度为 L 时的最大旋转速度,单位为转每分(r/min);

r ——切割头的旋转轴至切割附件最远端的距离,单位为米(m)。

4.13.2.3 检验

操作整机,观察检验油门扳机和油门扳机锁的功能。以最不利的方向向油门控制手把施加 3 倍于整机净质量(无切割附件,油箱为空)的力来检验油门控制联结结构的设计。

4.13.3 油门锁

4.13.3.1 要求

如果有用于辅助起动的油门锁且其啮合会导致起动过程中切割附件的运动,那么油门锁的锁定功能应靠手动设定,当勾动油门扳机时应能自动解除锁定状态。油门锁的启动装置应该安装在手把握持部位以外,且至少需要两个单独的动作才能启动油门锁。

对于由食指控制的油门控制装置,手把握持部位定义为距油门扳机后端前 25 mm 至距油门扳机后端后 75 mm 的范围。

对于由拇指控制的油门控制器,手把握持部位定义为油门扳机后端至手把最后端之间的部位。

施加在油门扳机上用于释放油门锁的力应不超过 25 N。

4.13.3.2 检验

操作整机,通过观察和测量来检验油门锁的功能。测量在油门扳机后端前 5 mm±1 mm 处向扳机的运动方向(垂直于扳机旋转半径)在 1 s 内释放油门锁的力。

4.14 离合器

4.14.1 要求

可安装刀片的整机应有离合器，离合器的设计应保证当发动机以任何低于怠速转速的 1.25 倍的速度运转时，切割附件不运动。

4.14.2 检验

将发动机的转速从怠速升至使用说明书中规定的最高怠速转速的 1.25 倍，通过目测进行检查。

4.15 油箱

4.15.1 要求

燃油箱盖应有联接件。

燃油箱注油口直径应大于 20 mm，机油箱(如果有)注油口直径应大于 15 mm。油箱口或盖均应有清晰的标志，以标示油箱功能。若只对油箱盖做了标志，则两个油箱盖应不能互换。

燃油箱盖的结构设计应确保整机在正常工作温度下、各工位及搬运时没有漏油现象。

油箱注油口周围不应有妨碍加油的其他部件。应能使用漏斗加油。

4.15.2 检验

通过观察和测量来检验燃油箱盖联接件、开口尺寸和开口位置。任意方向旋转整机，检查油箱盖的密封性。燃油箱换气孔的渗油不属于漏油。

4.16 高压带电部件的防护

4.16.1 要求

电路中所有高压电器元件，包括火花塞帽都应合理布置、绝缘良好或进行防护，保证操作者不与之意外接触。

应提供停机开关，并安装在低电压回路中。

4.16.2 检验

高压带电部件的布置及绝缘应通过观察和使用 GB 3883.1—2008 中图 1 所示的试验指进行检验。停机开关通过观察来检验。

4.17 高温部件的防护

4.17.1 要求

汽缸及与汽缸或消声器直接接触的部件均应加以防护，以确保正常操作整机时不致意外接触上述部件。

用图 5 所示的试验锥检测，面积超过 10 cm^2 的可接触区域视为可触及高温表面。

这些可接触部位以及防止与高温表面接触的防护罩或防护板，若为金属表面，则其温度应不超过 80 ℃，若是塑料表面，其温度应不超过 94 ℃。

4.17.2 检验

通过图 5 所示的试验锥确定高温表面可接触区域。

温度测量应在不受日光直接照射且风速不大于 3 m/s 的环境下进行。发动机以 5 s 怠速、5 s 高速空转转速循环运转，直到机器表面温度稳定为止。

标出高温表面或区域，使用精度为±2 ℃的温度测量仪器测量温度。

若试验时的环境温度不在标称温度 20 ℃±3 ℃的范围内，则按式(3)对记录温度进行修正：

$$T_C = T_O - T_A + 20 \qquad \cdots\cdots (3)$$

式中：

T_C ——修正温度，单位为摄氏度(℃)；

T_O ——实测温度，单位为摄氏度(℃)；

T_A ——环境温度，单位为摄氏度(℃)。

测量可能接触的区域允许在高温部件冷却后用试验锥测试，不要求一定在高温部件热状态下测试。

将图 5 所示的试验锥以不大于 10_{-1}^{0} N 的力向任意方向进行测试，同时确定试验锥尖端和锥体表面与高温表面或区域是否接触。试验锥尖端或锥体表面与高温表面的接触面积应不大于 10 cm^2。

单位为毫米

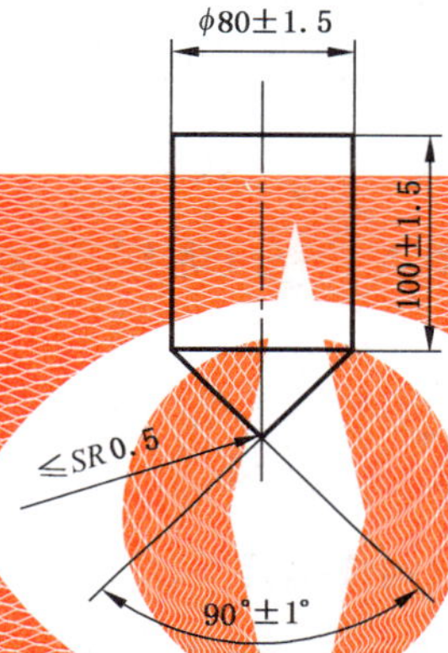

图 5 试验锥

4.18 废气排放

4.18.1 要求

发动机废气排放方向应远离处于正常工作位置的操作者的面部。

4.18.2 检验

通过观察来检验排气口的位置和方向。

4.19 振动

4.19.1 借助设计与防护措施以减少振动

减振是设计过程中主要考虑的因素，因此应着重从振动产生的源头上加以考虑，对每个手把上的实际振动加速度总和值的分析是成功实施减振措施的基础。振动主要来源于发动机、切割系统、不平衡的运动件、链轮的撞击、轴承和其他机械装置以及在操作者、机器和被切割的材料之间的相互作用而产生的力。

注 1：CR 1030-1 给出了关于被广泛认可的技术规则和方法，还提供了减少手臂振动的设计导则。

注 2：ISO/TR 22521 给出了关于振动级对比数据的有用信息。

4.19.2 振动测量

按 ISO 22867 的规定进行各手把振动的测量和当量振动加速度总和值的计算。

4.20 噪声

4.20.1 借助设计与防护措施减少噪声

降噪是设计过程中主要考虑的因素，因此应该着重从噪声产生的源头上加以考虑，对实际噪声发射值的分析是成功实施降噪措施的基础。噪声主要来源于发动机的进气、排气和冷却系统及切割系统和振动表面。

ISO/TR 11688-1 给出了低噪声机器设计的通用技术资料和导则。应特别注意割灌机和割草机的声学设计。

注 1：ISO/TR 11688-2 给出了机械装置中产生噪声的机构的有用信息。ISO 14163 给出了消声器噪声控制的指南。ISO 11691 和 ISO 11820 包含消声器的测试要求。

注 2：ISO/TR 22520 给出了关于便携手持式林业机械声压级对比数据的信息。

4.20.2 噪声测量

按 ISO 22868 的规定进行耳旁噪声和 A 计权声功率级的测量和计算。

4.21 电磁兼容

4.21.1 要求

整机控制系统使用的所有电子元器件均应满足 GB/T 21398—2008 中 6.3 及 6.6 有关机器电磁兼容的可接受准则。

4.21.2 检验

按 GB/T 21398—2008 中规定的试验检验整机的电磁兼容。

5 使用信息

5.1 使用说明书

5.1.1 通则

提供给使用者的使用说明书中应包括本章的内容以及 ISO 12100:2010 中 6.4 的内容。

5.1.2 技术参数

各型号的整机在使用说明书应至少提供如下信息，并（或）在易于看到的位置做出标志：

a) 质量（不包括切割附件和背带，燃油箱无油），kg；

b) 燃油箱容积，cm^3；

c) 机油箱容积（若有），cm^3；

d) 切割附件类型、刀片直径，mm；

e) 发动机排量，cm^3；

f) 发动机最大功率（见 ISO 8893），kW；

g) 输出轴最大转速，r/min；

h) 发动机怠速范围,r/min;

i) 当量振动加速度总和值(每个手把)和声明值的不确定度,按 ISO 22867 的规定测定,m/s^2;

j) 当量耳旁噪声及声明值的不确定度,按 ISO 22868 的规定测定,dB;

k) A 计权声功率级及声明值的不确定度,按 ISO 22868 的规定测定,dB。

销售资料给出的整机的信息不应与使用说明书中有关安全和健康的内容相矛盾。销售资料对机器性能的描述中有关振动值和噪声值的说明应与使用说明书一致。

5.1.3 其他信息

使用说明书应按 ISO 12100:2010 中 6.4.5 的要求,对操作者维护和安全使用整机的各方面提供说明,包括操作者个人防护装备的类型和使用方法,以及所有操作均需进行培训的必要性说明。使用说明书应考虑到初次使用者和/或经验不足的操作者对整机的使用。

应广泛使用图片和图表来表达。

在使用说明书封面应着重说明在使用机器前应通读本说明书的重要性。

所有文件中使用的术语都应符合 ISO 7112 的要求。

使用说明书应至少包含如下内容:

a) 整机的运输、搬运和存放,如:
——运输时保护整机的说明,以防漏油、损伤机器、伤人等;
——存放之前的清理和维护,包括金属刀片的切割附件安全罩的使用等;
——运输和存放时金属刀片的运输护罩的使用。

b) 整机的试运转,包括:
——装配说明、初调和检查,包括切割附件的安装和移除方法的说明,也包括对割灌机锋利刀片刃口的警告以及需要配戴手套的说明;
——对装配有离合器的整机来说,例行检查发动机怠速时切割附件是否随动;
——推荐使用的切割附件和合适的切割附件安全罩及它们安装位置的推荐表,包括使用其他切割附件可能产生后果的警告说明,例如,非整体金属甩链和甩刀刀片;
——定期维护、准备工作和日常维护程序的说明以及不当维护可能导致的后果;
——加注燃油和润滑油的注意事项,特别是防火注意事项。

c) 机身,包括:
——对包括安全装置和背带在内的主要部件的描述、说明和命名,快速释放机构(如果有)的使用,个人防护设备(PPE)使用的必要性及其功能,包括正确的穿着方法;
——安全标志和符号的解释;
——定期维护、用前检测和日常维护技术,如检查紧固装置、燃油泄露和有隐患的部件(例如切割附件上的裂纹);
——整机的适用范围以及如何使用,包括对禁止使用的说明,割灌机应给出其反弹和刀片破损产生危险的说明;
——A 计权耳旁噪声声压声明值及 A 计权声功率声明值,包括其可能引起的危害的警告以及将其危害降到最低的措施;
——振动当量值,包括其可能引起的危害的警告及将其危害降到最低的措施(包括得白指病风险的说明及自我预防措施)。

d) 整机的使用,包括:
——提醒操作者国家法规严禁使用整机的场所和有关事项;
——使用前需进行日常检查及机器坠落后或遭受其他冲击后对重大缺陷的识别;
——操作指南和正常切割的说明,包括不要无意识使用整机的警告;

——个人防护装备(PPE)的使用说明,包含推荐的听觉、视觉防护设备和工作服的型式;
——割灌机的工作服说明中应包括使用防滑鞋和和防护服的信息;
——严禁操作者在疲劳、生病或在酒精或其他药物的影响下使用整机的警告;
——操作整机时可能遇到的危险以及在典型作业中(例如,消除堵塞)如何避免这些危险;
——可能给旁观者带来危险的警告说明和在作业中旁观者与整机应保持 15 m 以上的距离的说明;
——起动和停机时的与安全有关的技术;
——关于废气排放的警告;
——有关正确的操作姿势说明及对工间休息和改变工作位置的要求;
——关于工作时保持稳定站姿和身体平衡,以及使用背带必要性的建议。

e) 维护说明,包括:
——关于维修和更换零部件的说明,包括需要保持整机处于良好工作状态;
——对操作者的健康和安全有影响的零配件的规格,特别是整机的切割附件和切割附件防护罩;
——用户维护和检查故障用的图解或图表;
——提供充分的信息,提醒使用者在整机的寿命期内维护安全装置,说明不恰当的维护、使用不符合要求的部件、拆除或改动安全装置可能产生的后果。

5.2 标志

所有的整机都应有标志,标志至少包括以下内容:

a) 生产厂家或授权代表的(如果有的话)名称和完整的地址。若生产厂家(或者授权代表)的名称中含有其所在地地名,则其地址可以简化,但在任何情况下,铭牌上的信息都应能够使用户联络到生产厂家;
b) 系列号或型号;
c) 机器名称;
d) 生产日期,即生产过程完成的日期;
e) 批号(如果有的话);
f) 主轴的最大转速,r/min;
g) 在切割附件附近的部件上标明切割附件的旋转方向(适用的话)。

注:整机的名称允许是产品的技术标识,可以是数字和/或字母的组合,也可以是系列号或型号。

另外,切割附件上应有如下说明:

a) 额定最大转速,r/min;
b) 旋转方向(适用的话);
c) 生产厂家的名称或商标。

整机还应标有以下说明:

a) 参照 ISO 3767-1 和 ISO 3767-5 给出发动机起动装置、发动机停机装置、起动注油器、阻风门、手把加热开关(如果有)的标识及其操作方法;
b) 化油器和机油流量调节(适用的话)的标识;
c) 燃油箱口和/或盖、机油箱口和/或盖(适用的话)等的标识。

如果使用了符号,那么在使用说明书中应给予解释。除铸造、雕刻或冲压方式形成的符号外,使用的图示符号应与背景对比鲜明,雕刻符号的凸起高度不小于 0.3 mm。符号所表示的说明和信息在至少 500 mm 的距离目视应清晰可见。

整机上的标志应位于易于阅读和观察的位置,并能抵抗各种可能发生的不利因素对其的损坏,如环境温度及湿度、汽油、机油、擦碰、露天存放等。

若整机上使用了标签，则应对标签按 5.4.2 的规定进行试验，将试验后的试样与未进行试验的试样进行对比，目视检查试验后的标签，应无明显的压痕、缺口、断裂、粉化、膨胀、剥落、起泡、脱落、大的刮痕、裂纹和/或印刷体严重褪色。

还应对标签进行 5.4.3 的试验，试验后从试样边缘至未粘附处距离最大应不超过 1 mm，粘附性能(F)应不小于 0.09 w，单位为牛顿(N)，其中 w 为试样的宽度，单位为毫米(mm)。

5.3 警告

所有的机器都应以文字或图示的方法给出以下警告标识：

a) 通读使用说明书并遵守所有的警告和安全说明；
b) 配戴眼部和耳部防护装置；
c) 在存在落物砸伤危险的地方，戴安全帽；
d) 穿防滑靴和戴手套(对于割灌机)；
e) 旁观者与整机应保持 15 m 以上的距离；
f) 不应使用金属刀片(如有要求)；
g) 谨防抛射物；
h) 谨防刀片刺伤(对于割灌机)。

如果使用了图形符号，那么在使用说明书中应给予解释。

注：ISO 17080 与 ISO 11684 中给出了图形符号设计的导则，示例见 ISO 7010。

整机上的警告应位于易于阅读和观察的位置，并能抵抗各种可能发生的不利因素对其的损坏，如环境温度及湿度、汽油、机油、擦碰、露天存放等。

当使用符号时，除铸造、雕刻或冲压方式形成的符号外，使用的图示符号应与背景对比鲜明，雕刻符号的凸起高度不小于 0.3 mm。符号所表示的说明和信息在至少 500 mm 的距离用肉眼观察应清晰可见。

若整机上使用了标签，则应对标签按 5.4.2 的规定进行试验，将试验后的试样与未进行试验的试样进行对比，肉眼观察试验后的标签，应无明显的压痕、缺口、断裂、粉化、膨胀、剥落、起泡、脱落、大的刮痕、裂纹和/或印刷体严重褪色。

还应对标签进行 5.4.3 的试验，试验后从试样边缘至未粘附处距离最大应不超过 1 mm，粘附性能(F)应不小于 0.09 w，单位为牛顿(N)，其中 w 为试样的宽度，单位为毫米(mm)。

5.4 标签试验

5.4.1 试样和对照样本的准备

5.4.1.1 通则

为 5.4.2 和 5.4.3 中的每个试验准备新试样。为所有需要进行目视检查的试验准备新的对照样本。

5.4.1.2 测试面板

测试面板的表面应与标签所粘贴的平面相同。

采用适合的溶剂对试验面板进行仔细清洗，去除其上的所有黏合剂、脂、油和水，并至少干燥 2 h。

5.4.1.3 试样

每个试验的试样和对照样本数不少于 3 个。

试样/对照样本应尽量为完整的标签，除非试验装置不允许对整个标签进行试验或者标签的图形内容对试验结果没有任何影响。试样的最小尺寸为宽 13 mm,长 25 mm。

进行耐擦拭试验(5.4.2)前应将保护层完全去除,进行附着力试验(5.4.3)前应去除保护层至少 15 mm,但余下长度应保证其能连接在拉力机上。试样应均匀贴在试验面板上。用涂有比试样至少宽 2 mm 的橡胶涂层且直径为 30 mm~60 mm 的钢制滚轴,以 50 N 的力、约 200 mm/s 的滚动速度,滚压贴好的试样共 5 次。

将试样贴在试验面板上后,在试验前将其置于温度为 23 ℃±5 ℃,相对湿度为 50%±20%的环境中进行不少于 24 h 的环境适应。

5.4.2 耐擦拭试验

将 3 个试样按 5.4.1 的要求安装在试验面板上,然后将其浸没在试验液体中 300 s±3 s。

将试样从试验液体中取出后,用在试验液体中浸泡过的原色棉布,以 10 N 的力、每秒一个循环的速度擦拭试样 30 s±3 s。擦拭完成后,用肉眼观察试验后的试样。

试验液体为:

a) 水;

b) 体积比为 1∶1 的异辛烷与甲苯的混合液。

5.4.3 附着力试验

将 3 个试样按 5.4.1 的要求安装在试验面板上,然后将其浸没在试验液体(为体积比 1∶1 的异辛烷与甲苯的混合液)中 30 min±1 min。

将试样从试验液体中取出后,观察并测量从试样边缘至未粘附处的距离。

将试验面板连接到一个支架上,并将覆盖有保护层的试样的自由端与拉力机连接。施加与试验面板成 90°向上的、速度为 60 mm/min±6 mm/min 的拉力。测量拉力时需满足拉力测量距离至少为 15 mm。计算和记录拉力的平均值,单位为牛顿(N)。若因为试样的撕裂,试验距离未能到达 15 mm,则应将两个待试验的试样两层贴在一起进行试验。

附 录 A
（规范性附录）
切割附件撞击试验

A.1 在操作位置上自由悬挂整机(见图 A.1)。

A.2 切割附件在以 ISO 8893 规定的发动机最大功率点转速的 1.33 倍的转速或高速空转转速(二者取最小值)的状态下,以 1 m/s±0.1 m/s 的水平速度(v)撞向一直径为 25 mm±1 mm 的钢棒,钢棒应符合 ISO 683-9:1988 中 1 级精度的要求(见图 A.1)。

A.3 碰撞后应立即停机。

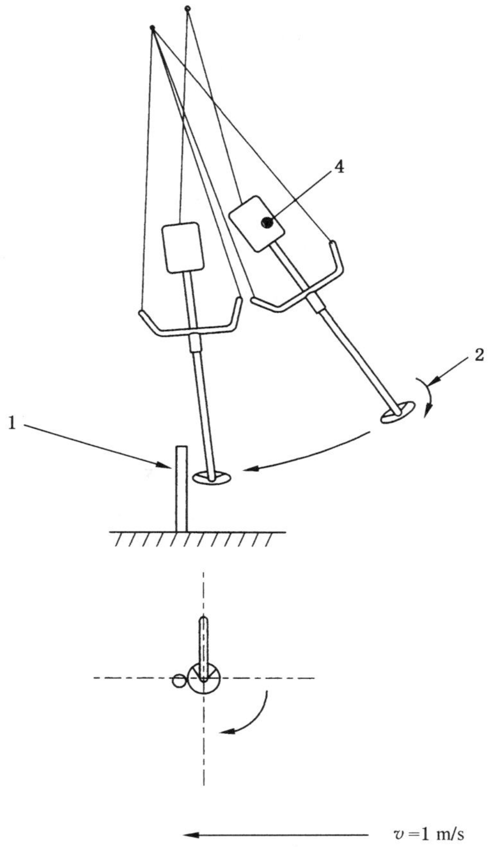

a) 侧挂式动力机械

图 A.1 撞击试验

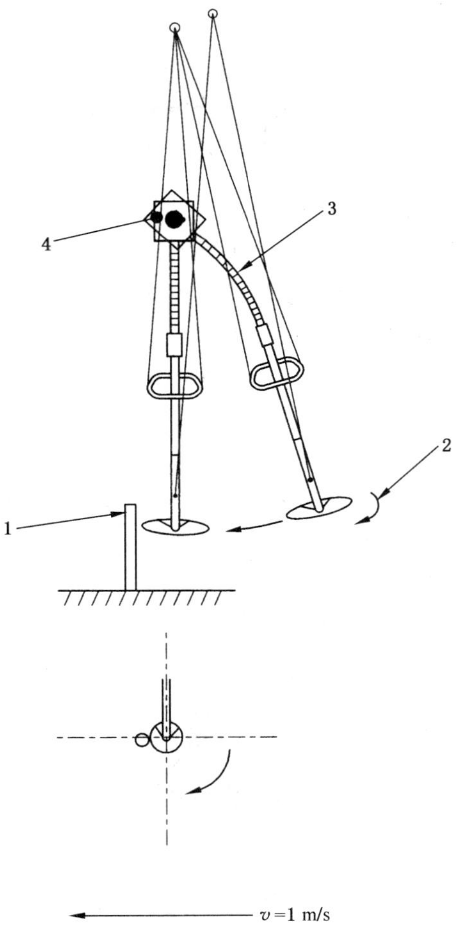

b） 背负式动力机械

说明：

1——钢棒；

2——旋转方向；

3——柔性轴；

4——动力装置。

若刀片旋转方向相反，则切割附件应从另一侧撞向钢棒。

图 A.1（续）

附 录 B
（规范性附录）
抛 物 试 验

B.1 试验台

B.1.1 试验应在图 B.1 与图 B.2 所示的试验台上进行。

B.1.2 底座应是一平板。

B.1.3 底座应放置人工模拟草坪，草坪最大厚度为 15 mm，纤维长度为 6 mm～8 mm。

B.1.4 纤维应无特定方向。

注：试验块射入位置见图 B.2。

B.2 试验条件

B.2.1 整机应刚性固定安装在底座上方。试验块射入位置(l)为切齿长度的一半或切割附件外轨迹内 13 mm 处(见图 B.1 和图 B.2)，二者取小值。对割草机，柔性绳应调节到最大工作伸出长度。

B.2.2 试验块应垂直放入图 B.2 所示的位置 A 或 B 中的一个：

——如切割附件逆时针方向旋转，试验中应采用图 B.2 中给出的位置 A；

——如切割附件顺时针方向旋转，试验中应采用图 B.2 中给出的位置 B。

B.2.3 刀片应与模拟草坪平行，且高出该表面 30 mm±3 mm(见图 B.2)。如果切割头(见图 B.2)在刀片以下部分超过 30 mm，则在切割头到模拟草坪间要保持 1 mm～5 mm 的间距。

B.2.4 调整试验块抛出的速度，使试验块抛出高度在切割平面以上 20 mm～30 mm 处。

B.3 穿透试验壁

B.3.1 在操作者位置处，应在底座上竖立一个至少为 2 000 mm 高的试验壁。

B.3.2 试验壁由牛皮纸(单位面积质量为 80 g/m^2)制成。

B.3.3 牛皮纸应平展牢固地布置于框架上且无折痕，框架最小内尺寸见图 B.1。

B.4 试验块

试验块应为陶质材料的三棱体，棱高为 6.5 mm±0.8 mm(见图 B.3)，质量为 0.4 g±0.02 g。

B.5 试验程序

B.5.1 所选试验块放入位置 A 或位置 B，25 个试验块应逐个垂直放入旋转着的切割附件的旋转轨迹内。

B.5.2 发动机转速应为采用生产厂家推荐的化油器油门全开时的转速或最大功率转速的 133%，二者取小值。

B.5.3 每抛出 5 个试验块之后，试验台底座应清理。

B.6 切割部件的检查

B.6.1 如果刀片在试验中损坏,应更换新刀片。

B.6.2 对于割草机,如果柔性绳损坏,应拉出新的柔性绳并调节到初始工作长度。

B.7 试验结果

试验完成后,应检查牛皮纸有无穿透。

如果用 3 N 的力能将直径 5 mm 的球压入牛皮纸破损处,应认定为穿透。

单位为毫米

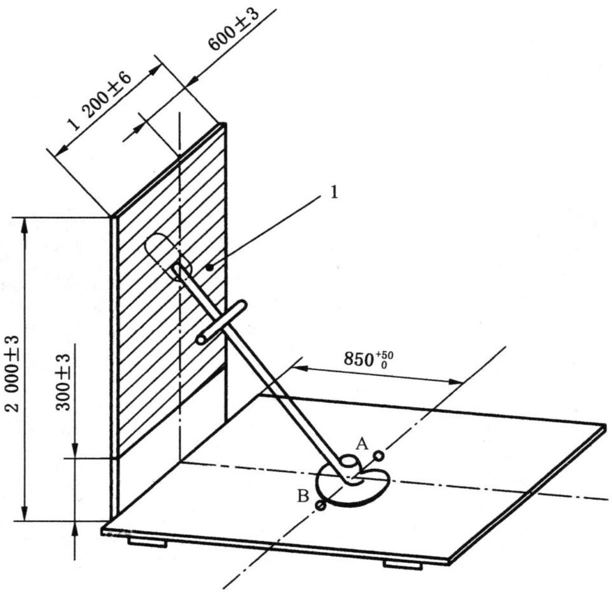

说明:

1——目标区。

注:试验块放入位置见图 B.2。

图 B.1 试验台

单位为毫米

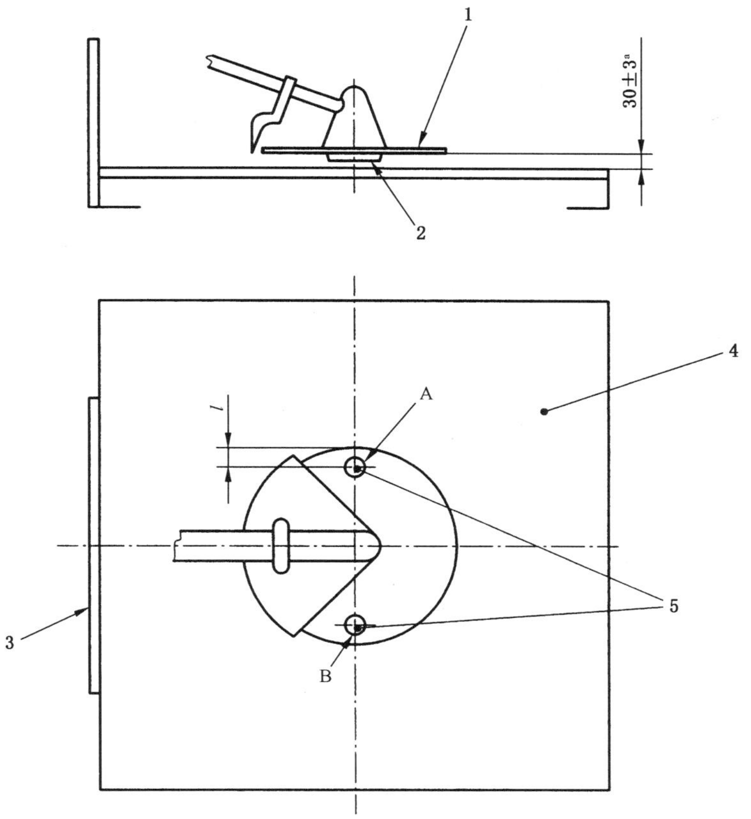

说明：

1——切割部件；

2——切割头；

3——目标区；

4——纤维表面；

5——试验块放入位置(A 和 B)。

[a] 见 B.2.3。

图 B.2 试验块放入位置

单位为毫米

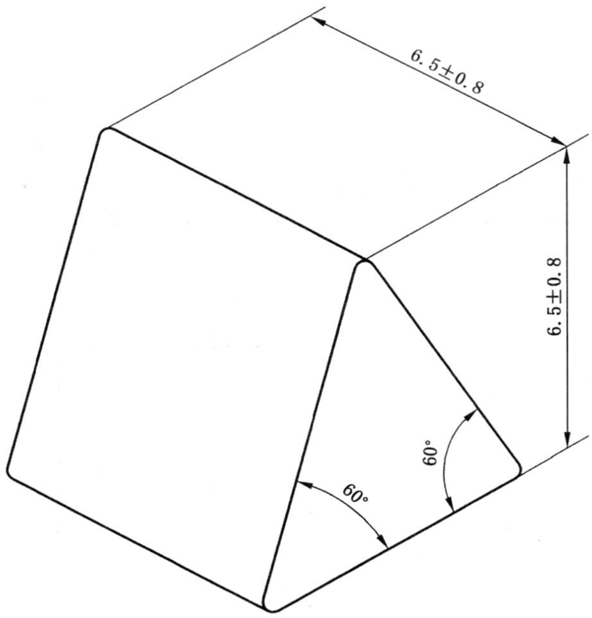

图 B.3 试验块

附 录 C
（资料性附录）
严重危害一览表

表 C.1 详细说明了本部分中割灌机和割草机的使用所涉及的并经过确认的严重危险、危险情况及严重危害事件，针对这些危害，要求设计者及生产厂家采取措施消除或减少这些危险带来的伤害。

表 C.1 与割灌机和割草机有关的严重危害一览表

序号	危害		本部分中对应条款
	危险源	潜在的伤害	
1	机械危险		
	切割附件的旋转	四肢的切割或切断	4.3,4.5,4.8,4.13,4.14
	抛出物危害	抛出物的冲击导致的损伤	4.8
	切割附件的破碎	切割附件上抛出物导致的损伤	4.6,4.7,5.1
	发动机控制系统的操作或控制失误，导致切割部件离合器的意外启动、过载或超高转速运行	四肢的剪切、切割、切断或缠绕	4.2,4.11,4.12,4.13,4.14,4.21,5.1,5.2
2	电危险		
	电力系统的火线部分（直接接触）或故障状况下的高压部件（间接接触）	身体遭受电击所引起的损伤	4.16
3	热危险		
	高温发动机零部件以及由热源辐射产生的高温零部件	意外接触所导致的烧伤或烫伤	4.17
4	噪声危险		
	发动机、传动装置、切割系统以及固定零部件的共振	不适，部分听力损伤，耳聋，失去平衡，失去知觉	4.20,5.1,5.3
5	振动危险		
	发动机，手把	不适，神经、骨关节及血管疾病	4.19,5.1
6	材料/物质危险		
	发动机排放的废气，汽油	吸入有害气体导致的呼吸道损伤，接触有害液体导致的皮肤损伤	4.18
7	人类工效学危险		
	控制装置，手把等的设计及其安装位置	不适，疲劳，运动器官的损伤，失去控制	4.2,4.4,4.11,4.12,4.13,5.1,5.2
8	综合危险		
	不利于健康的姿势和极度或重复用力以及手动控制装置安装位置的设计不当，包括忽视人体手臂解剖学、相关的手把设计、机械平衡以及减震器的使用	不适，疲劳，运动器官的损伤，失去控制	4.2,4.4,4.11,4.12,4.13,5.1,5.2
	高温发动机零部件/电路短路以及油箱渗漏/汽油泄漏	与火焰接触导致的烧伤或烫伤	4.15,4.17,5.1

参 考 文 献

[1] ISO 3767-1:1998 Tractors, machinery for agriculture and forestry, powered lawn and garden equipment—Symbols for operator controls and other displays—Part 1: Common symbols

[2] ISO 3767-5:1992 Tractors, machinery for agriculture and forestry, powered lawn and garden equipment—Symbols for operator controls and other displays—Part 5: Symbols for manual portable forestry machinery

[3] ISO 7010:2003 Graphical symbols—Safety colours and safety signs—Safety signs used in workplaces and public areas

[4] ISO 11684:1995 Tractors, machinery for agriculture and forestry, powered lawn and garden equipment—Safety signs and hazard pictorials—General principles

[5] ISO/TR 11688-2:1998 Acoustics—Recommended practice for the design of low-noise machinery and equipment—Part 2: Introduction to the physics of low-noise design

[6] ISO 11691:1995 Acoustics—Measurement of insertion loss of ducted silencers without flow—Laboratory survey method

[7] ISO 11820:1996 Acoustics—Measurements on silencers in situ

[8] ISO 13732-1:2006 Ergonomics of the thermal environment—Methods for the assessment of human responses to contact with surfaces—Part 1: Hot surfaces

[9] ISO 14163:1998 Acoustics—Guidelines for noise control by silencers

[10] ISO 17080:2005 Manually portable agricultural and forestry machines and powered lawn and garden equipment—Design principles for single-panel product safety labels

[11] ISO/TR 22520:2005 Portable hand-held forestry machines—A-weighted emission sound pressure levels at the operator's station—Comparative data in 2002

[12] ISO/TR 22521:2005 Portable hand-held forestry machines—Vibration emission values at the handles—Comparative data in 2002

[13] CR 1030-1:1995 Hand-arm vibration—Guidelines for vibration hazards reduction—Part 1: Engineering methods by design of machinery

ICS 65.060.80
B 95

中华人民共和国国家标准

GB 19725.2—2014/ISO 11806-2:2011

农林机械　便携式割灌机和割草机安全要求和试验　第2部分:背负式动力机械

Agricultural and forestry machinery—Safety requirements and testing for portable hand-held powered brush-cutters and grass-trimmers—Part 2: Machines for use with back-pack power unit

(ISO 11806-2:2011,IDT)

2014-09-03 发布　　2015-10-01 实施

中华人民共和国国家质量监督检验检疫总局
中国国家标准化管理委员会　发布

前　言

GB 19725 的本部分的第 4 章(除 4.5 条)、第 5 章为强制性的,其余为推荐性的。

GB 19725《农林机械　便携式割灌机和割草机安全要求和试验》分为以下两个部分:

——第 1 部分:侧挂式动力机械;

——第 2 部分:背负式动力机械。

本部分为 GB 19725 的第 2 部分。

本部分按照 GB/T 1.1—2009 给出的规则起草。

本部分使用翻译法等同采用 ISO 11806-2:2011《农林机械　便携式割灌机和割草机安全要求和试验　第 2 部分:背负式动力机械》。

与本部分中规范性引用国际文件有一致性对应关系的我国文件如下:

——GB/T 3766—2001　液压系统通用技术条件(eqv ISO 4413:1998)

——GB/T 7932—2003　气动系统通用技术条件(ISO 4414:1998,IDT)

本部分由国家林业局提出。

本部分由全国林业机械标准化技术委员会(SAC/TC 61)归口。

本部分负责起草单位:山东华盛中天机械集团股份有限公司。

本部分参加起草单位:浙江宇森百联工具有限公司、浙江萨帕斯工具制造有限公司、国家林业局哈尔滨林业机械研究所。

本部分主要起草人:彭恒田、邵逸群、唐恩常、马俊、王振东、郭丽、郭凤江、赵政、胡永进、李应珍。

农林机械　便携式割灌机和割草机安全要求和试验　第2部分:背负式动力机械

1　范围

GB 19725的本部分规定了以内燃机为背负动力源并将机械动力传递至切割附件的便携式割灌机和割草机的设计、结构和使用方面的安全要求及其试验方法,本部分提出了消除或减少使用整机所产生的各种危害的方法,规定了由生产厂家提供的安全操作方面有关资料的要求。

本部分和第1部分的相关章节(见4.1)涉及了在正常使用以及合理的、制造商可预见的误用整机时所有与整机相关的严重危险、危险情况及严重危害事件,背负式动力装置引起的全身振动危害除外。

注1:目前还没有测量背负式动力装置引起的全身振动的标准试验程序。

注2:严重危害一览表见附录A及GB 19725.1—2014的附录A。

本部分适用于在其颁布实施后生产的产品。

本部分不适用于安装非整体金属刀片结构的机器,例如甩链或甩刀刀片。

2　规范性引用文件

下列文件对于本文件的应用是必不可少的。凡是注日期的引用文件,仅注日期的版本适用于本文件。凡是不注日期的引用文件,其最新版本(包括所有的修改单)适用于本文件。

GB 19725.1—2014　农林机械　便携式割灌机和割草机安全要求和试验　第1部分:侧挂式动力机械(ISO 11806-1:2011,IDT)

GB 23821—2009　机械安全　防止上下肢触及危险区的安全距离(ISO 13857:2008,IDT)

ISO 4413　液压传动　系统及其部件的一般规则和安全要求(Hydraulic fluid power—General rules and safety requirements for systems and their components)

ISO 4414　气压传动　系统及其部件的一般规则和安全要求(Pneumatic fluid power—General rules and safety requirements for systems and their components)

ISO 12100　机械安全　设计通则　风险评估和降低风险(Safety of machinery—General principles for design—Risk assessment and risk reduction)

3　术语和定义

GB 19725.1—2014界定的以及下列术语和定义适用于本文件。

注:图1给出了属于本部分范围的具有背负式动力源的割灌机示例。

3.1

机具　appliance

安装有驱动轴套管组合、切割附件及其安全罩以及手把的装置。

3.2

整机　machine

完整的割灌机(或割草机),包括背负式动力装置和机具。

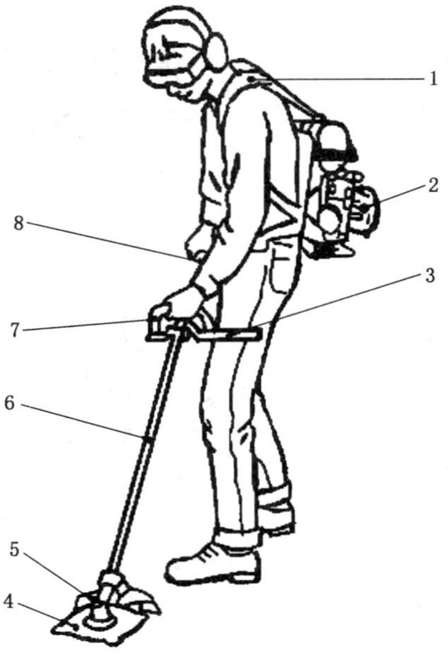

说明：

1——背带；

2——背负式动力装置；

3——挡把；

4——刀片；

5——切割附件安全罩；

6——驱动轴套管组合；

7——前手把；

8——后手把。

图 1 以内燃机为动力的背负式割灌机

4 安全要求

4.1 通则

割灌机和割草机应遵守本章中的安全要求和防护措施。另外，割灌机和割草机的设计应满足 ISO 12100 中给出的本部分未涉及的相关非严重危害的准则。

割灌机和割草机应符合 GB 19725.1—2014 中第 4 章除 4.5 外的所有要求。

安全使用割灌机和割草机取决于与使用个人防护设备(PPE)(如手套、护腿、工作靴及眼睛和耳朵的防护用品等)相关的安全环境，以及安全工作程序(见 GB 19725.1—2014 中的 5.1)。

如果割草机能被改装成割灌机，那么改装设备应符合对割灌机的要求，反之亦然。

除非本部分中另行规定，否则安全距离应满足 GB 23821—2009 中 4.2.4.1 与 4.2.4.3 的要求。

4.2 至切割附件的距离

4.2.1 要求

对于具有前、后手把的机器，后手把的中心点到切割附件上最近的未被防护的点(见图 2 的点 A)的直线距离应不小于 1 200 mm。点 A 是切割路径的垂直平面与切割附件防护罩的侧边的交点。

该最小距离适用于所有推荐的切割附件。

单位为毫米

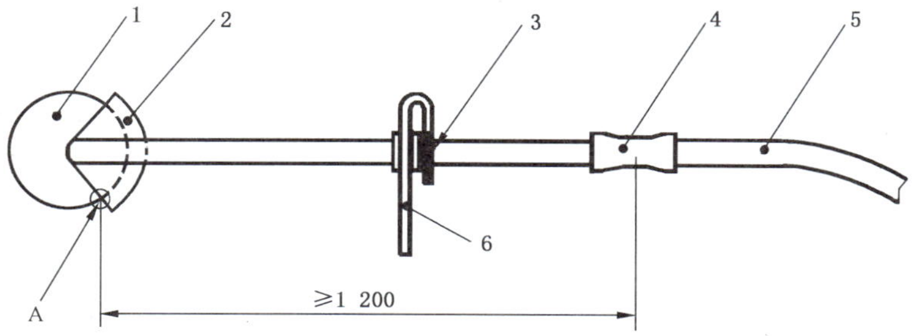

说明：

1——切割附件；

2——安全罩；

3——前手把后部中心；

4——手把握持区域；

5——柔性动力传输轴；

6——挡把。

图 2 安装有圆锯片切割附件及前后手把的机具示例

4.2.2 检验

通过测量检查距离。

4.3 手把

4.3.1 要求

机器应有手把，手把可为轴套管的一部分，且应保证操作者握持手把能对背负式动力装置进行操作和运输。

手把的设计应能满足以下要求：

a) 确保操作者戴上防护手套时能完全握住手把；

b) 手把的形状和表面能确保握持的可靠性；

c) 长度不小于 100 mm，弧形或环形手把握持区域长度可由直线或曲率半径大于 100 mm 的多段曲线段组成，在握持区域表面的一端或两端的曲率半径应不超过 10 mm。

4.3.2 检验

通过观察、测量和功能测试来检验手把的设计。

4.4 背带

4.4.1 要求

机器应配备携带背负式动力装置的双肩背带，且应可调节至适合操作者的尺寸。

背带应具有快速释放机构，快速释放机构位于动力源和背带之间，或位于背带和操作者之间。无论是背带的设计还是快速释放结构的使用，都应确保在发生紧急事故时能使人与动力源迅速分离。

若安装有快速释放机构，则应保证即使在载荷状态下，也能用一只手将其打开并且释放动力源。

4.4.2 检验

通过观察来检验背带的功能及其调整。在操作者背负背带并在吊挂点悬挂三倍于整机净重量的力的情况下对快速释放机构进行功能测试。

4.5 液压和气压管道及软管

4.5.1 要求

液压系统应符合 ISO 4413 的安全要求,气压系统应符合 ISO 4414 的安全要求。

内部压强超过 500 kPa 的液压和气压管道及软管应进行防护,以确保操作机器时万一管道破裂,液体不会直接射向操作者。

4.5.2 检验

目视检查管道和软管的防护。

5 使用信息

机器的使用说明书应符合 GB 19725.1—2014 中 5.1 的规定。

机器应按照 GB 19725.1—2014 中 5.2 的规定进行标识,按照 GB 19725.1—2014 中 5.3 的规定进行警告。

附 录 A
（资料性附录）
严重危害一览表

表 A.1 详细说明了割灌机和割草机的使用所涉及的并经过确认的严重危险、危险情况及严重危害事件，针对这些危害，要求设计者及生产厂家采取措施消除或减少这些危险带来的伤害。

表 A.1 与背负式割灌机和割草机有关的严重危害一览表

序号	危害		本部分中对应条款
	危险源	潜在的伤害	
1	机械危险		
	液压和气压系统	高压流体喷射危险	4.5
2	综合危险		
	不利于健康的姿势和极度或重复用力以及手动控制装置安装位置的不当设计；包括忽视人体手臂解剖学、相关的手把设计、机械平衡以及减振器的使用	不适，疲劳，运动器官的损伤，失去控制	4.3,4.4

ICS 29.240.01
K 45

中华人民共和国国家标准

GB/T 19826—2014
代替 GB/T 19826—2005

电力工程直流电源设备通用技术条件及安全要求

General specification and safety requirements for DC power supply equipment of power projects

2014-05-06 发布　　2014-10-28 实施

中华人民共和国国家质量监督检验检疫总局
中国国家标准化管理委员会　发布

前　言

本标准按照 GB/T 1.1—2009 给出的规则起草。

本标准代替 GB/T 19826—2005《电力工程直流电源设备通用技术条件及安全要求》。与 GB/T 19826—2005 相比，主要技术变化如下：

——增加了一体化电源设备的要求；

——交流输入电压范围由(85% ～115%)U_n 改为(85%～120%)U_n；

——纹波系数改为纹波因数，重新定义并与其他标准协调；

——增加了软启动特性要求；

——删除其他类型充电装置的要求；

——删除镉镍蓄电池的要求。

本标准由中国电器工业协会提出。

本标准由全国量度继电器和保护设备标准化技术委员会(SAC/TC 154)归口。

本标准起草单位：许昌开普电气研究院、深圳供电局有限公司、许继电源有限公司、艾默生网络能源有限公司、深圳奥特迅电力设备股份有限公司、深圳市英可瑞科技开发有限公司、广州东芝白云菱机电力电子有限公司、烟台东方电子玉麟电气有限公司、珠海泰坦科技股份有限公司、深圳市泰昂能源科技股份有限公司、杭州中恒电气股份有限公司、积成电子股份有限公司、河北北恒电气科技有限公司、河南电力试验研究院、郑州供电公司、西南电力设计院、河南省电力勘测设计院。

本标准主要起草人：李全喜、杨忠亮、杨慧霞、王刚、冯谦益、王凤仁、何勇志、石罡、薛安忠、潘景宜、刘平、许胜飞、孙十柱、蒋冠前、田建军、赵军、李宏伟、关江桥、耿建风、罗治军。

本标准于 2005 年首次发布，本次为第一次修订。

电力工程直流电源设备
通用技术条件及安全要求

1 范围

本标准规定了电力工程用直流电源设备、一体化电源设备的通用技术条件和安全要求，以及试验方法、检验规则、标志、包装、运输和贮存等方面的要求。

本标准适用于电力工程中的直流、一体化电源设备(以下简称产品)，并作为产品设计、制造、检验和使用的依据。对于未涵盖的其他电源设备可参照使用。

2 规范性引用文件

下列文件对于本文件的应用是必不可少的。凡是注日期的引用文件，仅注日期的版本适用于本文件。凡是不注日期的引用文件，其最新版本(包括所有的修改单)适用于本文件。

GB/T 2423.4—2008 电工电子产品环境试验 第2部分：试验方法 试验Db：交变湿热(12 h+12 h循环)

GB/T 2900.1 电工术语 基本术语

GB/T 2900.17 电工术语 量度继电器

GB/T 2900.32 电工术语 电力半导体器件

GB/T 2900.33 电工术语 电力电子技术

GB/T 2900.41 电工术语 原电池和蓄电池

GB 4208—2008 外壳防护等级(IP代码)

GB/T 4365 电工术语 电磁兼容

GB/T 7261—2008 继电保护和安全自动装置基本试验方法

GB 9254—2008 信息技术设备的无线电骚扰限值和测量方法

GB/T 11287—2000 电气继电器 第21部分：量度继电器和保护装置的振动、冲击、碰撞和地震试验 第1篇：振动试验(正弦)

GB/T 14537—1993 量度继电器和保护装置的冲击与碰撞试验

GB/T 17626.2—2006 电磁兼容 试验和测量技术 静电放电抗扰度试验

GB/T 17626.3—2006 电磁兼容 试验和测量技术 射频电磁场辐射抗扰度试验

GB/T 17626.4—2008 电磁兼容 试验和测量技术 电快速瞬变脉冲群抗扰度试验

GB/T 17626.5—2008 电磁兼容 试验和测量技术 浪涌(冲击)抗扰度试验

GB/T 17626.6—2008 电磁兼容 试验和测量技术 射频场感应的传导骚扰抗扰度

GB/T 17626.8—2006 电磁兼容 试验和测量技术 工频磁场抗扰度试验

GB/T 17626.10—1998 电磁兼容 试验和测量技术 阻尼振荡磁场抗扰度试验

GB/T 17626.12—1998 电磁兼容 试验和测量技术 振荡波抗扰度试验

GB/T 19582(所有部分) 基于Modbus协议的工业自动化网络规范

DL/T 634.5104—2009 远动设备及系统 第5-104部分：传输规约 采用标准传输协议集的IEC 60870-5-101网络访问

DL/T 860(所有部分) 变电站通信网络和系统

JB/T 5777.2—2002　电力系统二次电路用控制及继电保护屏(柜、台)通用技术条件
JB/T 5777.3—2002　电力系统二次电路用控制及继电保护屏(柜、台)基本试验方法

3　术语和定义

GB/T 2900.1、GB/T 2900.17、GB/T 2900.32、GB/T 2900.33、GB/T 2900.41 和 GB/T 4365 界定的以及下列术语和定义适用于本文件。

3.1

直流电源设备　DC power supply equipment

为电力工程控制、保护、信号、操作等提供电源的设备，通常由充电装置、蓄电池、馈出回路、调压装置和相关的控制、测量、信号、保护、调节单元、机电连接件等组成。

3.2

一体化电源设备　integrated power supply equipment

将直流电源、电力用交流不间断电源(UPS)、电力用逆变电源(INV)、通信用直流变换电源(DC/DC)等装置组合为一体，共享直流电源的蓄电池组，并统一监控的成套设备。

注：以直流电源为核心，直流电源与上述任何一种电源及一种以上电源所构成的组合体，均称为一体化电源设备。

3.3

充电装置　charging unit

承担对蓄电池组充电和/或浮充电任务的一种整流装置。

3.4

充电　charge

充电装置用不同的工作方式对蓄电池补充容量的工作过程。

3.5

恒流充电(稳流充电)　constant current charge

充电装置对蓄电池的充电电流在充电电压范围内维持在恒定值的工作过程。

3.6

浮充电　floating charge

以浮充电压值对蓄电池进行的恒压充电。在正常运行时，充电装置承担经常负荷，同时向蓄电池组补充充电，以补充蓄电池的自放电。

3.7

均衡充电　equalizing charge

为补偿蓄电池组在使用过程中产生的电压不均匀现象，使其恢复到规定的范围内而进行的充电。

3.8

纹波因数　ripple factor

脉动量直流电量的峰值与谷值之差的一半对直流分量的绝对值之比。

4　产品型号及基本参数

4.1　产品型号及含义

产品的分类及命名由企业产品标准规定。产品的型号推荐使用以下规定的方式进行编制，未配置的功能在型号中可不体现。对于产品中的充电装置及馈电屏在单独生产时，型号的编制方式按有关标准进行。

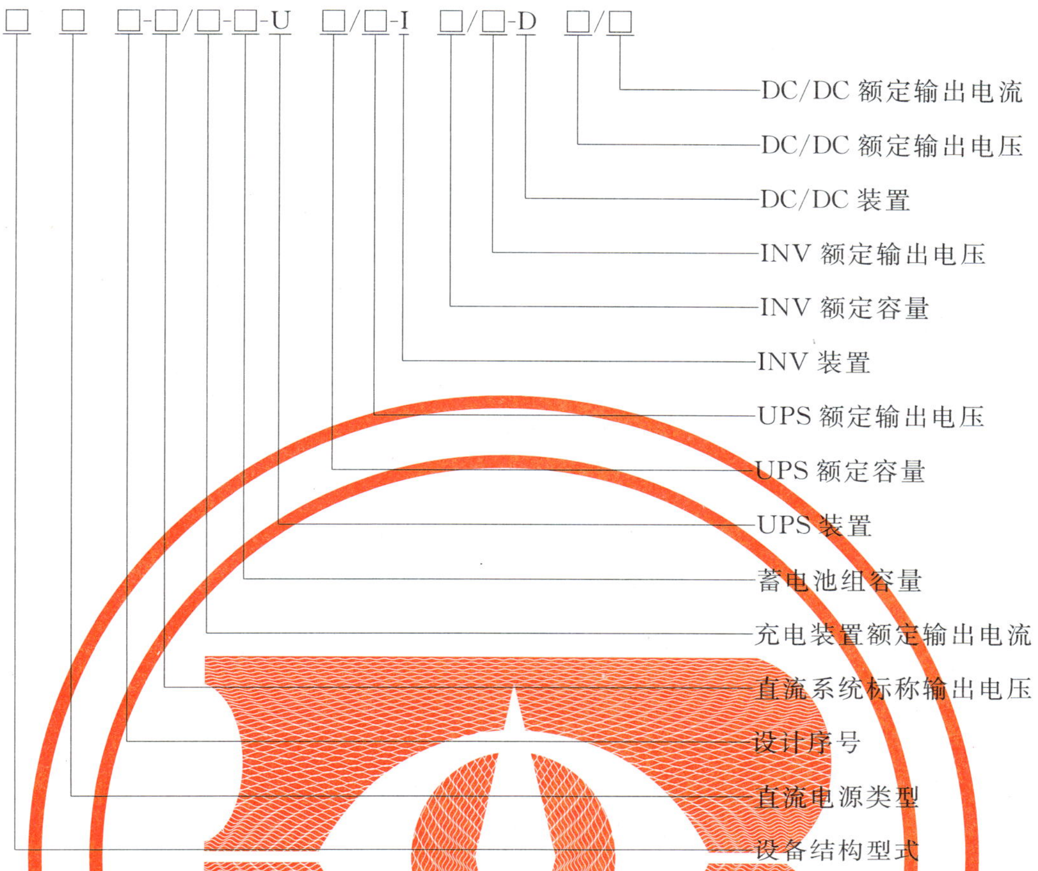

——DC/DC 额定输出电流用阿拉伯数字表示，单位为 A；
——DC/DC 额定输出电压用阿拉伯数字表示，单位为 V；
——DC/DC 装置用字母 D 表示；
——INV 额定输出电压(单相为相电压，三相为线电压)用阿拉伯数字表示，单位为 V；
——INV 额定容量用阿拉伯数字表示，单位为 100 VA；
——INV 装置用字母 I 表示；
——UPS 额定输出电压(单相为相电压，三相为线电压)用阿拉伯数字表示，单位为 V；
——UPS 额定容量用阿拉伯数字表示，单位为 100 VA；
——UPS 装置用字母 U 表示；
——蓄电池容量(C)用阿拉伯数字表示，单位为 Ah，其中铅酸电池用 C_{10} 表示标称的容量；
——直流额定电流用阿拉伯数字表示，单位为 A；
——直流系统标称电压用阿拉伯数字表示，单位为 V，一般采用 220 V、110 V、48 V、24 V；
——设计序号用阿拉伯数字、字母等表示，序号的位数和代表的含义由企业产品标准规定；
——直流电源类型：Z——直流电源；Y——一体化电源；
——设备结构型式用下列字母表示：P——屏；G——柜。

4.2 产品规格及参数

4.2.1 交流输入额定电压及频率

三相电压：380 V、50 Hz；
单相电压：220 V、50 Hz。

4.2.2 交流输出标称电压及频率

三相电压:380 V、50 Hz;
单相电压:220 V、50 Hz。

4.2.3 直流标称电压

220 V、110 V、48 V、24 V。

4.2.4 充电装置输出直流额定电流

充电装置输出直流额定电流可优先采用下列数值:
5 A、10 A、20 A、30 A、40 A、50 A、60 A、80 A、100 A、160 A、200 A、250 A、315 A(300 A)、400 A、500 A。

4.2.5 蓄电池额定容量

蓄电池额定容量可优先采用下列数值:
10 Ah、20 Ah、40 Ah、65 Ah、80 Ah、100 Ah、150 Ah、200 Ah、250 Ah、300 Ah、350 Ah、400 Ah、500 Ah、600 Ah、800 Ah、1 000 Ah、1 500 Ah、2 000 Ah、2 500 Ah、3 000 Ah。

4.2.6 产品外形尺寸

产品外形尺寸由企业产品标准规定,屏、柜体可优先采用以下外形尺寸(屏柜体框架尺寸):
2 260 mm×800 mm×600 mm(高×宽×深,高度包含眉头 60 mm)。

5 通用要求

5.1 环境条件要求

5.1.1 影响量和影响因素标称范围的标准极限值

影响量和影响因素标称范围的标准极限值见表 1。

表 1 影响量和影响因素标称范围的标准极限值

影响量和影响因素	标称范围
环境温度	−5 ℃～+40 ℃,−10 ℃～+55 ℃ 24 h 日平均温度不超过 35 ℃
输入交流电源电压	(85%～120%)U_n
交流输入电压不对称度	不超过 5%
频率变化范围	不超过±2%
大气压力	80 kPa～110 kPa
相对湿度	最湿月的月平均最大相对湿度为 90%,同时该月的月平均最低温度为 25 ℃,且表面无凝露
工作位置	偏离基准位置任一方向 5°
注 1:U_n 为交流输入额定电压。 注 2:特殊环境要求,由制造厂在标准中规定,或制造厂和用户协商。	

5.1.2 使用场所的其他要求

5.1.2.1 使用场所不应有超过 GB/T 11287—2000 和 GB/T 14537—1993 规定的严酷等级为 1 级的振动和冲击。

5.1.2.2 使用场所不得有爆炸危险的介质,周围介质不含有腐蚀金属和破坏绝缘的气体及导电介质,不允许充满水蒸气及较严重的霉菌存在。

5.1.2.3 使用场所应具有防御雨、雪、沙的设施。

5.1.2.4 使用场所任一方向不超过 1.5 mT 外磁场感应强度。

5.2 技术要求

5.2.1 充电装置

5.2.1.1 充电电压及电流调节范围

充电装置的充电电压及电流调节范围应符合表 2 的规定。

表 2 充电电压及电流调节范围

直流系统标称电压 V	蓄电池类别	恒流充电		浮充电		均衡充电	
		电压调节范围	充电电流调节范围	电压调节范围	负荷电流调节范围	电压调节范围	负荷电流调节范围
110 或 220	阀控密封式铅酸蓄电池	(90%～120%)U_n	(20%～100%)I_n	(95%～115%)U_n	(0～100%)I_n	(105%～120%)U_n	(0～100%)I_n
	排气式铅酸蓄电池	(90%～135%)U_n		(95%～115%)U_n		(105%～135%)U_n	
48	阀控密封式铅酸蓄电池	36 V～60 V		48 V～52 V		48 V～52 V	
	排气式铅酸蓄电池	40 V～72 V		48 V～52 V		48 V～72 V	
24	阀控密封式铅酸蓄电池	18 V～30 V		24 V～26 V		24 V～26 V	
	排气式铅酸蓄电池	20 V～36 V		24 V～26 V		24 V～36 V	
注:U_n 为直流系统标称电压,I_n 为直流额定电流。							

5.2.1.2 稳压精度、稳流精度及纹波因数

充电装置在交流输入电压为(85%～120%)额定值及表 2 规定的范围内,稳压精度、稳流精度及纹波因数不应超过表 3 的规定。

表 3 稳压精度、稳流精度及纹波因数

充电装置类型	稳压精度	稳流精度	纹波因数
高频开关电源型	±0.5%	±1%	0.5%
相控型	±1%	±2%	1%

5.2.1.3 直流电流和直流电压的输出误差

当充电装置输出的充电电流、充电电压通过数字式整定方式(如:数字拨盘、数字键盘、通信接口等数字方式)进行整定时,应满足下列规定:

a) 充电电流<30 A 时,其整定误差不超过±0.3 A;

b) 充电电流≥30 A 时,其整定误差不超过±1%;

c) 充电电压的整定误差不超过±0.5%(直流系统标称电压为 110 V 及以上)或±1%(直流系统标称电压为 110 V 以下)。

5.2.1.4 限压特性和限流特性

5.2.1.4.1 限压特性:充电装置在恒流充电状态下运行时,当输出直流电压超过限压整定值时,应能自动限制其输出电压的增加。

5.2.1.4.2 限流特性:充电装置在稳压状态下运行时,当对蓄电池的充电电流超过蓄电池的限流整定值时,或者当输出直流电流超过充电装置的总限流整定值时,应能立即进入限流状态,自动限制其输出电流的增加。

5.2.1.5 效率

充电装置的效率不应低于表 4 的规定。

5.2.1.6 功率因数

充电装置的功率因数不应低于表 4 的规定。

表 4 充电装置的效率及功率因数

充电装置类型	额定输出功率 kW	效率 %	功率因数
高频开关电源型	单模块功率<1.5	85	0.90
	单模块功率≥1.5	90	0.92
相控型	单相输入 1~5.4	60	0.6
	三相输入 1~5.4	70	0.7
	>5.4~18	75	0.7
	>18~36	80	0.7
	大于 36	85	0.7

5.2.1.7 均流不平衡度

多台同型号的高频开关电源模块并机工作时,各模块应能按比例均分负载,当各模块平均输出电流为50%～100%的额定电流值时，其均流不平衡度不应超过±5%。

5.2.1.8 软启动特性

充电装置应具有软启动特性，软启动时间可根据用户要求设定，一般设定为3 s～10 s。

5.2.2 交流不间断电源和逆变电源

5.2.2.1 稳压精度

当输入交流电压为(85%～120%)额定电压或输入直流电压为表2范围内的电压值，负载电流在0～100%额定负载时，稳压精度不应超过±3%。

5.2.2.2 动态电压瞬变范围及瞬变响应恢复时间

动态电压瞬变范围不应超过标称电压值的±10%，瞬变响应恢复时间不应大于20 ms。

5.2.2.3 同步精度

同步精度不应超过±2%。

5.2.2.4 输出频率

当输入电压和负载电流为额定值时，断开旁路输入，输出频率不应超过(50±0.2)Hz。

5.2.2.5 电压不平衡度

对于三相输出的交流不间断电源，电压不平衡度不应大于5%。

5.2.2.6 电压相位偏差

对于三相输出的交流不间断电源，电压相位偏差不应超过3°。

5.2.2.7 电压波形失真度

输出波形的失真度不应超过3%。

5.2.2.8 输出电流峰值因数

若输入电压与负载容量为额定值，输出的电流峰值因数不应小于3∶1。

5.2.2.9 反灌纹波电压

在逆变输出状态下，对直流母线反灌纹波电压的均方根值不应超过直流母线电压的0.5%。

5.2.2.10 总切换时间

总切换时间应满足：

a) 冷备用模式：旁路输出切换到逆变输出的切换时间不应大于10 ms。逆变输出切换到旁路输出的切换时间不应大于4 ms。
b) 双变换模式：交流供电与直流供电相互切换的切换时间应为0 ms。旁路输出与逆变输出相互切换的切换时间不应大于4 ms。

5.2.2.11 交流旁路输入要求

5.2.2.11.1 交流旁路输入隔离变压器

当配置有交流输入隔离变压器时，输入隔离变压器应满足：

a) 绝缘电阻：绝缘电阻不应小于 10 MΩ；

b) 工频耐压：应能承受历时 1 min、3 kV 工频电压的耐压试验，无绝缘击穿或闪络现象；

c) 冲击耐压：应能承受 5 kV 标准雷电波的短时冲击电压试验。

5.2.2.11.2 交流旁路输入稳压器

当配置有交流输入稳压器时，输入稳压器应满足：

a) 输出电压调节范围：不应超过±10%；

b) 输出电压稳压精度：不应超过±3%。

5.2.2.11.3 交流旁路输入过载能力

交流旁路输入电路过载 150%时，工作不应小于 30 min。

5.2.2.12 效率

当输入电压与负载电流为额定值时，交流不间断电源、逆变电源的效率不应低于表 5 中的规定。

表 5 交流不间断电源、逆变电源的效率

额定输出功率	高频机		工频机(输入输出具有工频隔离的变压器)	
	交流输入逆变输出	直流输入逆变输出	交流输入逆变输出	直流输入逆变输出
3 kVA 以上	90%	85%	80%	85%
3 kVA 及以下	85%	80%	75%	80%

5.2.2.13 输入功率因数

交流不间断电源的输入功率因数不应小于 0.9。

5.2.2.14 并机均流性能

具有并机功能的交流不间断电源装置并机工作时，若负载电流为 50%～100%额定电流，其均流不平衡度不应超过±5%。

5.2.3 直流变换电源装置

5.2.3.1 直流变换电源装置类型和直流标称电压

5.2.3.1.1 直流变换电源装置应为高频开关模块型。

5.2.3.1.2 直流变换电源装置直流输出标称电压为 48 V。

5.2.3.2 稳压精度

直流输入电压在表 2 规定的上限值和下限内变化，输出电流在额定值的 5%～100%范围内变化，稳压精度不应超过±0.6%。

5.2.3.3 动态电压瞬变范围及瞬变响应恢复时间

动态电压瞬变范围不应超过标称电压值的±5%。瞬变响应恢复时间不应大于200 ms。

5.2.3.4 杂音电压

5.2.3.4.1 电话衡重杂音电压

直流变换电源装置直流输出端电话衡重杂音电压不大于2 mV。

5.2.3.4.2 宽频杂音电压

直流变换电源装置直流输出端在3.4 kHz～150 kHz频带内的宽频杂音电压不应大于50 mV;在0.15 MHz～30 MHz频带内的宽频杂音电压不应大于20 mV。

5.2.3.4.3 离散频率杂音电压

直流变换电源装置直流输出端在3.4 kHz～150 kHz频带内的离散频率杂音电压不应大于5 mV;在0.15 MHz～0.2 MHz频带内的离散频率杂音电压不应大于3 mV;在0.2 MHz～0.5 MHz频带内的离散频率杂音电压不应大于2 mV;在0.5 MHz～30 MHz频带内的离散频率杂音电压不应大于1 mV。

5.2.3.4.4 峰-峰值杂音电压

直流变换电源装置直流输出端输出峰-峰值杂音电压不大于200 mV。

5.2.3.5 反灌纹波电压

直流变换电源装置对直流母线反灌纹波电压的均方根值不应超过直流母线电压的0.5%。

5.2.3.6 效率

在额定负载时,直流变换电源装置的效率不应低于表6的规定。

表6 直流变换电源的效率

装置类型	额定输出功率 kW	额定输入电压 V	效率 %
直流变换电源装置	单模块功率≤1.5	<220	80
		≥220	85
	单模块功率>1.5	<220	85
		≥220	90

5.2.3.7 并机均流性能

直流变换电源装置的变换模块并机工作时,在负载电流为50%～100%额定值时,其均流不平衡度不应超过±5%。

5.2.4 蓄电池

5.2.4.1 蓄电池容量

蓄电池组按表7规定的放电电流和放电终止电压进行容量试验,蓄电池容量应符合表7的规定。

表 7 蓄电池放电终止电压及放电电流

蓄电池类型	标称电压 V	放电终止电压 V	额定容量 Ah	放电电流 A
排气式铅酸蓄电池	2	1.8	C_{10}	I_{10}
阀控密封式铅酸蓄电池	2	1.8	C_{10}	I_{10}
	6	5.4	C_{10}	I_{10}
	12	10.8	C_{10}	I_{10}
注 1：C_{10} 为蓄电池容量符号，是 10 h 率额定容量，Ah。 注 2：I_{10} 为放电电流符号，是 10 h 率放电电流，数值 $C_{10}/10$，A。				

5.2.4.2 大电流放电能力

对阀控密封式蓄电池应以 $30I_{10}$ 的电流放电 3 min，对排气式铅酸蓄电池应以 $15I_{10}$ 的电流放电 1 min，试验后极柱不应熔断，其外观不应出现异常。

5.2.5 直流供电能力

5.2.5.1 直流母线电压

控制母线电压最大变化范围为(85%～110%)直流系统标称电压；动力母线电压最大变化范围为(87.5%～112.5%)直流系统标称电压。

5.2.5.2 合闸冲击放电

当用户有要求时，产品需要进行此项试验，具体要求见附录 A。

5.2.5.3 直流母线连续供电

在正常运行方式、交流电源中断或充电装置发生故障的情况下，直流母线应连续供电。

5.2.5.4 控制母线的电压调节功能

当直流母线配置有调压装置时，调压装置应具有手动调压功能和自动调压功能，在调节过程中或调压装置故障时，直流控制母线应连续供电。

5.2.6 噪声

在周围环境不大于 40 dB 的条件下，自冷式产品的噪声不应大于 55 dB(A 声级)；风冷式产品的噪声在 50%及以下额定负载时不应大于 60 dB(A 声级)，在 50%及以上额定负载时不应大于 65 dB(A 声级)。

5.2.7 保护及告警

5.2.7.1 绝缘监察要求

产品应具备绝缘监察功能。当直流系统发生接地故障或绝缘水平下降到设定值时，绝缘监察装置应正确发出信号并具有相应的远方信号触点。

当检测多条支路，或多段母线时，宜配置独立的装置。

5.2.7.2 电压监察要求

产品应具备电压监察功能，当直流母线电压高于上限设定值或低于下限设定值时，产品的电压监察装置应正确发出信号并具有相应的远方信号触点。

5.2.7.3 闪光信号要求

当用户需要时，产品设置闪光信号功能和相应的试验按钮。

5.2.7.4 过压和欠压保护

过压和欠压保护要求：

a) 当输入过压时，装置应具有过压关机保护功能，输入恢复正常后，应能自动恢复原工作状态；
b) 当输入欠压时，装置应具有欠压保护功能或输入自动切换功能，输入恢复正常后，应能自动恢复原工作状态；
c) 当输出过压时，充电装置和直流变换电源应具有过压关机保护功能，故障排除后，应能人工恢复工作。交流不间断电源和逆变电源应具有输出自动切换功能，故障消除后，应能自动恢复原工作状态；
d) 当输出欠压时，充电装置和直流变换电源可不具有保护动作，但故障排除后，应能自动恢复工作。交流不间断电源和逆变电源应具有输出自动切换功能，故障消除后，应能自动恢复原工作状态。

5.2.7.5 输出过载和短路保护

5.2.7.5.1 充电浮充电装置和直流变换电源装置

当输出过载或短路时，应自动进入输出限流保护状态，故障消除后，应能自动恢复工作。

5.2.7.5.2 交流不间断电源和逆变电源

交流不间断电源和逆变电源要求：

a) 输出功率超过额定值的105%～125%，运行时间大于或等于10 min后自动转旁路，过载消除后，应能自动恢复工作；
b) 输出功率超过额定值的125%～150%，运行时间大于或等于1 min后自动转旁路，过载消除后，应能自动恢复工作；
c) 输出功率超过额定值的150%或短路时，应立刻转旁路。旁路开关要有足够的过载能力，并保证配电开关先脱扣，过载消除后，应能自动恢复工作。原则上配电开关的额定电流不应大于装置额定输出电流的50%。

5.2.7.6 故障报警要求

当发生下列情况时，产品应能发出报警信号，并且具有远方信号触点：

a) 直流电源报警信号：
    1) 交流输入过压、欠压、缺相；
    2) 交流输出过压、欠压；
    3) 充电浮充电装置故障；
    4) 直流母线过压、欠压；
    5) 直流母线绝缘故障；

6) 蓄电池组过压、欠压；
7) 蓄电池组出口熔断器熔断或断路器脱扣；
8) 馈线断路器脱扣；
9) 绝缘监察装置故障。

b) 交流不间断电源报警信号：
1) 交流不间断电源装置异常；
2) 交流馈线断路器脱扣。

c) 逆变电源装置报警信号：
1) 逆变电源装置异常；
2) 交流馈线断路器脱扣。

d) 直流变换电源报警信号：
1) 直流变换电源装置异常；
2) 馈线断路器脱扣。

e) 其他报警信号：
1) 监控装置故障；
2) 避雷器故障；
3) 监控通信异常。

5.2.8 监控功能

5.2.8.1 一般要求

监控装置应具备对直流电源、不间断电源、逆变电源、直流变换电源、蓄电池组和配电状态的监控功能。

监控装置可通过通信接口与上级主站进行连接通信，实现对电源系统的远程监控。

5.2.8.2 控制功能

控制功能包括：

a) 监控装置应具备电池管理功能，能按设定的条件自动完成对蓄电池充电控制；
b) 监控装置应能对蓄电池、充电装置、不间断电源、逆变电源、直流变换电源等装置的运行方式进行设定，并可进行自动与手动控制。

5.2.8.3 显示和检测功能

5.2.8.3.1 显示

监控装置应能显示下列信息：

a) 交流输入电压；
b) 交流输出电压、电流和频率；
c) 直流系统母线电压、电流；
d) 蓄电池组电压、电流；
e) 充电装置输出电压、电流；
f) 直流变换电源装置输出电压、电流；
g) 直流系统接地电阻、对地电压及其接地支路编号；
h) 充电装置运行状态；
i) 不间断电源、逆变电源运行状态；

j） 直流变换电源装置运行状态。

5.2.8.3.2 检测精度及检测周期

监控装置对模拟信号的检测精度不超过0.5%（直流）或1.0%（交流），对状态信号的检测周期不应超过1 s，异常报警信号的检测周期不应超过0.5 s。

5.2.8.4 保护和故障管理

保护和故障管理功能包括：

a） 根据被监控设备的工作状态和参数变化，及时、准确判断异常或故障类型，并自动实施异常工况限制、故障保护和声光报警显示功能；

b） 监控装置应提供用于信号报警输出的无源触点。

5.2.9 通信功能要求

5.2.9.1 一般要求

产品通信接口应满足现场连接要求。产品通信规约应采用DL/T 860、GB/T 19582、DL/T 634.5104或其他国家标准或行业标准规定的通信规约。

5.2.9.2 遥测功能

产品中的监控装置应能采集并通过通信接口向远方发送直流系统母线电压、充电装置输出电压和电流、蓄电池组的电压和电流；交流输入电源电压；交流不间断电源和逆变电源装置输出电压、电流、频率；直流变换电源装置输出电压、电流。

5.2.9.3 遥信功能

产品中的监控装置应能采集并通过通信接口向远方发送直流系统母线过压和欠压、直流母线绝缘降低、充电装置运行状态及故障、交流电源故障、蓄电池熔丝熔断、蓄电池放电欠压等信号，交流不间断电源和逆变电源装置工作运行状态、交流不间断电源及逆变电源装置异常、交流馈线断路器脱扣，直流变换电源装置异常、馈线断路器脱扣，监控装置故障、监控通信异常。

5.2.9.4 遥控功能

产品中的监控装置应能通过通信接口接收并执行远方的控制信号，控制充电装置的均充和浮充运行方式的转换。

5.2.10 产品的充电功能要求

5.2.10.1 产品的充电运行特性应满足蓄电池正常工作的要求。

5.2.10.2 具有程序控制功能的产品，应具有充电、长期运行、交流中断的控制程序，其运行控制方式应满产品运行的需要。运行特性曲线可参考附录C。

5.2.11 温度变化对性能的影响

在表1规定的温度范围内变化时，产品应能正常工作，并满足以下要求：

a） 直流电压变差要求：充电装置在稳压工作时，输出电压变差不应超过±0.5%；

b） 稳压精度要求：充电装置的输出稳压精度不应超过表3的规定。

5.2.12 产品配置要求

5.2.12.1 产品的配置应符合相关技术规范和产品设计要求。

5.2.12.2 产品应配置有测量充电电流、蓄电池组电压、母线电压、放电电流、交流输入电压等参数的设施及必要的信号灯、光字牌、按钮等。

5.3 安全要求

5.3.1 电气间隙和爬电距离

柜内两带电导体之间、带电导体与裸露的不带电导体之间的电气间隙和爬电距离均应符合表8的规定。小母线、汇流排或不同极的裸露的带电导体之间，以及裸露的带电导体与未经绝缘的不带电导体之间的电气间隙不小于12 mm，爬电距离不小于20 mm。

表8 电气间隙和爬电距离

额定绝缘电压 U_i V	电气间隙 mm	爬电距离 mm
$U_i \leqslant 63$	3.0	3.0
$63 < U_i \leqslant 300$	5.0	6.0
$300 < U_i \leqslant 500$	8.0	10.0
注1：当主电路与控制电路或辅助电路的额定绝缘电压不一致时，其电气间隙和爬电距离可分别按其额定值选取。 注2：具有不同额定值主电路或控制电路导电部分之间的电气间隙与爬电距离，按最高额定绝缘电压选取。		

5.3.2 绝缘电阻

用开路电压为表9规定电压的测试仪器测量有关部位的绝缘电阻，应符合以下规定：

a) 各独立电路与地(即金属框架)之间的绝缘电阻不小于10 MΩ；

b) 无电气联系的各电路之间的绝缘电阻不小于10 MΩ。

5.3.3 介质强度

5.3.3.1 产品的下列部位应进行介质强度试验：

a) 各独立电路与地(即金属框架)之间；

b) 无电气联系的各电路之间。

5.3.3.2 介质强度试验电压值：5.3.3.1中所列部位应能承受频率为(50±5)Hz的工频耐压试验，历时1 min，(也可采用直流电压，试验电压为交流电压有效值的1.4倍)，不应出现击穿或闪络现象，绝缘试验的试验等级见表9。

表 9　绝缘试验的试验等级

额定绝缘电压 U_i V	绝缘电阻测试仪器的电压等级 V	介质试验电压 kV	冲击试验电压 kV
$U_i \leqslant 63$	250	0.5(0.7)	1
$63 < U_i \leqslant 250$	500	2.0(2.8)	5
$250 < U_i \leqslant 500$	1 000	2.0(2.8)	5
注 1：括号内数据为直流介质强度试验值。 注 2：出厂试验时，介质强度试验允许试验电压高于本表中规定值的 10%，试验时间为 1 s。			

5.3.4　冲击电压

产品各电路对地(即金属框架)之间，交流电路与直流电路之间，应能承受标准雷电波的短时冲击电压试验，试验电压值按表 9 选取。

承受冲击电压后，产品的主要功能应符合标准规定。在试验过程中，允许出现不导致损坏绝缘的闪络，如果出现闪络，则应复查介质强度，介质强度试验电压为规定值的 75%。

5.3.5　温升

正常试验条件下，产品交流输入为额定电压，直流输出电压为浮充电压，输出电流为额定电流时，其各元器件的温升不得超过表 10 的规定。并且发热元件的温度不应影响周围元器件的正常工作且无元器件损坏。

表 10　温升要求

单位为开

元器件(部件)名称		温　　升
整流管外壳(含散热器)		70
晶闸管外壳		55
降压硅堆外壳		85
电阻元件		25(距外表 30 mm 处空间)
变压器、电抗器线圈	B 级绝缘	80
	F 级绝缘	100
	H 级绝缘	125
母线连接处 铜——铜 铜搪锡——铜搪锡 铜镀银——铜镀银		 50 60 80
操作手柄 金属材料 绝缘材料		 15[a] 25[a]

表 10（续）

单位为开

元器件(部件)名称	温　　升
可接触的外壳和覆板 金属表面 绝缘表面	 30[b] 40[b]

[a] 装在产品内部的操作手柄(如:事故操作手柄、把手等),因只有门打开后才能被触及且不经常操作,允许其温升比表中的数据高 10 K。

[b] 除非另有规定,对可以接触,但正常工作时不需触及的外壳和覆板,允许其温升比本表中的数据高 10 K。

5.3.6 耐湿热性能

产品应能承受 GB/T 2423.4—2008 规定的交变湿热试验,产品在最高温度为 +40 ℃、试验周期为两周期(48 h)的条件下,经交变湿热试验,在试验结束前 2 h 内,用规定开路电压值的测试仪表,分别测量规定部位的绝缘电阻,不应小于 0.5 MΩ,其介质强度为规定试验电压的 75%。

5.3.7 产品防护等级

产品的外壳防护等级不应低于 GB 4208—2008 中 IP20 的规定。

5.3.8 防触电措施

产品的防触电措施应符合 JB/T 5777.2—2002 中 5.12 的规定。

5.4 电磁兼容要求

5.4.1 抗扰度要求

5.4.1.1 振荡波抗扰度

产品应能承受 GB/T 17626.12—1998 第 5 章规定的试验严酷等级为 3 级的 1 MHz 和 100 kHz 振荡波抗扰度试验。

5.4.1.2 静电放电抗扰度

产品应能承受 GB/T 17626.2—2006 第 5 章的试验严酷等级为 3 级的静电放电抗扰度试验。

5.4.1.3 射频电磁场辐射抗扰度

产品应能承受 GB/T 17626.3—2006 第 5 章规定的试验严酷等级为 3 级的射频电磁场辐射抗扰度试验。

5.4.1.4 电快速瞬变脉冲群抗扰度

产品应能承受 GB/T 17626.4—2008 第 5 章规定的试验严酷等级为 3 级的电快速瞬变脉冲群抗扰度试验。

5.4.1.5 浪涌(冲击)抗扰度

产品应能承受 GB/T 17626.5—2008 第 5 章规定的试验严酷等级为 3 级的浪涌(冲击)抗扰度试验。

5.4.1.6 射频场感应的传导骚扰抗扰度

产品应能承受 GB/T 17626.6—2008 第 5 章规定的试验严酷等级为 3 级的射频场感应的传导骚扰抗扰度试验。

5.4.1.7 工频磁场抗扰度

产品应能承受 GB/T 17626.8—2006 第 5 章规定的试验严酷等级为 4 级的工频磁场抗扰度试验。对于超高压系统使用的产品,应能承受 GB/T 17626.8—2006 第 5 章规定的试验严酷等级为 5 级的工频磁场抗扰度试验。

5.4.1.8 阻尼振荡磁场抗扰度

产品应能承受 GB/T 17626.10—1998 第 5 章规定的试验严酷等级为 4 级的阻尼振荡磁场抗扰度试验。对于超高压系统使用的产品,应能承受 GB/T 17626.10—1998 第 5 章规定的试验严酷等级为 5 级的阻尼振荡磁场抗扰度试验。

5.4.2 电磁发射限值要求

5.4.2.1 传导发射限值和辐射发射限值

产品应符合表 11 和表 12 规定的传导发射限值和辐射发射限值。

表 11 传导发射限值

频率范围 MHz	发射限值 dB(μV)	
	准峰值	平均值
0.15～0.5 (不含 0.5)	79	66
0.5～30	73	60

表 12 辐射发射限值

频率范围 MHz	在 10 m 测量距离处辐射发射限值/dB(μV/m)
	准峰值
30～230	40
230～1 000 (不含 230)	47

5.4.2.2 谐波电流限值

在产品的交流输入端,产品的谐波电流含有率不大于 30%。

5.5 结构及工艺要求

5.5.1 结构要求

5.5.1.1 产品的结构外形尺寸公差及形位公差应符合表13的规定。
5.5.1.2 其他要求应符合JB/T 5777.2—2002中5.2的规定。

表13 外形尺寸公差及形位公差 单位为毫米

项目名称	尺寸	公差
高度	500～1 600	±1.5
	1 600～2 200	±2.0
	>2 200	±2.5
宽度	—	0 −2.0
深度	—	±1.5
平面度	—	1 000∶3
垂直度	—	1 000∶2

5.5.2 表面涂敷层及系统模拟图要求

产品表面涂敷层与系统模拟图应符合JB/T 5777.2—2002中5.3的规定。

5.5.3 元件安装要求

产品元件安装应符合JB/T 5777.2—2002中5.4的规定。

5.5.4 母线、连接导线的要求

产品母线、连接导线应符合JB/T 5777.2—2002中5.5的规定。导线截面积参见附录B。

5.5.5 绝缘导线的敷设和连接

产品绝缘导线的敷设和连接应符合JB/T 5777.2—2002中5.6的规定。

5.5.6 其他要求

5.5.6.1 产品的同类接插件应具有通用性和互换性，应接触可靠，插拔方便，并设有锁紧设施。
5.5.6.2 蓄电池组的布置应满足蓄电池的运行要求，保证蓄电池组的绝缘性能，便于维护与检修。对需要观察液面的蓄电池应便于观察液面。
5.5.6.3 产品内安装布置宜满足不停电维护的要求。

6 试验方法

6.1 试验条件

6.1.1 环境条件

除另有规定外，试验应在正常环境条件下进行。正常试验环境条件为：

a) 环境温度：+15 ℃～+35 ℃；

b) 相对湿度：45%～75%；

c) 大气压力：86 kPa～106 kPa。

6.1.2 试验电源要求

试验电源要求包括：

a) 交流电源频率：50 Hz±0.5 Hz；

b) 交流电源波形：正弦波，波形畸变因数不大于5%；

c) 交流电源中直流分量：偏移量不大于峰值的2%；

d) 直流电源中交流分量(纹波)：不大于6%；

e) 交流电源系统的不平衡度：不大于5%。

6.1.3 仲裁条件

当出现争议时，可按GB/T 7261—2008中4.1和4.2规定的基准条件进行仲裁。

6.1.4 试验用仪器仪表要求

除另有规定外，试验中所使用的仪器仪表精度应满足下列要求：

a) 一般使用的仪表精度应根据被测量的误差等级按表14进行选择；

b) 测量相位用仪表不低于1.0级；

c) 测量温度用仪表误差不超过±1 ℃；

d) 测量时间用仪表：当测量时间大于1 s时，相对误差不大于0.5%，测量时间小于1 s时，相对误差不大于0.1%；

e) 其他测试仪器、仪表的精度应符合有关标准的要求，并在计量认证的有效期内。

表14 测试仪表精度的选择

误差	≤0.5%	0.5%～1.5%	1.5%～5%	7.5%
仪表精度	0.1级	0.2级	0.5级	1.0级
数字仪表精度	6位半	5位半	4位半	4位半

6.2 结构及工艺检查

检验5.5结构及工艺要求，按JB/T 5777.3—2002第5章规定的方法进行。

6.3 稳流精度、稳压精度及纹波因数试验

6.3.1 试验线路图

试验接线如图1所示。

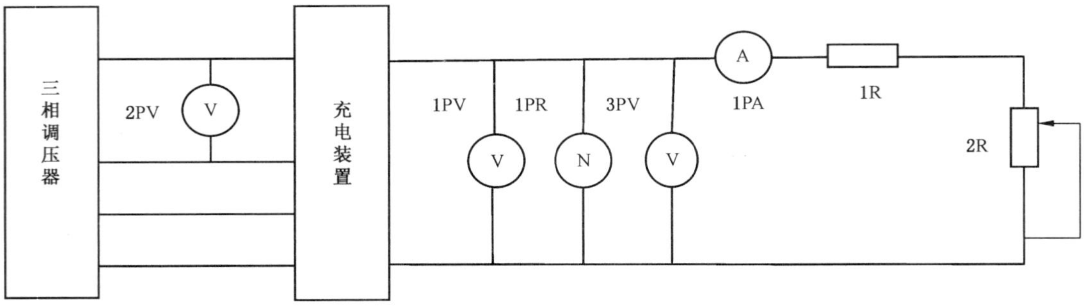

说明：
2R——可调电阻器；
1PA——电流表；
1PV——直流电压表；
2PV——交流电压表；
3PV——交流毫伏表；
1PR——示波器。

图 1 稳流精度、稳压精度、纹波因数的试验线路图

6.3.2 稳流精度试验

6.3.2.1 充电装置在恒流充电状态下，充电电流设定为表 2 规定的整定范围内任一点，交流输入电压在(85％～120％)额定值(电压表 2PV 所示值)内变化，调整充电电压在表 2 规定的变化范围内变化，分别测量充电电流(电流表 1PA 所示值)，找出上述变化范围内充电电流的极限值 I_M。

6.3.2.2 按式(1)计算稳流精度，计算结果应符合 5.2.1.2 的要求：

$$\delta_I = \frac{I_M - I_Z}{I_Z} \times 100\% \qquad \cdots\cdots (1)$$

式中：
δ_I ——稳流精度；
I_Z ——交流输入电压为额定值且充电电压在调整范围内的中间值时，充电电流测量值；
I_M ——充电电流的极限值。

6.3.3 稳压精度试验

6.3.3.1 充电装置在稳压状态下，直流输出电压设定为表 2 规定的整定范围内任一点，交流输入电压在(85％～120％)额定值(电压表 2PV 所示值)内变化，调整负载电流为(0～100)％额定值(电流表 1PA 所示值)，分别测量其充电装置的输出电压(电压表 1PV 所示值)。找出上述变化范围内充电装置输出电压的极限值 U_M。

6.3.3.2 按式(2)计算稳压精度，计算结果应符合 5.2.1.2 的要求：

$$\delta_U = \frac{U_M - U_Z}{U_Z} \times 100\% \qquad \cdots\cdots (2)$$

式中：
δ_U ——稳压精度；
U_Z ——交流输入电压为额定值且负载电流为 50％的额定电流时，输出电压测量值；
U_M ——输出电压的极限值。

6.3.4 纹波因数试验

6.3.4.1 示波器要求：带宽 20 MHz 示波器，扫描速度低于 0.5 s/div 示波器频带宽 20 MHz，扫描速度低于 0.5 s/div,测量探头尽可能靠近被试设备输出端。

6.3.4.2 充电装置在稳压状态下,直流输出电压设定在表 2 规定的整定范围内,交流输入电压在(85%～120%)额定值(电压表 2PV 所示值)内变化,调整负载电流为(0～100)%额定值(电流表 1PA 所示值),分别测量直流输出电压平均值 U_{DC}(电压表 1PV 所示值)、输出电压的交流分量峰-峰值 U_{pp}(示波器 1PR 所示值)。

6.3.4.3 分别按式(3)计算纹波因数,计算结果应符合 5.2.1.2 的要求:

$$\delta=\frac{U_{pp}}{2U_{DC}}\times 100\% \qquad \cdots\cdots(3)$$

式中:

δ ——纹波因数;

U_{pp}——输出电压交流分量峰-峰值;

U_{DC}——直流输出电压平均值。

6.4 直流电流电压输出误差试验

6.4.1 充电电流整定误差试验

6.4.1.1 充电装置在恒流充电状态下,充电电流设定在表 2 规定的整定范围内,交流输入电压为额定值(电压表 2PV 所示值),调整充电电压在表 2 规定的变化范围内的中间值,分别测量充电电流值 I_Z(电流表 1PA 所示值)。

6.4.1.2 按式(4)计算整定误差,计算结果应符合 5.2.1.3 的要求:

$$\delta_I=\frac{I_Z-I_{Z0}}{I_{Z0}}\times 100\% \qquad \cdots\cdots(4)$$

式中:

δ_I ——电流整定误差;

I_Z ——交流输入电压为额定值且充电电压在调整范围内的中间值时,充电电流测量值;

I_{Z0}——充电电流的设定值。

6.4.2 直流输出电压整定误差试验

6.4.2.1 充电装置在稳压状态下,直流输出电压设定在表 2 规定的整定范围内,交流输入电压为额定值(电压表 2 PV 所示值),调整负载电流为 50%额定值(电流表 1PA 所示值),分别测量其充电装置的输出电压 U_Z(电压表 1PV 所示值)。

6.4.2.2 按式(5)计算整定误差,计算结果应符合 5.2.1.3 的要求:

$$\delta_U=\frac{U_Z-U_{Z0}}{U_{Z0}}\times 100\% \qquad \cdots\cdots(5)$$

式中:

δ_U ——电压整定误差;

U_Z ——交流输入电压为额定值且负载电流为 50%的额定电流时,输出电压测量值;

U_{Z0}——输出电压的设定值。

6.5 限压特性、限流特性试验

6.5.1 充电装置在恒流充电状态下运行,调整负载电阻,使直流输出电压增加,当输出电压超过限压整定值时,应能自动限制输出直流电压的增加。

6.5.2 充电装置在稳压状态下运行,调整负载电阻,使输出电流逐渐上升而超过限流整定值,充电装置将自动限制直流输出电流。当输出电流减小到限制电流以下时,能自动恢复工作。

6.6 效率和功率因数试验

6.6.1 按图 2 接线，交流输入电压为额定电压，在稳压充电状态，直流输出为额定电流（电阻性负载）、直流输出电压为电压调节范围上限值，测量交流输入有功功率 P（功率表所示值）、直流输出的电流值 I_n（电流表 2PA 所示值）和电压值 U_m（电压表 2PV 所示值）。

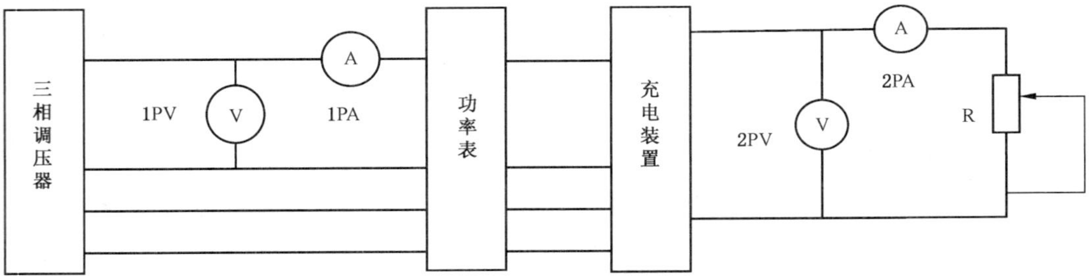

说明：

1PV——交流电压表；

2PV——直流电压表；

1PA——交流电流表；

2PA——直流电流表；

R——可调电阻器。

图 2 效率及功率因数试验线路图

6.6.2 充电装置的效率按式(6)计算，计算结果应符合 5.2.1.5 的要求：

$$\eta=\frac{I_n \times U_m}{P} \times 100\% \qquad \cdots\cdots(6)$$

式中：

η ——充电装置的效率；

I_n ——直流输出的电流值；

U_m——直流输出的电压值；

P ——交流输入有功功率。

6.6.3 充电装置的功率因数按式(7)计算，计算结果应符合 5.2.1.6 的要求：

$$PF=\frac{P}{S} \qquad \cdots\cdots(7)$$

式中：

PF ——功率因数；

P ——交流输入有功功率；

S ——交流输入视在功率。

6.7 均流不平衡度试验

6.7.1 充电装置在浮充电状态下，调整高频开关电源模块总输出电流为 50%I_n。

6.7.2 测量各模块输出电流值，均流不平衡度按式(8)计算，计算结果应符合 5.2.1.7 的要求：

$$\delta_I=\frac{I_m - I_z}{I_N} \times 100\% \qquad \cdots\cdots(8)$$

式中：

δ_I ——均流不均衡度；

I_m——单模块输出电流最大或最小值；

I_z ——单模块输出电流平均值；

I_N ——单模块额定输出电流值。

6.7.3 调整高频开关电源的模块充电电流值为 100%I_n 时，重复上述试验。

6.7.4 断开任意一个模块电源后，重复上述试验。

6.8 软启动特性试验

交流输入电压为额定值，负载电流为 50%额定负载电流，启动充电装置，用存贮示波器适当的量程观察充电装置从输出直流电压开始到输出电压稳定的过程，同时记录该过程的时间，电压从 10%到 90%的时间应符合 5.2.1.8 的要求。

6.9 交流不间断电源和逆变电源试验

6.9.1 稳压精度试验

6.9.1.1 电源输入端分别单独输入直流电源和单独输入交流电源进行试验。在直流电源单独输入时，直流输入电压在表 2 规定的上限值和下限值内变化；在交流电源单独输入时，交流输入电压在(85%～120%)额定值内变化。

6.9.1.2 电源输出端加线性负载，负载电流分别为 0 和 100%额定电流，记录输出电压值。线性负载：阻性＋感性，功率因数 0.8 滞后。

6.9.1.3 电源输出端负载改为整流性负载，负载电流分别为 0 和 100%额定电流，记录输出电压值。整流性负载：全波整流＋阻性，波峰系数 3∶1，有功功率为额定容量的 70%。

6.9.1.4 按式(9)计算稳压精度，计算结果应符合 5.2.2.1 的要求：

$$\delta_U = \frac{U_M - U_0}{U_0} \times 100\% \qquad (9)$$

式中：

δ_U ——稳压精度；

U_M——输出电压波动极限值；

U_0 ——输出电压标称值。

6.9.2 动态电压瞬变范围试验

6.9.2.1 在额定输入电压和额定输出电压条件下，输出接阻性负载，使负载电流由 20%额定值突加到 100%额定值，再由 100%额定值突减至 20%额定值。用存储示波器分别测量两次电流突变时的输出电压瞬时值，与输出电压额定值之比应符合 5.2.2.2 的规定。

6.9.2.2 在额定输入电压和额定输出电压条件下，输出接阻性额定负载，输入电源在交流电源和直流电源之间相互切换时，用存储示波器测量的输出电压瞬时值，与输出电压额定值之比应符合 5.2.2.2 的要求。

6.9.3 瞬变响应恢复时间试验

在 6.9.2 的试验条件下，用存储示波器分别测量负载电流突变时和输入电源相互切换时，输出电压从突变的时刻起到恢复至稳压精度范围内止的时间，应符合 5.2.2.2 的要求。

6.9.4 同步精度试验

旁路输入为标准正弦波，UPS 输出接阻性额定负载，当 UPS 与旁路输入同步后，用存储示波器测量旁路输入波形和 UPS 输出波形的相位差，按式(10)计算同步精度，计算结果应符合 5.2.2.3 的要求：

$$t_j = \frac{\theta}{360^\circ} \times 100\% \quad \cdots\cdots(10)$$

式中：

t_j ——同步精度；

θ ——输入与输出的相位差，单位为度(°)。

6.9.5 输出频率试验

断开 UPS 或 INV 的旁路输入，在阻性额定负载下，其输出频率应符合 5.2.2.4 的要求。

6.9.6 电压不平衡度试验

输入额定电压和频率，在阻性负载下，分别在对称负载和不对称负载下，测量三相输出的相电压，计算电压不平衡度。对称负载为三相加额定负载；不对称负载为二相满载，一相空载。测量结果应满足5.2.2.5的要求。

6.9.7 电压相位偏差试验

UPS 三相输出接平衡阻性额定负载，测量三相输出相电压的相位角，其偏差值应符合 5.2.2.6 的要求。

6.9.8 电压波形失真度试验

在电源输入分别为交流输入和直流输入下测试，电源在逆变输出工作状态，在空载、阻性额定负载及非线性额定负载(三相为平衡负载)条件下，输出电压波形失真度应符合 5.2.2.7 的要求。

6.9.9 输出电流峰值因数

在交流输入额定电压和直流输入额定电压下分别测试，电源在逆变输出工作状态，接非线性负载(平衡负载)，调节非线性负载的峰值电流，使电源保持额定输出，测量输出电流的峰值 I_P 和均方根值 I_R。输出电流峰值因数 $F=I_P/I_R$ 应符合 5.2.2.8 的要求。

6.9.10 反灌纹波电压

在逆变输出工作状态下，由直流母线输入供电，蓄电池组处于浮充电状态，被测装置输出额定电压和额定电流，用真有效值表测量一体化电源设备蓄电池组进线处纹波电压均方根值，按式(11)计算纹波电压因数，计算结果应符合 5.2.2.9 的要求：

$$\delta_{rms} = \frac{U_{rms}}{U_d} \times 100\% \quad \cdots\cdots(11)$$

式中：

δ_{rms} ——纹波电压因数；

U_{rms} ——纹波电压均方根值；

U_d ——直流电压平均值。

6.9.11 总切换时间试验

在额定输入和阻性额定负载(三相为平衡负载)时，人为模拟各种切换条件，用存储示波器记录输出电压波形，其切换时间应符合 5.2.2.10 的要求。

6.9.12 交流旁路输入试验

6.9.12.1 变压器绕组与铁芯、输入绕组与输出绕组之间的绝缘电阻、工频耐压及冲击电压应符合 5.2.2.11 的要求。

6.9.12.2 在输入交流电压为(85%～120%)额定值和阻性额定负载(三相为平衡负载)下,其输出电压调压范围和稳压精度应符合5.2.2.11的要求。
6.9.12.3 在额定条件下长期运行,在150%过载条件下运行30 min,温升应符合5.3.5的要求。

6.9.13 效率试验

分别在额定交流输入和额定直流输入条件下,输出接阻性额定负载,测量变换效率应符合5.2.2.12的要求。

6.9.14 输入功率因数试验

在额定交流输入条件下,输出接额定负载,测量输入功率因数应符合5.2.2.13的要求。

6.9.15 并机均流试验

电源输入为额定值,输出负载电流分别为额定值的50%和100%(三相为平衡负载),测量各个单元的交流输出电流,按式(8)计算负载电流不均衡度,计算结果应符合5.2.2.14的要求。

6.10 直流变换电源装置

6.10.1 稳压精度试验

直流输入电压在表2规定的上限值和下限内变化,输出电流在额定值的5%～100%范围内变化,输出电压在标称电压的100%～110%范围内任一数值上保持稳定,在输出端测量输出电压,按式(2)计算的稳压精度应符合5.2.3.2的要求。

6.10.2 动态电压瞬变范围试验

6.10.2.1 在额定输入电压和额定输出电压条件下,负载电流从额定值的25%—50%—25%和50%—75%—50%进行阶跃变化,用存储示波器测量直流输出电压的波形,其超调量应符合5.2.3.3的要求。
6.10.2.2 输入电压从0到额定值突变时,用存储示波器测量直流输出电压的波形,其超调量应符合5.2.3.3的要求。

6.10.3 瞬变响应恢复时间试验

在6.10.2的试验条件下,用存储示波器分别测量输出电压从突变的时刻起到恢复至稳压精度范围内止的时间,测量结果应符合5.2.3.3的要求。

6.10.4 杂音电压试验

6.10.4.1 试验电路

杂音电压试验电路如图3所示。

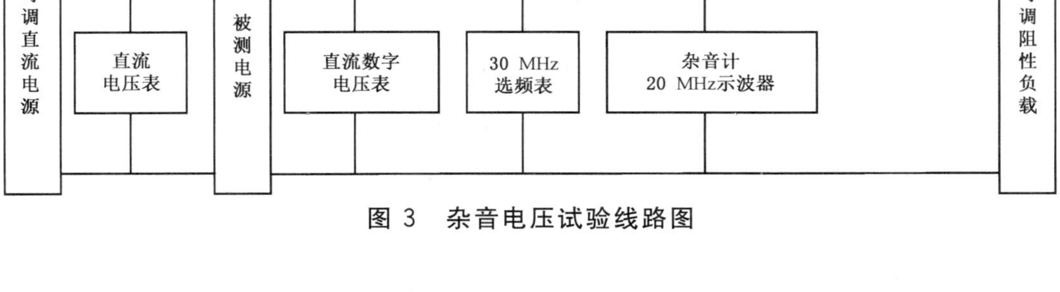

图3 杂音电压试验线路图

6.10.4.2　试验方法

6.10.4.2.1　按图 2 接好试验电路。按测试内容要求在被测 DC/DC 输出端分别连接以下仪表：连接 30 MHz 选频表：测量离散频率杂音电压（仪表测试回路串接一只 0.1 μF/100 V 无极性电容器）；连接 20 MHz 示波器：测试峰-峰值杂音电压；连接杂音计，测试电话衡重杂音电压与宽频杂音电压。

6.10.4.2.2　启动 DC/DC，调节直流输入电压为额定值，直流输出电压为额定值，负载电流分别为 50% 和 100% 额定值。

6.10.4.2.3　用杂音计中电话衡重加权测量模式，选择 75 Ω 输入阻抗，并选择适当的量程，读取并记录杂音计的最大电压测量读数，即为输出端电话衡重杂音电压值，测量结果应符合 5.2.3.4 的要求。

6.10.4.2.4　用杂音计 15 Hz～30 MHz 加权测量模式Ⅱ段（3.4 kHz～150 kHz）及Ⅲ段（0.15 MHz～30 MHz），选择 75 Ω 输入阻抗，并选择适当的量程，读取并记录杂音计Ⅱ段与Ⅲ段最大电压测量读数，即为输出端 3.4 kHz～150 kHz 频段与 0.15 MHz～30 MHz 频段杂音电压值，测量结果应符合5.2.3.4 的要求。

6.10.4.2.5　用 30 MHz 选频表选择适当的量程，按 3.4 kHz～150 kHz 频段、150 kHz～200 kHz 频段、200 kHz～500 kHz 频段、0.5 MHz～30 MHz 频段进行测量，读取并记录各频段最大电压测量读数，即为输出端离散杂音电压值，测量应符合 5.2.3.4 的要求。

6.10.4.2.6　用 20 MHz 示波器选择适当的量程，示波器扫描速度应低于 0.5 s，读取并记录示波器所显示的最大峰-峰值幅度，即为输出端峰-峰值杂音电压，测量结果应符合 5.2.3.4 的要求。

6.10.5　反灌纹波电压试验

蓄电池组处于浮充电状态，被测装置输出额定电压和额定电流，用真有效值表测量一体化电源设备蓄电池组进线处纹波电压均方根值，按式（11）计算纹波电压因数，应符合 5.2.3.5 的要求。

6.10.6　效率试验

在输入和输出为额定值，负载电流为额定值条件下测量，测量结果应符合 5.2.3.6 的要求。

6.10.7　并机均流试验

电源输入为额定值，输出负载电流分别为额定值的 50% 和 100%，测量各个单元的输出电流，按式（8）计算负载电流不均衡度，应符合 5.2.3.7 的要求。

6.11　蓄电池试验

6.11.1　蓄电池容量试验

6.11.1.1　试验接线如图 4 所示。

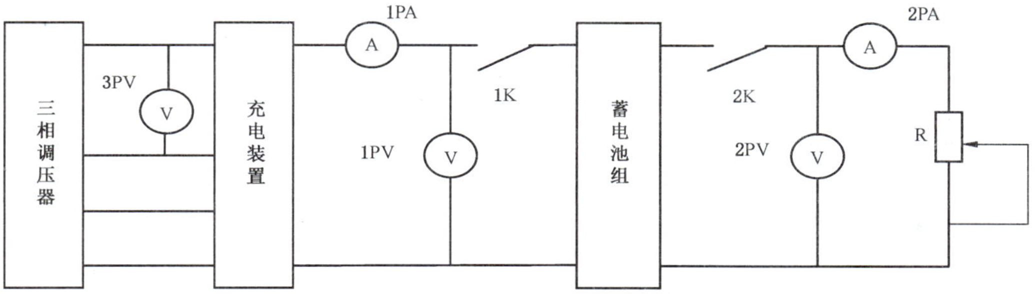

说明：
R——可调电阻器；
1PA——直流电流表；
2PA——直流电流表；
1PV——直流电压表；
2PV——直流电压表；
3PV——交流电压表。

图4 蓄电池容量试验线路图

6.11.1.2 将蓄电池充至满容量后，充电装置停止工作，接好放电回路。

6.11.1.3 调整电阻R，使其放电电流(电流表2PA所示值)为规定值，测量蓄电池组单体电池电压及蓄电池组电压(电压表2PV所示值)。

6.11.1.4 按蓄电池组中任一只放电到终止电压的蓄电池的放电时间来计算蓄电池组容量，其值折算到25 ℃时，蓄电池组容量应符合5.2.4.1的要求。

6.11.1.5 蓄电池组允许连续进行三次充放电循环，三次充放电循环内容量应达到要求。

6.11.2 大电流放电能力试验

经6.11.1试验合格后进行本试验，将蓄电池完全充电后，按5.2.4.2规定的电流和时间连续放电，然后检查蓄电池的极柱和外观，导电部件不应熔断，外观不应出现异常和明显变形。

6.12 直流供电能力试验

6.12.1 合闸冲击放电试验

产品需要进行此项试验时，按附录A进行试验。

6.12.2 直流母线连续供电试验

产品工作在浮充电状态下，中断交流电源500 ms～1 000 ms，录出交流电源中断和恢复供电全过程的示波图。直流母线应供电连续且直流母线电压应符合5.2.5.1的要求。

6.12.3 控制母线的电压调节功能试验

在装有硅链调压或其他调压装置的产品中，进行手动调压和自动调压试验：

a) 手动调压试验：动力母线电压值不变，每次手动调压一挡，控制母线电压变化一次，直至调整到控制母线电压与动力母线电压相等为止，其测试结果应符合5.2.5.4的要求；

b) 自动调压试验：调节动力母线电压从最大值连续下降及从最小值逐渐上升到最大值时，自动调压装置均能使控制母线电压保持在整定的范围内，其测试结果应符合5.2.5.4的要求。

6.13 噪声试验

在交流输入电压为额定输入电压，输出额定负载，周围环境噪声不大于40 dB，在距噪音源水平位置1 m，离地面高度1 m～1.5 m，测得产品的噪声；对风冷式产品，改变负载为50％额定负载，测试产品的噪声。测得的噪声应符合5.2.6的要求。

6.14 保护及告警功能试验

6.14.1 绝缘监察要求试验：模拟绝缘降低故障，观察绝缘监察装置的动作和触点输出等情况，应符合5.2.7.1的要求。

6.14.2 电压监察要求试验：调整母线电压，观察电压监察装置的动作和触点输出等情况，应符合5.2.7.2的要求。

6.14.3 闪光报警要求试验：观察闪光信号装置动作情况与相应的配置，应符合5.2.7.3的要求。

6.14.4 过压和欠压保护试验：分别调整输入电压为过压和欠压值，观察产品动作情况；分别调整输出电压为过压和欠压值，观察产品动作情况。产品在过压和欠压情况下，应符合5.2.7.4的要求。

6.14.5 过载和短路保护试验：模拟过载和短路故障，观察产品动作情况，应符合5.2.7.5的要求。

6.14.6 故障报警要求试验：模拟故障，观察故障报警情况及触点输出情况，应符合5.2.7.6的要求。

6.15 监控功能试验

监控功能按下列方法进行试验：

a) 一般功能试验：检查监控装置的一般功能应符合5.2.8.1的要求；

b) 控制功能试验：检查监控装置控制功能应符合5.2.8.2的要求；

c) 显示与检测功能试验：检查监控装置检测精度和检测周期应符合5.2.8.3的要求；

d) 保护和故障管理：检查监控装置对故障信息的处理应符合5.2.8.4的要求。

6.16 通信功能试验

6.16.1 将产品通信接口与模拟主站相连接，进行通信功能试验。

6.16.2 产品的通信规约测试按相关标准规定的方法进行，通信规约应符合5.2.9.1的要求。

6.16.3 遥测功能试验，与通信接口连接的主站应能正确接收到当前运行状态下的参数，应符合5.2.9.2的要求。

6.16.4 遥信功能试验，模拟各种故障及动作信号，与产品通信接口连接的主站应能正确接收到各种相应的报警信号及设备运行状态指示信号，应符合5.2.9.3的要求。

6.16.5 遥控功能试验，与通信接口连接的主站应能对设备工作状态进行转换操作，应符合5.2.9.4的要求。

6.17 产品的充电功能试验

6.17.1 试验接线如图5所示。

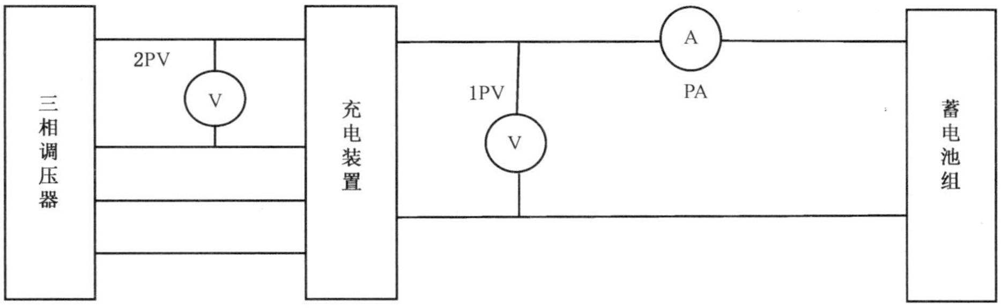

说明：

PA——直流电流表；

1PV——直流电压表；

2PV——交流电压表。

图 5 充电特性试验线路图

6.17.2 充电特性试验

6.17.2.1 在 100%放电后，进行充电试验。

6.17.2.2 交流输入电压为额定电压，调整充电装置的充电电流值（铅酸蓄电池充电装置为 I_{10}），按蓄电池要求的充电方式进行充电，测量蓄电池每个单体电池的端电压和蓄电池组电压。

6.17.2.3 在充电过程中，应每半小时（或者 1 h）记录一次充电装置的充电电流及蓄电池组电压，绘制充电曲线。

6.17.2.4 对于具有自动控制功能的产品，应按企业产品标准规定，检验充电过程中的全部功能。

6.17.2.5 充电过程应符合制造企业规定和蓄电池的要求。

6.17.3 具有程序控制功能产品的充电运行过程特性试验

6.17.3.1 充电控制程序

设定充电电流、充电电流最小值、充电电压、浮充电压、浮充计时时间（为缩短试验时间，可用 3 min～5 min 模拟代替）、浮充倒计时起点电流等参数。

6.17.3.2 充电程序

通过调整负荷，模拟充电装置由恒流充电状态自动转换至恒压充电状态，充电电流下降到最小值时，再自动转换浮充电状态。

6.17.3.3 长期运行程序试验

装置在正常浮充电状态时，浮充计时时间达到整定值时，充电装置自动进入充电程序。

6.17.3.4 交流中断程序试验

按 6.12.2 交流电源中断的方法进行中断试验，交流电源恢复后，充电装置自动进入充电程序。

6.18 温度变化对性能的影响

6.18.1 将产品放置恒温箱内，按 GB/T 7261—2008 中 9.1 的要求进行试验。

6.18.2 按 6.3.3 分别测量、计算充电装置的稳压精度。

6.18.3 充电装置在稳压状态下，直流输出电压在整定范围内任一点，交流输入电压为额定值，调整负载电流为50%额定值，在基准温度下测量输出电压值为U_0，在标称温度下测量输出电压值为U_1，按6.4.2.2分别计算整定误差为δ_{U0}，δ_{U1}，则变差δ_t按式(12)计算，计算结果应符合5.2.11的要求：

$$\delta_t = \delta_{U1} - \delta_{U0} \qquad \cdots\cdots(12)$$

6.19 产品配置试验

检查产品的配置，产品配置应符合5.2.12的要求。

6.20 安全要求试验

6.20.1 检验5.3.1电气间隙和爬电距离，用测量工具测量规定部位的最小间隙，应符合5.3.1的要求。

6.20.2 检验5.3.2绝缘电阻，按GB/T 7261—2008中12.1规定的方法进行，应符合5.3.2的要求。

6.20.3 检验5.3.3介质强度，按GB/T 7261—2008中12.2规定的方法进行，应符合5.3.3的要求。

6.20.4 检验5.3.4冲击电压，按GB/T 7261—2008中12.3规定的方法进行，应符合5.3.4的要求。

6.20.5 检验5.3.5温升，按GB/T 7261—2008第8章规定的方法进行，应符合5.3.5的要求。

6.20.6 检验5.3.6耐湿热性能，按GB/T 2423.4—2008规定的方法进行，应符合5.3.6的要求。

6.20.7 检验5.3.7产品防护等级，按GB 4208—2008规定的方法进行，应符合5.3.7的要求。

6.20.8 检验5.3.8防触电措施，用电桥、接地电阻测试仪或数字式低电阻测试仪测试接地电阻，检查防触电防护措施，应符合5.3.8的要求。

6.21 抗扰度试验

6.21.1 检验结果及合格判定

6.21.1.1 检验结果

抗扰度试验过程中可能出现以下四种结果：

a) 在技术规范内性能正常；

b) 功能或性能暂时降低或丧失，但能自行恢复；

c) 功能或性能暂时降低或丧失，但需要操作者干预或系统复位；

d) 由于设备(元器件)或软件损坏，或丢失数据导致不能自行恢复的功能降低或丧失。

6.21.1.2 合格判定

合格判定如下：

a) 在试验中出现6.21.1.1中a)或b)的结果，判定为合格；

b) 在试验中出现6.21.1.1中c)或d)的结果，判定为不合格。

6.21.2 振荡波抗扰度试验

检验5.4.1.1振荡波抗扰度，按GB/T 17626.12—1998规定的方法进行。

6.21.3 静电放电抗扰度试验

检验5.4.1.2静电放电抗扰度，按GB/T 17626.2—2006规定的方法进行。

6.21.4 射频电磁场辐射抗扰度试验

检验5.4.1.3射频电磁场辐射抗扰度，按GB/T 17626.3—2006规定的方法进行。

6.21.5 电快速瞬变脉冲群抗扰度试验

检验5.4.1.4电快速瞬变脉冲群抗扰度，按GB/T 17626.4—2008规定的方法进行。

6.21.6 浪涌(冲击)抗扰度试验

检验5.4.1.5浪涌(冲击)抗扰度,按GB/T 17626.5—2008第8章规定的方法进行。

6.21.7 射频场感应的传导骚扰抗扰度试验

检验5.4.1.6射频场感应的传导骚扰抗扰度,按GB/T 17626.6—2008规定的方法进行。

6.21.8 工频磁场抗扰度试验

检验5.4.1.7工频磁场抗扰度,按GB/T 17626.8—2006规定的方法进行。

6.21.9 阻尼振荡磁场抗扰度试验

检验5.4.1.8阻尼振荡磁场抗扰度,按GB/T 17626.10—1998规定的方法进行。

6.22 电磁发射试验

6.22.1 工作条件

电磁发射试验时,交流输入电压为额定值,产品工作在浮充电状态,直流输出电压为浮充电压,输出电流分别为额定电流(电阻性负载)和0.5倍额定电流(电阻性负载)。

6.22.2 合格判定

电磁发射限值不超过表11及表12中规定限值可判为合格。超过规定值,判为不合格。

6.22.3 传导发射限值试验

检验5.4.2.1传导发射限值,按GB 9254—2008规定的方法进行,对交流输入端进行测试。

6.22.4 辐射发射限值试验

检验5.4.2.1辐射发射限值,按GB 9254—2008规定的方法进行。

6.22.5 谐波电流限值试验

产品在浮充状态下,输出直流电流为额定电流,在充电装置交流输入侧测量第2次～第19次谐波电流的含有率,应符合5.4.2.2的要求。

7 检验规则

7.1 一般要求

产品的检验分出厂检验和型式检验两类。

7.2 出厂检验

7.2.1 每台产品均应进行出厂检验,经检验合格后方能出厂,并具有证明产品合格的产品出厂证明书。

7.2.2 出厂检验项目见表15。

7.3 型式检验

7.3.1 在下列情况下,产品应进行型式检验:

a) 新设计的产品(包括转厂生产),在定型鉴定前应进行型式检验;

b) 连续生产的产品,每四年应进行一次型式检验;

c) 正式投产后,当设计,制造工艺或主要元器件有较大改变,可能影响产品性能时,应进行型式检验;

d) 停产一年以上又重新生产时,应进行型式检验。

7.3.2 型式检验项目见表15。

7.3.3 型式检验应在出厂检验合格的产品中任意抽取一台作为检验样品。

7.3.4 进行型式检验时,产品如达不到5.2～5.4规定要求中任一条要求时,均按主要缺陷计算,则判定该产品不合格。结构及工艺要求(5.5)按JB/T 5777.3—2002合格判定原则进行判定。

7.3.5 产品型式检验不合格,该产品应停止生产,直至查明并消除不合格的原因,再次型式检验合格后方能恢复生产。

表 15 检验项目

序号	检验项目		型式检验	出厂检验	技术要求	试验方法
1	结构及工艺检查		√	√	5.5	6.2
2	稳流精度		√	√	5.2.1.2	6.3.2
3	稳压精度		√	√	5.2.1.2	6.3.3
4	纹波因数		√	√	5.2.1.2	6.3.4
5	直流电流电压输出误差		√	√	5.2.1.3	6.4
6	限压特性及限流特性		√	√	5.2.1.4	6.5
7	效率		√		5.2.1.5	6.6
8	功率因数		√		5.2.1.6	6.6
9	均流不平衡度		√	√	5.2.1.7	6.7
10	软启动特性				5.2.1.8	6.8
11	交流不间断电源和逆变电源	稳压精度	√	√	5.2.2.1	6.9.1
		动态电压瞬变范围及瞬变响应恢复时间	√		5.2.2.2	6.9.2、6.9.3
		同步精度	√	√	5.2.2.3	6.9.4
		输出频率	√	√	5.2.2.4	6.9.5
		电压不平衡度	√	√	5.2.2.5	6.9.6
		电压相位偏差	√	√	5.2.2.6	6.9.7
		电压波形失真度	√	√	5.2.2.7	6.9.8
		输出电流峰值因数	√		5.2.2.8	6.9.9
		反灌纹波电压	√		5.2.2.9	6.9.10
		总切换时间	√	√	5.2.2.10	6.9.11
		交流旁路输入要求	√	√	5.2.2.11	6.9.12
		效率	√		5.2.2.12	6.9.13
		输入功率因数	√		5.2.2.13	6.9.14
		并机均流性能	√	√	5.2.2.14	6.9.15

表 15（续）

序号	检验项目		型式检验	出厂检验	技术要求	试验方法
12	直流变换电源装置	稳压精度	√	√	5.2.3.2	6.10.1
		动态电压瞬变范围及瞬变响应恢复时间	√		5.2.3.3	6.10.2、6.10.3
		杂音电压	√	√	5.2.3.4	6.10.4
		反灌纹波电压	√		5.2.3.5	6.10.5
		效率	√		5.2.3.6	6.10.6
		并机均流性能		√	5.2.3.7	6.10.7
13	蓄电池	蓄电池容量	√	√	5.2.4.1	6.11.1
		大电流放电能力	√		5.2.4.2	6.11.2
14	直流供电能力	合闸冲击放电	√		5.2.5.2	6.12.1
		直流母线连续供电	√		5.2.5.3	6.12.2
		控制母线的电压调节功能	√	√	5.2.5.4	6.12.3
15	噪声		√		5.2.6	6.13
16	保护及告警功能	绝缘监察要求	√	√	5.2.7.1	6.14.1
		电压监察要求	√	√	5.2.7.2	6.14.2
		闪光信号要求	√	√	5.2.7.3	6.14.3
		过压和欠压保护	√	√	5.2.7.4	6.14.4
		过载和短路保护	√		5.2.7.5	6.14.5
		故障报警要求	√	√	5.2.7.6	6.14.6
17	监控功能		√	√	5.2.8	6.15
18	通信功能要求		√	√	5.2.9	6.16
19	产品的充电功能要求		√	√	5.2.10	6.17
20	温度变化对性能的影响		√		5.2.11	6.18
21	产品配置要求		√	√	5.2.12	6.19
22	电气间隙及爬电距离		√	√	5.3.1	6.20.1
23	绝缘电阻		√	√	5.3.2	6.20.2
24	介质强度		√	√	5.3.3	6.20.3
25	冲击电压		√		5.3.4	6.20.4
26	温升		√		5.3.5	6.20.5
27	耐湿热性能		√		5.3.6	6.20.6
28	产品防护等级		√		5.3.7	6.20.7
29	防触电措施		√	√	5.3.8	6.20.8

表 15（续）

序号	检验项目		型式检验	出厂检验	技术要求	试验方法
30	抗扰度要求	振荡波抗扰度	√		5.4.1.1	6.21.2
		静电放电抗扰度	√		5.4.1.2	6.21.3
		射频电磁场辐射抗扰度	√		5.4.1.3	6.21.4
		电快速瞬变脉冲群抗扰度	√		5.4.1.4	6.21.5
		浪涌(冲击)抗扰度	√		5.4.1.5	6.21.6
		射频场感应的传导骚扰抗扰度	√		5.4.1.6	6.21.7
		工频磁场抗扰度	√		5.4.1.7	6.21.8
		阻尼振荡磁场抗扰度	√		5.4.1.8	6.21.9
31	电磁发射限值要求	传导发射限值	√		5.4.2.1	6.22.3
		辐射发射限值	√		5.4.2.1	6.22.4
		谐波电流限值	√		5.4.2.2	6.22.5

注 1：“√”表示检验项目。

注 2：当产品未配置不间断的电源、逆变电源及直流变换电源等装置时，相关的检验项目不进行试验。

8 标志、包装、运输和贮存

8.1 标志

8.1.1 每套产品应有铭牌，应安装在明显位置，铭牌上应标明以下内容：

a) 设备名称。

b) 型号。

c) 技术参数：

1) 蓄电池组额定容量(Ah)；

2) 额定输入交流电压(V)；

3) 直流额定电流(A)；

4) 直流标称电压(V)；

5) 不间断电源额定输出电压(V)；

6) 不间断电源额定输出功率(VA)；

7) 不间断电源额定输出频率(Hz)；

8) 逆变电源额定输出电压(V)；

9) 逆变电源额定输出功率(VA)；

10) 逆变电源额定输出频率(Hz)；

11) 直流变换电源额定输出电压；

12) 直流变换电源额定输出电流。

d) 质量(kg)。

e) 出厂编号。

f） 制造年月。

g） 制造单位名称或标识。

8.1.2 产品的各种开关、仪表、信号灯、光字牌、动力母线、控制母线等，应有相应的文字符号作为标志，并与接线图上的文字符号一致，要求字迹清晰易辨，不退色，不脱落，布置均匀，便于观察。

8.2 包装

产品包装应由企业产品标准规定。

8.3 运输

产品在运输过程中，不应有剧烈振动、冲击、曝晒雨淋和倾倒放置等。

8.4 贮存

产品在贮存期间，应放在空气流通，温度在－25 ℃～＋55 ℃之间，月平均相对湿度不大于90％，无腐蚀性和爆炸气体的仓库内，在贮存期间不应淋雨、曝晒、凝露和霜冻。

9 随同产品供应的文件

出厂产品应配套供应以下文件：

a） 装箱文件资料清单；

b） 使用说明书；

c） 电气原理图和接线图；

d） 产品出厂合格证明书或合格证；

e） 装箱单。

附 录 A
（规范性附录）
合闸冲击放电要求

A.1 概述

当产品使用在变电站且开关为电磁操作机构时，需按下列技术要求进行事故放电能力试验和正常工作情况下的合闸冲击放电试验。

A.2 铅酸蓄电池

A.2.1 事故放电电流的确定

铅酸蓄电池的事故放电能力试验的冲击放电电流应根据蓄电池放电状态、放电的终止电压和蓄电池组的个数来选择，其事故放电电流的大小由表 A.1 来确定。

表 A.1 冲击电流的选择

电池种类	系统标称电压 V	单体式组件电池电压 V	蓄电池数量 个	开路（0 状态）		I_{10} 放电 1 h 后		$2I_{10}$ 放电 1 h 后		$3I_{10}$ 放电 1 h 后	
				87.5%	90%	87.5%	90%	87.5%	90%	87.5%	90%
阀控密封式铅酸蓄电池	110	2	51	11.0 I_{10}	8.0 I_{10}	10.0 I_{10}	7.5 I_{10}	9.0 I_{10}	6.0 I_{10}	8.0 I_{10}	5.0 I_{10}
			52	13.0 I_{10}	10.0 I_{10}	12.0 I_{10}	9.5 I_{10}	11.0 I_{10}	8.5 I_{10}	10.0 I_{10}	7.5 I_{10}
		6	17	19.4 I_{10}	17.9 I_{10}	18.0 I_{10}	12.8 I_{10}	16.0 I_{10}	11.8 I_{10}	14.5 I_{10}	11.0 I_{10}
			18	28.0 I_{10}	22.7 I_{10}	23.5 I_{10}	20.0 I_{10}	21.5 I_{10}	17.0 I_{10}	19.5 I_{10}	15.0 I_{10}
		12	9	30.0 I_{10}	22.7 I_{10}	23.5 I_{10}	20.0 I_{10}	21.5 I_{10}	17.0 I_{10}	19.5 I_{10}	15.0 I_{10}
	220	2	103	12.0 I_{10}	9.0 I_{10}	11.5 I_{10}	8.5 I_{10}	10.5 I_{10}	7.2 I_{10}	9.4 I_{10}	6.2 I_{10}
			104	13.0 I_{10}	10.0 I_{10}	12.0 I_{10}	9.5 I_{10}	11.0 I_{10}	8.5 I_{10}	10.0 I_{10}	7.5 I_{10}
		6	34	19.4 I_{10}	17.9 I_{10}	18.0 I_{10}	12.8 I_{10}	16.0 I_{10}	11.8 I_{10}	14.5 I_{10}	11.0 I_{10}
			35	26.0 I_{10}	19.2 I_{10}	22.5 I_{10}	18.0 I_{10}	21.0 I_{10}	16.0 I_{10}	19.0 I_{10}	14.5 I_{10}
		12	17	19.4 I_{10}	17.9 I_{10}	18.0 I_{10}	12.8 I_{10}	16.0 I_{10}	11.8 I_{10}	14.5 I_{10}	11.0 I_{10}
			18	30.0 I_{10}	22.7 I_{10}	23.5 I_{10}	20.0 I_{10}	21.5 I_{10}	17.0 I_{10}	19.5 I_{10}	15.0 I_{10}
排气式铅酸蓄电池	110	2	53	8.0 I_{10}	6.0 I_{10}	6.5 I_{10}	4.9 I_{10}	4.6 I_{10}	2.9 I_{10}	2.8 I_{10}	1.0 I_{10}
			54	8.3 I_{10}	6.9 I_{10}	7.0 I_{10}	5.2 I_{10}	5.1 I_{10}	3.5 I_{10}	3.1 I_{10}	1.8 I_{10}
	220	2	107	8.1 I_{10}	6.1 I_{10}	6.7 I_{10}	5.0 I_{10}	4.8 I_{10}	3.0 I_{10}	2.9 I_{10}	1.1 I_{10}
			108	8.3 I_{10}	6.9 I_{10}	7.0 I_{10}	5.2 I_{10}	5.1 I_{10}	3.5 I_{10}	3.1 I_{10}	1.8 I_{10}
注：0 状态放电为 100% 满容量的事故电流放电。											

A.2.2 铅酸蓄电池一般取 I_{10} A 放电 1 h 后，进行冲击电流放电试验。试验进行 3 次，每次历时

500 ms,每两次间隔时间为 2 s,放电时,其母线电压不应低于 5.2.5.1 的规定。

A.3 试验方法

A.3.1 试验接线如图 A.1 所示。

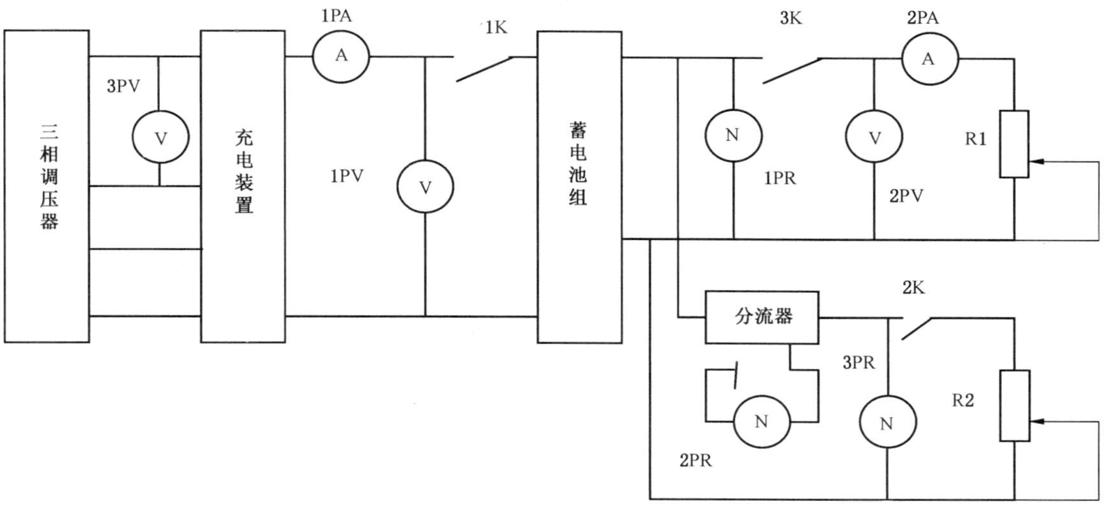

说明:
1PR、3PR——示波器的电压输入信号端;
2PR——示波器的电流输入信号端;
1PV、2PV——直流电压表;
1PA、2PA——直流电流表;
R1、R2——负载电阻;
3PV——交流电压表。

图 A.1 蓄电池事故能力放电试验

A.3.2 100%电池容量的冲击电流放电能力试验步骤如下:

a) 将蓄电池按充电要求充满容量,并转入浮充电 1 h,充电装置停止工作;
b) 调整 R2 使其电流为规定的冲击放电电流值;
c) 合开关 2K,使冲击放电电流的时间为 500 ms;
d) 记录放电电流及电压,计算蓄电池组的电压;
e) 试验 3 次,每次试验间隔时间为 2 s。

A.3.3 事故过程中冲击电流放电能力试验步骤如下:

a) 将蓄电池按充电要求充满容量,转入浮充电 1 h,充电装置停止工作;
b) 调整 R1 使其放电电流为规定值,合开关 3K,经规定的放电时间,保持放电电流不变;
c) 调整 R2 使其放电电流迭加到规定的冲击电流值;
d) 合开关 2K,使冲击放电电流的时间为 500 ms;
e) 记录放电电流及电压,计算蓄电池组的电压;
f) 试验 3 次,每次试验间隔时间为 2 s。

A.3.4 正常运行过程中冲击电流放电能力试验步骤如下:

a） 将蓄电池按充电要求充满容量，转入浮充电 1 h；

b） 控制母线带经常负荷电流；

c） 冲击负荷接合闸（动力）母线，调 R2 使其放电电流事故状态下的冲击电流值；

d） 合开关 2K，使冲击放电电流的时间为 500 ms；

e） 试验一次记录放电电流及电压，计算蓄电池组的电压。

附　录　B
（资料性附录）
导线颜色及截面积的相关规定

B.1　小母线、汇流排、主电路导线相序及颜色应符合表 B.1 规定。

表 B.1　小母线汇流排主电路导线相序及颜色

	符号	涂漆颜色或色标（或绝缘导线颜色）	母线安装相互位置		
			垂直布置	前后布置	水平布置
A 相	U	黄	上	后	左
B 相	V	绿	中	中	中
C 相	W	红	下	前	右
正级	L+	棕	上	后	左
负极	L−	蓝	下	前	右
中性极	N	淡蓝	最下	最前	最右
安全用接地线	保护接地 PE	黄绿双色	—	—	—
	E				
注：安装位置按屏、柜的正视方向。正、负母线安装时，其间距不宜小于 60 mm。					

B.2　产品选用的连接导线应采用铜导线，且其截面积不应小于表 B.2 的规定。

表 B.2　导线截面积

电路特征		绝缘导线截面 mm²	矩形母线推荐值 mm²
交流电压控制电路	100 V～380 V	1.5	—
直流电压控制电路	≤220 V	1.5	—
交、直流电流电路	1 A～5 A	2.5	—
	10 A	4.0	30×4
	25 A	6.0	30×4
	40 A	10.0	30×4
	50 A	10.0	30×4
	63 A	16.0	50×4
	80 A	25.0	50×4
	100 A	35.0	50×4
	140 A	50.0	50×4
	200 A	95.0	60×6
	300 A	120.0	60×6
	400 A	150.0	60×6
	630 A	2×120	60×6
	1 000 A	2×150	80×8
	1 500 A	2×185	80×10
注：对于 48 V 及以下的控制电路，允许采用标称截面为 0.5 mm²～1 mm² 的导线。			

附 录 C
（资料性附录）
直流电源设备的充放电特性

直流电源设备充放电特性曲线示意图如图C.1所示。

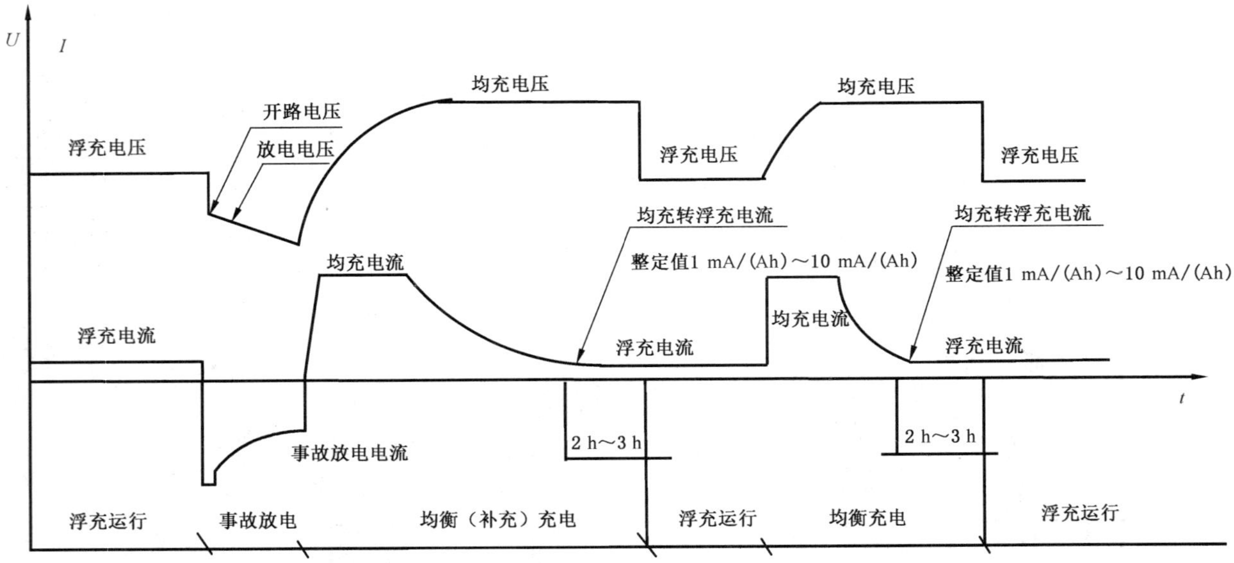

持续浮充运行3月～6月

图C.1 直流电源设备充放电特性示意图

ICS 77.150.30
H 62

中华人民共和国国家标准

GB/T 19849—2014
代替 GB/T 19849—2005

电缆用无缝铜管

Seamless copper-tube for cable

2014-12-05 发布　　2015-05-01 实施

中华人民共和国国家质量监督检验检疫总局
中国国家标准化管理委员会　发布

前　言

本标准按照 GB/T 1.1—2009 给出的规则起草。

本标准代替 GB/T 19849—2005《电缆用无缝铜管》。本标准和 GB/T 19849—2005 相比主要作了如下修改：

——增加了适用范围，即“标准适用于制作通讯电缆、防火电缆产品用无缝铜管”；

——增加了 TP2、TP3 牌号及相应技术要求；

——增加了管材的状态“硬态(H80)”；

——增加了管材的种类：直管，规格：ϕ(30 mm～75 mm)×(2.5 mm～4.0 mm)；

——增加了与牌号相对应的代号表示方法；

——对管材状态按 GB/T 29094—2012《铜及铜合金状态表示方法》的规定进行了相应修改；

——提高了管材的外径和壁厚允许偏差要求；

——增加了化学成分分析方法 YS/T 482《铜及铜合金分析方法　光电发射光谱法》；

——增加了“管材外形尺寸测量方法按 GB/T 26303.1《铜及铜合金加工材外形尺寸检测方法　第 1 部分：管材》的规定进行”的规定；

——试验试样号按 GB/T 228.1 的规定进行了修改；

——增加了“取样方法按 YS/T 668 的规定进行。力学性能试样制备按 YS/T 815 的规定进行”的规定；

——管材导电率试验方法增加了“YS/T 478《铜及铜合金导电率涡流测试方法》”；

——盘管包装删除了“每层之间加防潮纸隔离”的规定。

本标准由全国有色金属标准化技术委员会(SAC/TC 243)归口。

本标准起草单位：中铝洛阳铜业有限公司、江苏仓环铜业股份有限公司、山东中佳新材料有限公司、江阴新华宏铜业有限公司、浙江星鹏铜材集团有限公司。

本标准主要起草人：赵万花、郭慧稳、杨海丽、卢燕、李新奎、赵钦海、王强、文继友、郑晓飞、谷玉东、马新科、彭永聪、陈华、胡汉全、王伟。

本标准所代替标准的历次版本发布情况为：

——GB/T 19849—2005。

电缆用无缝铜管

1 范围

本标准规定了电缆用无缝铜管的要求、试验方法、检验规则及标志、包装、运输、贮存和质量证明书及订货单(或合同)内容等。

本标准适用于制作通讯电缆、防火电缆产品用无缝铜管。

2 规范性引用文件

下列文件对于本文件的应用是必不可少的。凡是注日期的引用文件,仅注日期的版本适用于本文件。凡是不注日期的引用文件,其最新版本(包括所有的修改单)适用于本文件。

GB/T 228.1—2010 金属材料 拉伸试验 第1部分:室温试验方法

GB/T 351 金属材料电阻系数测量方法

GB/T 4340.1 金属材料 维氏硬度试验 第1部分:试验方法

GB/T 5121(所有部分) 铜及铜合金化学分析方法

GB/T 5231 加工铜及铜合金牌号和化学成分

GB/T 5248 铜及铜合金无缝管涡流探伤方法

GB/T 8888 重有色金属加工产品的包装、标志、运输和贮存

GB/T 26303.1 铜及铜合金加工材外形尺寸检测方法 第1部分:管材

YS/T 478 铜及铜合金导电率涡流检测方法

YS/T 482 铜及铜合金分析方法 光电发射光谱法

YS/T 668 铜及铜合金理化检测取样方法

YS/T 815 铜及铜合金力学性能和工艺性能试样的制备方法

3 要求

3.1 产品分类

3.1.1 牌号、状态、规格

管材的牌号、状态和规格应符合表1的规定。

表1 牌号、状态和规格

牌号	代号	状态	种类	用途	规格/mm		
					外径	壁厚	长度
TU1 TU2 T2	T10150 T10180 T11050	软化退火 (O60)	盘管	通讯电缆	4~22	0.25~1.50	≥10 000
TP2 TP3	C12200 T12210	硬(H80)	直管	防火电缆	30~75	2.5~4.0	6 000~14 000
注:管材的长度(或重量)由供需双方协商确定。							

3.1.2 标记示例

产品标记按产品名称、标准编号、牌号(或代号)、状态和规格的顺序表示。标记示例如下:

示例 1:用 T2(T11050)制造的、软化退火(O60)状态、外径为 9.4 mm、壁厚为 0.66 mm、长度为 15 000 mm 的盘管标记为:

电缆盘管 GB/T 19849—T2O60-ϕ9.4×0.66×15 000

或 电缆盘管 GB/T 19849—T11050O60-ϕ9.4×0.66×15 000

示例 2:用 TP2(C12200)制造的、硬(H80)状态、外径为 62 mm、壁厚为 3 mm、长度为 10 000 mm 的直管标记为:

电缆直管 GB/T 19849—TP2H04-ϕ62×3×10 000

或 电缆直管 GB/T 19849—C12200H04-ϕ62×3×10 000

3.2 化学成分

管材的化学成分应符合 GB/T 5231 中相应的规定。

3.3 外形尺寸及其允许偏差

3.3.1 管材的外径、壁厚及其允许偏差

管材的外径、壁厚及其允许偏差应符合表 2 的规定。

表 2 外径、壁厚及其允许偏差

单位为毫米

外径	平均外径允许偏差[a]	壁厚						
		0.25～0.40	>0.40～0.60	>0.60～0.80	>0.80～1.50	2.5～3.0	>3.0～3.5	>3.5～4.0
		壁厚允许偏差[a]						
4～15	±0.04	±0.025	±0.030	±0.040	±0.050	—	—	—
>15～20	±0.05	±0.030	±0.040	±0.050	±0.060	—	—	—
>20～22	±0.07	±0.040	±0.050	±0.060	±0.070	—	—	—
30～50	±0.12	—	—	—	—	±0.20	—	—
>50～75	±0.15	—	—	—	—	±0.20	±0.25	±0.30

[a] 需方要求允许偏差为(+)或(—)单向偏差时,其值为表中数值的 2 倍。

3.3.2 长度允许偏差

盘管的长度允许偏差为长度的±1.5%;定尺直管的长度允许偏差应符合表 3 的规定。

表 3 直管的长度允许偏差

单位为毫米

长度	长度允许偏差[a]
6 000～8 000	±15
>8 000～14 000	±20

[a] 需方要求长度允许偏差为(+)或(—)单向偏差时,其值为表中数值的 2 倍。

3.3.3 直度

直管的直度为每米不大于 4 mm。

3.3.4 切斜度

管材的端部应锯切平整、无毛刺。切口在不使管材长度超出其允许偏差的条件下，直管的切斜度应不大于公称外径的2.5%。

3.3.5 圆度

盘管的圆度应不大于公称外径的1.5%。直管的圆度应不大于公称外径的0.8%。

3.4 力学性能

管材的室温力学性能应符合表4的规定。直管可进行硬度试验。拉伸试验和硬度试验同时要求时，硬度试验结果仅供参考。

表4 力学性能

牌号	状态	抗拉强度 R_m/MPa	伸长率 A/%	维氏硬度 HV
TU1、TU2、T2	O60	205～260	≥40	—
TP2、TP3	H80	≥290	—	90～130

3.5 电性能

在20 ℃的温度下测试，通讯电缆用管材(盘管)的电性能应符合表5的规定。

表5 电性能

牌号	状态	导电率/%IACS
TU1、TU2、T2	O60	≥100

3.6 涡流探伤

盘管应进行涡流探伤检测。人工标准缺陷(钻孔直径)应符合GB/T 5248的规定。盘管的缺陷数量由供需双方协商确定。

3.7 表面质量

管材的内外表面应光亮、清洁，无影响正常使用的缺陷。

3.8 焊点质量

盘管允许有焊接接头。焊点应平滑，并保证管材的性能符合使用要求。焊点最小间距和焊点部位的质量检验项目由供需双方协商确定。

4 试验方法

4.1 化学成分

管材的化学成分分析方法应按GB/T 5121(所有部分)或YS/T 482的规定进行。仲裁时按GB/T 5121(所有部分)的规定进行。

4.2 外形尺寸

管材的外形尺寸测量方法按 GB/T 26303.1 的规定进行。

4.3 力学性能

管材的拉伸试验方法按 GB/T 228.1—2010 的规定进行，直管试样应符合 GB/T 228.1—2010 中附录 E 表 E.1 中 S1、S2、S3、S4 的规定，盘管试样应符合 GB/T 228.1—2010 中附录 E 表 E.2 中 S7 的规定。维氏硬度试验方法按 GB/T 4340.1 的规定进行。

4.4 电性能

管材的导电率试验按 GB/T 351 或 YS/T 478 的规定进行。当需仲裁时，仲裁试验按 GB/T 351 的规定进行。

4.5 无损检验

盘管的涡流探伤试验方法按 GB/T 5248 的规定进行。

4.6 表面质量

管材的表面质量应用目视进行检验。

4.7 焊点质量

管材的焊点质量的检验方法由供需双方商定。

5 检验规则

5.1 检查和验收

5.1.1 管材应由供方技术监督部门进行检验，保证产品质量符合本标准及订货单(或合同)的规定，并填写质量证明书。

5.1.2 需方对收到的产品按本标准及订货单(或合同)的规定进行复验，复验结果与本标准及订货单(或合同)的规定不符时，应以书面形式向供方提出，由供需双方协商解决。属于表面质量及尺寸允许偏差的异议，应在收到产品之日起 1 个月内提出；其他质量异议，应在收到产品 3 个月内提出。如需仲裁，仲裁取样应由供需双方共同进行。

5.2 组批

管材应成批提交验收，每批应由同一牌号、状态和规格组成。每批重量应不大于 5 000 kg。

5.3 检验项目

每批管材应进行化学成分、外形尺寸及其允许偏差、拉伸试验和表面质量的检验；盘管还应进行电性能、涡流探伤检验。如需方有要求，还应进行硬度试验和焊点质量的检验。

5.4 取样

管材取样应符合表 6 的规定，取样方法按 YS/T 668 的规定进行，力学性能试样制备按 YS/T 815 的规定进行。

表 6 取样

检验项目	取样规定	要求的章条号	试验方法的章条号
化学成分	1 个试样/炉(供方);1 个试样/批(需方)	3.2	4.1
外形尺寸及其允许偏差	逐根	3.3	4.2
力学性能	任取 2 盘(根)/批,1 个试样/盘(根)	3.4	4.3
电性能	任取 2 盘(根)/批, 1 个试样/盘(根)	3.5	4.4
涡流探伤	逐根	3.6	4.5
表面质量	逐根	3.7	4.6
焊点质量	供需双方商定	3.8	4.7

5.5 检验结果的判定

5.5.1 化学成分不合格时,判该批管材不合格。

5.5.2 管材的外形尺寸及其允许偏差、涡流探伤或表面质量不合格时,判该根(盘)不合格。

5.5.3 当力学性能或电性能的试验结果中有试样不合格时,应从该批管材中另取双倍数量的试样进行重复试验(包括原检验不合格的管材),重复试验结果全部合格,则判整批产品合格。若重复试验结果仍有试样不合格,则判该批管材不合格,或由供方逐根(盘)检验,合格者交货。

5.5.4 焊点质量不合格时,其判定由供需双方协商确定。

6 标志、包装、运输、贮存和质量证明书

6.1 标志、运输、贮存和质量证明书

管材的标志、运输、贮存和质量证明书应符合 GB/T 8888 的规定。

6.2 包装

盘管应层绕在电缆盘内,外层用防护材料包装。直管包装应符合 GB/T 8888 的规定。

7 订货单(或合同)内容

订购本标准所列材料的订货单(或合同)内应包括下列内容:

a) 产品名称;
b) 牌号;
c) 状态;
d) 尺寸规格;
e) 重量或盘数;
f) 硬度试验(有要求时);
g) 盘管的焊点质量(有要求时);
h) 本标准编号;
i) 其他。

ICS 53;53.100
P 97

中华人民共和国国家标准

GB/T 19929—2014/ISO 10265:2008
代替 GB/T 19929—2005

土方机械 履带式机器 制动系统的性能要求和试验方法

Earth-moving machinery—Crawler machines—Performance requirements and test procedures for braking systems

(ISO 10265:2008,IDT)

2014-07-24 发布 2015-01-01 实施

中华人民共和国国家质量监督检验检疫总局
中国国家标准化管理委员会 发布

前　言

本标准按照 GB/T 1.1—2009 给出的规则起草。

本标准代替 GB/T 19929—2005《土方机械　履带式机器　制动系统的性能要求和试验方法》。本标准与 GB/T 19929—2005 相比，除编辑性修改外主要技术变化如下：

——增加了若干术语和定义（见第 3 章，2005 年版的第 3 章）；

——增加了可耗尽能源的报警装置和带电子操纵机构的制动系统的要求（见第 4 章，2005 年版的第 4 章）；

——增加了行车制动的保持性能试验和分析及部件性能验证（见第 6 章，2005 年版的第 6 章）；

——增加了第 7 章“机器说明书和标签”（见第 7 章）。

本标准使用翻译法等同采用 ISO 10265:2008《土方机械　履带式机器　制动系统的性能要求和试验方法》（英文版）

与本标准中规范性引用的国际文件有一致性对应关系的我国文件如下：

——GB/T 8595—2008　土方机械　司机的操纵装置（ISO 10968:2004，IDT）

——GB/T 10913—2005　土方机械　行驶速度测定（ISO 6014:1986，MOD）

——GB/T 21153—2007　土方机械　尺寸、性能和参数的单位与测量准确度（ISO 9248:1992，MOD）

——GB/T 21154—2014　土方机械　整机及其工作装置和部件的质量测量方法（ISO 6016:2008，IDT）

——GB/T 25611—2010　土方机械　机器液体系统作业的坡道极限值测定　静态法（ISO 10266:1992，IDT）

本标准由中国机械工业联合会提出。

本标准由全国土方机械标准化技术委员会（SAC/TC 334）归口。

本标准负责起草单位：天津工程机械研究院、厦门厦工机械股份有限公司。

本标准参加起草单位：中国龙工控股有限公司、厦门市产品质量监督检验院[国家场（厂）内机动车辆质量监督检验中心]、厦门市装载机有限公司。

本标准主要起草人：陈树巧、李蔚苹、丁鲁建、黄志强、王理。

本标准所代替标准的历次版本发布情况为：

——GB/T 19929—2005。

土方机械　履带式机器 制动系统的性能要求和试验方法

1　范围

本标准规定了履带式机器制动系统的最低性能要求和试验方法,以便对行车制动、辅助制动和停车制动的制动系统进行统一的评定。

本标准适用于GB/T 8498定义的最大设计速度不大于20 km/h的自行履带式机器,也包含带有橡胶履带的派生土方机械。

本标准不适用于GB/T 25609定义的机器或者加覆履带的轮式机器。

最大设计速度大于20 km/h的履带式机器应使用GB/T 21152。

2　规范性引用文件

下列文件对于本文件的应用是必不可少的。凡是注日期的引用文件,仅注日期的版本适用于本文件。凡是不注日期的引用文件,其最新版本(包括所有的修改单)适用于本文件。

ISO 6014　土方机械　行驶速度测定(Earth-moving machinery—Determination of ground speed)

ISO 6016　土方机械　整机及其工作装置和部件的质量测量方法(Earth-moving machinery—Methods of measuring the masses of whole machines, their equipment and components)

ISO 9248　土方机械　尺寸、性能和参数的单位与测量准确度(Earth-moving machinery—Units for dimensions, performance and capacities, and their measurement accuracies)

ISO 10266　土方机械　机器液体系统作业的坡道极限值测定　静态法(Earth-moving machinery—Determination of slope limits for machine fluid systems operation—Static test method)

ISO 10968　土方机械　司机的操纵装置(Earth-moving machinery—Operator's controls)

ISO 15998　土方机械　应用电子器件的机器控制系统(MCS)　功能性安全的性能准则和试验(Earth-moving machinery—Machine-control systems (MCS) using electronic components—Performance criteria and tests for functional safety)

3　术语和定义

下列术语和定义适用于本文件。

3.1　制动系统

3.1.1

制动系统　brake system

使机器制动和(或)停住的所有零部件的组合,包括操纵机构、制动传动装置、制动器和使履带制动的所有联接零部件。

3.1.2

行车制动系统　service brake system

用于使机器制动并停住的主制动系统。

3.1.3

辅助制动系统　secondary brake system

在行车制动系统失效时，使机器制动的系统。

3.1.4

停车制动系统　parking brake system

使已制动住的机器保持原地不动状态的系统。

3.2　制动系统零部件

3.2.1

制动操纵机构　control

由司机直接操纵，其作用是产生一个作用力、制动信号或制动指令，传递给制动器的机构。

3.2.2

制动传动装置　brake actuation system

位于操纵机构和制动器之间，并将两者功能连接起来的所有零部件。

3.2.3

制动器　brake

直接施加力以阻止机器运动的装置。

注：制动器可以有各种形式，如摩擦式、电动式、再生装置、液压式或其他的液气形式。

3.3

减速制动力　brake retarding force

由制动系统的动作加上滚动阻力的共同作用，对机器产生的减速力或保持力，但不包括由发动机产生的任何制动作用(即：发动机制动器、减速器和排气制动器)。

注：实际上，该力是将测试的机器用绳索连接到一个牵引的或锚定的机器或设备上进行测量。

3.4

共用件　common component

在两个或更多个制动系统中执行同一功能的部件。

3.5

机器质量　machine mass

$\boldsymbol{M}$

机器的工作质量，包括司机室、机棚、司机保护结构，如果需要，带有其所有结构件和安装件以及制造商允许的工作装置等各项的最重组合，包括符合 ISO 6016 要求的司机和充满液体的装置。

注：履带式推土机的机器质量应包括有效载荷(即：通常带有能承载运行与机器成为一体的铲斗、料斗和斗的机器)。

3.6

驻坡能力　slope capability

$\boldsymbol{\alpha}$

确定一特定机器制动性能的坡度，在 17°～45°之间，或者由制造商规定的行驶作业坡度在 17°～45°之间。

3.7

反向节流　back throttling

对液压驱动系统或相似的推进驱动系统施加微小的向前的或向后的力使机器停止在一个斜坡上的功能。

3.8

可调制动　modulated braking

可通过司机操作制动操纵机构，连续地或渐进地增、减制动力的性能。（即：手和脚组合的制动/减速或其他的变化）

3.9

机器最大水平速度　maximum machine level surface speed

机器速度按 ISO 6014 或相当的标准确定。

3.10

派生土方机器　derivative earth-moving machine

由不同结构或布置生成的具有土方机械特征形状的其他土方机械（如：用 4 个单独的橡胶履带代替 4 个轮胎的挖掘装载机）。

3.11

安全状态　safe state

当机器操纵系统发生故障后，为避免机器意外的移动或储存能量释放的潜在危险，制动操纵机构的工作装置、工作过程或系统自动或手动停止或转换模式的状态。

3.12

液压驱动系统　hydrostatic drive system

推进及阻止机器移动的液压系统。

3.13

制动驻坡能力　brake slope capability

机器制造商公布的最大驻坡角度，其中行车制动可以使机器停止，行车制动和停车制动均可以使机器保持原地不动，取其最小坡度值。

4　要求

4.1　制动系统的要求

4.1.1　功能

所有机器应配备下列制动系统：

——行车制动系统；

——辅助制动系统；

——停车制动系统。

注：行车制动系统、辅助制动系统和停车制动系统应是能共享的共用部件，不应是 3 个独立和单独的系统。4.3 给出了如果有任何 1 个部件发生故障而必需的性能要求。

4.1.2　脱开装置

4.1.2.1　一般要求

制动系统不应含有如离合器或换挡变速箱等能使制动器失效的脱开装置，4.1.2.2 和 4.1.2.3 中允许的设置除外。

4.1.2.2　停车制动器脱开装置

对已制动机器进行移动的停车制动器脱开装置，应设置在司机位置的外侧，除非在司机位置内侧停车制动器能直接重新进行操纵控制。

4.1.2.3 行车制动器或辅助制动器脱开装置

在寒冷天气启动时，任何用于脱开行车制动或辅助制动的动力源的装置，应在脱开行车制动或辅助制动以前施用停车制动。

4.2 制动操纵机构

4.2.1 一般要求

所有制动系统操纵机构应能由司机在其座位处进行操纵。停车制动系统操纵机构应设置为其一经制动就不能脱开，除非由司机对其重新进行操纵控制。制动操纵机构的设置按 ISO 10968 的规定。

在制动操纵机构系统正常的操作(即：机器操作开始、停止或正常行进期间)过程中，带有任何制动系统的机器，包括电子制动操纵机构系统，应防止制动性能失去控制或减到最少。(如：随意的使用制动、脱开制动或时有时无的制动性能)

4.2.2 自动启用

辅助制动系统和停车制动系统可以自动启用(如：灵活的弹簧)，自动启用不要求控制。

4.2.3 操纵力

当测试要求的制动系统性能(见表 2)时，制动器操纵机构的操纵力应符合表 1 的规定。

表 1 制动试验的操纵机构最大操纵力

操纵形式		最大操纵力 N
手指操纵（手指操纵杆和开关）		20
手操纵	向上动作	400
	前后动作、左右动作、向下动作	300
脚踏（踝部操纵）		350
脚踏（腿部操纵）		600

4.3 共用部件

制动系统(行车、辅助和停车功能)可以使用共用件。但是，当其任一单独部件出现故障时，都不应导致机器制动性能低于 6.1.4 中对辅助制动系统性能的规定。

发生故障后，倘若机器的制动能力符合 6.1.4 中规定的辅助制动性能，可用来操纵制动系统的共用部件(手柄、踏板、开关、微处理机、线束和电子管等)，可以发生故障，这种制动性能可以自动产生，而不是通过操纵产生。

4.4 可耗尽能源的报警装置

如果可耗尽能量用于行车制动系统，则该可耗尽能量系统应装备报警装置。在系统能量减少至不大于以下规定值以前报警装置应报警：

——制造商规定的最大工作能量的 50%；

——可用尽能量要求满足 6.1.4 规定的辅助制动系统性能要求所必需的数值。

报警装置应通过发出连续不断的可视报警和/或声讯报警信号,并能有效地引起司机的注意。指示压力或真空度的仪表不适合该项要求。

注:不认为机械弹簧式为可耗尽能源。

4.5 带电子操纵机构的制动系统

一个制动系统的电子操纵机构应符合由制造商规定的使用危险评估方法学的安全状况。符合ISO 15998的电子操纵机构满足本条的要求。

如果带电子操纵机构的机器的最大行驶速度被设计者限制在 6 km/h,当任何一种制动系统符合6.1.3中对行车制动系统性能要求的规定时,执行本条规定的安全状况的要求。

注 1:在没有实际的方法可提供预知警告的场合,可以通过加强设计、高可靠性或故障模式下紧急制动控制来达到安全状况。

注 2:相当的 ISO 或 IEC 电气/电子的控制系统安全标准,如 ISO 15998 能用来通过危险评估和控制方法实现安全状况。

5 试验条件

5.1 试验场地

5.1.1 水平试验道路

试验道路应较平坦,行驶方向的坡度不大于 1%,横向坡度不大于 3%。道路的尺寸、材质和条件应能满足第 6 章中拖动试验或拉拽试验所需的牵引要求。土壤试验道路的湿度状况应使道路上的试验机器仅有微小的下沉。

5.1.2 静态替代试验场地

如果进行 6.1.2 静态替代试验,可在水平试验道路上或实验室水平装置上进行试验。应测量试验机器在牵引表面上的履带推进力(或履带固定到地表面,或轴连接到测力计)。

5.2 试验准备

a) 制动试验应使用有最不利效果制动结构的机器。除非本标准另有规定,机器质量应按照本标准的定义。

b) 所有与制动系统有关的参数应在机器制造商规定的范围内,即:制动器的调整、制动器的压力、履带张紧度等。在任一项试验过程中,不应对制动系统人为地进行调整。

c) 每项制动试验不应影响其他制动系统。如:当进行行车制动试验时,停车制动不应受行车制动性能的影响。

d) 拖动或拉拽的连接应与牵引架或其他适当的连接点尽可能处于一样的高度。为了不影响被测机器在地面上的附着性能,牵引力应成水平方向。

e) 铲刀、铲斗、链条、推土铲和其他工作装置应处于制造商推荐的运输或行驶位置。

f) 在试验前,允许对制动器进行磨合(调整)。磨合步骤应在机器的司机手册中说明,并应咨询机器制造商对磨合情况进行检验。

g) 在试验前,机器先进行空运转,使发动机和变速箱的油温达到制造商规定的正常工作温度,除非本标准另有规定。

5.3 测试仪器

测量和记录试验参数的测试仪器应具有 ISO 9248 规定的精度。

5.4 拖动或拉拽装置

该装置(例如,另一台机器或绞盘)应提供第6章性能试验所需的减速制动力、拖动力或拉拽力。

6 制动系统的试验和性能要求

6.1 行车制动和辅助制动试验

6.1.1 水平试验道路的拖动试验

行车制动和辅助制动系统性能试验时应以10%～40%的水平最高行驶速度牵引机器,机器的变速器处于空挡位置。施加制动,并测量减速制动力(拖动力)和制动操纵力。

具有液压式制动器或其他类似的牵引驱动系统或自动装置制动器的机器,当其行驶速度与牵引机器的速度相同时,把变速器处于空挡位置才可以进行试验;通过把相应的操纵机构置于制动或空挡位置,施用要测试的制动系统。

6.1.2 行车和辅助制动系统的静态替代试验

液压式制动器或其他类似的牵引驱动系统或在静态和动态方式中具有等效制动性能的不含摩擦材料的类似制动器,可采用静态试验程序进行试验(见5.1.2的关于试验道路或实验室装置的描述)。

以静态方式通过全力驱动进行行车制动器的性能试验,例如,相对锚定点的一个逆向拉拽或对绞盘拉力的抵制。产生的驱动拉力应认为是减速制动力,而对于履带式机器的滚动阻力不用进行修正。应测量减速制动力(拉力)和制动操纵力。

6.1.3 行车制动系统的性能要求

当操纵力符合表1的规定时,所施用的行车制动系统应在前进和倒退方向上使测试机器产生如表2或超过表2规定的减速制动力。3.6中定义和限制的驻坡能力(α)是机器处于运输状态并按5.2进行准备,在地面附着(牵引)系数(μ)为1.0时,其靠自身所能爬行的最大角度。不论是液体系统作业(见ISO 10266)或倾翻或牵引拉力的限制,制动性能的驻坡能力角都应大于17°。

表2 履带式制动系统的性能标准

制动系统	减速制动力 N
行车制动系统	$9.8M\ \sin\alpha$
辅助制动系统	$4.9M\sin\alpha$
停车制动系统	$9.8M\sin\alpha$

注1:α 为驻坡能力角,单位为度(°)(见3.6)。

注2:M 为机器质量,单位为千克(kg)(见3.5)。

6.1.4 辅助制动系统的性能要求

履带式机器的每条履带应具有相等标称制动能力的独立制动效能。如果满足6.1.4的辅助制动性能,一条履带的制动失效,其他履带的制动能正常的工作。当操纵力符合表1的规定时,所施用的辅助制动系统的驻坡能力与行车制动试验(见6.1.3)的驻坡能力一样,且在前进和倒退方向上使测试机器产生如表2或超过表2规定的减速制动力。

6.1.5 行车制动的保持性能试验

6.1.5.1 一般要求

所有机器都应按第5章规定的试验条件进行前进和后退两个方向的试验,无论哪个方向都应是有效的。

6.1.5.2 行车制动的保持性能试验

该试验可以按下列方法之一进行试验:

a) 有合适驻坡角度的试验场地;

b) 在一个有防滑表面的倾斜平台上;

c) 在纵向坡度不大于1 %的试验跑道上,对已制动停车、变速箱空挡的机器施加牵引力。该牵引力应符合表2的要求。

水平施加牵引力应与6.1.5.3规定的斜坡上的力相同。

6.1.5.3 行车制动的保持性能要求

对于发动机启动的机器,机器的动力系统脱离(除非用一个静液压驱动或类似的推动驱动系统)的行车制动系统应有使机器在斜坡上保持不动的能力。对于静液压驱动或类似的推动驱动系统,反向节流可以符合这个要求。

注:机器的驻坡能力在17°～45°之间或是制造商规定的在17°～45°之间的驻坡角度。

6.2 停车制动试验

6.2.1 停车制动试验

通过拉拽已用停车制动系统制动住的机器(变速器控制位于空挡)来进行停车制动性能试验。应测量该静态制动力(拉力)和制动操纵力。

机械停车制动的最小制动转矩应超过驱动传动系统的最大转矩或当用停车制动的时候操纵系统应使变速器在适当的位置失效(即:停车制动系统阻止操纵),对于不符合上述要求的停车制动系统,正在驱动中的机器要停车制动,应给司机一个指示,否则会损害停车制动器或需要调节停车制动。

6.2.2 停车制动性能要求

当操纵力符合表1的规定时,所施用的停车制动系统应在前进和倒退方向上使测试机器的履带保持停止并产生如表2或超过表2规定的减速制动力。

6.2.3 停车制动应用和耐久性

下列之一被用于停车制动系统的弹簧应适用并达到6.2.2规定的停车制动的要求:

a) 在−25 ℃,2.5 s以内:机器在进行这个试验之前要冷透,然后允许发动机做最多5 min的准备活动(即:发动机在没有其他操作,允许的运转速度转动);

b) 使用停车制动前,机器缓慢动作能进行300 mm位移。对于这个评价,缓慢动作使机器从移动到停止状况,此时机器的变速器位于空挡,停车制动的驻坡角度为10°,机器处于正常的工作温度。

如果有停车制动系统也有辅助制动系统,机器从最大水平速度到保持静态停止,停车制动系统应不用调节。

6.2.4 持续作用要求

停车制动系统在施用后，不论出现任何制动元件的缩减或任一种漏损，其操作按照制造商的规定，应使其保持有表2规定的停车制动性能。该制动系统不应依赖于一个可耗尽的能源。

6.3 分析及部件性能验证

6.3.1 一般要求

在分析模式和实际现场测试之间，表2符合分析及部件性能验证的要求，能用于提供一个相关证明(如：合理确定的工程实际测试数据表现出的分析结果等于或多于保守的实际测试)，如果分析结果用于性能验证，则试验报告应标明相关证明的参考源。按照制造商的文件保留规定，作为验证记录的一部分，试验应由机器制造商记录。

6.3.2 制动系统的替代实验室试验

可在实验室再进行制动系统功能试验，替代实验室试验被用于标定行车制动、辅助制动和停车制动。实验室设备宜提供和机器一样的控制压力和流速，按ISO 9248试验公差在2%以内。试验系统应能承受并测量制动系统的转矩，转矩水平应能超过制动保持力或减速制动力，取较大者。对于行车和辅助制动系统，应根据履带速度决定制动系统的转速以符合试验要求(见6.1.1)，对于停车制动系统，应测量最大制动保持转矩。如果实验室试验用于性能验证，则应提供包括名称和地址的试验报告(即：制造商或其他供应商的实验室)。

6.3.3 实验室试验的牵引力计算

用于计算时，在实验室测量的静态的和动态的制动转矩将被转变为相等的履带牵引力。该相等的牵引力应符合表2的要求。在计算时，应考虑到任何连接履带和制动的传动比。试验文件应包括所有计算。

7 机器说明书和标签

制动操纵系统的操作限制按照制造商的规定应包括下列任一项：

——司机手册；

——来自机器监视器的指导符号或报告示值读数。

说明书应包括制动系统失效条件下的预防注意事项，因为应用制动或减速器可自动改变引起新的制动表现特性(即：位于空挡的变速器的自动变速)或损坏制动停车。

如果制动器的磨合由制动器或机器制造商推荐，则制动器的磨合程序应包括在司机和/或机器的维修手册里。

机器说明书或机器指导符号中应提供机器的制动驻坡能力。对于行车和停车制动系统的周期评估应提供一个方法来评价这种表现情况。

8 试验报告

试验报告至少应包括下列内容：

a) 依据的国家标准，即：GB/T 19929—2014/ISO 10265:2008；

b) 机器类型；

c) 机器制造商；

d) 机器型号和编号；

e) 制动系统的状态(例如:新的、已运转 1 000 h)；

f) 测试机器的质量,单位为 kg；

g) 制造商认可的最大机器质量,单位为 kg；

h) 制动器种类(例如:钳盘式、鼓式、手控或脚控)；

i) 制动系统形式(例如:机械式、液压式、弹簧式、静液力式)；

j) 试验路面的纵向坡度和横向坡度；

k) 制动试验的全部试验结果；

l) 操纵力的级别(见 4.2.3)；

m) 按 6.1.2 静态替代试验的试验设备和方法；

n) 试验道路的尺寸、构造和状态；

o) 应用分析法及相关证明的参考源;为证实 6.3.2 和 6.3.3 的分析验证,与 6.3 及相关数据有关的计算；

p) 包含实验室名称和地址的资料。

注：制造商或供应商的实验室文件符合这个要求。

参 考 文 献

[1] GB/T 8498—2008 土方机械 基本类型 识别、术语和定义(ISO 6165:2006,IDT)

[2] GB/T 21152—2007 土方机械 轮胎式机器 制动系统的性能要求和试验方法(ISO 3450:1996,IDT)

[3] GB/T 25609—2010 土方机械 步行操纵式机器的制动系统 性能要求和试验方法(ISO 17063:2003,IDT)

ICS 53.100
P 97

中华人民共和国国家标准

GB/T 19930.2—2014/ISO 12117—2:2008

土方机械　挖掘机保护结构的实验室试验和性能要求　第2部分:6 t以上挖掘机的滚翻保护结构(ROPS)

Earth-moving machinery—Laboratory tests and performance requirements for protective structures of excavators—Part 2: Roll-over protective structures (ROPS) for excavators of over 6 t

(ISO 12117-2:2008, IDT)

2014-07-24 发布　　　　2015-01-01 实施

中华人民共和国国家质量监督检验检疫总局
中国国家标准化管理委员会　发布

前　言

GB/T 19930《土方机械　挖掘机保护结构的实验室试验和性能要求》分为两个部分：

——第1部分：小型挖掘机倾翻保护结构(TOPS)；

注：现该部分的标准号和标准名称为GB/T 19930—2005《土方机械　小型挖掘机　倾翻保护结构的试验室试验和性能要求》，待该标准修订后，标准号改为GB/T 19930.1。

——第2部分：6 t以上挖掘机的滚翻保护结构(ROPS)。

本部分为GB/T 19930的第2部分。

本部分按照GB/T 1.1—2009给出的规则起草。

本部分使用翻译法等同采用ISO 12117-2:2008《土方机械　挖掘机保护结构的实验室试验和性能要求　第2部分：6 t以上挖掘机的滚翻保护结构(ROPS)》，包括其技术勘误ISO 12117-2:2008/Cor.1:2010。

与本部分中规范性引用的国际文件有一致性对应关系的我国文件如下：

——GB/T 8498—2008　土方机械　基本类型　识别、术语和定义(ISO 6165:2006,IDT)

——GB/T 8591—2000　土方机械　司机座椅标定点(eqv ISO 5353:1995)

——GB/T 21153—2007　土方机械　尺寸、性能和参数的单位与测量准确度(ISO 9248:1992,MOD)

本部分与ISO 12117-2:2008相比，做了下列编辑性修改：

——将6.3.2中的“见图10”改为“见图10 a)”；

——将6.4.4中的“表1”改为“表2”；

——删除了国际标准中有关英制国家规定的“注1：在一些用英制的国家，螺栓和螺母使用相同的等级”，并将“注2”改为“注”；

——将技术勘误内容纳入标准正文中，并在正文中的页边空白处用垂直双线“‖”标识。

本部分由中国机械工业联合会提出。

本部分由全国土方机械标准化技术委员会(SAC/TC 334)归口。

本部分起草单位：天津工程机械研究院、上海三一重机有限公司、厦门市产品质量监督检验院[国家场(厂)内机动车辆质量监督检验中心]、厦门厦工机械股份有限公司、徐州博汇驾驶室制造有限公司、吉林大学工程装备实验中心、沈阳和宏机电设备有限公司、厦门市育明工程机械有限公司。

本部分主要起草人：阎堃、王伟强、陈良、李蔚苹、王丽军、成凯、韩雪山、董圣广、林承佳。

引　言

由于液压挖掘机开始倾翻时其较大的工作装置可支撑机身，因此液压挖掘机不像其他土方机械一样容易倾翻。然而在世界上一些区域国家，事故数据表明液压挖掘机需要滚翻保护结构。因此有必要对液压挖掘机的滚翻保护结构进行标准化。

GB/T 19930 的本部分对土方机械中 6 t 以上液压挖掘机的滚翻保护结构(ROPS)提供了一种试验方法。不像 GB/T 17922 规定的机器，液压挖掘机具有较大工作装置的特性可影响其 ROPS 所必需的性能。此外，液压挖掘机 ROPS 的试验方法和性能要求与其他土方机械是不同的。

土方机械　挖掘机保护结构的实验室试验和性能要求　第2部分:6 t以上挖掘机的滚翻保护结构(ROPS)

1　范围

GB/T 19930的本部分建立了在静载荷作用下统一的、可重复的评价滚翻保护结构(ROPS)载荷承受性能的方法,并规定了对典型试件在这样载荷作用下的性能要求。

本部分适用于ISO 6165规定的大于6 t并小于50 t的液压挖掘机的ROPS。当机器围绕其回转机架的纵轴滚翻360°,且与小于坡度30°硬黏土路面没有失去接触时,ROPS将为系座椅安全带的司机确保最小的挤压保护空间。ROPS被应用在有滚翻危险存在的地方。

本部分适用于基本型挖掘机或用于物件吊运、拆除或带磁盘、蛤壳式铲斗、抓斗或多爪夹具等附属装置的派生挖掘机的ROPS。

本部分不适用于带司机室起升装置的挖掘机。

注:由于试验和统计学数据源于可接受的基准,本部分预期适用于总工作质量小于或等于50 000 kg的挖掘机。不排除本部分描述的程序适用于较大或较小质量的挖掘机的可能性,如果该要求可能导致不切实际的设计,则不包括用于采矿工况特殊设计的挖掘机。

2　规范性引用文件

下列文件对于本文件的应用是必不可少的。凡是注日期的引用文件,仅注日期的版本适用于本文件。凡是不注日期的引用文件,其最新版本(包括所有的修改单)适用于本文件。

GB/T 17772—1999　土方机械　保护结构的实验室鉴定挠曲极限量的规定(idt ISO 3164:1995)

ISO 5353　土方机械和农林拖拉机和机械　司机座椅标定点(Earth-moving machinery, and tractors and machinery for agriculture and forestry—Seat index point)

ISO 6165　土方机械　基本类型　识别、术语和定义(Earth-moving machinery—Basic types—Identification and terms and definitions)

ISO 9248　土方机械　尺寸、性能和参数的单位与测量准确度(Earth-moving machinery—Units for dimensions, performance and capacities, and their measurement accuracies)

3　术语和定义

下列术语和定义适用于本文件。

3.1

附属装置　attachment

为特定用途,安装在主机或工作装置上的零部件总成。

[GB/T 21154—2014,定义3.1.4]

3.2

底板　bedplate

试验时连接机架的试验固定装置中完全刚性的零件。

3.3

边界面　boundary plane

BP

由经过 DLV 的背部、侧边和膝关节形成的垂直面所构成的平面。

注：边界面用于确定载荷作用区域。

3.4

边界模拟地平面　boundary simulated ground plane

BSGP

在机器滚翻冲击地面时，给司机提供附加的防护的平面，该平面由机器结构上的硬点确定。

注：验证硬点见 6.1.5。

3.5

司机室起升装置　cab riser

可将 ISO 5353 规定的座椅标定点(SIP)相对于正常结构升高大于 250 mm 的任何支杆。

3.6

挠曲极限量　deflection-limiting volume

DLV

一个高大、穿普通衣服、戴安全帽、坐姿男性司机的垂直投影近似值。

注：改写 GB/T 17772—1999，定义 3.1。

3.7

ROPS 的变形　deflection of ROPS

变形　deflection

在载荷作用点(LAP)处测量的 ROPS、安装装置和机架部分的移动，但不包括试验装置的移动。

3.8

工作装置　equipment

为执行基本的设计功能，安装在主机(允许有附属装置)上的一组零部件。

3.9

基准地平面　ground reference plane

GRP

预先定好的机器停放的硬实水平面。

3.10

侧向边界模拟地平面　lateral boundary simulated ground plane

LBSGP

当机器纵向停放，且其工作装置和附属装置处于制造商规定的最低高度，在 GRP 上处于最大挖掘半径时，机器 LH(左手)边三个硬点(例如，动臂最高部分、机器司机室支撑机架 LH 最前部分、配重 LH 上部)所定义的平面。

见图 1。

注：LBSGP 包含三个硬点，例如，配重 LH 边侧点、当工作装置和附属装置处在地面上最大范围处动臂 LH 最高点和平台的 LH 前部点。

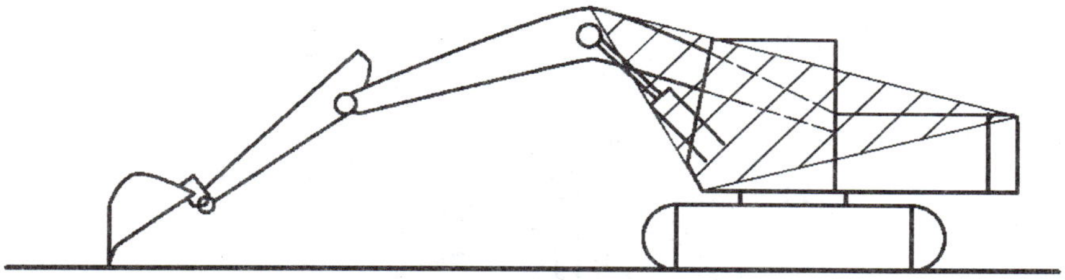

a) LBSGP

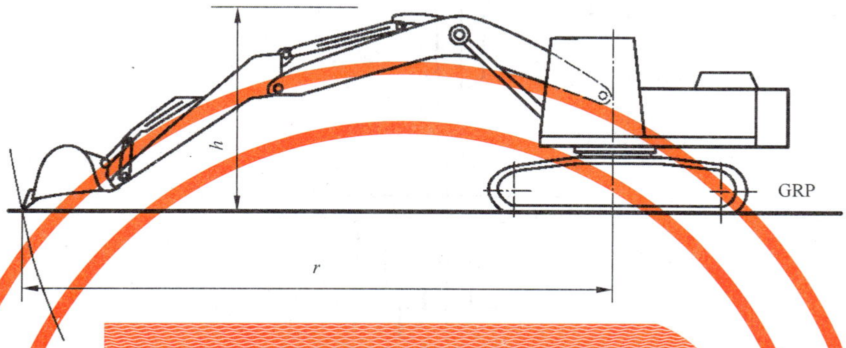

b) 最小动臂高度

说明：

h ——最小动臂高度；

r ——地面最大挖掘半径；

GRP——基准地平面。

图 1 侧向边界模拟地平面(LBSGP)

3.11

侧向模拟地平面 lateral simulated ground plane

LSGP

机器纵向停放所定义的平面。

见图 2。

注 1：该平面预定为旋转平行机器纵向中心线的垂直平面，通过侧向加载的上部 ROPS 结构件最外点和机器上第二个较低点所产生一个新平面。

注 2：图 2 中标记的 a 和 e 中两个硬点的每一个都能支撑一半的机器质量。

注 3：LSGP 是在无载的 ROPS 情况下确定的，且为了保持相对于垂直面的夹角随着加载的 ROPS 构件移动。

注 4：LSGP 适用于机器停放在两个硬点的情况。如果考虑第 3 个硬点，应用 LBSGP。

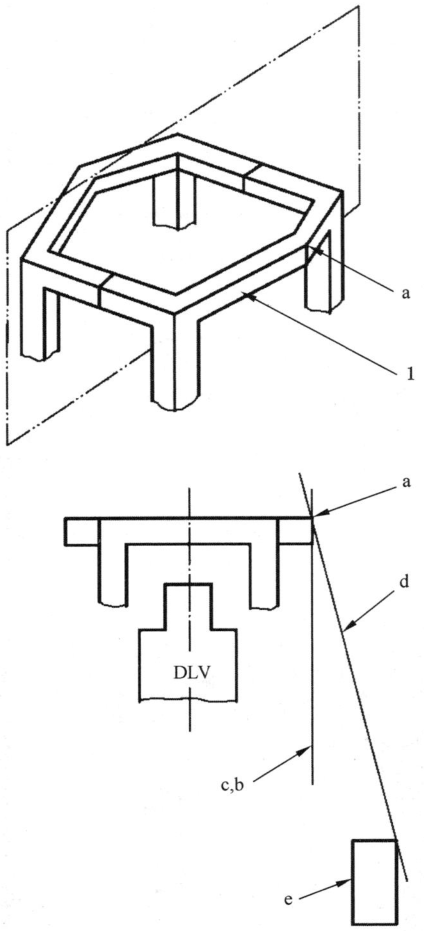

说明：
1 ——侧向载荷作用的 ROPS 上部机架构件；
a ——从机架构件端部看去最外的点；
b ——通过点 a 的垂线；
c ——平行于机器纵向中心线，通过直线 b 的垂直平面；
d ——LSGP；
e ——用于建立 LSGP 机器特定的刚性部分。

图 2 侧向模拟地平面(LSGP)

3.12

载荷作用点 load application point

LAP

试验载荷力(F)作用在 ROPS 上的点。

3.13

载荷分配器 load distribution device

LDD

用来防止 ROPS 构件在载荷作用点局部被穿入的装置。

3.14

单柱或双柱 ROPS one- or two-post ROPS

由悬臂承载结构件形成或构成的单柱或双柱 ROPS。

3.15

工作质量　operating mass

OM

主机带有包括制造商所规定最常用配置的工作装置和无载的附属装置、司机(75 kg)、燃油箱加满燃油、其他液体系统(如液压油、传动油、发动机油、发动机冷却液)加注到制造商规定的液位、洒水箱半满(适用时)时的质量。

注 1：非驾乘式机器不包括司机质量。

注 2：交付的压载物质量可包括在内(如制造商规定时)。

[GB/T 21154—2014,定义 3.2.1]

注 3：粘附在使用中的机器上的土、泥、岩石、树枝、碎石等不做为机器任何部分的质量。在确定试验要求中,以任何方式挖掘、装载或吊运的物料均不是机器的质量。

3.16

司机防护装置　operator protective guards

OPG

给挖掘机司机位置提供的由顶防护装置和前防护装置组成的装置。

注：改写 GB/T 19932—2005,定义 3.1。

3.17

典型试件　representative specimen

试验用的 ROPS、安装的金属零件和机器机架(整体或一部分),其材料和制造公差均应在制造商产品说明书规定的范围内。

注：目的是所有按这些要求制造的 ROPS 能够满足或超出规定的性能等级。

3.18

滚杆式 ROPS　rollbar ROPS

悬臂承载构件的单柱或双柱 ROPS,不带 FOPS。

[GB/T 17922—1999,定义 3.4]

3.19

滚翻保护结构　roll-over protective structure

ROPS

有一系列的结构件,它的作用是如果机器滚翻时,给坐着系座椅安全带的司机提供合理的防护。

注：结构件包括子机架、支架、安装件、承窝、螺栓、销钉、悬挂装置和用于保护回转机架的弹性冲击减震器,但不包括和回转机架是一体的安装设备。

3.20

ROPS 结构件　ROPS structural member

设计用来承受力或吸收能量的零件。

示例：子机架、支架、安装件、承窝、螺栓、销钉、悬挂装置和弹性冲击减震器。

3.21

座椅安全带总成　seat belt system

带固定器的座椅安全带装置。

注：改写 GB/T 17921—2010,定义 3.3。

3.22

承窝　socket

S

载荷分配器(LDD)减少加载点限制的装置。

3.23

硬点　stiff point

在滚翻引起的预知变形中,在刚性结构件上具有足够强度支撑载荷的点。

注:按下列方式建立硬点:

a) 每个点处对 BSGP 加载的垂直载荷应和标准机器质量相同;

b) 在修正后的 BSGP 上,测量每一个硬点的变形(变形量为每个点处零件贯穿进地面的量加上零件的自身变形——该过程可计算得出);

c) 用上面的方式建立的 BSGP 做所有的物理试验。

3.24

回转机架 revolving frame

在正常工作中,和 ROPS 永久连接在一起的机器结构件。

注:GB/T 19930 的本部分规定所有螺栓连接的和正常可拆卸的零件是允许从机器机架中拆除的。当该机架连接到回转支承顶部时,仅需要机器机架的复制品。

3.25

垂直边界模拟地平面 vertical boundary simulated ground plane

VBSGP

机器倒置时,通过上部 ROPS 构件建立的顶部平面。

注 1:当机器工作装置和附属装置处于制造商规定的最低高度,在 GRP 上处于最大挖掘半径,机器倒置时,也可通过机器上部硬部分(例如:动臂顶部分和配重顶部分)定义该平面。

注 2:VBSGP 包含三个硬点,例如,当工作装置和附属装置处于地面上最大挖掘半径处时动臂的最高点和配重的后顶部线。

3.26

DLV 的垂直投影 vertical projection of the DLV

DLV 外侧部分的垂直投影形成的区域,但不包括脚的部分。

4 符号和缩略语

下列符号和缩略语适用于本文件。

U——能量,结构吸收的能量,与机器质量有关,单位为焦耳(J);

F——力,单位为牛顿(N);

M——制造商规定的机器最大工作质量,包括带机具工作时的附属装置和 ROPS,单位为千克(kg);

L——ROPS 的长度,按如下定义,单位为毫米(mm):

a) 对于单柱或双柱 ROPS,L 在 ROPS 顶部测量,从 ROPS 立柱的外侧至最远悬臂承载件的最远端的距离(见图 3);

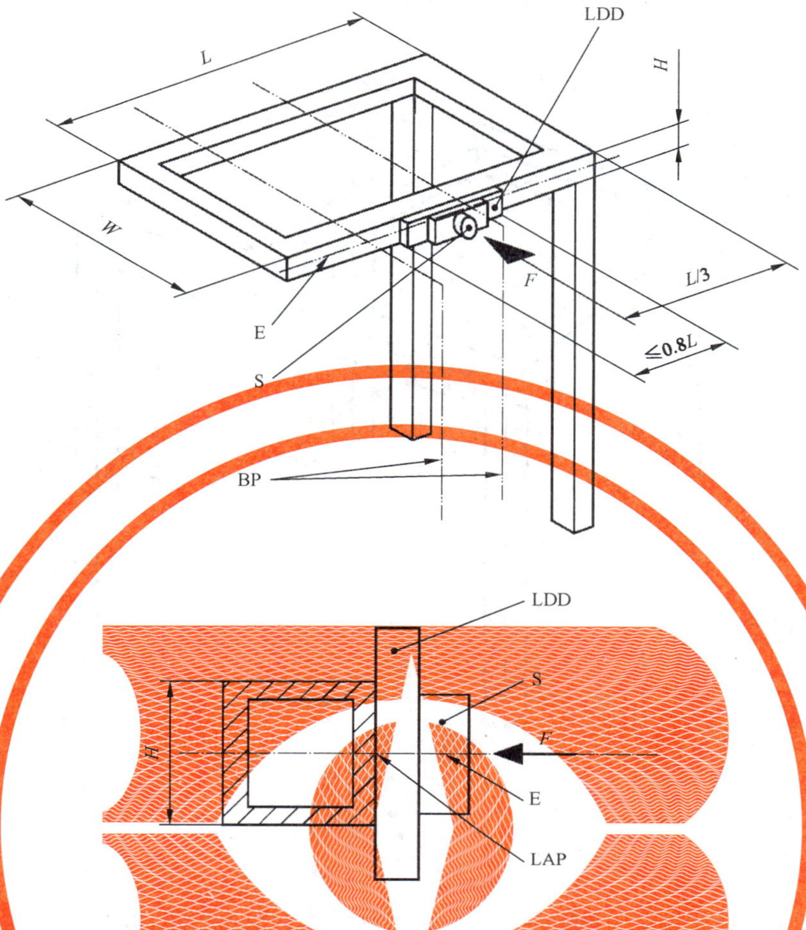

说明：
E ——上部 ROPS 结构件的垂直中心；
F ——加载力；
H ——上部 ROPS 结构件的高度；
L ——ROPS 的长度；
W ——ROPS 的宽度；
LDD——载荷分配器；
LAP——载荷作用点；
BP ——DLV 的边界面；
S ——承窝。

注：LDD 可超出尺寸 *H*。

图 3 双柱 ROPS 侧向载荷作用点

b) 对于多柱矩形 ROPS，*L* 为前后柱最外侧之间的最大纵向距离（见图 4）；

注：ROPS 结构件不需要覆盖整个 DLV 的垂直投影。

c) 对于曲面结构件的 ROPS，*L* 为通过相切平面的交点在前后构件曲线部分的中点间的距离（见图 5 和图 6）；

d) 对于滚杆式 ROPS，*L* 不适用。

e) 对于成形结构件的 ROPS，*L* 按图 5 c）所示定义：

——*H* 为顶部构件高度（垂直宽度）的 3 倍；

——通过从以上顶部构件最上部点降低 *H* 定义为水平面；

——通过前后构件相交面来定义 L 的边界。

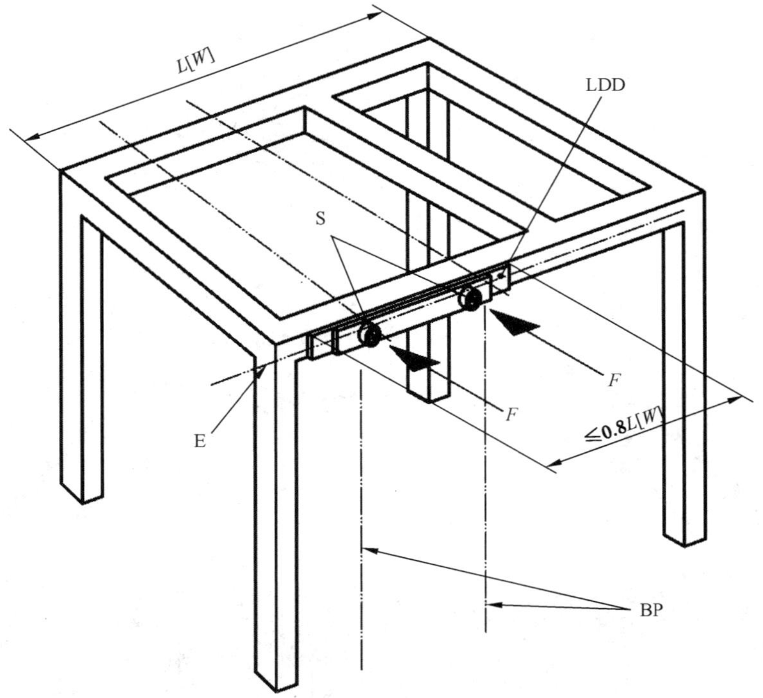

说明：

BP ——DLV 的边界面；

E ——上部 ROPS 结构件的垂直中心；

F ——加载力；

$L[W]$——ROPS 的长或宽；

LDD ——载荷分配器；

S ——承窝。

注：LAP 和 LDD 细节示例见图 3。如图示例所示同时施加所需力，两个承窝情况比一个承窝情况多。在加载过程中，为了不限制 ROPS 的旋转应施加相等的力。

图 4 四柱 ROPS 侧向载荷作用点

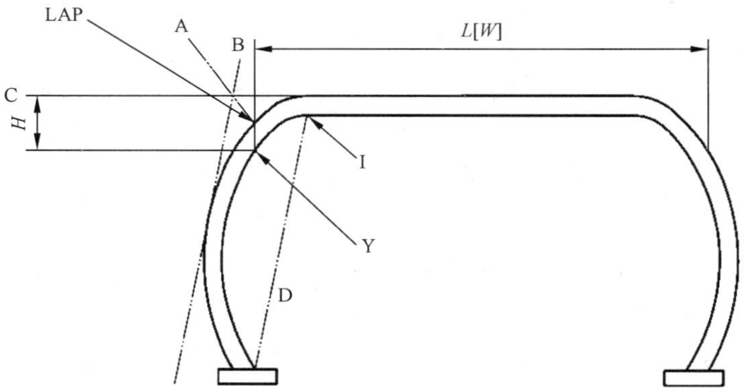

a） 曲面构件（曲线柱）尺寸 L 或 W 和 H 的示例

图 5 曲面或成形构件示例

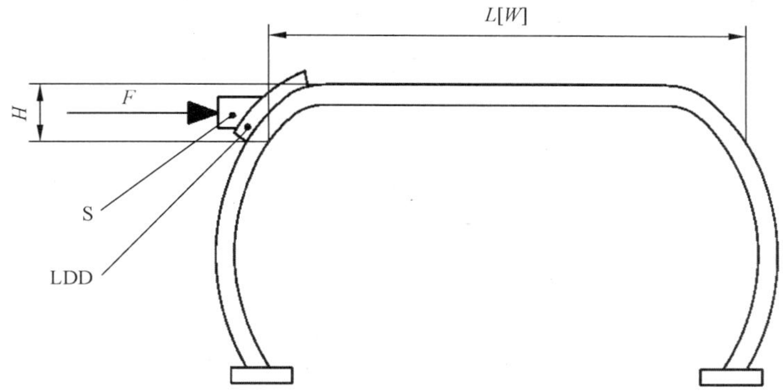

b）对曲面构件(曲线柱)加载的示例

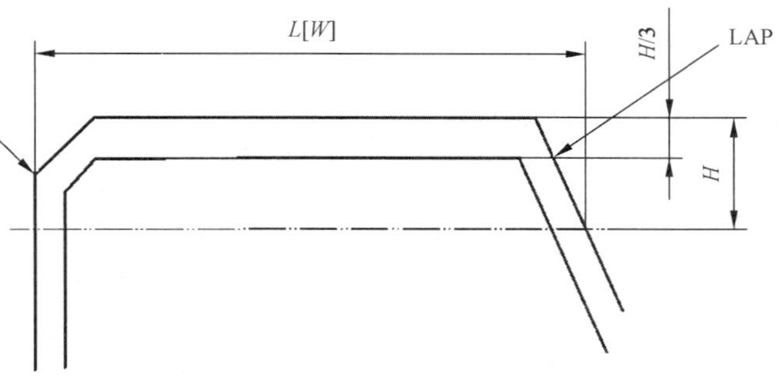

c）成形构件尺寸 *H* 和 *L* 或 *W* 的示例

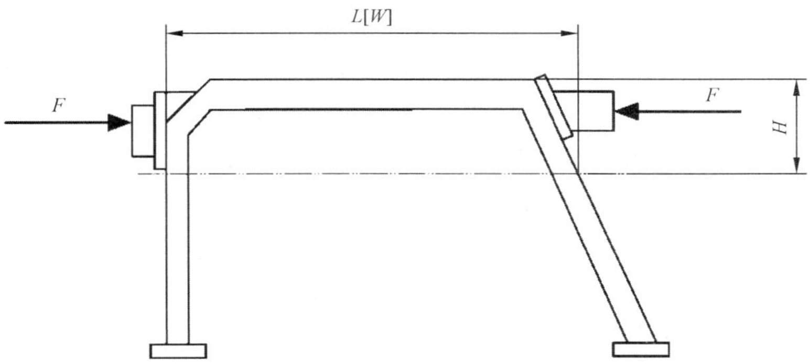

d）对成形构件加载的示例

说明：

A ——两条切线(B 和 C)形成角的等分线；

B ——曲面 ROPS 构件外表面上且平行于 D 的切线；

C ——上部 ROPS 构件顶部表面的投影；

D ——曲面 ROPS 构件末端与结合件交点的连线；

F ——加载力；

I ——曲面和平面的交点；

H ——载荷作用区域的高度；

LDD ——载荷分配器；

L[*W*]——确定 LAP 的 ROPS 长度或宽度；

S ——承窝；

LAP ——载荷作用点；

Y ——过 LAP 的垂线与垂直件内表面的交点。

注 1：A 和 B 的角度等于 A 和 C 的角度。

注 2：LAP 和 LDD 细节示例见图 3。

图 5（续）

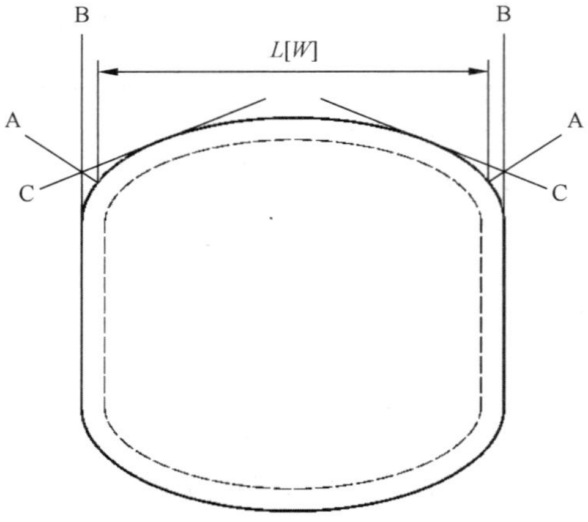

说明：

A——B 和 C 两切线的角度平分线；

B——上部(LH 和 RH)ROPS 构件侧面的投影；

C——ROPS 构件侧面(图示的 LH)弧形部分中点的切线；

L——确定载荷点 ROPS 的长度。

图 6　曲面构件的另一示例(平面图)

W——ROPS 的宽度，单位为毫米(mm)，按如下规定：

a) 对于滚杆式 ROPS，*W* 是结构件最外点的宽度；

b) 对于单柱或双柱 ROPS，*W* 是至少覆盖 DLV 宽度垂直投影的悬臂承载构件(见图 1、图 4 和图 5)的一部分，在 ROPS 顶部，从悬臂承载构件的外侧测量；

c) 对其他 ROPS，*W* 是左右 ROPS 立柱外侧之间的最大宽度，在 ROPS 顶部，从悬臂承载构件的外侧测量(见图 5)；

d) 对于成形构件的 ROPS，*W* 是 *H* 的垂直投影与结构件外表面的距离，[见图 5 c)]；

e) 对于曲面构件的 ROPS，通过平面 A 和垂直构件外平面在 X 处的交点确定 *W*，若平面 A 是平面 B 和平面 C 交点形成角度的平分线，平面 B 是外侧面平行于平面 D 的切线面，平面 D 是曲面 ROPS 构件与相邻构件交点构成的，平面 C 是上部 ROPS 构件上表面的投影。[见图 5 a)]；

Δ——ROPS 的挠度，单位为毫米(mm)；

H——载荷作用区域的高度，单位为毫米(mm)，按如下规定：

a) 对直的构件，*H* 是构件顶部至底部的距离，如图 3 所示；

b) 对曲面构件，*H* 是从构件顶部至 *L* 末端垂直面(该面与处曲面构件内表面相交于 *Y* 处)的垂直距离，如图 5 a)所示；

c) 对成形构件，*H* 是顶部构件垂直宽度的三倍，如图 5 c)所示；

d) 对于包含独立结构的 ROPS，*H* 是从较低构件中上部构件的最低点(在 *L* 或 *W* 内)至上部构件最高部分的高度(见图 7)——每个结构件应满足第 7 章的材料要求。

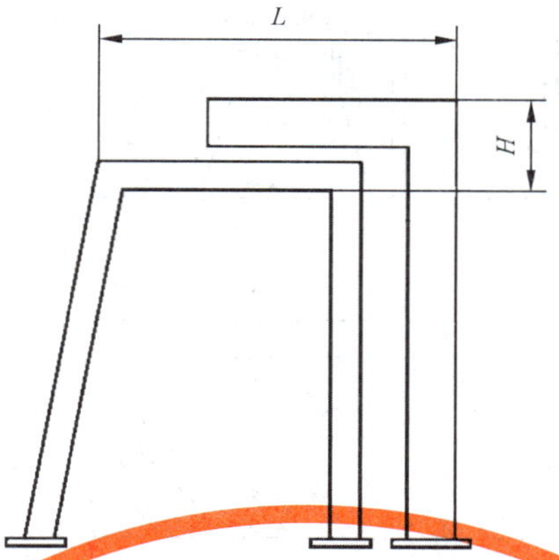

注：H 是与确定 LDD 高度有关的最上部 ROPS 构件的整个高度。

图 7　带独立上部构件 ROPS 的加载区域的高度

5　试验方法和试验设备

5.1　总则

在侧向和垂直方向有承载的要求，在侧向和纵向有吸收能量的要求。在侧向、纵向和垂直方向载荷作用下有 ROPS 的变形限制。在滚翻过程中，载荷作用下力和能量要求加上变形的限制确保 ROPS 没有显著变形可作为冲击的结果。

本评价程序不必和给定的实际滚翻造成的结构变形完全一致。然而，特殊的要求要通过对 ROPS 的多次验证得到，即在各种实际滚翻中完成所需的功能，也可在 ROPS 及其被安装的附属装置、工作装置和机架的互换基础上进行分析研究。因此，对一个系安全带坐着的司机可以在下面的情况下确保最小的挤压保护：

——绕机器回转机架纵轴滚翻 360°，机器始终与坡度没有失去接触；

——在 5.4.4 中规定的试验位置中配备制造商规定的附属装置和工作装置；

——在最大坡度为 30°的硬黏土路面上。

5.2　仪器

除力和变形测量能力应在最大值的±5%范围内，测量质量、力、变形用的仪器应符合 ISO 9248 的规定。

5.3　试验设备

固定装置应能将 ROPS/回转机架总成(最大可及地面构造下带工作装置和附属装置)牢靠的固定在底板上，并按表 2 和表 3 给出的公式确定所需要施加的侧向、纵向和垂直方向的载荷。

5.4　ROPS-回转机架总成和附属装置在底板上的固定

5.4.1　ROPS 应固定在回转机架上，如同装在机器上一样(见图 8)。试验时不需要评价完整的回转机架，但回转机架和安装的 ROPS 试验试件应代表实际安装设备的结构外形。所有可拆卸的窗户、仪表板、门和其他非结构件均应拆掉，使之不影响 ROPS 的试验结果。可包括或模拟 ROPS 结构的非 ROPS 件(例如，悬浮装置和轴承)提供的性能。

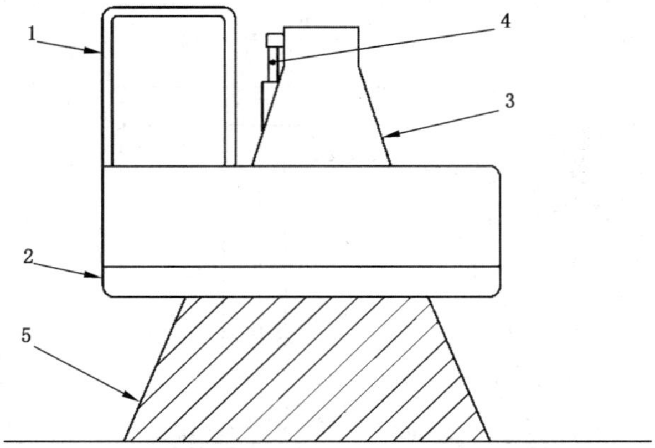

说明：

1——ROPS；

2——回转机架；

3——动臂；

4——动臂液压缸；

5——底板。

图 8 回转机架的固定

5.4.2 ROPS-回转机架总成应固定在底板上，使连接总成和底板的连接件在试验时变形最小。ROPS-回转机架总成除了最初的附属装置作为支承外，不应再从底板上得到任何支承。

5.4.3 试验时任何机器/地面的悬挂件应从外面锁住，使他们对试件的力-变形关系不产生影响。当 ROPS 安装到机架上的悬挂件作为加载件时，应在试验开始时就安装就位并起作用。

5.4.4 工作装置和附属装置，包括如动臂或斗杆液压缸的执行机构，应处于 GRP 上最大挖掘半径处制造商规定的最小动臂高度(见图 1)。

试验中应包括或模拟加载下影响 ROPS 变形的工作装置、附属装置或其他装置(如动臂或斗杆液压缸)，以确定在变形 ROPS 结构中其影响多大。

工作装置和附属装置宜和实际一致或具有相等的大小、刚度和位置。

6 试验加载程序

6.1 总则

6.1.1 试验加载应按侧向加载、纵向加载和垂直加载的顺序进行。所有试验应在同一典型试件上进行(能量和力的要求见表 2 和表 3 的公式)。如果试验由于一些原因停止下来并再进行，总的能量中应包含在最初加载中的最大变形达到后施加的附加能量。

6.1.2 在加载之前应确定全部载荷作用点、平面和纵向中心线，并在结构上标出来。

6.1.3 在加载或两次加载之间，不应校正或修理。

6.1.4 可用载荷分配器防止局部穿透。载荷分配器不应妨碍 ROPS 的转动。

6.1.5 在达到表 2 和表 3 给出的能量和力的要求前，当超出 LBSGP 和/或 VBSGP 时，应停止 6.2 和/或 6.4 规定的加载。试验过程中使用该条件，应预先安装机器系统的坚硬部分。坚硬部分变形按如下验证：

a) 在每一个点应用垂直 LBSGP 和/或 VBSGP 的载荷，该载荷与标准机器质量相等(考虑硬点的变形及 ROPS 滚杆/立柱穿入地面)；

b) 在每一个硬点测量变形来建立修改的 LBSGP 和/或 VBSGP；

c) 用以上方式建立的 LBSGP 和/或 VBSGP 进行物理试验。

注：制造商按 6.2 和/或 6.4 选择使用 LBSGP 和/或 VBSGP；若不使用的话，不需要以上 a)至 c)规定的验证。

6.1.6 试验中的所有结构件，设计承担力和/或吸收能量的构件均应满足第 7 章的材料规定。

6.2 ROPS 的侧向加载

6.2.1 侧向载荷施加到 ROPS 的上部构件。

载荷分配器的高度应小于或等于上部 ROPS 结构件的整个高度(见第 4 章的 H)。

载荷分配器(LDD)不应接触 H 范围以外的 ROPS 结构件。

6.2.2 载荷作用点应由长度 L 和 DLV 的前后边界平面的垂直投影来决定。载荷作用点不应在单柱或双柱 ROPS 的 $L/3$ 内。如 $L/3$ 点在 DLV 垂直投影和单柱或双柱 ROPS 结构件之间，载荷作用点应从结构上移开，直到进入 DLV 的垂直投影为止(见图 3)。

若 DLV 的中心线处于与机器最大距离处，载荷应施加到 ROPS 的侧部。

6.2.3 对于多于双柱的 ROPS，载荷作用点应位于 DLV 前后边界平面垂直投影之间(见图 4)。

6.2.4 如果司机座椅偏离回转机架中心线时，应在靠近座椅一侧的最外边施加侧向载荷。

6.2.5 应在离工作装置和附属装置最远处的最外侧施加侧向载荷。

6.2.6 初始加载的方向应是水平的，并垂直于通过回转机架纵向中心线的垂直平面。随着加载的继续进行，ROPS/回转机架的变形可引起加载方向的改变是允许的。

6.2.7 如加载是静态的，则变形速度也是如此。当在载荷作用点的变形速度不大于 5 mm/s，则载荷作用速度可以认为是静态的。应连续记录载荷作用点处的力-变形数值，记录间隔变形增量在 15 mm 范围内。继续加载直到 ROPS 达到力和能量要求，或 ROPS 载荷作用点达到机器侧面坚硬部分定义的 LBSGP。计算能量 U 的方法见图 9。计算 U 时所用的变形是 ROPS 沿力的作用线产生的变形。用于支承载荷作用装置的任何部件的变形不应包括在总变形之内。

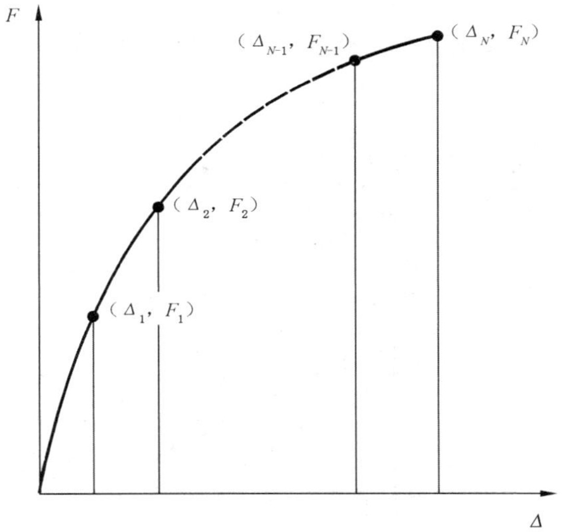

能量 U：$U=\frac{\Delta_1 F_1}{2}+(\Delta_2-\Delta_1)\frac{F_1+F_2}{2}+\cdots+(\Delta_N-\Delta_{N-1})\frac{F_{N-1}+F_N}{2}$

说明：

F ——力；

Δ ——变形。

图 9 加载试验的力-变形曲线

6.3 ROPS 的纵向加载

6.3.1 侧向加载去除后，从机器后侧沿着 ROPS 的纵向中心线在 ROPS 上部结构施加纵向载荷。载荷分配器宜超过宽度 W 分配载荷，以对变形的 ROPS 持续加载(见图 5 和图 10)。

6.3.2 应在与图 10 一致的位置进行纵向加载，纵向加载优先于垂直加载。载荷分配器应覆盖整个宽度[见图 10 a)]。

6.3.3 应在与图 3 一致的位置进行纵向加载，优先侧向加载建立。如果没有后(前)横梁(该横梁在不弯曲的情况下能传递载荷)，载荷分配器应覆盖整个宽度。在其他情况下，载荷分配器应在ROPS宽度 *W* 的80%内分配载荷(见图3)。

6.3.4 对于所有机器，加载的方向(前或后)选择在ROPS/机器机架总成最恶劣要求的一侧。开始的加载方向应是水平的并平行于机器纵向中心线。决定纵向载荷方向时应考虑如下因素：

a) ROPS相对DLV的位置和在为司机提供挤压防护方面ROPS纵向变形的影响；

b) 机器特性，即机器上的构件可抵抗ROPS的纵向变形，并能限制对ROPS加载的纵向分力的方向；

c) 经验表明，在机器实际滚翻时，当它绕纵向轴线翻转，则可表示有纵向倾翻的可能性或某一类特殊机器扭曲的趋势。

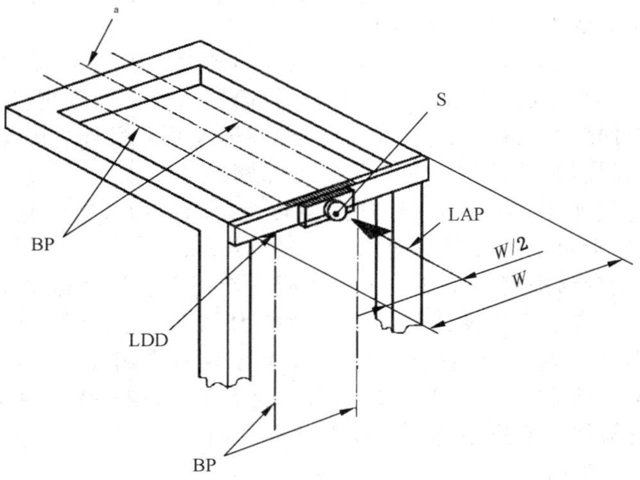

a) 如果没有后横梁，纵向载荷分配器存在能够无弯曲传递载荷

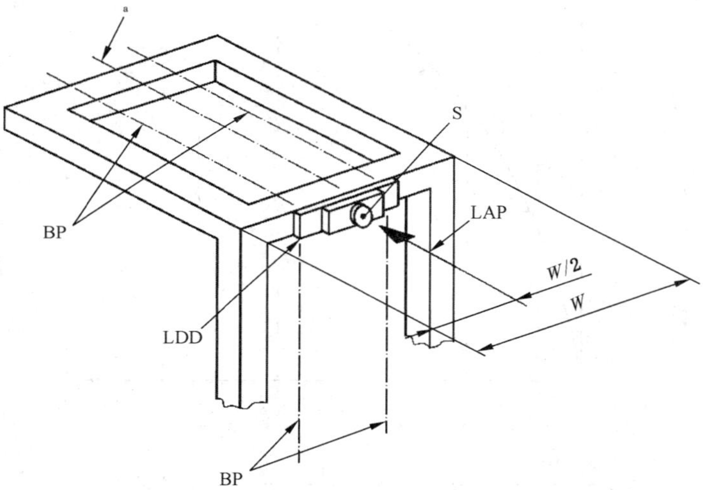

b) 其他情况的纵向载荷分配器

说明：

BP ——边界平面；

LAP——载荷作用点；

LDD——载荷分配器；

S ——承窝；

LDW——载荷分配器的宽度(等于无后部横梁的ROPS宽度；其他情况时最大为0.8 W)；

W ——ROPS的宽度。

[a] 平行于机器纵向中心线。

图10 纵向载荷分配器

6.3.5　当机器的上部结构顺时针旋转处于0°至90°的某一位置时(代表较低结构),为了覆盖机器滚翻的可能性,应沿着ROPS的纵向中心线对ROPS的上部结构件施加纵向后部载荷。采用纵向能量要求(使用的指导见6.2.7且验收按第8章)。

6.3.6　变形速度应认为加载是静态的(见6.2.7)。

该加载是连续的,一直加到ROPS达到纵向能量要求为止,或ROPS变形达到机器上部坚硬部分定义的LBSGP/VBSGP。

6.4　ROPS的垂直加载

6.4.1　侧向和纵向加载完成后,垂直载荷应加在ROPS的顶部。

6.4.2　对于整个ROPS,垂直加载的中心应作用在同一垂直平面内,垂直于ROPS结构的纵向中心线,与6.2规定的侧向加载一样,变形前在结构上确定该平面。

6.4.3　若载荷相对变形的ROPS结构纵向中心线(按6.1.2中标记的作用点)对称,则其在ROPS上分配是没有限制的。垂直加载工况见图11示例。

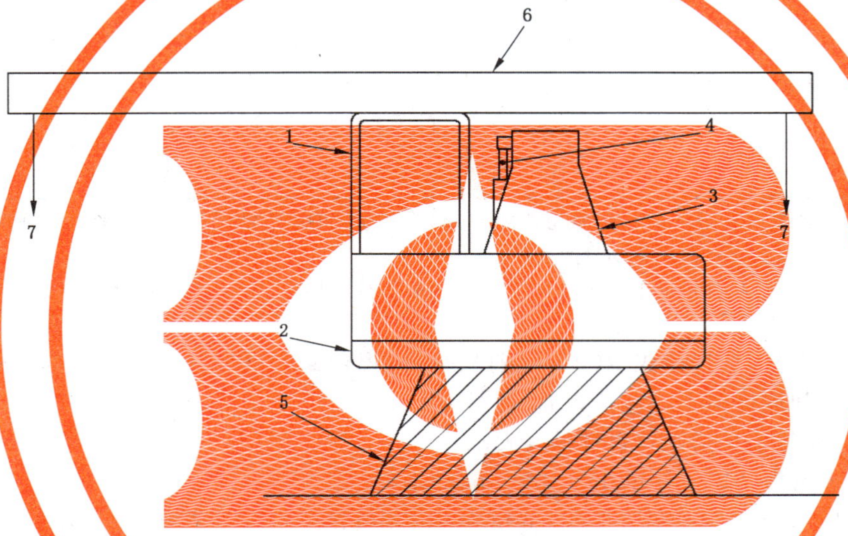

说明:
1——ROPS;
2——回转机架;
3——动臂;
4——动臂液压缸;
5——底板;
6——垂直加载工装;
7——垂直载荷。

图11　垂直加载

6.4.4　变形速度应认为加载是静态的(见6.2.7)。

该加载是连续的,一直加到达到表2规定的力的要求为止,或ROPS的变形达到机器上部坚硬部分定义的VBSGP。

机器结构应持续支承该载荷5 min或直到变形停止,取时间较短者。

7　材料温度基准

7.1　除加载要求外,还要求材料的温度特性应能保证ROPS有一定的抗脆裂性。如果随后制造的ROPS材料具有相似或好于试验用的典型试件的韧性,则所有结构部件可以满足在－18℃及其以下所有施加静态加载的要求。作为选择，倘若所有 ROPS 结构件由满足 7.2 至 7.4 要求的材料制成，在较高温度下加载试验是允许的。

7.2 结构上所用的螺栓宜按 GB/T 3098.1—2010 规定的 8.8 级、9.8 级或 10.9 级。结构上所用的螺母宜按 GB/T 3098.2—2000 规定的 8 级或 10 级。

注：为更好的避免易碎性和延时失效，可要求使用大于 10.9 级的螺栓或大于 10 级的螺母。

7.3 ROPS 的结构件和将 ROPS 安装在机架上的连接件应是钢制品，并应满足或超过表 1 规定的 V 形缺口摆锤(CVN)的冲击强度之一或满足 7.4 的要求。(V 形缺口摆锤试验主要是质量控制的验证，所表示的温度与工作条件没有直接关系。)

表 1　V 形缺口摆锤最小冲击韧性

试件尺寸 mm	−30℃时的吸收功[a] J	−20℃时的吸收功[a] J	试件尺寸 mm	−30℃时的吸收功[a] J	−20℃时的吸收功[a] J
10×10[b]	11	27.5	10×6	8	20
10×9	10	25	10×5[b]	7.5	19
10×8	9.5	24	10×4	7	17.5
10×7.5[b]	9.5	24	10×3.3	6	15
10×7	9	22.5	10×3	6	15
10×6.7	8.5	21	10×2.5[b]	5.5	14

[a] 在−20 ℃的能量要求是−30 ℃时规定值的 2.5 倍。其他影响冲击能量强度的因素有轧制方向、屈服强度、纹理方向和焊接等。这些都是与钢材的选择有关。

[b] 为优先选用尺寸。试件尺寸不应小于材料允许的最大优先尺寸。

试件应“纵向”取样，在焊接成 ROPS 之前从带材、管材或型材的材料库中取样。管材或型材的试件应从最大端的中间取样但不应包括焊缝(见 GB/T 229—2007)。

7.4 以下规定视为满足 V 形缺口摆锤试验要求：

a) 最大含碳量为 0.2%，厚度小于 2.5 mm 的钢材；

b) 最大含碳量为 0.2%，厚度在 2.5 mm 至 4.0 mm 之间的全脱氧细晶粒钢。

8 验收

8.1 在一典型试件的试验中，试件应达到或超过规定的侧向力、能量、纵向能量和垂直加载力的要求。

按表 2 的公式确定不带司机室起升装置的机器值。

按表 3 的公式确定带固定式司机室起升装置的机器值。

侧向加载时，力和能量要求可不同时达到。其中一个达到要求前，另一个可超过规定值。如果在能量达到之前，力先达到了，则在侧向能量达到或超过要求时，该力可减下来，并应重新达到所需的值。

在达到表 2 和表 3 给出的能量和力的要求前，当超出 LBSGP 和/或 VBSGP 时，应停止对 ROPS 或司机室结构施加载荷。

表 2　符合本部分确定能量和力的公式——不带司机室起升装置的机器

侧向载荷能量 U_s/J	$13\,000 \cdot (M/10\,000)^{1.25}$
侧向载荷力 F_s/N	$35\,000 \cdot (M/10\,000)^{1.2}$
纵向载荷能量 U_l/J	$4\,300 \cdot (M/10\,000)^{1.25}$
垂直加载力 F_V/N	$12.75M$

表 3　确定能量和力的公式——带固定式司机室起升装置的机器

	带较低高度为小于或等于500 mm的司机室起升装置	带中等高度为大于500 mm且小于或等于1 300 mm的司机室起升装置	带大于1 300 mm高度的司机室起升装置(TOPS)
侧向载荷能量 U_s/J	$13\ 000 \cdot (M/10\ 000)^{1.25}$	$13\ 000 \cdot (M/10\ 000)^{1.25}$	$13\ 000 \cdot (M/10\ 000)^{1.25}$
侧向载荷力 F_s/N	$35\ 000 \cdot (M/10\ 000)^{1.2}$	$50\ 000 \cdot (M/10\ 000)^{1.2}$	$50\ 000 \cdot (M/10\ 000)^{1.2}$
纵向载荷能量 U_f/J	$4\ 300 \cdot (M/10\ 000)^{1.25}$	$4\ 300 \cdot (M/10\ 000)^{1.25}$	$4\ 300 \cdot (M/10\ 000)^{1.25}$
垂直加载力 F_V/N	$12.75M$	$19.61M$	$7M$
注 1：需要深入研究带司机室起升装置挖掘机的滚翻情况。基于良好的工程实践和知识，对于司机室起升装置的高度，制造商宜考虑该危险并确定所需要的保护。 注 2：表中给出的公式仅供参考。			

8.2　变形限值应符合的规定；在侧向加载试验过程中，ROPS的任何部件在任意时间均不应进入其LA(定位轴，见GB/T 17772)所处位置上面的DLV上部。此外，基于ROPS变形量达到LBSGP(按6.1.5验证)，加载是受限的。按8.5的规定，允许DLV倾斜。

8.3　在纵向加载试验过程中，ROPS的任何部件在任意时间均不应进入DLV。按8.6的规定，允许DLV倾斜。

8.4　在垂直加载试验过程中，ROPS的任何部件在任意时间均不应进入DLV。此外，基于ROPS变形量达到VBSGP(按6.1.5验证)[见图13 b)]，加载是受限的。按8.5和8.6规定，允许DLV倾斜。

8.5　在侧向加载过程中，允许DLV的上部绕SIP(见ISO 5353)向侧向最大旋转15°。如果机器任一部件或操作装置在较小角度和DLV相干扰的话，DLV侧向旋转的角度应小于15°(见图12)。允许由于安装DLV地板的变形造成的上部附加旋转。

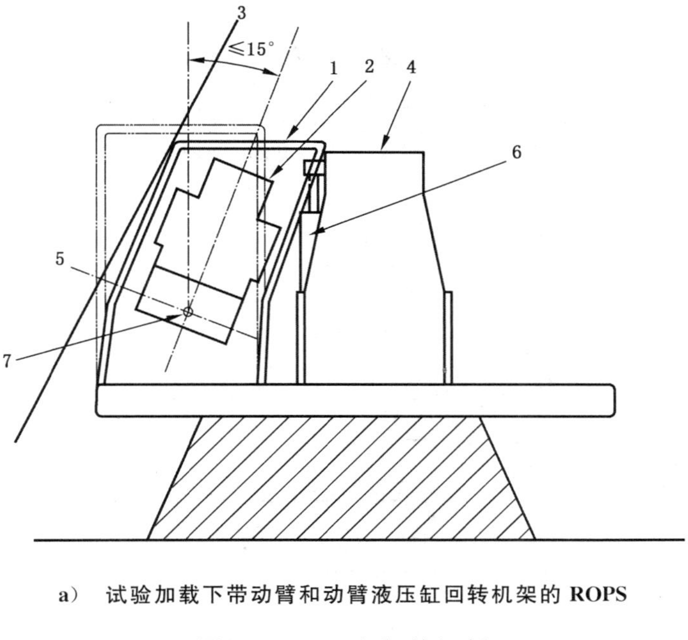

a)　试验加载下带动臂和动臂液压缸回转机架的ROPS

图 12　DLV上部的倾斜

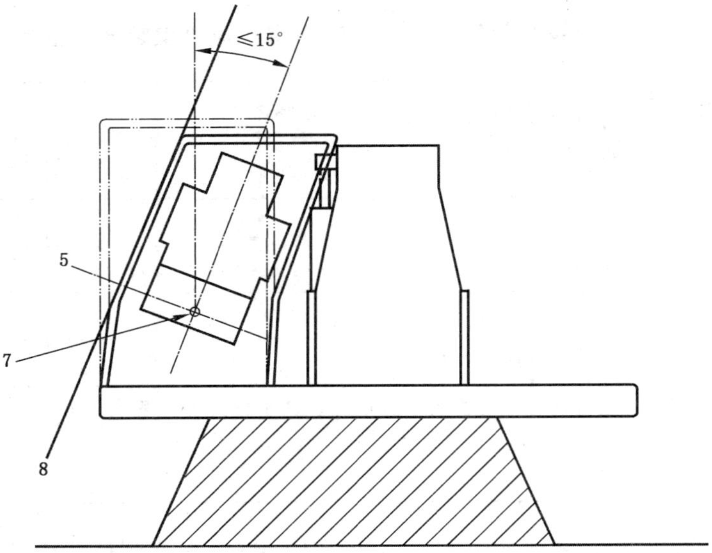

b） ROPS 和 LBSGP

说明：

1——ROPS；

2——DLV；

3——LSGP；

4——动臂；

5——LA；

6——动臂液压缸；

7——SIP；

8——LBSGP。

注：移除侧向加载后，纵向和垂直加载可引起有别以上图示的额外 ROPS 变形，且该 ROPS 宜验证这样的变形先符合纵向基准后符合垂直基准。

图 12（续）

8.6　在纵向加载过程中，DLV 的上部结构允许最大向前绕它的 LA（GB/T 17772 定义）倾斜 15°来保护 ROPS 构件的侵入。如果机器任一部件或操作装置和 DLV 在较小角度相干扰的话，DLV 向前倾斜的角度应小于 15°。

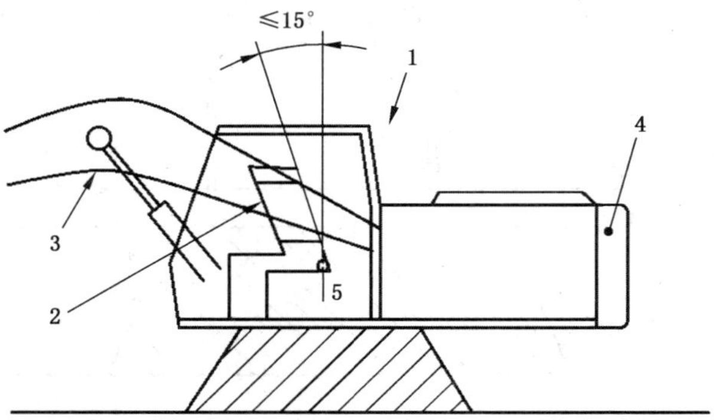

a） 试验加载下带机器上部结构（含工作装置和附属装置）的 ROPS

图 13　垂直加载作用下的 DLV 向前倾斜

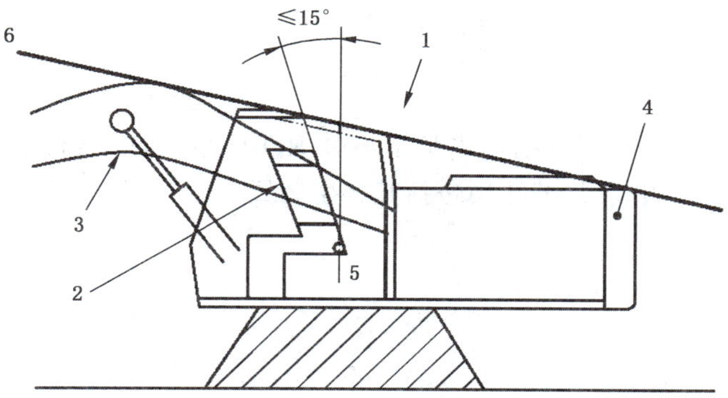

b） ROPS 和 VBSGP

说明：

1——ROPS；

2——DLV；

3——动臂；

4——配重；

5——LA，SIP；

6——VBSGP。

图 13（续）

8.7 ROPS 不应由于 ROPS、ROPS 的安装装置或机器回转机架的断裂而从机架脱开。若发生部分断裂，在所需的力和能量要求下，ROPS 应验证防止整体断裂的能力。

9 ROPS 的标记

9.1 一般要求

符合本部分要求的 ROPS 应按 9.2 和 9.3 的规定来标记。

在标签上可包括 OPG（见 GB/T 19932），或 FOPS（落物保护结构）的信息。

9.2 标记要求

9.2.1 标记应是可靠的，并永久地固定在该结构上。

9.2.2 标记应置于机构容易看到的地方，且应该防止天气变化的侵蚀。

9.3 标记内容

标记应包括以下内容：

a） ROPS 的型号和识别代码（如果有）；

b） 与 ROPS 设计配套的机器的型号或序列号；

c） ROPS 符合所有性能要求的标准号和满足的级别（适用时）；

d） 其他制造商认为合适的资料（例如安装、修理或更换等）。

10 试验报告

试验结果应按附录 A 中规定的内容写出试验报告。

11 司机手册

机器制造商应在司机手册中清晰描述满足本部分 ROPS 的应用，主机的规定，验证 ROPS 作为保护结构所用的工作装置和附属装置(若适用包括其派生装置)。

附 录 A
（规范性附录）
符合 GB/T 19930.2 的 ROPS 试验报告

A.1 识别

A.1.1 机器

类型：……………………………………………………………………………………

制造商：……………………………………………………………………………………

型号：……………………………………………………………………………………

序列号：……………………………………………………………………………………

回转机架部件号：……………………………………………………………………………

A.1.2 ROPS

制造商：……………………………………………………………………………………

类型和型号：…………………………………………………………………………………

序列号：……………………………………………………………………………………

ROPS 部件号(如适用)：………………………………………………………………………

A.2 制造商提供的信息

A.2.1 ROPS

ROPS 适用的最大机器工作质量 ……………………………………………………… kg

试验机器质量：…………………………………………………………………………… kg

几何参数：……………………………………………………………………………………

DLV 的位置：…………………………………………………………………………………

A.2.2 载荷条件

侧向边界模拟地平面(LBSGP)三坐标几何参数：……………………………………………

垂直边界模拟地平面(VBSGP)三坐标几何参数：……………………………………………

A.3 验收基准

侧向加载力 ………………………………………………………………………………… N

侧向载荷能量………………………………………………………………………………… J

纵向载荷能量………………………………………………………………………………… J

垂直加载力 ………………………………………………………………………………… N

A.4 试验结果

A.4.1 侧向边界模拟地平面(LBSGP)垂直边界模拟地平面(VBSGP)位置

侧向边界模拟地平面(LBSGP)几何参数,如适用:……………………………………………
垂直边界模拟地平面(VBSGP)几何参数,如适用:……………………………………………

A.4.2 侧向加载

在 ROPS 结构件没有侵入 DLV 情况下,已经达到或超过的下列能量水平。
达到或超过的能量要求后得到的最大力 ……………………………………………………… N
吸收的能量:……………………………………………………………………………………… J
或
达到 8.1 中载荷的条件。
达到的加载力: …………………………………………………………………………………… N
达到的载荷能量:………………………………………………………………………………… J
机器侧边应用到硬点的侧向力:………………………………………………………………… N
DLV 和 ROPS 之间的间隙: ……………………………………………………………………… mm

A.4.3 纵向载荷

在 ROPS 结构件没有侵入 DLV 情况下,已经达到或超过的下列能量水平。
达到的最大能量:………………………………………………………………………………… J
DLV 和 ROPS 之间的间隙: ……………………………………………………………………… mm

A.4.4 垂直加载

在 ROPS 结构件没有侵入 DLV 情况下,已经达到或超过的下列垂直载荷力。
最大载荷力: ……………………………………………………………………………………… N
或
载荷力: …………………………………………………………………………………………… N
应用到机器顶部硬点的垂直力:………………………………………………………………… N
DLV 和 ROPS 之间的间隙: ……………………………………………………………………… mm

A.4.5 温度及材料

A.4.5.1 ROPS 和回转机架处于 ………………………… ℃进行试验。
A.4.5.2 (当 A.4.5.1 规定的温度高于－18℃时)
ROPS 金属构件 V 形缺口摆锤冲击韧度要求,在一个试件尺寸 ………… mm × ………… mm。
吸收功:…………………………………………………………………………………………… J
螺母性能等级: ……………………………………………………………………………………
螺栓性能等级: ……………………………………………………………………………………

A.5 证书

对最大机器质量为 …………… kg 的本次试验符合本部分的最低性能要求。
ROPS 型号,若适用:………………………………………………………………………………
试验 ROPS 安装的挖掘机型号: …………………………………………………………………

试验日期：………………………………………………………………………………………

试验部门的名称和地址：…………………………………………………………………………

试验人员：………………………………………………………………………………………

试验报告日期：……………………………………………………………………………………

附 录 B
（资料性附录）
设计变更、物理试验和变更

B.1 设计变更

除非下列情况，任何对ROPS或机器机架的设计变更均需物理试验：

a) 能确定对已做过物理试验的现有设计做的是微小变动，或

b) 该变化不会对ROPS的性能和机器机架产生不利影响。

B.2 变更或修理

可识别存在变形的ROPS任何结构不可再用。

除非制造商认可，不允许对保护结构进行变更或修改。没经过认可进行变更或修复的结构是不符合本部分的要求。

B.3 物理试验的选择

新设计ROPS的理论性能分析不能代替物理试验。

附 录 C
（资料性附录）
基本原理—ROPS 性能要求

C.1 总则

本附录解释了基准的发展。

讨论的具体点为以下列出的挖掘机特征是否有必要和其他土方机械 ROPS 规定不同的 ROPS 基准：

——如果发生倾翻或滚翻，动臂和其他坚硬部分提供的可能保护；

——相关大的工作装置、附属装置（动臂、斗杆和铲斗）和机器宽阔的工作范围；

——360°回转的上部结构。

本部分的主要技术基础：

——全球事故分析；

——实际的滚翻试验；

——美国和日本用 ADAMS 和 PAM/CRASH 软件所做的模拟分析；

——日本专家做的附加模拟分析；

——小型挖掘机的实际倾翻试验。

C.2～C.5 反映了以上的要求。

C.2 边界模拟地平面（BSGP）

在挖掘机倾翻或滚翻时，挖掘机动臂可提供给司机一定保护是可以理解的。例如，从 1996 年至 1999 年，在日本一份报告显示了 38 种在公共作业区从高处倾翻、滚翻或落物的情况，该报告指出 38 种情况中的 31 种司机室存在有限的变形，且 DLV 基本保持不变。出于考虑类似保护的目的，开发了 BSGP 的概念。

若挖掘机发生滚翻（事件 1），提供通过机器 3 点（动臂的最高部分，平台左前部分和配重的上左部分）的平面接触地面并且提供一个不接触 ROPS 结构件或地面的司机空间（用 DLV 表示），可以视为对司机室内司机的有效保护。若机器倒转（事件 2），当 DLV 没有接触 ROPS 的结构件或地面时，提供通过动臂顶部和配重后顶部的平面接触地面，可以视为对司机室内司机的有效保护。

GB/T 19930 的本部分，BSGP（LBSGP 和 VBSGP 内）用于避免和 GB/T 17922 定义和使用的 LSGP 及 VSGP（垂直模拟地平面）混淆，并且事件 1 中的平面按 LBSGP（侧向边界模拟地平面）定义，事件 2 中平面按 VBSGP（垂直边界模拟地平面）定义。

C.2.1 BSGP 的硬点

LBSGP 包含 3 个硬点：配重边缘的左手侧、动臂最高点的左手侧和平台左手侧前部。

VBSGP 包含 3 个硬点：动臂的最高点和配重后部上线。

C.2.2 硬点的验证

为了验证该点足够硬，考虑适当应用在重力加速度下对每一个硬点施加机器质量的载荷，及建立 LBSGP 和/或 VBSGP 所考虑的最终位移。若决定应用 LBSGP 和/或 VBSGP 准则评价 ROPS，则验证程序需按 6.1.5 的规定。

注：在 6.1.5 给出的硬点验证程序是可选的。对 LBSGP 的侧向加载和/或对 VBSGP 的垂直加载均不会引起 ROPS 穿入 DLV，制造商可选择设计的 ROPS 满足表 2 和表 3 给出的载荷要求或充分设计机器的坚硬部分。后面的情况是需要验证程序的。

C.2.3 在应用 LBSGP 和/或 VBSGP 准则下，ROPS 物理试验的必要性

应用 LBSGP 和/或 VBSGP 准则不意味省略 ROPS 侧向、纵向和垂直加载试验。在侧向加载试验中可应用 LBSGP 准则，并替换表 2 和表 3 中侧向载荷能量/力要求。在垂直加载试验中可应用 VBSGP 准则，并替换表 2 和表 3 中垂直力要求。

C.3 纵向能量

滚翻试验时，机器的上部结构平行于底盘。在这种情况下，假定 ROPS 纵向能量为零，或小到可以忽略。然而，万一滚翻机器上部结构与底盘处于一个特定角，美国做的模拟分析显示出在纵向方向应用重大能量是存在的。

当以逆时针方向将上部结构滚翻至较低结构，能量的一部分处于纵向方向至司机室左手前部。但是认为该姿势下很难翻倒，且即便翻倒，也只是对司机室产生很小的危害，LBSGP 限制了该危害。因此可以确保司机防护。

注：一个额外的日本模拟分析显示出当机器工作装置和附属装置处于地面最大挖掘半径时，机器逆时针滚翻是困难的。从最大挖掘半径处提升动臂可允许机器开始滚翻，但升高后的位置由于 LBSGP 可能在司机室变形处引起更多的限制。

当上部结构顺时针旋转时，认为某些载荷是从后方施加的。另外日本模拟分析显示出在上部结构平行位置的 ROPS 的纵向载荷力为 1.47 M(0.15 W)，且顺时针方向为 1.37 M(0.14 W)。考虑到该值较小，对于纵向载荷，规定了能量要求为侧向的三分之一。三分之一载荷条件是小型挖掘机 TOPS(见 GB/T 19930—2005)推荐的纵向载荷。

C.4 垂直加载力

考虑到当机器翻倒时，支撑挖掘机的主要是动臂顶端，而支撑其他土方机械的主要是司机室。因此，把其他土方机械 ROPS 垂直加载力为 2 W(19.61 M)的要求应用到挖掘机上认为是不严格的。用 20 t 挖掘机做的实际滚翻试验结果显示垂直加载力大约为 1 W(9.8 M)(忽略存在的残余应力)至0.7 W (7 M)(考虑残余应力)。PAM/CRASH 分析结果显示垂直加载力大约为 0.9 W(9 M)至 1.2 W (12 M)。

基于以上结果，按平均值加偏差得出 1.3 W。

注：另外日本模拟分析显示出在上部结构平行位置，ROPS 的垂直加载力为 11.6 M(1.18 W)，且顺时针方向为 11.3 M(1.16 W)。

C.5 实验室最恶劣情况加载

满足本部分要求的 ROPS 验证试验宜考虑最恶劣情况加载。例如，当对 ROPS 提供侧向加载，动臂和/或液压缸可接触到 ROPS 焊缝(最薄弱点)，该情况可影响到 ROPS 的性能。

C.6 侧向加载力

为确定侧向加载力基准，分析计算挖掘机 ROPS 和推土机 ROPS 在滚翻情况的加载力。在 ROPS

最大位移处加载力的比较显示出挖掘机 ROPS 相关(与机器质量有关)加载力是推土机 ROPS 的一半。因此,提出挖掘机 ROPS 侧向载荷力基准是推土机 ROPS 的一半。

C.7 DLV 倾斜

考虑到挖掘机司机室较窄,允许 DLV 上部围绕 SIP(LA)向上旋转 15°。该要求来自小型挖掘机 TOPS 可接受的条件(见 GB/T 19930—2005)。

参考文献

[1] GB/T 229—2007 金属材料 夏比摆锤冲击试验方法(ISO 148-1:2006,MOD)

[2] GB/T 3098.1—2010 紧固件机械性能 螺栓、螺钉和螺柱(ISO 898-1:1999,IDT)

[3] GB/T 3098.2—2000 紧固件机械性能 螺母 粗牙螺纹(ISO 898-2:1992,IDT)

[4] GB/T 17771—2010 土方机械 落物保护结构 试验室试验和性能要求(ISO 3449:2005,IDT)

[5] GB/T 17921—2010 土方机械 座椅安全带及其固定器 性能要求和试验(ISO 6683:2005,IDT)

[6] GB/T 17922—1999 土方机械 翻车保护结构 试验室试验和性能要求(ISO 3471:1994,IDT)

[7] GB/T 19930—2005 土方机械 小型挖掘机的倾翻保护结构的试验室试验和性能要求(ISO 12117:1997,MOD)

[8] GB/T 19932—2005 土方机械 液压挖掘机 司机防护装置的试验室试验和性能要求(ISO 10262:1998,MOD)

[9] GB/T 21154—2014 土方机械 整机及其工作装置和部件的质量测量方法(ISO 6016:1998,IDT)

[10] EN 13510 土方机械 滚翻保护结构 实验室试验和性能要求(Earth-moving machinery—Roll-over protective structures—Laboratory tests and performance requirements)

ICS 53.100
P 97

中华人民共和国国家标准

GB/T 19933.1—2014/ISO 10263-1:2009
代替 GB/T 19933.1—2005

土方机械　司机室环境 第1部分:术语和定义

**Earth-moving machinery—
Operator enclosure environment—Part 1: Terms and definitions**

(ISO 10263-1:2009,IDT)

2014-07-24 发布　　2015-01-01 实施

中华人民共和国国家质量监督检验检疫总局
中国国家标准化管理委员会　发布

前　言

GB/T 19933《土方机械　司机室环境》分为6个部分：

——第1部分：术语和定义；

——第2部分：空气滤清器试验方法；

——第3部分：增压试验方法；

——第4部分：采暖、换气和空调（HVAC）的试验方法和性能；

——第5部分：风窗玻璃除霜系统的试验方法；

——第6部分：太阳光热效应的测定。

本部分为GB/T 19933的第1部分。

本部分按照GB/T 1.1—2009给出的规则起草。

本部分代替GB/T 19933.1—2005《土方机械　司机室环境　第1部分：总则和定义》。本部分与GB/T 19933.1—2005相比，除编辑性修改外主要技术变化如下：

——标准名称改为“土方机械　司机室环境　第1部分：术语和定义”；

——增加了规范性引用文件（见第2章，2005年版第2章）；

——增加及删除了部分术语和定义（见第3章，2005年版第3章）；

——增加了第4章“缩略语”（见第4章）。

本部分使用翻译法等同采用ISO 10263-1:2009《土方机械　司机室环境　第1部分：术语和定义》（英文版）。

与本部分中规范性引用的国际文件有一致性对应关系的我国文件如下：

——GB/T 8498—2008　土方机械　基本类型　识别、术语和定义（ISO 6165:2006，IDT）；

——GB/T 8591—2000　土方机械　司机座椅标定点（eqv ISO 5353:1995）。

本部分由中国机械工业联合会提出。

本部分由全国土方机械标准化技术委员会（SAC/TC 334）归口。

本部分负责起草单位：天津工程机械研究院。

本部分参加起草单位：厦门市产品质量监督检验院［国家场（厂）内机动车辆质量监督检验中心］、厦门厦工机械股份有限公司、厦门市育明工程机械有限公司。

本部分主要起草人：段琳、田力军、庄鸿辉、李蔚苹、林承佳。

本部分所代替标准的历次版本发布情况为：

——GB/T 19933.1—2005。

土方机械　司机室环境
第1部分:术语和定义

1　范围

GB/T 19933 规定了 ISO 6165 中定义的土方机械司机室环境的测试方法和评价准则。GB/T 19933的本部分给出了 GB/T 19933 其他部分使用的术语和定义。

2　规范性引用文件

下列文件对于本文件的应用是必不可少的。凡是注日期的引用文件,仅注日期的版本适用于本文件。凡是不注日期的引用文件,其最新版本(包括所有的修改单)适用于本文件。

ISO 5353:1995　土方机械　司机座椅标定点

ISO 6165　土方机械　基本类型　识别、术语和定义(Earth-moving machinery—Basic types—Identification and terms and definitions)

3　术语和定义

3.1

空调制冷系统　air-conditioning system

降低司机室内部空气有效温度的系统。

3.2

空气滤清　air filtration

用机械方式除去随空气带入或吸入司机室中的粉尘颗粒。

3.3

冷却　cooling

降低司机室内部的空气温度。

3.4

采光开口　daylight opening;DLO

通过任一玻璃窗口无阻挡的最大开口,玻璃窗口带有装饰嵌条和密封材料。

3.5

除霜　defrosting

为保证视野除去窗户上的冰或霜,并使之保持无冰霜状态。

3.6

除霜范围　defrosted area

干燥清洁表面和溶化或部分溶化(湿)的试验涂层表面组成的风窗玻璃范围,不包括由固态试验冰层所覆盖的风窗玻璃范围。

3.7

有效温度　effective temperature

相对湿度和温度的综合,表示人体的舒适程度。

3.8

滤清效率　filter efficiency

空气滤清器除去粉尘能力的程度。

3.9

全空调　full air conditioning

控制司机室内部的有效温度和气压。

3.10

采暖　heating

提高司机室内部的空气温度。

3.11

采暖系统　heating system

提高司机室内部空气有效温度的系统。

3.12

热传递介质　heat transfer medium;HTM

使除霜系统达到加热的介质。

3.13

司机室温度表　operator enclosure temperature chart

有效温度范围表,表中显示了适宜的司机室内的司机环境。

3.14

司机室　operator enclosure

完全包围司机的机器组成部分,可避免外部空气、灰尘或其他物质进入司机周围的区域。

3.15

司机室的空气滤清器　operator enclosure air filter element

除去司机室供气系统中粉尘的元件。

3.16

司机环境　operator environment

由温度和风速测点位置确定的司机周围空间。

3.17

增压　pressurization

司机室内外静压力之间的压力差。

3.18

增压系统　pressurization system

给司机室内部增压的设备,包括影响该系统性能的零部件。

3.19

座椅标定点　seat index point;SIP

SIP 测量装置中心纵向垂直平面上的点。

注:改写 ISO 5353:1995,定义 3.1。

3.20

太阳光热效应　solar heating

为了保持司机室内部的舒适温度,在确定必要的空气循环和制冷要求时,需要考虑的太阳光热能因素。

3.21

太阳光辐射能　solar radiant energy

产生太阳光热效应的过程。

3.22

试验粉尘　test dust

用于评价空气滤清器性能的粉尘。

3.23

换气　ventilation

为使司机室内的司机有舒适的环境而进行的空气交换。

3.24

换气系统　ventilation system

给司机室内部提供新鲜空气并保持空气循环的系统。

3.25

风窗玻璃除霜系统　windscreen defrosting system

用于风窗玻璃除霜的装置。

4　缩略语

DLO ——采光开口；

HTM ——热传递介质；

HVAC——采暖、换气和空调系统(也被称为气候控制系统)；

SIP ——座椅标定点。

参 考 文 献

[1] SAE J1163 座椅标定点(Determining seat index point)

ICS 53.100
P 97

中华人民共和国国家标准

GB/T 19933.2—2014/ISO 10263-2:2009
代替 GB/T 19933.2—2005

土方机械　司机室环境
第2部分:空气滤清器试验方法

**Earth-moving machinery—Operator enclosure environment—
Part 2:Air filter element test method**

(ISO 10263-2:2009,IDT)

2014-07-24 发布　　　　2015-01-01 实施

中华人民共和国国家质量监督检验检疫总局
中国国家标准化管理委员会　发布

前　言

GB/T 19933《土方机械　司机室环境》分为6个部分：

——第1部分：术语和定义；

——第2部分：空气滤清器试验方法；

——第3部分：增压试验方法；

——第4部分：采暖、换气和空调(HVAC)的试验方法和性能；

——第5部分：风窗玻璃除霜系统的试验方法；

——第6部分：太阳光热效应的测定。

本部分为GB/T 19933的第2部分。

本部分按照GB/T 1.1—2009给出的规则起草。

本部分代替GB/T 19933.2—2005《土方机械　司机室环境　第2部分：空气滤清器的试验》。本部分与GB/T 19933.2—2005相比，除编辑性修改外主要技术变化如下：

——第2章“规范性引用文件”中增加了相应的引用标准(见第2章，2005年版的第2章)；

——删除了全文中的表(见2005年版的表1、表2和表3)；

——原图1修改分为图1和图2(见图1和图2，2005年版的图1)；

——增加了附录B“空气滤清器性能评估的替代方法”。

本部分使用翻译法等同采用ISO 10263-2:2009《土方机械　司机室环境　第2部分：空气滤清器试验方法》(英文版)。

与本部分中规范性引用的国际文件有一致性对应关系的我国文件如下：

——GB/T 19933.1—2014　土方机械　司机室环境　第1部分：术语和定义(ISO 10263-1:2009，IDT)。

本部分由中国机械工业联合会提出。

本部分由全国土方机械标准化技术委员会(SAC/TC 334)归口。

本部分负责起草单位：天津工程机械研究院。

本部分参加起草单位：厦门厦工机械股份有限公司、厦门市产品质量监督检验院[国家场(厂)内机动车辆质量监督检验中心]、厦门市育明工程机械有限公司。

本部分主要起草人：陈树巧、李蔚苹、黄海鹏、李晖、林承佳。

本部分所代替标准的历次版本发布情况为：

——GB/T 19933.2—2005。

土方机械 司机室环境 第2部分:空气滤清器试验方法

1 范围

GB/T 19933的本部分规定了确定司机室板式空气滤清器性能等级的一种统一的试验方法。该滤清器用于过滤以动力输送进土方机械司机室的新鲜空气。

2 规范性引用文件

下列文件对于本文件的应用是必不可少的。凡是注日期的引用文件,仅注日期的版本适用于本文件。凡是不注日期的引用文件,其最新版本(包括所有的修改单)适用于本文件。

ISO 5011:2000 内燃机和压缩机的空气进气清洁装置 性能试验(Inlet air cleaning equipment for internal combustion engines and compressors—Performance testing)

ISO 10263-1 土方机械 司机室环境 第1部分:术语和定义(Earth-moving machinery—Operator enclosure environment—Part 1:Terms and definitions)

ISO 12103-1 道路车辆 过滤器评估用试验粉尘 第1部分:亚利桑那试验粉尘(Road vehicles—Test dust for filter evaluation—Part 1:Arizona test dust)

3 术语和定义

ISO 10263-1界定的术语和定义适用于本文件。为了便于使用,以下重复列出了ISO 10263-1中的某些术语和定义。

3.1

滤清效率 filter efficiency

空气滤清器除去粉尘能力的程度。

[ISO 10263-1:2009,定义3.8]

3.2

司机室的空气滤清器 operator enclosure air filter element

除去司机室供气系统中粉尘的元件。

[ISO 10263-1:2009,定义3.15]

3.3

试验粉尘 test dust

用于评价空气滤清器性能的粉尘。

[ISO 10263-1:2009,定义3.22]

4 空气滤清器性能试验

用于司机室环境滤清器对比试验的试验护罩结构见4.1.1和图1,该试验程序还给出了推荐的粉尘混合室的入口速率。

4.1 试验设备和仪表

4.1.1 试验设备

试验设备见图 2,用来测定空气阻力、粉尘附着能力、除尘效率和密封特性。除板式滤清器外的其他元件见 ISO 5011:2000。

4.1.2 粉尘测试装置

按图 3 的粉尘供给器及图 4 的粉尘喷射器,能在要求的传递速率范围之上测试粉尘。传递速率的平均值的偏差应在 5%之内,并且瞬间传递速率相对于平均速率的偏差不应大于 5%。该供给系统不应改变粉尘的原始颗粒的大小种类。

4.2 试验条件和材料

4.2.1 所有空气流量的测试值应修正到气压为 100 kPa、温度为 25 ℃的标准条件。

4.2.2 试验粉尘应符合 ISO 12103-1 规定的颗粒大小种类和化学成分,并应贴有两种级别的标签[如 ISO 12103-A2(细级)和 ISO 12103-A4(粗级)]。

选择一种符合各种使用条件的试验粉尘的大小种类和浓度很困难,因此根据最初的实际考虑,A2 和 A4 粉尘浓度应为 1 g/m^3(通常把 1 g/m^3 浓度作为零能见度状态)。

4.2.3 绝对滤清器滤芯由最小厚度为 12.7 mm、最小密度为 9.5 kg/m^3 的玻璃纤维介质构成。纤维直径应为 0.76 μm~1.27 μm,其暴露在温度 50 ℃和相对湿度 95%的环境中 96 h 后,吸湿不应超过其质量的 1%。滤芯应使其绒毛一侧逆对着气流安装入气密架中,使气密架充分支承着该介质。为保持介质的完整性,绝对滤清器滤芯的正向速度不应超过 50 m/min。

4.2.4 绝对滤清器滤芯在质量平衡后并在 105 ℃±5 ℃通风烘烤时称重,精度为 0.01 g。

4.2.5 进行的各项试验中,进入空气滤清器的空气温度为 24 ℃±8 ℃,相对湿度为 50%±15%。

注:由于大气环境影响试验结果,对于相同用途的空气滤清器进行性能对比试验时,试验温度和湿度的变化范围应尽可能小。

4.2.6 进入粉尘混合室顶端的空气速率最小值应为 6 m/s(见图 1)。

4.2.7 空气节流和压力降试验最少应在下列 3 个点上进行:额定气流的 80%、100%和 120%,空气节流试验用的元件组装如图 2 所示。该试验装置至少要在与试验环境温度和湿度相同的范围下经过 30 min,使其符合试验场地的状态。

4.2.8 空气滤清器效率 E 按式(1)计算,以百分数表示:

$$E = \frac{\Delta m_t}{\Delta m_t + \Delta m_A} \times 100\% \qquad (1)$$

式中:

Δm_t ——在试验过程中,滤清器增加的质量;

Δm_A ——绝对滤清器滤芯增加的质量。

附录 B 给出了计算效率的替代方法。

5 试验报告

板式空气滤清器的试验报告格式的示例参见附录 A。

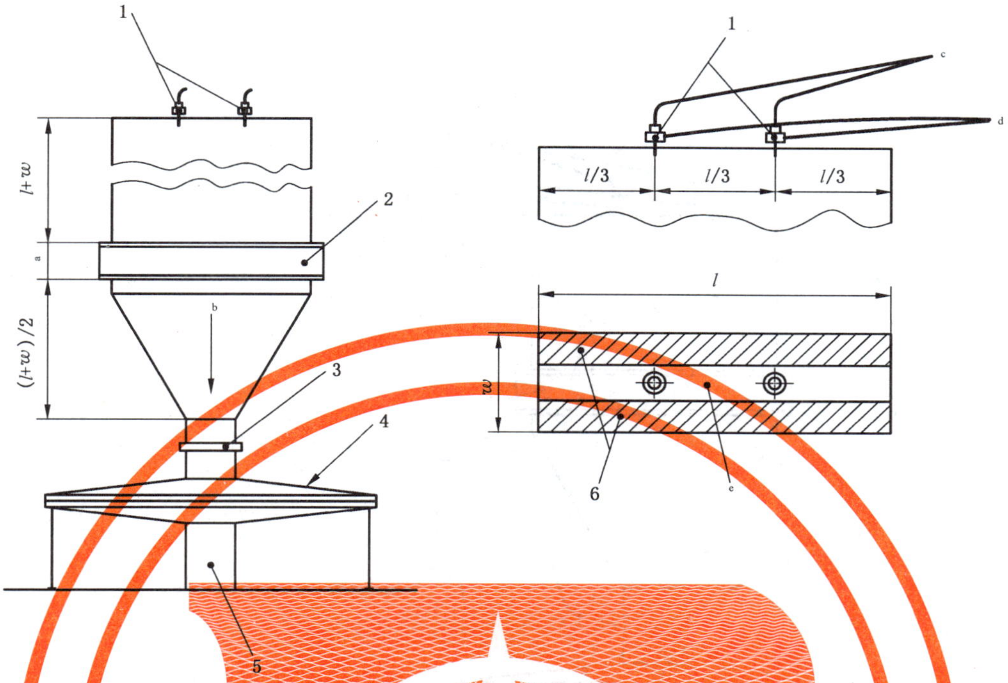

说明：

1——粉尘喷射器；

2——试验用滤芯；

3——测压环；

4——绝对滤清器室；

5——鼓风机；

6——节流板。

[a] 滤芯厚度；

[b] 气流；

[c] 压缩空气；

[d] 粉尘输送管道；

[e] 在顶端节流板间计算速率。

图 1 试验护罩

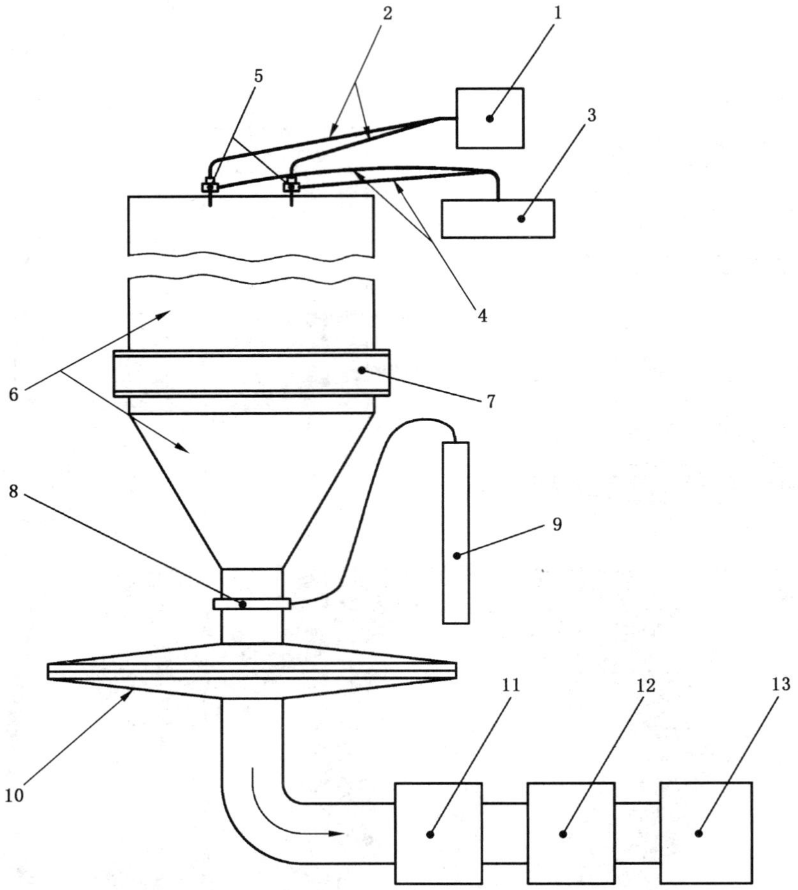

说明:

1——压缩空气源;

2——压缩空气输送管道;

3——粉尘供给器;

4——粉尘输送管道;

5——粉尘喷射器;

6——试验护罩;

7——试验用滤芯;

8——测压环;

9——阻力测试装置;

10——绝对滤清器室;

11——流量测试装置;

12——流量控制系统;

13——鼓风机或其他类似装置。

图 2 试验设备组成

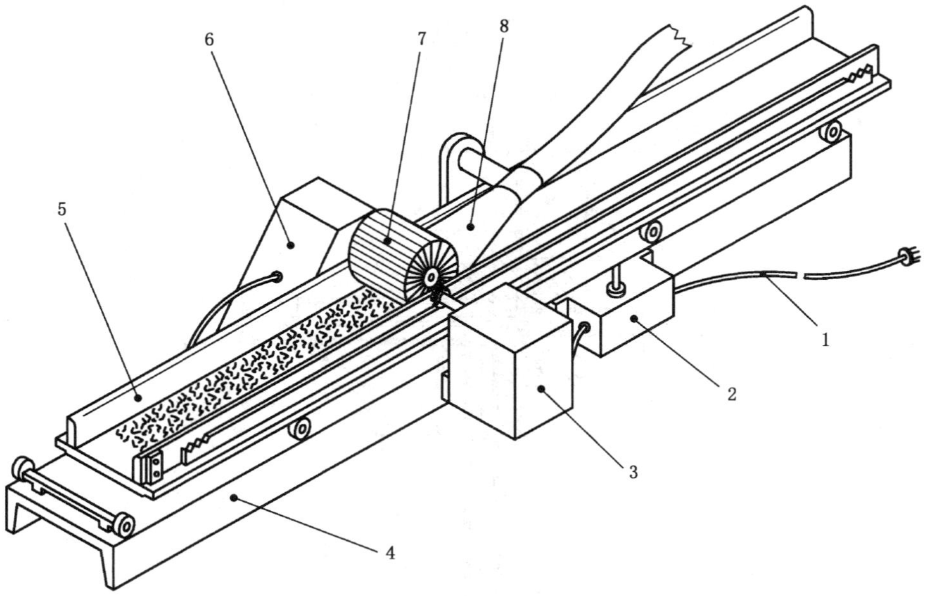

说明：

1——电源线；

2——控制箱；

3——粉尘槽驱动马达；

4——粉尘槽导座；

5——粉尘槽；

6——供料刷驱动马达；

7——供料刷；

8——吸尘管。

图 3 粉尘供给器

单位为毫米

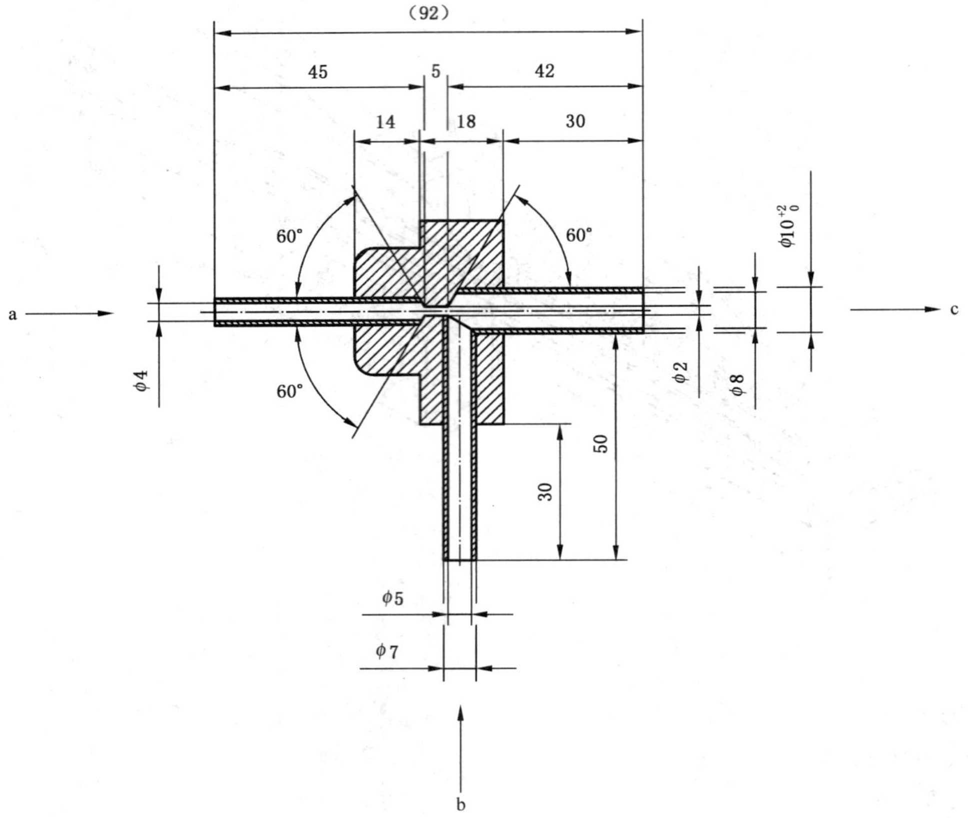

说明：

a——空气入口；

b——粉尘入口；

c——粉尘和空气出口。

图4 粉尘喷射器

附 录 A
（资料性附录）
板式空气滤清器试验报告格式的示例

试验流量：____________________ m^3/min

最初节流：____________________ Pa

粉尘浓度(4.2.2 和 GB/T 19933.4—2014 中的 6.1.4)：____________________ g/m^3

粉尘级别：____________________ A2/A4

节流压力：__________ Pa 时，最小粉尘量：__________ g

在上述节流压力下，滤芯的最低效率：____________________ %

在 125 Pa 节流压力下，滤芯的最低效率(原始效率)：____________________ %

试验室试验条件

	试验前	试验后
温　　度	______℃	______℃
相对湿度	______%	______%
大气压力	______kPa	______kPa

附 录 B
（资料性附录）
空气滤清器性能评估的替代方法

B.1 一般要求

B.2.2.2～B.2.2.5 给出了这种效率的计算方法（见 ISO 5011:2000 的 7.5.2.11～7.5.2.15）。如果不严格遵循 B.2.2.1 和 B.2.2.2 引用的程序，则这种方法可以导致严重不正确的效率计算结果。称量 B.2.2.3 中规定的全部元件可以引起滤清器效率计算的错误，因为管道粉尘和试验室粉尘不是滤清器的一部分，却被包括在滤清器滤芯效率的计算中。如果将 B.2.2.2 中描述的粉尘从外部的表面/导管内/试验室转移到原始的粉尘容器是错误的。该做法是不允许的。在试验过程中，大颗粒粉尘可以从粉尘流中分离并沉淀在管道中。如果这些粉尘回到它们原始的粉尘容器内，将改变试验粉尘样本分布并使其无效。所有来自于外部表面、管道和试验室的粉尘都将被丢弃。

B.2 空气滤清器效率替代方法的试验过程

B.2.1 如果采用 B.1 提供的试验过程则可使用 ISO 5011:2000 的 7.5.2 规定的替代空气滤清器效率的计算方法。

B.2.2 在此重复 ISO 5011:2000 中的章节内容，仅作参考。

B.2.2.1 将任何观察到的位于试验装置下游的粉尘刷到绝对滤清器上。小心取下这些粉尘并重新称重绝对滤清器衬垫，并通过与 ISO 5011:2000 的 7.5.2.2 中记录的质量比较来确定增加的质量。

B.2.2.2 收集所有已沉淀在外部表面/导管内/粉尘试验室或试验元件入口处的粉尘，并转移这些粉尘至原始的粉尘容器。将粉尘供给装置中所有未使用的粉尘转移至原始的粉尘容器并重新称重容器和粉尘。从 ISO 5011:2000 的 7.5.2.3 中记录的质量减去该质量，即为喷射到试验装置中粉尘的总质量。

B.2.2.3 如果可行的话，重新称重试验后的全部元件。

B.2.2.4 试验后元件的容量 C 按式(B.1)计算：

$$C = m_D - \Delta m_F \qquad \cdots\cdots (B.1)$$

式中：

m_D ——供给的粉尘质量；

Δm_F——绝对滤清器增加的质量。

B.2.2.5 全寿命滤清效率 E_f 按式(B.2)计算：

$$E_f = \frac{m_D - \Delta m_F}{m_D} \times 100\% \qquad \cdots\cdots (B.2)$$

参 考 文 献

[1] GB/T 19933.4—2014 土方机械 司机室环境 第4部分:采暖、换气和空调(HVAC)的试验方法和性能(ISO 10263-4:2009,IDT)

[2] ISO/TS 11155-1 道路车辆 客用室内空气滤清器 第1部分:颗粒过滤测试(Road vehicles—Air filters for passenger compartments—Part 1:Test for particulate filtration)

ICS 53.100
P 97

中华人民共和国国家标准

GB/T 19933.3—2014/ISO 10263-3:2009
代替 GB/T 19933.3—2005

土方机械　司机室环境　第3部分:增压试验方法

Earth-moving machinery—Operator enclosure environment—Part 3: Pressurization test method

(ISO 10263-3:2009, IDT)

2014-07-24 发布　　2015-01-01 实施

中华人民共和国国家质量监督检验检疫总局
中国国家标准化管理委员会　发布

前　言

GB/T 19933《土方机械　司机室环境》分为6个部分：

——第1部分：术语和定义；

——第2部分：空气滤清器试验方法；

——第3部分：增压试验方法；

——第4部分：采暖、换气和空调(HVAC)的试验方法和性能；

——第5部分：风窗玻璃除霜系统的试验方法；

——第6部分：太阳光热效应的测定。

本部分为GB/T 19933的第3部分。

本部分按照GB/T 1.1—2009给出的规则起草。

本部分代替GB/T 19933.3—2005《土方机械　司机室环境　第3部分：司机室增压试验方法》。本部分与GB/T 19933.3—2005相比，除编辑性修改外主要技术变化如下：

——对第1章的范围进行了修改；

——增加了第2章"规范性引用文件"；

——增加了部分术语和定义(见第3章，2005年版的第2章)；

——调整和增加了试验设备(见第4章，2005年版的第3章)；

——调整和增加了试验条件(见第5章，2005年版的第4章)；

——增加了第7章"试验报告"；

——增加了资料性附录A。

本部分使用翻译法等同采用ISO 10263-3:2009《土方机械　司机室环境　第3部分：增压试验方法》(英文版)。

与本部分中规范性引用的国际文件有一致性对应关系的我国文件如下：

——GB/T 19933.1—2014　土方机械　司机室环境　第1部分：术语和定义(ISO 10263-1:2009，IDT)。

本部分由中国机械工业联合会提出。

本部分由全国土方机械标准化技术委员会(SAC/TC 334)归口。

本部分负责起草单位：天津工程机械研究院、厦门厦工机械股份有限公司。

本部分参加起草单位：厦门市产品质量监督检验院[国家场(厂)机动车辆质量监督检验中心]、厦门市育明工程机械有限公司。

本部分主要起草人：李广庆、李蔚苹、张晔、蔡樱晖、林承佳。

本部分所代替标准的历次版本发布情况为：

——GB/T 19933.3—2005。

土方机械　司机室环境
第3部分:增压试验方法

1　范围

GB/T 19933的本部分规定了测量安装有增压系统的土方机械司机室内部最大增压的统一试验方法。

2　规范性引用文件

下列文件对于本文件的应用是必不可少的。凡是注日期的引用文件,仅注日期的版本适用于本文件。凡是不注日期的引用文件,其最新版本(包括所有的修改单)适用于本文件。

ISO 10263-1　土方机械　司机室环境　第1部分:术语和定义(Earth-moving machinery—Operator enclosure environment—Part 1: Terms and definitions)

3　术语和定义

ISO 10263-1界定的术语和定义适用于本文件。为了便于使用,以下重复列出了ISO 10263-1中的某些术语和定义。

3.1

增压　pressurization

司机室内外的静压力差。

[ISO 10263-1:2009,定义3.17]

3.2

增压系统　pressurization system

用于司机室内部增压的设备,以及调节该系统性能的零部件。

[ISO 10263-1:2009,定义3.18]

4　试验设备

4.1　压力表:测试精度为5%。

4.2　电压表或测量鼓风机电压的其他测量装置:测试精度为2%。

4.3　温度计或测量温度的其他装置:测试精度为±0.5 ℃。

4.4　测量大气压力的装置:测试精度为2%。

4.5　风速表:测试精度在0.5 m/s以内。

5　试验条件

5.1　当发动机或其他部件影响司机室内部环境时增压,系统应由试验机器自身驱动,试验机器的发动机以额定转速运转。鼓风机马达两端接线柱上的电压不应高出该系统正常标定值的15%(例如:对于

12 V 系统不应高出 13.8 V)。

5.2 与司机室、司机室零件和鼓风机有关的所有的机器零部件应是标准件或通用件,并将其调整至机器制造商的技术规范内。由于在滤清器里的粉尘数量可影响到增压,推荐用清洁的空气滤清器。

5.3 推荐在可控制的室内环境下进行试验,使风速对增压影响最小。

5.4 如车辆在室外环境下进行试验,车辆的定位应是其正常操作方向逆对着风向,并且风向与车辆中心线夹角不超过 30°。当风速超过 5 m/s 时,不记录试验数据。

5.5 在整个试验期间,司机室内可留一名司机。

5.6 机器的迎风速度最大为 5 m/s。

6 试验步骤

6.1 在记录测试数据之前,增压装置应以最大的排风量、鼓风机以最大速度工作 15 min 以上。自动增压密封控制不应关掉。

6.2 为了获得统一的结果,空调和采暖系统在增压系统试验期间均不应传递热量。

6.3 应记录以下数据:鼓风机电压、环境干球温度、大气压力、风速和相对于机器中心线的风向。

6.4 记录司机室压力,单位为帕(Pa)。

6.5 气压表应避免压力波动,测试点应远离空气流。

7 试验报告

试验报告应包括所测量的司机室压力。

试验报告的示例参见附录 A。

附 录 A
（资料性附录）
增压试验报告示例

试验机器

类型：………………………… 型号：………………………… PIN（或序列号）：…………………………

增压试验[见第6章]

鼓风机电压(6.3)：…………………………………………………………………………………… V

环境干球温度(6.3)：………………………………………………………………………………… ℃

大气压力(6.3)：……………………………………………………………………………………… Pa

迎风速度(6.3)：……………………………………………………………………………………… m/s

风速和相对于机器中心线的风向(6.3)：………………………………………………………… (°)

附件压力(6.4)：……………………………………………………………………………………… Pa

调控机构：……………………………………………………………………………………………

ICS 53.100
P 97

中华人民共和国国家标准

GB/T 19933.4—2014/ISO 10263-4:2009
代替 GB/T 19933.4—2005

土方机械　司机室环境
第4部分：采暖、换气和空调(HVAC)的试验方法和性能

**Earth-moving machinery—Operator enclosure environment—
Part 4: Heating, ventilation and air conditioning (HVAC) test method and performance**

(ISO 10263-4:2009, IDT)

2014-07-24 发布　　2015-01-01 实施

中华人民共和国国家质量监督检验检疫总局
中国国家标准化管理委员会　发布

前　言

GB/T 19933《土方机械　司机室环境》分为6个部分：

——第1部分：术语和定义；

——第2部分：空气滤清器试验方法；

——第3部分：增压试验方法；

——第4部分：采暖、换气和空调(HVAC)的试验方法和性能；

——第5部分：风窗玻璃除霜系统的试验方法；

——第6部分：太阳光热效应的测定。

本部分为GB/T 19933的第4部分。

本部分按照GB/T 1.1—2009给出的规则起草。

本部分代替GB/T 19933.4—2005《土方机械　司机室环境　第4部分：司机室的空调、采暖和(或)换气试验方法》。本部分与GB/T 19933.4—2005相比，除编辑性修改外主要技术变化如下：

——标准名称改为《土方机械　司机室环境　第4部分：采暖、换气和空调(HVAC)的试验方法和性能》；

——第2章"规范性引用文件"中增加了相应的引用标准(见第2章，2005年版的第2章)；

——增加了相关术语和定义(见第3章，2005年版的第3章)；

——删除了图2"司机舒适曲线"(见2005年版的第3章)；

——修改了有关技术内容；

——增加了资料性附录A。

本部分使用翻译法等同采用ISO 10263-4:2009《土方机械　司机室环境　第4部分：采暖、换气和空调(HVAC)的试验方法和性能》(英文版)。

与本部分中规范性引用的国际文件有一致性对应关系的我国文件如下：

——GB/T 8591—2000　土方机械　司机座椅标定点(eqv ISO 5353:1995)；

——GB/T 16936—2007　土方机械　发动机净功率试验规范(ISO 9249:1997，MOD)；

——GB/T 19933.1—2014　土方机械　司机室环境　第1部分：术语和定义(ISO 10263-1:2009，IDT)；

——GB/T 19933.2—2014　土方机械　司机室环境　第2部分：空气滤清器试验方法(ISO 10263-2:2009，IDT)；

——GB/T 19933.3—2014　土方机械　司机室环境　第3部分：增压试验方法(ISO 10263-3:2009，IDT)；

——GB/T 19933.6—2014　土方机械　司机室环境　第6部分：太阳光热效应的测定(ISO 10263-6:2009，IDT)。

本部分由中国机械工业联合会提出。

本部分由全国土方机械标准化技术委员会(SAC/TC 334)归口。

本部分负责起草单位：厦门市产品质量监督检验院[国家场(厂)内机动车辆质量监督检验中心]、天津工程机械研究院。

本部分参加起草单位：厦门厦工机械股份有限公司、中国龙工控股有限公司、福田雷沃国际重工股份有限公司、厦门市育明工程机械有限公司。

本部分主要起草人:王一峰、段琳、田力军、李蔚苹、兰福寿、齐吉富、林承佳。

本部分所代替标准的历次版本发布情况为:

——GB/T 19933.4—2005。

土方机械 司机室环境 第4部分:采暖、换气和空调(HVAC)的试验方法和性能

1 范围

GB/T 19933的本部分规定了测试司机室内部环境温度的统一的试验方法,该温度由在特定周围环境下运行的采暖、换气和空调制冷系统产生。

本方法不能确定司机室所有的气候环境,因为来源于机器热源之外的热源(如太阳能)产生的热负荷也会对司机室产生影响。为了更准确地确定司机室内部的全部热负荷,GB/T 19933的第6部分与本部分结合应用。

本部分规定了机器司机室采暖、换气和空调制冷系统的最低性能水平。

2 规范性引用文件

下列文件对于本文件的应用是必不可少的。凡是注日期的引用文件,仅注日期的版本适用于本文件。凡是不注日期的引用文件,其最新版本(包括所有的修改单)适用于本文件。

ISO 5353:1995 土方机械 司机座椅标定点

ISO 9249 土方机械 发动机净功率试验规范(Earth-moving machinery—Engine test code—Net power)

ISO 10263-1 土方机械 司机室环境 第1部分:术语和定义(Earth-moving machinery—Operator enclosure environment—Part 1:Terms and definitions)

ISO 10263-2 土方机械 司机室环境 第2部分:空气滤清器试验方法(Earth-moving machinery—Operator enclosure environment—Part 2:Air filter element test method)

ISO 10263-3 土方机械 司机室环境 第3部分:增压试验方法(Earth-moving machinery—Operator enclosure environment—Part 3:Pressurization test method)

ISO 10263-6 土方机械 司机室环境 第6部分:太阳光热效应的测定(Earth-moving machinery—Operator enclosure environment—Part 6:Determination of effect of solar heating)

3 术语和定义

ISO 10263-1界定的术语和定义适用于本文件。为了便于使用,以下重复列出了ISO 10263-1中的某些术语和定义。

3.1

司机室 operator enclosure

完全包围司机的机器组成部分,可避免外部空气、灰尘或其他物质进入司机周围的区域。

[ISO 10263-1:2009,定义3.14]

3.2

司机环境 operator environment

由温度和风速测点位置确定的司机周围空间。

[ISO 10263-1:2009,定义 3.16]

3.3

空调制冷系统 air-conditioning system

降低司机室内部空气有效温度的系统。

[ISO 10263-1:2009,定义 3.1]

3.4

采暖系统 heating system

提高司机室内部空气有效温度的系统。

[ISO 10263-1:2009,定义 3.11]

3.5

换气系统 ventilation system

给司机室内部提供新鲜空气并保持空气循环的系统。

[ISO 10263-1:2009,定义 3.24]

4 试验设备和仪表

4.1 试验场所:试验场所应能放置下主机,并考虑空气流通及给机器的发动机和传动系加载(如果需要)。

可使用工地测试条件。

如果由于几何尺寸的限制不能在主机上进行司机室试验,可在能模拟主机对司机室作用载荷的试验台上进行。如果进行这种试验,应规定用工地数据进行修正。

4.2 温度表或其他温度测试装置:测试精度为±0.5 ℃。

4.3 湿球温度或露点温度的测试装置:测试精度为±0.5 ℃。

4.4 司机室压力(Pa)的测试装置:测试精度为观测值的5%。

4.5 转速(r/min)的测试装置:测试精度为观测值的2%。

4.6 测试空气速度的风速计:测试精度在0.5 m/s之内。

4.7 秒表或其他测时装置。

5 测试位置

5.1 一般要求

温度和风速测试点的位置应基于ISO 5353:1995描述的座椅标定点,见图1。

5.2 测试要求

5.2.1 外部环境温度的测试位置不应受机器的影响,其高度为司机室进气口的高度。

5.2.2 司机室的增压密封性应按ISO 10263-3进行测试。

5.2.3 内部干球温度应尽量靠近图1中的1~6实际位置点进行测试。

如果司机的工作位置是可以替换的(如:挖掘装载机),则另一个工作位置也应试验,并通过测试位置的温度分布进行比较。

5.2.4 推荐在司机两眼位置处(图1中位置7)测试风速。

如果司机的工作位置是可以替换的(如:挖掘装载机),则另一个工作位置也应在相对应的司机两眼位置处测试。

6 空调、采暖和换气系统

6.1 一般试验条件和要求

6.1.1 司机室允许增压的最低压力应为 50 Pa,但不应超过 200 Pa。在整个试验中应保持该压力。

6.1.2 采暖、换气或空调制冷系统在任何情况下,提供的过滤新鲜空气流量最少应为 43 m^3/h。

6.1.3 在采暖、换气或空调制冷系统的测试结果中,司机周围测得的温度差(见图 1 中位置 1～6)应保持在 5 ℃以内。

6.1.4 过滤的新鲜空气应通过一个过滤器,该过滤器按 ISO 10263-2 规定的细等级试验粉尘和试验方法进行试验时,其最低过滤效率为 96%。

6.1.5 推荐提供一种装置,使图 1 位置 7 处的风速最大值限制在 0.3 m/s 内,可使用可调扩散器改变空气的方向。

单位为毫米

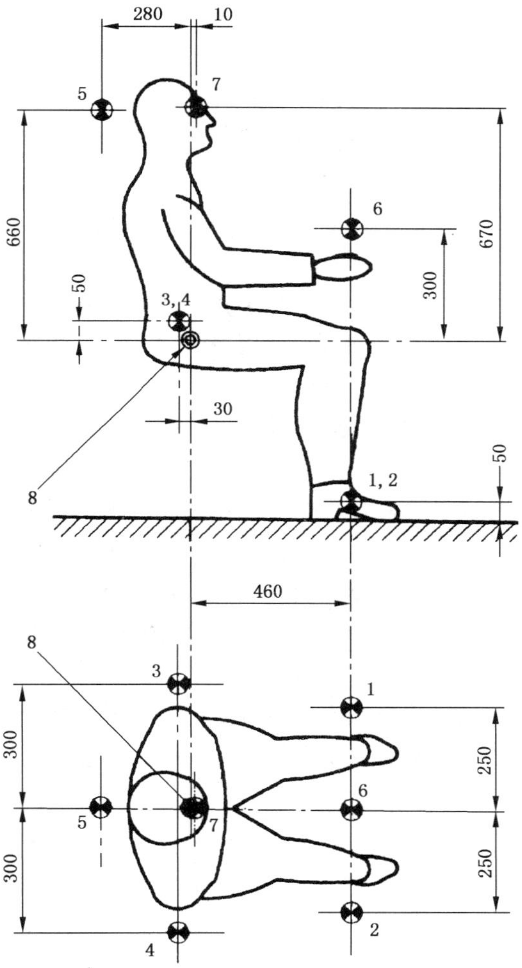

说明:

1～6——温度和风速测试点;

7 ——司机眼睛测试点;

8 ——SIP。

图 1 测试点位置

6.1.6 整个试验期间，各试验条件应保持一致。

6.1.7 由前至后通过机器的风速最大值为 5 m/s。

6.2 常用试验步骤

6.2.1 在各试验期间，7.1、8.1 和 9.1 规定的试验条件应保持一致。

6.2.2 记录司机室压力(Pa)，测压装置的布置应避免速度落差，参考点和测试点远离气流。

6.2.3 按 5.2.3 的规定记录司机室的温度，时间的间隔不大于 5 min。

6.2.4 确定每一时间段位置 1～6 的平均干球温度。

6.2.5 当达到下列条件之一时，试验可以结束：

a) 按 6.2.3 记录的平均干球温度在 15 min 内的变化值不超过 0.5 ℃；

b) 试验已进行 1 h。

6.2.6 整个试验期间，司机室内可以留一位司机。

7 空调制冷系统

7.1 试验条件

7.1.1 空调制冷系统应按产品规定的配置进行试验，并调整至符合制造商的技术规范。

7.1.2 周围温度和湿度环境条件：

a) 干球温度最低为＋38 ℃；

b) 在 38 ℃或以上温度，每千克干空气中应最少含水 0.018 kg。

7.1.3 当司机室环境受发动机或部件(例如：变速器)温度影响时，机器应在发动机的标定转速运转，其功率不应小于最大标定净功率的 50%，发动机净功率按 ISO 9249 的规定或按 4.1 模拟这些试验条件。推荐采用通过变速器的发动机载荷。

7.1.4 空调制冷系统应按制造商的技术规范进行调整或调整到能提供最大制冷性能的状态。整个试验过程应按 6.1 的规定。

7.1.5 为提供一个初始的、稳定的预热阶段，在进行空调制冷系统的试验前，机器应按 7.1.3 的要求运行 1 h，而空调制冷系统不工作。在预热阶段，环境温度应符合 7.1.2 的规定。

7.1.6 建议按 ISO 10263-6 的规定施加太阳光辐射，载荷应在以下任一时间段进行：

——如果按 7.1.5 的规定用发动机对机器或司机室进行预热，则在空调测试开始即施加太阳光辐射。允许在空调测试之前施加太阳光辐射。

——如果不按 7.1.5 的规定对机器或司机室进行预热，则在空调测试开始至少 1 h 前施加太阳光辐射。门窗应关闭。试验期间，环境温度应符合 7.1.2 的规定。

7.2 最低制冷性能

空调制冷系统应能将司机周围干球温度降到 25 ℃或更低。

8 采暖系统

8.1 试验条件

8.1.1 进行试验的采暖系统应按产品规定的配置进行，并调整至符合制造商的技术规范。

8.1.2 采暖系统试验的最高环境温度为－15 ℃或更低。

8.1.3 在开始试验前，机器应在 8.1.2 规定的环境温度下冷却 10 h，或直到热传递介质、风挡、HVAC 系统、通风孔和司机室冷却到8.1.2规定的温度。在冷却过程中,不能使用外界的油或冷却剂热源。

8.1.4 机器应按制造商推荐的升温步骤,在不超出发动机最大标定净功率20%时的最大负荷下以标定转速运转,发动机净功率按ISO 9249的规定或按4.1模拟这些试验条件。

8.1.5 采暖系统应按制造商的技术规范进行调整,或调整到可对司机室提供最大压力的状态。

8.2 最低采暖性能

采暖系统应能使司机周围温度提高到25 ℃或更高。

9 换气系统

9.1 试验条件

9.1.1 进行试验的换气系统应按产品规定的配置进行,并调整至符合制造商的技术规范。

9.1.2 换气系统试验的环境条件是外部干球温度最低为+27 ℃。

9.1.3 机器应按制造商推荐的升温步骤,在不超出发动机最大标定净功率20%时的最大负荷下,以标定转速运转。发动机净功率按ISO 9249的规定或按4.1模拟这些试验条件。

9.1.4 在司机室最大压力状态下,换气系统应调整到最大位置。

9.2 最低换气性能

最低换气性能要求应按6.1的规定。

10 试验报告

试验报告应包括下列内容:

a) 被测试机器的型号和序列号;

b) 司机室外的环境条件[例:干球温度、湿度(每千克干空气含水量)、风速];

c) 司机室内的增压压力(Pa);

d) 试验结束时司机室的平均干球温度(℃);

e) 司机环境温度均匀性;

f) 提供的过滤新鲜空气量;

g) 按ISO 10263-6测定的太阳光辐射能强度。

另外,当采用可选的试验条件时,应对其进行记录。

试验报告格式示例参见附录A。

附　录　A
（资料性附录）
司机室空调、采暖和换气系统试验报告格式示例

测试机器

形式____________型号________________PIN（或序列号）________________

空调制冷系统测试（第7章）

环境条件

干球温度：____℃

湿度：____kg（每千克干空气含水量）

通过机器的风速（6.1.7）：____m/s

试验结束时司机环境温度

干球温度（平均）：____℃

司机环境温度均匀性（6.1.3）：______________________________________Δ℃

达到的最低性能（7.2）：____是/否

司机室压力：____Pa

可调装置：____

太阳热能：　　　自然□　　　模拟□　　　无□

太阳辐射能：____W/m^2

发动机加载方法（如适用）：____

测试时间：____min

采暖系统测试（第8章）

周围干球温度：____℃

通过机器的风速（6.1.7）：____m/s

试验结束时司机环境平均干球温度：__________________________________℃

司机环境温度均匀性（6.1.3）：______________________________________Δ℃

达到的最低性能（8.2）：____是/否

司机室压力：____Pa

可调装置：____

发动机加载方法（如适用）：____

测试时间：____min

换气系统测试（第9章）

周围干球温度：____℃

通过机器的风速（6.1.7）：____m/s

司机环境温度均匀性（6.1.3）：______________________________________Δ℃

达到的最低性能（9.2）：____是/否

司机室压力：____Pa

可调装置：____

太阳热能：　　　自然□　　　模拟□　　　无□

太阳辐射能：____W/m^2

发动机加载方法（如适用）：____

测试时间：____min

参 考 文 献

[1] GB/T 16937 土方机械 司机视野 试验方法和性能要求(ISO 5006,IDT)

ICS 53.100
P 97

中华人民共和国国家标准

GB/T 19933.5—2014/ISO 10263-5:2009
代替 GB/T 19933.5—2005

土方机械　司机室环境
第5部分:风窗玻璃除霜系统的试验方法

Earth-moving machinery—Operator enclosure environment—
Part 5: Windscreen defrosting system test method

(ISO 10263-5:2009, IDT)

2014-07-24 发布　　2015-01-01 实施

中华人民共和国国家质量监督检验检疫总局
中国国家标准化管理委员会　发布

前　言

GB/T 19933《土方机械　司机室环境》分为6个部分：

——第1部分：术语和定义；

——第2部分：空气滤清器试验方法；

——第3部分：增压试验方法；

——第4部分：采暖、换气和空调(HVAC)的试验方法和性能；

——第5部分：风窗玻璃除霜系统的试验方法；

——第6部分：太阳光热效应的测定。

本部分为GB/T 19933的第5部分。

本部分按照GB/T 1.1—2009给出的规则起草。

本部分代替GB/T 19933.5—2005《土方机械　司机室环境　第5部分：风窗玻璃除霜系统的试验方法》。本部分与GB/T 19933.5—2005相比，除编辑性修改外主要技术变化如下：

——对第1章的范围进行了修改；

——增加了部分规范性引用文件(见第2章，2005年版的第2章)；

——增加了部分术语和定义(见第3章，2005年版的第3章)；

——增加了图1；

——修改了图2和图3(见图2和图3，2005年版的图1和图2)；

——增加了资料性附录A。

本部分使用翻译法等同采用ISO 10263-5:2009《土方机械　司机室环境　第5部分：风窗玻璃除霜系统的试验方法》(英文版)。

与本部分中规范性引用的国际文件有一致性对应关系的我国文件如下：

——GB/T 8591—2000　土方机械　司机座椅标定点(eqv ISO 5353:1995)；

——GB/T 16936—2007　土方机械　发动机净功率试验规范(ISO 9249:1997，MOD)；

——GB/T 19933.1—2014　土方机械　司机室环境　第1部分：术语和定义(ISO 10263-1:2009，IDT)。

本部分由中国机械工业联合会提出。

本部分由全国土方机械标准化技术委员会(SAC/TC 334)归口。

本部分负责起草单位：厦门市产品质量监督检验院[国家场(厂)机动车辆质量监督检验中心]、天津工程机械研究院。

本部分参加起草单位：厦门厦工机械股份有限公司、厦门市育明工程机械有限公司。

本部分主要起草人：田力军、李广庆、王一峰、李蔚苹、林承佳。

本部分所代替标准的历次版本发布情况为：

——GB/T 19933.5—2005。

土方机械　司机室环境
第5部分:风窗玻璃除霜系统的试验方法

1　范围

GB/T 19933 的本部分规定了测量土方机械司机室风窗玻璃除霜系统性能的试验方法。包括具有资质的实验机构的室内和室外环境下能使用试验设备进行的试验。

2　规范性引用文件

下列文件对于本文件的应用是必不可少的。凡是注日期的引用文件，仅注日期的版本适用于本文件。凡是不注日期的引用文件，其最新版本(包括所有的修改单)适用于本文件。

ISO 5353:1995　土方机械　司机座椅标定点

ISO 9249　土方机械　发动机净功率试验规范(Earth-moving machinery—Engine test code—Net power)

ISO 10263-1　土方机械　司机室环境　第1部分:术语和定义(Earth-moving machinery—Operator enclosure environment—Part 1: Terms and definitions)

3　术语和定义

ISO 10263-1 界定的以及下列术语和定义适用于本文件。为了便于使用，以下重复列出了 ISO 10263-1 中的某些术语和定义。

3.1

风窗玻璃除霜系统　windscreen defrosting system

用于风窗玻璃除霜的装置。

[ISO 10263-1:2009，定义 3.25]

3.2

采光开口　daylight opening;DLO

通过任一玻璃窗口无阻挡的最大开口，玻璃窗口带有装饰嵌条和密封材料。

[ISO 10263-1:2009，定义 3.4]

3.3

除霜范围　defrosted area

干燥清洁表面和溶化或部分溶化(湿)的试验涂层表面组成的风窗玻璃范围，不包括由固态试验冰层所覆盖的风窗玻璃范围。

注：除霜范围的进一步说明见图1。

[ISO 10263-1:2009，定义 3.6]

3.4

热传递介质　heat transfer medium;HTM

使除霜系统达到加热的介质。

[ISO 10263-1:2009，定义 3.12]

3.5

除霜 defrosting

为保证视野除去窗户上的冰或霜,并使之保持无冰霜状态。

[ISO 10263-1:2009,定义 3.5]

3.6

座椅标定点 seat index point;SIP

SIP 测量装置中心纵向垂直平面上的点。

注:改写 ISO 5353:1995,定义 3.1。

4 试验设备

4.1 环境室:应能保证空气的循环,并能充分容纳主机或其司机室。

注:替代环境室,在类似于环境室(见 5.2)的试验条件下可以在室外进行该试验。

4.2 风窗玻璃除霜范围的记录装置。

4.3 测量转速的装置(r/min):测试精度为 2%。

4.4 秒表或其他计时装置。

4.5 温度表或其他测温装置:测试精度为±0.5 ℃。

4.6 节流控制装置(轻微或辅助的,如需要)。

4.7 喷雾装置:为风窗玻璃提供湿雾,并具有下列特性:

a) 液体:蒸馏水;

b) 液体喷嘴的直径尺寸:1.7 mm;

c) 建议的工作压力范围:345 kPa±20 kPa;

d) 距喷嘴 200 mm 处的喷雾范围:300 mm±50 mm。

4.8 水量测定装置:由喷雾装置提供,测试精度为 2.5%。

4.9 辅助动力:仅在司机室台架试验时驱动加热鼓风机马达的辅助动力。

4.10 风速仪:测量空气流速,测试精度在 0.5 m/s 以内。

5 试验条件

5.1 加热系统测量的最高环境温度为-15 ℃,最大迎风速度为 5 m/s。

5.2 如果由于几何尺寸的限制,不能在主机上试验,则司机室可以在试验台上进行试验,并模拟司机室在主机上所受到的热负荷。如果采用试验室程序,则可增补室外试验,以便验证所测量的试验结果。

5.3 机器应按制造商推荐的升温步骤,在最大负荷不超出发动机标定净功率 20%时以标定转速运转。发动机标定净功率按 ISO 9249 确定。

5.4 热传递介质(HTM)的流量应来源于发动机的运转或独立的 HTM 流量。

该流量是由 5.3 规定的发动机运转产生的。而独立的 HTM 流量和温度应与机器发动机按 5.3 的要求运转时产生的结果一致。

HTM 的三个典型实例如下:

a) 发动机冷却剂;

b) 液压油;

c) 从辅助热源获得的空气/液体,即燃气加热器或燃油加热器。

5.5 HTM 的温度应尽可能靠近该加热装置的进口处测量。对于多个加热源系统，其温度应在接收第一次冷却液的加热装置的进口处测量。

HTM 的流量可在任何适当位置处测量。

室外环境温度和风速应在不受机器影响并与司机室通风孔高度等高的地方测量，但不超过10 m远。

测试开始时，HTM 应处于环境温度。

5.6 在风窗玻璃有冰的时候，刮水器的刮板和摆杆要离开风窗玻璃的玻璃表面。在试验期间，可以使用风窗玻璃的刮水器。如使用刮水器，使用数量和次数在报告中列出。

5.7 除霜器和(或)加热系统的鼓风机应处于最大速度。

5.8 鼓风机马达两端接线柱上的电压不应高出该系统正常标定值的 15%(例如：12 V 系统为 13.8 V，24 V 系统为 27.6 V)。

5.9 温度控制器应处于最大的取暖位置。

5.10 发动机、加热器和除霜器的所有零部件应是标配件或通用件，并将其调整至技术规范内。

5.11 发动机的罩(挡板)、门和窗应是关闭的。

5.12 如果一个辅助加热器是标准加热器和除霜系统的部件，则可以使其运转。

5.13 在不加热 HTM 的条件下，预热发动机等辅助方法是允许使用的。同样，不允许任何模拟的或实际的太阳辐射能照射到风窗玻璃上。

5.14 在整个试验期间，司机室内可留一位司机。

6 试验步骤

6.1 保持机器温度直到测量设备能确保 HTM、风窗玻璃、HVAC 系统、输送管件和环境温度在 −15 ℃ 的温度或以下。

6.2 按照机器的保温时间，用喷雾装置向风窗玻璃以每平方厘米 345 kPa±20 kPa 的气压喷射水雾，在风窗玻璃上形成冰层。水平、往复、均匀地喷射覆盖层，直至所用的喷射水达到规定量。冰的整个形成过程，允许附加 30 min～40 min 的一个保温时间。

注：测量并用喷雾装置来明确分开多块风窗玻璃，保证每个区域均为标准的冰层厚度。

6.3 启动发动机或热源，使除霜系统工作，按第 5 章规定的试验条件持续至整个试验周期。试验 1 h，每进行 5 min 应简要描述风窗玻璃内表面的除霜范围，见第 8 章中 d)。

7 基本要求

对于各类土方机械的风窗玻璃的除霜范围按表 1 的规定。各种除霜范围由 ISO 5353:1995 定义的司机座椅标定点(SIP)向上 660 mm 和向前 20 mm 的司机眼睛处的角度确定。

从侧面看两条线的两个平面交汇于司机眼睛处，两个平面和风窗玻璃表面相交部分构成测试范围的上下两边界，该平面由到 *X-X* 线上下两边的视角确定。

从上面看两条线的两个平面交汇于司机眼睛处，两个垂直平面和风窗玻璃表面相交部分构成测试范围的左右两边界，该平面由到 *X-X* 线左右两边的视角确定。见图 2。

如果由表 1 中角度确定的 4 个平面的任一平面或某一部分不能与风窗玻璃表面相交，并且落在采光开口(DLO)以外，则重新调整该平面使风窗玻璃表面沿着该线的相交部分整个落在 DLO 中，并且与装饰嵌条或框架接触。确定除霜面积百分数的范围为不包括采光开口(柱、挡板、加热器等)25 mm 边内的那些安装玻璃的表面范围。百分数是除霜面积与规定范围的面积之比。图3以图示方式表示了一个典型风窗玻璃的范围。

试验60 min后,除霜范围的百分数应满足表2规定的最低性能要求。未除霜部分仅沿着该范围的风窗玻璃边框或装饰嵌条进行确定。

8 试验报告

试验报告应包括以下内容:

a) 试验机器型号和产品识别代码(PIN);

b) 司机室外部环境,如环境温度、湿度[水分(kg)/干空气(kg)]和风速;

c) 在规定的环境温度下,达到表2规定的各范围最低除霜范围所必需的时间;

d) 如果司机位置偏置不在风窗玻璃的中心,用透明材料把除霜范围的图形描绘标注下来。如需要,可用数码相机每间隔5 min做1次电子记录(见图1示例);

e) 试验报告的示例参见附录A。

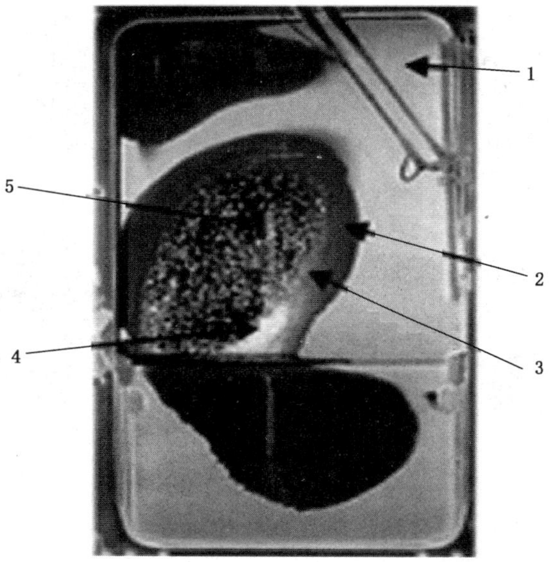

说明:

1——白冰;

2——白冰边缘;

3——灰冰;

4——湿冰;

5——除霜区域。

图1 除霜窗口的数码照片

表 1　眼部视角(风窗玻璃的除霜范围)

机器类型[a]	范围	上视角 αU (°)	下视角 αD (°)	左视角 αL (°)	右视角 αR (°)
装载机	A	10	5	15	15
	B	15	15	25	25
	C	30	25	35	35
推土机	A	5	7	15	15
	B	8	20	25	25
	C	12	35	40	40
自卸车	A	5	7	15	15
	B	8	15	20	20
	C	17	16	30	39
自行式铲运机	A	5	7	15	15
	B	8	15	20	20
	C	12	20	30	30
挖掘机	A	12	18	10	20
	B	14	24	17	22
	C	20	30	25	25
自行式平地机	A	10	5	15	15
	B	15	15	25	25
	C	20	50	35	35
挖掘装载机	A	5	7	15	15
	B	8	20	25	25
	C	12	35	40	40

[a] 按 ISO 6165。

单位为毫米

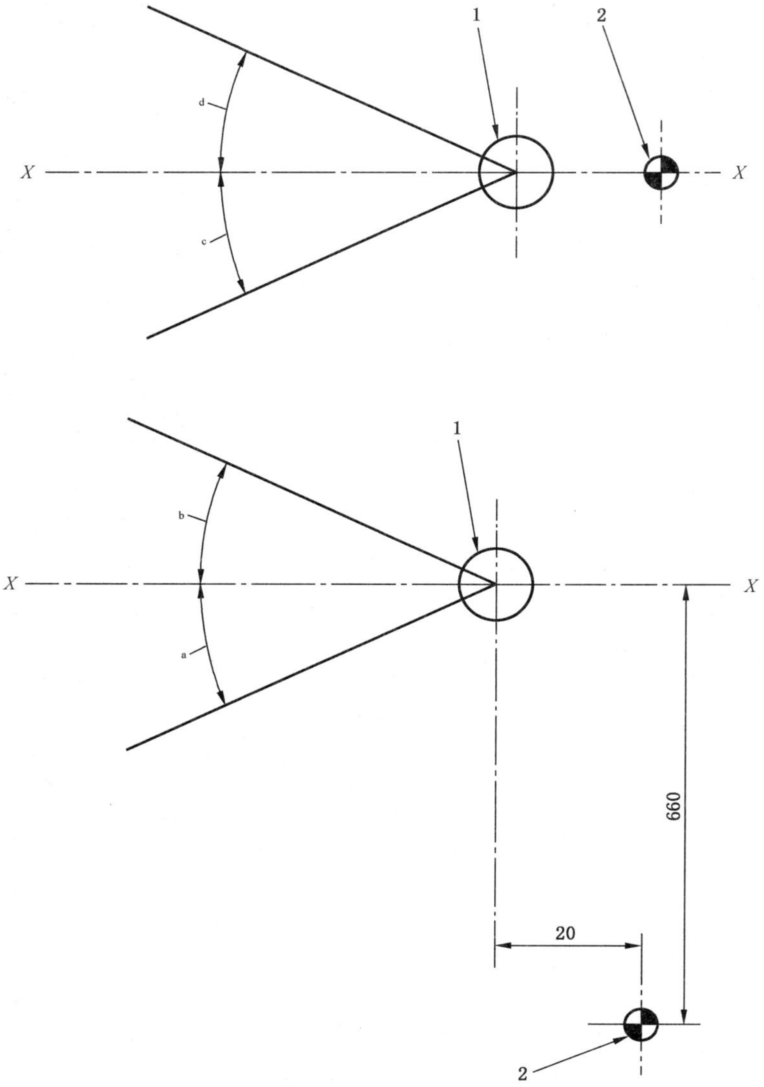

说明:

1——视点;

2——SIP。

[a] 下视角;

[b] 上视角;

[c] 左视角;

[d] 右视角。

图 2 眼部视角

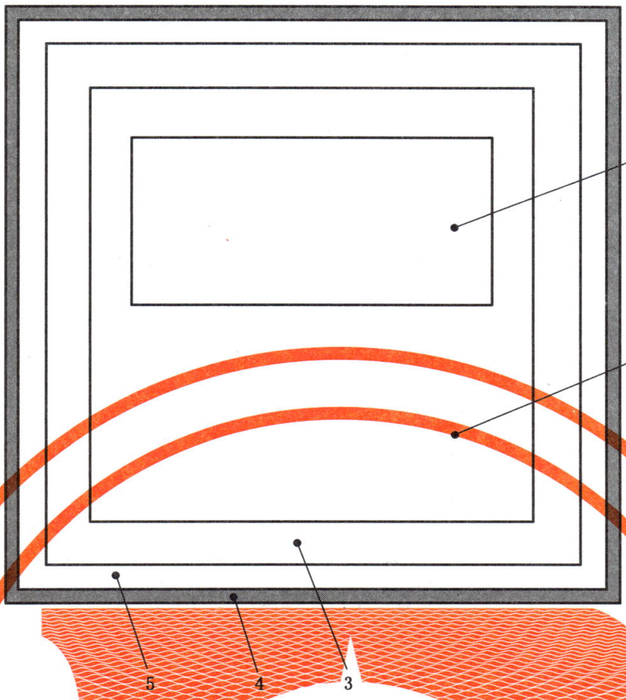

说明：
1——范围 A；
2——范围 B；
3——范围 C；
4——窗框或嵌条；
5——范围 C 以外的无要求区域。

图 3 风窗玻璃范围

表 2 60 min 后除霜范围的最小值

风窗玻璃类型	范围		
	A	B	C
单块玻璃	99%	94%	80%
多块玻璃	84%	70%	65%

附 录 A
（资料性附录）
风窗玻璃除霜试验报告格式示例

试验机器

类型_____________型号_________________PIN（或序列号）________________

环境温度：____℃

湿度：______________________________________水分（kg）/干空气（kg）

迎风速度：____m/s

可调装置：____

发动机加载方法（如适用）：____

风窗玻璃刮水器操作（是/否）： 如操作，则刮水器摆杆的速度或数量是：___________

是否达到最低性能？ （是/否，见表2）

参考文献

[1] GB/T 16937—2010 土方机械 司机视野 试验方法和性能准则(ISO 5006:2006,IDT)
[2] GB/T 8498—2008 土方机械 基本类型 识别、术语和定义(ISO 6165:2006,IDT)

ICS 53.100
P 97

GB

中华人民共和国国家标准

GB/T 19933.6—2014/ISO 10263-6:2009
代替 GB/T 19933.6—2005

土方机械 司机室环境 第6部分:太阳光热效应的测定

Earth-moving machinery—Operator enclosure environment—Part 6:Determination of effect of solar heating

(ISO 10263-6:2009,IDT)

2014-07-24 发布 2015-01-01 实施

中华人民共和国国家质量监督检验检疫总局
中国国家标准化管理委员会 发布

前　言

GB/T 19933《土方机械　司机室环境》分为6个部分：

——第1部分：术语和定义；

——第2部分：空气滤清器试验方法；

——第3部分：增压试验方法；

——第4部分：采暖、换气和空调(HVAC)的试验方法和性能；

——第5部分：风窗玻璃除霜系统的试验方法；

——第6部分：太阳光热效应的测定。

本部分为GB/T 19933的第6部分。

本部分按照GB/T 1.1—2009给出的规则起草。

本部分代替GB/T 19933.6—2005《土方机械　司机室环境　第6部分：司机室太阳光热效应的测定》。本部分与GB/T 19933.6—2005相比，除编辑性修改外主要技术变化如下：

——增加了第2章"规范性引用文件"；

——增加了第3章"术语和定义"；

——增加了第4章"一般规定"；

——调整和增加了第5章"试验设备"；

——修改了有关技术内容。

本部分使用翻译法等同采用ISO 10263-6:2009《土方机械　司机室环境　第6部分：太阳光热效应的测定》(英文版)。

与本部分中规范性引用的国际文件有一致性对应关系的我国文件如下：

——GB/T 19933.1—2014　土方机械　司机室环境　第1部分：术语和定义(ISO 10263-1:2009，IDT)；

——GB/T 19933.4—2014　土方机械　司机室环境　第4部分：采暖、换气和空调(HVAC)的试验方法和性能(ISO 10263-4:2009，IDT)。

本部分由中国机械工业联合会提出。

本部分由全国土方机械标准化技术委员会(SAC/TC 334)归口。

本部分负责起草单位：厦门市产品质量监督检验院[国家场(厂)内机动车辆质量监督检验中心]、天津工程机械研究院。

本部分参加起草单位：厦门厦工机械股份有限公司、厦门市育明工程机械有限公司。

本部分主要起草人：田力军、陈树巧、王一峰、李蔚苹、林承佳。

本部分所代替标准的历次版本发布情况为：

——GB/T 19933.6—2005。

土方机械　司机室环境
第6部分:太阳光热效应的测定

1　范围

GB/T 19933的本部分规定了试验室模拟太阳光加热,即通过自然日光照射或模拟光源测定热辐射能的试验方法。

本部分适用于配备有司机室的土方机械。

2　规范性引用文件

下列文件对于本文件的应用是必不可少的。凡是注日期的引用文件,仅注日期的版本适用于本文件。凡是不注日期的引用文件,其最新版本(包括所有的修改单)适用于本文件。

ISO 10263-1　土方机械　司机室环境　第1部分:术语和定义(Earth-moving machinery—Operator enclosure environment—Part 1:Terms and definitions)

ISO 10263-4　土方机械　司机室环境　第4部分:采暖、换气和空调(HVAC)的试验方法和性能[Earth-moving machinery—Operator enclosure environment—Part 4: Heating, ventilation and air conditioning (HVAC) test method and performance]

3　术语和定义

ISO 10263-1界定的术语和定义适用于本文件。为了便于使用,以下重复列出了ISO 10263-1中的某些术语和定义。

3.1

太阳光热效应　solar heating

为了保持司机室内部的舒适温度,在确定必要的空气循环和制冷要求时,需要考虑的太阳光热能因素。

[ISO 10263-1:2009,定义3.20]

3.2

太阳光辐射能　solar radiant energy

产生太阳光热效应的过程。

[ISO 10263-1:2009,定义3.21]

4　一般规定

4.1　记录热辐射能的方法预计会引起司机室空调系统试验变化。

4.2　该方法应与ISO 10263-4给出的试验配合使用。

5　试验设备

5.1　测试装置:如日照强度计,其测试精度为±3%。

5.2　光源:有45%或以上灯的热辐射能应大于700 J。

6 室外试验期间太阳辐射能的测试

6.1 在与试验司机室大致相同的范围内安装一个适当的测试装置(如日照强度计)。在试验周期内,每间隔 10 min 测试一次辐射能,计算这些测试值的平均值并把它记录在试验报告中。

6.2 辐射能的测试平均值为 950 $W/m^2 \pm 95$ W/m^2,可认为是正常的试验条件。

7 试验室试验期间模拟太阳光辐射能的试验方法

7.1 各灯应成组成排地安置在试验司机室的上方,并处于同一水平面内。

7.2 当测试四个方向时,灯组围成范围的周界应大于被试验司机室投影范围周界的 25%。

7.3 为了模拟太阳光加热的效果,有 45%或以上的光源的辐射能应大于 700 J。光强度的控制不推荐采用改变各灯光谱分布的方法。

8 模拟过程中太阳光辐射能的标定

8.1 日照强度计应安装在一个三角架上,并保持水平。

8.2 测量线应位于试验司机室的最高外廓±100 mm。

8.3 记录各点或如图 1 所示的等强度范围内的测试值。为了确保均匀,应有足够多的测试值,测试点之间的距离最大不超过 1 200 mm。

8.4 调整光强度的平均值为 950 $W/m^2 \pm 95$ W/m^2。各个记录的变化不应超出平均值的 10%。

8.5 每 6 个月或试验司机室的最高外廓高度改变时,光强度应重新进行标定。

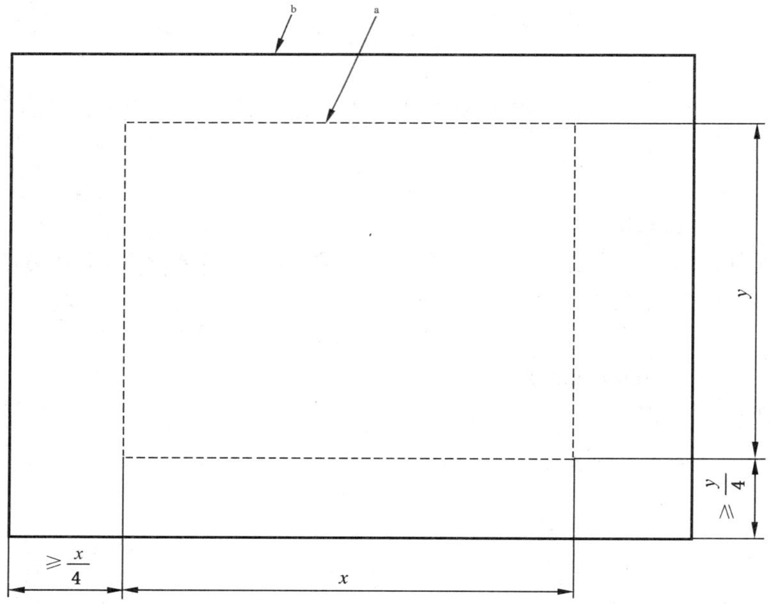

说明:

a 试验条件下,司机室最大的投影范围。

b 等强度范围的周界。

图 1 等强度的范围

ICS 59.080.01
W 04

中华人民共和国国家标准

GB/T 19977—2014
代替 GB/T 19977—2005

纺织品　拒油性　抗碳氢化合物试验

Textiles—Oil repellency—Hydrocarbon resistance test

(ISO 14419:2010，MOD)

2014-09-03 发布　　2015-03-01 实施

中华人民共和国国家质量监督检验检疫总局
中国国家标准化管理委员会　发布

前　言

本标准按照 GB/T 1.1—2009 给出的规则起草。

本标准代替 GB/T 19977—2005《纺织品　拒油性　抗碳氢化合物试验》，与 GB/T 19977—2005 相比，主要差异如下：

——将范围中的“水洗和干洗的处理程序推荐采用 GB/T 8629 或 GB/T 19981.2”调整为注，并将“GB/T 19981.2”修改为“GB/T 19981(所有部分)。”

——第 6 章中增加试剂“最长保质期 3 年”。

——删除了 9.1.1 和 9.1.2 的编号，内容并入 9.1，对设备的要求调整到 7.3 和 7.4 中。

——删除了 9.3 中“按 10.2 评定试样对该级试液是否有效”的步骤，修改了 9.4 和 9.5 的表述，9.5 中增加“每块试样上最多滴加 6 种试液”。

——修改了 10.2 中“可疑的有效”条件。

——增加附录 B“拒油性能的评价”。

本标准使用重新起草法修改采用 ISO 14419:2010《纺织品　拒油性 抗碳氢化合物试验》(英文版)。本标准与 ISO 14419:2010 相比，主要差异如下：

——范围中增加了适用的产品，简化了说明性内容，删除了注 2。

——将规范性引用文件中的 ISO 标准替换为对应的国家标准。

——删除第 6 章中表 1 的 0 编号以及 6.2。

——将 7.2“白色纺织吸液纸”改为“白色吸液垫”。

——将第 10 章归纳为：“10.1 液滴分类或描述”；“10.2 试样对某级试液是否‘有效’的评定”；“10.3 单个试样拒油等级的确定”。使内容更清晰，便于操作。

——增加附录 B“拒油性能的评价”。

本标准由中国纺织工业联合会提出。

本标准由全国纺织品标准化技术委员会基础标准分技术委员会(SAC/TC 209/SC 1)归口。

本标准主要起草单位：中纺标(北京)检验认证中心有限公司、江苏祥鸿印染有限公司。

本标准主要起草人：徐路、郑宇英、刘飞飞、韩玉茹、陈翟。

本标准所代替标准的历次版本发布情况：

——GB/T 19977—2005。

纺织品　拒油性　抗碳氢化合物试验

1　范围

本标准规定了采用一系列具有不同表面张力的液态碳氢化合物测定织物拒油性能的方法。

本标准适用于各类织物及其制品。

本标准旨在为抗油沾附性能提供指导。标准能给出一个粗略的拒油等级，通常拒油等级越高，试样抵抗油类材料，尤其是抗液态油类物质沾附性能越好。本标准特别适用于比较同一基布经不同整理剂整理后的拒油效果。本标准也可用于测定水洗和干洗处理对试样拒油性的影响。

注：水洗和干洗处理程序参见 GB/T 8629 和 GB/T 19981(所有部分)。

本标准不适用于评定试样抗油类化学品的渗透性能。

2　规范性引用文件

下列文件对于本文件的应用是必不可少的。凡是注日期的引用文件，仅注日期的版本适用于本文件。凡是不注日期的引用文件，其最新版本(包括所有的修改单)适用于本文件。

GB/T 6529　纺织品　调湿和试验用标准大气(GB/T 6529—2008,ISO 139:2005,MOD)

3　术语和定义

下列术语和定义适用于本文件。

3.1

级　grade

表示质量特性的多级标准参照等级中任何一个级别的符号。

注：试样的级表示与标准参照等级比较所得到的一个质量水平。

3.2

拒油性　oil repellency

织物抵抗吸收油类液体的特性。

4　原理

将选取的不同表面张力的一系列碳氢化合物标准试液滴加在试样表面，然后观察润湿、芯吸和接触角的情况。拒油等级以没有润湿试样的最高试液编号表示。

5　安全预防措施

安全警示：这些安全措施仅是一个信息，措施是辅助试验程序的但不包含于其中。本标准并未指出所有可能的安全问题，在对本标准中的材料进行操作时，使用者有责任采用安全和适当的方法，对材料的安全数据记录和其他制造商的建议等特别细节应咨询制造商。

5.1　应遵循良好的实验室操作。处理试液时，要戴安全眼镜和不透液体的手套。

5.2　本标准中的某些碳氢化合物是易燃的，要保持其远离热源、火花和火焰。要适当通风，避免长时间吸入蒸气或接触皮肤。

6　试剂

所有试剂应是分析纯的，最长保质期 3 年。标准试液应在 20 ℃±2 ℃下使用和贮存。标准试液按表 1 准备和编号。

表 1　标准试液

组成	试液编号	密度 kg/L	25 ℃时表面张力 N/m
白矿物油	1	0.84～0.87	0.031 5
白矿物油:正十六烷=65∶35(体积分数)	2	0.82	0.029 6
正十六烷	3	0.77	0.027 3
正十四烷	4	0.76	0.026 4
正十二烷	5	0.75	0.024 7
正癸烷	6	0.73	0.023 5
正辛烷	7	0.70	0.021 4
正庚烷	8	0.69	0.019 8

试液的纯度影响试液的表面张力，因此只能使用分析纯试液。

7　设备

7.1　滴瓶

为便于操作，可将试液移到滴瓶中，每个滴瓶都标有相应的试液编号。典型的配套设备为 60 mL 配有磨口吸管和氯丁橡胶吸头的滴瓶。橡胶吸头使用前应该在正庚烷中浸泡几小时，然后在干净的正庚烷中清洗，去除可溶物质。按表 1 中的试液编号顺序放置试液，以便于试验。

7.2　白色吸液垫

具有一定厚度和吸液能力的片状物，如：滤纸、粘纤非织造布。

7.3　试验手套

不透液体、不含硅的普通用途手套。

7.4　工作台

表面平整光滑、不含硅的台面。

8　试样

需要约 20 cm×20 cm 的试样 3 块。所取试样应有代表性，包含织物上不同的组织结构或不同的颜色，并满足试验的需要。试验前，试样应在 GB/T 6529 规定的标准大气中调湿至少 4 h。

9 程序

9.1 试验应在 GB/T 6529 规定的标准大气中进行。如果试样从调湿室中移走，应在 30 min 内完成试验。把一块试样正面朝上平放在白色吸液垫(7.2)上，置于工作台上。当评定稀松组织或薄的试样时，试样至少要放置两层，否则试液可能浸湿白色吸液垫的表面，而不是实际的试验试样，在结果评定时会产生混淆。

9.2 在滴加试液之前，戴上干净的试验手套(7.3)抚平绒毛，使绒毛尽可能地顺贴在试样上。

9.3 从编号 1 的试液开始，在代表试样物理和染色性能的 5 个部位上，分别小心地滴加 1 小滴(直径约 5 mm 或体积约 0.05 mL)，液滴之间间隔大约 4.0 cm。在滴液时，吸管口应保持距试样表面约 0.6 cm 的高度，不要碰到试样。以约 45°角观察液滴 30 s±2 s，按图 1 评定每个液滴，并立即检查试样的反面有没有润湿。

9.4 如果没有出现任何渗透、润湿、或芯吸，则在液滴附近不影响前一个试验的地方滴加高一个编号的试液，再观察 30 s±2 s。按图 1 评定每个液滴，并立即检查试样的反面有没有润湿。

9.5 继续 9.4 的操作，直到有一种试液在 30 s±2 s 内使试样发生润湿或芯吸现象。每块试样上最多滴加 6 种试液。

9.6 取第 2 块试样重复 9.1～9.5 的操作。有可能需要第 3 块试样(见第 11 章)。

10 评定

10.1 液滴分类和描述

液滴分为 4 类(见图 1)：

A 类——液滴清晰，具有大接触角的完好弧形。

B 类——圆形液滴在试样上部分发暗。

C 类——芯吸明显，接触角变小或完全润湿。

D 类——完全湿润，表现为液滴和试样的交界面变深(发灰、发暗)，液滴消失。

试样润湿通常表现为试样和液滴界面发暗、或出现芯吸或液滴接触角变小。对黑色或深色织物，可根据液滴闪光的消失确定为润湿。

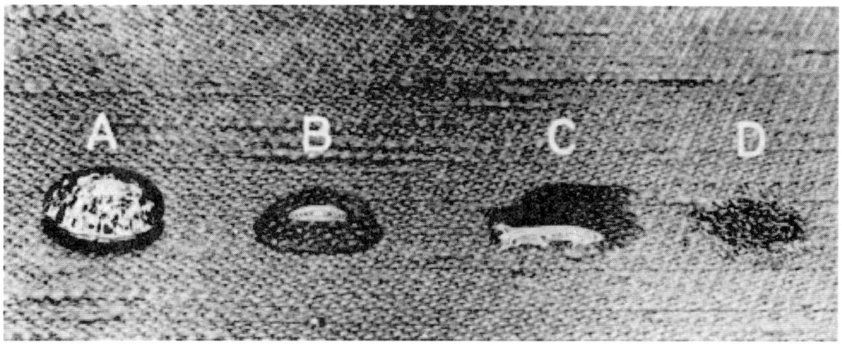

图 1 液滴类型示例

10.2 试样对某级试液是否“有效”的评定

无效:5个液滴中的3个(或3个以上)液滴为C类和(或)D类。

有效:5个液滴中的3个(或3个以上)液滴为A类。

可疑的有效:5个液滴中的3个(或3个以上)液滴为B类、或为B类和A类。

10.3 单个试样拒油等级的确定

试样的拒油等级是在30 s±2 s期间未润湿试样的最高编号试液的数值,即以“无效”试液的前一级的“有效”试液的编号表示。

当试样为“可疑的有效”时,以该试液的编号减去0.5表示试样的拒油等级。

当用白矿物油(编号1)试液,试样为“无效”时,试样的拒油等级为“0”级。

11 结果的表示

拒油等级应由两个独立的试样测定。如果两个试样的等级相同,则报出该值。当两个等级不同时,应做第三个试样。如果第三个试样的等级与前面两个测定中的一个相同,则报出第三个试样的等级。当第三个测定值与前两个测定中的任何一个都不同时,取三块试样的中位数。例如,如果前两个等级为3.0和4.0,第三个测定值为4.5,则报出中位数4.0作为拒油等级。结果差异表示试样可能不均匀或者有沾污问题。

作为参考,附录A给出了精密度和偏倚说明,附录B给出了拒油性能的评价指标。

12 试验报告

试验报告包括下列内容:

a) 试验是按照本标准进行的;
b) 样品的详细描述;
c) 试样的数量;
d) 调湿和试验用大气;
e) 与规定程序的偏离;
f) 每块试样的拒油等级测定值;
g) 样品的拒油等级;
h) 如果需要,给出拒油性能评价结果(参见附录B)。

附　录　A
（资料性附录）
精密度和偏倚说明

A.1　精密度

A.1.1　为了建立该方法的精密度，AATCC(美国纺织品染化师协会)于1990年9月和1991年4月组织了2次实验室间联合试验。第一次有9个实验室，每个实验室两名试验者，在3天中，每天对4种织物(每种织物2个试样)进行评定，拒油等级集中在1级～2级和4级～5级，结果表明天之间的相互作用不是明显的因素。第二次有7个实验室，每个实验室两名试验者，在2天中，每天对2种织物进行评定，拒油等级在2级～3级和5级～7级。将两次的试验结果综合一起作为精密度和偏差的报告。AATCC制定试验方案，为每个实验室提供试验所需的材料(包括标准试液，AATCC技术中心制作的评级录像带，“有效”、“可疑的有效”和“无效”的实例，涤纶/棉纤维织物)，每种织物的等级以每天两个(或三个)试样等级的中间值表示。

A.1.2　拒油等级的方差分量计算如下：

单个操作者　　0.27

操作者之间/实验室内　　0.30

实验室之间　　0.39

A.1.3　临界差：如果A.1.2的方差分量等于或超过表A.1中的临界差，则认为试验结果在95%概率水平下存在明显差异。

表A.1　临界差

测量次数	单个操作者	实验室内	实验室之间
1	0.75	1.12	1.55
2	0.53	0.99	1.45
3	0.43	0.94	1.42
注：临界差用学生 t 分布的无限自由度时 $t=1.950$ 来计算。			

A.2　偏倚

拒油等级的真值仅能被定义为本试验方法的术语。在这一范围间，本试验方法没有已知的偏倚。

附　录　B
（资料性附录）
拒油性能的评价

B.1　根据拒油等级按照表 B.1 对织物的拒油性能进行评价。

表 B.1　织物拒油性能评价

拒油等级	原试样
≥6 级	具有优异的拒油性能
≥5 级	具有较好的拒油性能
≥4 级	具有拒油性能

B.2　对于耐水洗性拒油织物，按照 GB/T 8629—2001 中 5A 程序对样品进行洗涤，自然晾干后再按表 B.2进行评价，洗涤次数由有关各方商定，或者至少洗涤 5 次。多次洗涤时，可将时间累加进行连续洗涤，洗涤次数和方法在报告中说明。

表 B.2　织物水洗后拒油性能评价

拒油等级	水洗后试样
≥5 级	具有优异的拒油耐水洗性
≥4 级	具有较好的拒油耐水洗性
≥3 级	具有拒油耐水洗性

B.3　对于耐干洗性拒油织物，按照 GB/T 19981.2 或 GB/T 19981.3 对样品进行洗涤，自然晾干后再按表 B.3 进行评价，洗涤次数由有关各方商定，或者至少洗涤 5 次。多次洗涤时，可将时间累加进行连续洗涤，洗涤次数和方法在报告中说明。

表 B.3　织物干洗后拒油性能评价

拒油等级	干洗后试样
≥5 级	具有优异的拒油耐干洗性
≥4 级	具有较好的拒油耐干洗性
≥3 级	具有拒油耐干洗性

参 考 文 献

[1] GB/T 8629 纺织品 试验用家庭洗涤和干燥程序

[2] GB/T 19981.2 纺织品 织物和服装的专业维护、干洗和湿洗 第2部分:使用四氯乙烯干洗和整烫时性能试验的程序

[3] GB/T 19981.3 纺织品 织物和服装的专业维护、干洗和湿洗 第3部分:使用烃类溶剂干洗和整烫时性能试验的程序

ICS 59.080.30
W 04

中华人民共和国国家标准

GB/T 19981.1—2014
代替 GB/T 19981.1—2005

纺织品　织物和服装的专业维护、干洗和湿洗　第1部分:清洗和整烫后性能的评价

Textiles—Professional care, drycleaning and wetcleaning of fabrics and garments—Part 1: Assessment of performance after cleaning and finishing

(ISO 3175-1:2010,MOD)

2014-12-31 发布　　2015-08-01 实施

中华人民共和国国家质量监督检验检疫总局
中国国家标准化管理委员会　发布

前　言

GB/T 19981《纺织品　织物和服装的专业维护、干洗和湿洗》分为4个部分：

——第1部分：清洗和整烫后性能的评价；

——第2部分：使用四氯乙烯干洗和整烫时性能试验的程序；

——第3部分：使用烃类溶剂干洗和整烫时性能试验的程序；

——第4部分：使用模拟湿清洗时性能试验的程序。

本部分为GB/T 19981的第1部分。

本部分按照GB/T 1.1—2009给出的规则起草。

本部分代替GB/T 19981.1—2005《纺织品　织物和服装的专业维护、干洗和湿洗　第1部分：干洗和整烫后性能的评价》，与GB/T 19981.1—2005相比主要变化如下：

——将标准名称和标准正文中的"干洗(drycleaning)"改为"清洗(cleaning)"；

——规范性引用文件中引用GB/T 7568.7替代原引用的GB 11404，引用GB/T 29257替代原引用的ISO 9867，引用GB/T 21196.4替代原引用的ISO 12947；

——修改了5.1中清洗和整烫设备的规定；

——修改了表1中褶皱回复性的内容；

——将表1中项目"耐水斑色牢度"修改为"耐湿洗色牢度"；

——修改了表1中脚注b的内容。

本部分修改采用ISO 3175-1:2010《纺织品　织物和服装的专业维护、干洗和湿洗　第1部分：清洗和整烫后性能的评价》(英文版)。本部分与ISO 3175-1:2010相比，主要差异如下：

——将正文中的"干洗"改为"清洗"；

——规范性引用文件中的国际标准替换为相应的国家标准；

——修改了5.1中清洗和整烫设备的规定；

——将表1中项目"耐水斑色牢度"修改为"耐湿洗色牢度"。

本部分由中国纺织工业联合会提出。

本部分由全国纺织品标准化技术委员会基础标准分技术委员会(SAC/TC 209/SC 1)归口。

本部分起草单位：国家纺织制品质量监督检验中心、北京市服装质量监督检验一站。

本部分主要起草人：吴健春、张岩峰。

本部分所代替标准的历次版本发布情况为：

——GB/T 19981.1—2005。

引　言

干洗是一种在有机溶剂中对纺织品进行清洗的过程，它可以溶解纺织品上油、脂和分散性粒子状污垢，而基本上不会产生水洗或湿清洗中的溶胀和起皱。为更好地去除尘土和污渍，可在溶剂中加入少量的水和表面活性剂。对于某些对水敏感的制品，最好直接使用溶剂干洗而不要使用兑水溶剂。实际中经常使用表面活性剂可以帮助去除污渍和防止颜色变化，但需注意表面活性剂配方中或多或少都含有水分。

正常情况下，干洗后要进行恢复性整烫。大部分情况下，这些整烫是某种形式的蒸汽整烫和(或)热压整烫。

许多纺织品和服装的性能会因进行干洗、蒸汽和(或)热压等整烫而发生渐进性的改变。某种情况下，一次干洗和整烫引起制品尺寸和其他变化可能非常有限，重复干洗会引起除上述以外的其他变化并会影响其使用寿命。通常，经过3次～5次按GB/T 19981有关部分规定的干洗和整烫后，大部分潜在的变化将会显现出来。

纺织品　织物和服装的专业维护、干洗和湿洗　第1部分：清洗和整烫后性能的评价

1　范围

GB/T 19981的本部分规定了织物和服装按GB/T 19981有关程序清洗和整烫后性能的评价方法。

本部分适用于评价由清洗和整烫引起的织物和服装性能的变化。本部分列出了评定这些变化的现行标准，附录A中列出了目前尚无评价方法标准但又非常重要的性能，以及对其进行评价的建议方法。

2　规范性引用文件

下列文件对于本文件的应用是必不可少的。凡是注日期的引用文件，仅注日期的版本适用于本文件。凡是不注日期的引用文件，其最新版本(包括所有的修改单)适用于本文件。

GB/T 250　纺织品　色牢度试验　评定变色用灰色样卡(GB/T 250—2008,ISO 105-A02:1993,IDT)

GB/T 251　纺织品　色牢度试验　评定沾色用灰色样卡(GB/T 251—2008,ISO 105-A03:1993,IDT)

GB/T 4745　纺织品　防水性能的检测和评价　沾水法(GB/T 4745—2012,ISO 4920:2012,MOD)

GB/T 5711　纺织品　色牢度试验　耐干洗色牢度(GB/T 5711—1997,eqv ISO 105-D01:1993)

GB/T 6529　纺织品　调湿和试验用标准大气(GB/T 6529—2008,ISO 139:2005,MOD)

GB/T 7568.7　纺织品　色牢度试验　标准贴衬织物　第7部分：多纤维(GB/T 7568.7—2008,ISO 105-F10:1989,MOD)

GB/T 8628　纺织品　测定尺寸变化的试验中织物试样和服装的准备、标记及测量(GB/T 8628—2013,ISO 3759:2011,MOD)

GB/T 12490　纺织品　色牢度试验　耐家庭和商业洗涤色牢度(GB/T 12490,ISO 105-C06:2010,MOD)

GB/T 13769　纺织品　评定织物经洗涤后外观平整度的试验方法(GB/T 13769—2009,ISO 7768:2006,MOD)

GB/T 13770　纺织品　评定织物经洗涤后褶裥外观的试验方法(GB/T 13770—2009,ISO 7769:2006,MOD)

GB/T 13771　纺织品　评定织物经洗涤后接缝外观平整度的试验方法(GB/T 13771—2009,ISO 7770:2006,MOD)

GB/T 19981.2　纺织品　织物和服装的专业维护、干洗和湿洗　第2部分：使用四氯乙烯干洗和整烫时性能试验的程序(GB/T 19981.2—2014,ISO 3175-2:2010,MOD)

GB/T 19981.3　纺织品　织物和服装的专业维护、干洗和湿洗　第3部分：使用烃类溶剂干洗和整烫时性能试验的程序(GB/T 19981.3—2009,ISO 3175-3:2003,MOD)

GB/T 19981.4　纺织品　织物和服装的专业维护、干洗和湿洗　第4部分：使用模拟湿清洗时性能试验的程序(GB/T 19981.4—2009,ISO 3175-4:2003,MOD)

GB/T 21196.4　纺织品　马丁代尔法织物耐磨性的测定　第4部分:外观变化的评定(GB/T 21196.4—2007,ISO 12947-4:1998,MOD)

GB/T 29257　纺织品　织物褶皱回复性的评定　外观法(GB/T 29257—2012,ISO 9367:2009,MOD)

3　术语和定义

下列术语和定义适用于本文件。

3.1

组合试样　composite test specimen

由制品中的所有部件,以一种具有代表性的方式组合而成的试样。

3.2

可清洗性　cleanability

制品在常用洗涤溶剂中经浸渍和搅拌后可洗净的程度。

注:包括清洗、离心脱液、干燥以及以恢复形状和外观为目的的整烫。

4　原理

至少取两个相同的试样,第一个为原样,不做清洗和整烫,用以显示原始状态。第二个为试样,使用具有分浴洗、离心脱液、翻转烘干和适当整烫等功能的商用设备进行清洗和整烫。将第二个试样与第一个试样进行对比,评价经清洗和整烫后其尺寸、颜色和其他方面的变化,以确定是否能采用所选方法进行清洗。

如果需要采用针对更敏感材料的处理程序对试样进行重新测试,则需取第三个试样。

5　设备和材料

5.1　清洗和整烫设备,按GB/T 19981.2、GB/T 19981.3、GB/T 19981.4的规定。

5.2　灰色样卡,按GB/T 250和GB/T 251的规定。

5.3　褶裥外观样照,按GB/T 13770的规定。

5.4　表面沾水等级样照,按GB/T 4745的规定。

5.5　褶皱回复性样照,按GB/T 29257的规定。

6　试样

6.1　对于织物,在距离布匹两端1 m以上裁取代表性的试样,样品应裁成GB/T 19981.2规定的尺寸。

6.2　对于纺织制品,准备至少两件相同的制成品,或者至少两个组合试样。因为可选择的清洗和整烫程序具有不同的敏感程度,可能需要反复试验,建议取足够数量的试样,以备全部试验的需要。

7　程序

7.1　保留第一个试样,作为对比原样,用以显示原始整体外观。

7.2　在GB/T 6529规定的纺织品调湿和试验用标准大气中,将第二个试样至少调湿16 h。

7.3　如需要,按GB/T 8628的规定对测定尺寸变化用试样进行标记和测定。

7.4　如果试样是服装,分别对面料和里料的不同部位进行标记和测量。

7.5 根据有关方之间的协议，按 GB/T 19981 有关部分规定的一种程序对试样进行清洗和整烫。

7.6 按 7.2 对试样重新调湿。如果需要尺寸变化率的信息，按 GB/T 8628 再次测量试样并记录结果。

7.7 采用表 1 中合适的评价方法，通过与原样或样照对比，评价清洗和整烫后的试样。

表 1 评价可清洗性的方法

性 能	评价/对比方法
尺寸变化率	GB/T 8628
变色牢度	GB/T 250
耐干洗色牢度(织物)	GB/T 5711,GB/T 7568.7
耐湿洗色牢度(织物)	GB/T 12490,程序 A1S[a],GB/T 7568.7
接缝平整度	GB/T 13771,程序[b]
褶裥保持	GB/T 13770,程序[b]
外观平整度	GB/T 13769,程序[b,d]
褶皱回复性（外观法）	GB/T 29257,程序[d]
表面磨损性	GB/T 21196.4
整理剂损失	根据整理剂的种类[c]

[a] 本试验不同于表 1 中的其他试验，耐水色牢度适用于不能干洗的试样。

[b] 根据 GB/T 13769、GB/T 13770 和 GB/T 13771 程序 6 中规定，按 GB/T 19981 的洗涤程序之一处理试样。

[c] 纺织品整理剂有很多种类，某些情况下，鉴别整理剂的损失需要进行破坏性试验，建议在缝制成品之前对织物进行试验。例如：

——防化学品(ISO 6530)；

——拒水(GB/T 4744,GB/T 4745,GB/T 14577)；

——防火(例如,GB/T 8746)。

对于目前没有国家标准和行业标准的整理剂的评价，参见表 A.1。

[d] 可能会使清洗者要求的整烫水平受到影响，也会影响到被整烫服装，例如，双褶和被整烫服装的效果(起皱加重、极光)等，见附录 A。

7.8 对于某些目前尚无评价方法标准，但在评价纺织品的可清洗性时又是非常重要的性能，附录 A 给出了处理程序。

8 试验报告

试验报告(见附录 B 中的例子)应包括下列内容：

a) GB/T 19981 本部分的编号，即 GB/T 19981.1；

b) 检验机构名称和检验报告名称；

c) 试验日期；

d) 引用的 GB/T 19981 其他部分的内容；

e) 样品描述；

f) 所选用的 GB/T 19981 其他部分中的清洗和整烫程序；

g) 清洗和整烫的总次数；

h) 对表 1 中适用性能的评价，以及评价方法和结果；

i) 对表 A.1 中适用性能的评价；

j) 偏离本部分的细节。

附 录 A
（规范性附录）
无标准方法的性能评价方法

将清洗和整烫后的试样与原样进行对比，说明表A.1所列附加性能的变化，宜在试验报告（见第8章）中做出注释。

表 A.1 无标准方法的性能

性 能	评价和对比方法
部件、镶边、附件和装饰品的性能	通过与原样进行对比，记录发现的情况，评价清洗后的试样。即在没有发生可视变化处，记录“无可视性变化”。在发生了可视性变化处，记录这种变化
扭曲（弓斜和纬斜，起皱，异收缩等） 毡缩 粘合衬与粘合织物的粘合性（脱胶分层，起泡，涂层变质，粘合，织物叠层或熔融） 接缝磨损 手感 整理剂损失 起球	使用下列术语描述变化的程度：非常轻微、轻微、中等、严重、非常严重

附 录 B
（资料性附录）
试验报告版面示例

试验机构：

日　期：

试　样：

标准号：

性　能	评　价		
	第 1 次清洗	第 2 次清洗	第 3 次清洗
表 1 中的项目			
尺寸变化率			
色牢度 a）干洗变色 b）多纤贴衬沾色 c）湿洗变色			
接缝起皱			
褶裥保持			
起皱倾向 a）皱痕 b）起皱回复			
表面磨损			
整理剂损失 （采用的标准编号）			
表 A.1 中的项目			
部件等的表现			
扭曲			
毡缩			
粘合衬与粘合织物的粘合性			
接缝磨损			
手感			
整理剂损失			
起球			
采用的清洗和整烫程序			
清洗的次数			
重复试验			

参 考 文 献

[1] GB/T 4744—2013 纺织品 防水性能的检测和评价 静水压法(ISO 811:1981,MOD)

[2] GB/T 8629—2001 纺织品 试验用家庭洗涤和干燥程序(eqv ISO 6330:2000)

[3] GB/T 8746—2009 纺织织物 燃烧性能 垂直方向试样易点燃性的测定(ISO 6940:2004,MOD)

[4] GB/T 14577—1993 织物拒水性测定 邦迪斯门淋雨法(eqv ISO 9865:1991)

[5] ISO 6530:2005 防护服 对液体化学物质的防护 液体穿透材料的阻力的测定

ICS 59.080.30
W 04

中华人民共和国国家标准

GB/T 19981.2—2014
代替 GB/T 19981.2—2005

纺织品　织物和服装的专业维护、干洗和湿洗　第2部分：使用四氯乙烯干洗和整烫时性能试验的程序

Textiles—Professional care, drycleaning and wetcleaning of fabrics and garments—Part 2: Procedure for testing performance when cleaning and finishing using tetrachloroethene

(ISO 3175-2:2010, MOD)

2014-12-31 发布　　2015-08-01 实施

中华人民共和国国家质量监督检验检疫总局
中国国家标准化管理委员会　发布

前　言

GB/T 19981《纺织品　织物和服装的专业维护、干洗和湿洗》分为 4 个部分：

——第 1 部分：清洗和整烫后性能的评价；

——第 2 部分：使用四氯乙烯干洗和整烫时性能试验的程序；

——第 3 部分：使用烃类溶剂干洗和整烫时性能试验的程序；

——第 4 部分：使用模拟湿清洗时性能试验的程序。

本部分为 GB/T 19981 的第 2 部分。

本部分按照 GB/T 1.1—2009 给出的规则起草。

本部分代替 GB/T 19981.2—2005《纺织品　织物和服装的专业维护、干洗和湿洗　第 2 部分：使用四氯乙烯干洗和整烫时性能试验的程序》，与 GB/T 19981.2—2005 相比主要变化如下：

——删除了范围中注释的内容，将其并入引言；

——将文中的“正常材料”修改为“普通材料”；

——删除了 4.2 中对山梨糖醇酐单油酸酯的解释；

——将 5.1 中“旋转频率”修改为“滚筒速率”；

——将 7.3 中的“涤纶缝纫线”修改为“白色涤纶缝纫线”；

——修改了 8.1.7 烘干后对转动中的载荷吹室温空气的最少时间；

——修改了 8.1.9 轻薄服装抽真空时间；

——增加了 8.2 中对山羊绒的脱液时间要求。

本部分采用重新起草法修改采用 ISO 3175-2:2010《纺织品　织物和服装的专业维护、干洗和湿洗　第 2 部分：使用四氯乙烯清洗和整烫时性能试验的程序》（英文版）。本部分与 ISO 3175-2:2010 相比，主要差异如下：

——删除了范围中注释的内容，将其并入引言；

——规范性引用文件中的国际标准替换为相应的国家标准；

——将 7.3 中的“涤纶缝纫线”修改为“白色涤纶缝纫线”。

本部分由中国纺织工业联合会提出。

本部分由全国纺织品标准化技术委员会基础标准分技术委员会（SAC/TC 209/SC 1）归口。

本部分起草单位：国家纺织制品质量监督检验中心、北京市服装质量监督检验一站、温州市大荣纺织仪器有限公司。

本部分主要起草人：吴健春、张岩峰、张孟胜。

本部分所代替标准的历次版本发布情况为：

——GB/T 19981.2—2005。

引　言

干洗是一种在有机溶剂中对纺织品进行清洗的过程，它可以溶解纺织品上油、脂和分散性粒子状污垢，而基本上不会产生水洗或湿清洗中的溶胀和起皱。为更好地去除尘土和污渍，可在溶剂中加入少量水和表面活性剂。对于某些对水敏感的制品，最好直接使用溶剂干洗而不要使用兑水溶剂。实际中经常使用表面活性剂可以帮助去除污渍和防止颜色变化，但需注意表面活性剂配方中或多或少都含有水分。

正常情况下，干洗后要进行恢复性整烫。大部分情况下，这些整烫是某种形式的蒸汽整烫和(或)热压整烫。

许多纺织品和服装的性能会因进行干洗、蒸汽和(或)热压等整烫而发生渐进性的改变。某种情况下，一次干洗和整烫引起制品尺寸和其他变化可能非常有限，但重复干洗会引起除上述以外的其他变化并会影响其使用寿命。通常，经过3次～5次按GB/T 19981本部分规定的干洗和整烫后，大部分潜在的变化将会显现出来。

在评价可干洗性时应考虑的性能及评定方法见GB/T 19981.1《纺织品　织物和服装的专业维护、干洗和湿洗　第1部分:清洗和整烫后性能的评价》。

多种溶剂可用于干洗，但在许多国家中最常用的干洗溶剂是四氯乙烯。因此，本部分采用了四氯乙烯作为干洗剂。

纺织品 织物和服装的专业维护、干洗和湿洗 第2部分：使用四氯乙烯干洗和整烫时性能试验的程序

1 范围

GB/T 19981 的本部分规定了使用商用干洗机和四氯乙烯（过氯乙烯）对织物和服装进行干洗的程序。包括普通材料的干洗程序、敏感材料和特敏材料的干洗程序。

2 规范性引用文件

下列文件对于本文件的应用是必不可少的。凡是注日期的引用文件，仅注日期的版本适用于本文件。凡是不注日期的引用文件，其最新版本（包括所有的修改单）适用于本文件。

GB/T 6529 纺织品 调湿和试验用标准大气(GB/T 6529—2008,ISO 139:2005,MOD)

GB/T 19981.1 纺织品 织物和服装的专业维护、干洗和湿洗 第1部分：清洗和整烫后性能的评价(GB/T 19981.1—2014,ISO 3175-1:2010,MOD)

3 术语和定义

下列术语和定义适用于本文件。

3.1

材料 material

服装、组件或织物。

3.2

组合试样 composite test specimen

由制品中的所有部件，以一种具有代表性的方式组合而成的试样。

3.3

普通材料 normal material

能承受 GB/T 19981 的本部分规定的常规干洗而不变性的材料。

3.4

敏感材料 sensitive material

需要对机械作用，和（或）烘干温度，和（或）加水等因素进行限制的材料。

例如，聚丙烯腈纤维制品、丝绸和绉布。

3.5

特敏材料 very sensitive material

需要大幅度降低机械作用，和（或）大幅度降低烘干温度，和（或）不能加水的材料。

例如，聚氯乙烯（PVC）纤维制品、改性聚丙烯腈纤维制品、花式粗呢、山羊绒制品等。

注：在认真考虑了引言中关于干洗渐进变化的说明后，对于使用表1中普通材料和敏感材料的干洗程序具有满意表现的纺织制品，可以分别使用 GB/T 8685 中规定的符号Ⓟ和Ⓟ进行标识。目前没有用于特敏材料的维护标签符号，所需信息还只能以文字表述。

4 溶剂

4.1 干洗用四氯乙烯($Cl_2C═CCl_2$),经蒸馏。

4.2 山梨糖醇酐单油酸酯。为避免发泡,应使用经过重新蒸馏的清洁溶剂,不要将蒸馏器装得太满。

5 设备

安全警示:使用商用干洗设备时,需遵守国家的法规和常用安全规则。

5.1 干洗机

使用四氯乙烯为溶剂的可逆转、滚筒型、全封闭商用干洗机。滚筒直径不小于 600 mm,不超过 1 080 mm。深度不小于 300 mm,装有 3 个～4 个提升片。回转速度,在干洗时应使 g-系数在 0.5～0.8 之间,脱液时 g-系数在 60～120 之间。

注:g-系数按照式(1)计算。

$$g = 5.6n^2d \times 10^{-7} \quad \cdots\cdots(1)$$

式中:

n——滚筒速率,单位为转每分钟(r/min);

d——滚筒直径,单位为毫米(mm)。

5.1.1 干洗机应具有按需控制溶剂温度和空气温度的装置(见表1)。

表1 干洗程序

程序	载荷量[a]/(kg/m³)	溶剂温度/℃	山梨糖醇酐单油酸酯量[b]/(g/L)	加水量[c]/%	干洗周期/min				烘干温度[g]/℃		烘干除味时间[h]/min
					洗涤[d]	中间脱液[e]	冲洗[f]	最后脱液[f]	进	出	
普通材料	50±2	30±3	1+2	2	15	2	5	3	80±3	60±3	5
敏感材料	33±2	30±3	1	0	10	2	3	2	60±3	50±3	5
特敏材料	33±2	30±3	1	0	5	2	3	2	50±3	40±3	5

[a] 见 8.1.1。
[b] 见 8.1.2。
[c] 见 8.1.3。
[d] 见 8.1.4。
[e] 见 8.1.5。
[f] 见 8.1.6。
[g] 干洗机设定到进口控制或出口控制。
[h] 见 8.1.7。

5.1.2 干洗机应具有能将乳液(见 8.1.3)缓慢加注至溶剂液面下笼和滚筒之间的溶剂中的合适装置。

5.1.3 干洗机应装备有能够测定干洗时溶剂温度、烘干时进口和出口空气温度的装置,测量精度为 ±2 ℃。

5.2 整烫设备

5.2.1 熨斗,质量约为 1.5 kg,具有一个 150 cm²～200 cm² 的平面。

5.2.2 蒸汽压烫机，有两个烫板，一个固定，另一个可移动，每个烫板应有一个约 3 500 cm^2 的表面。导入烫板的蒸汽应在约 500 kPa 的压力下释放。由烫板施加的压力约为 350 kPa。
5.2.3 蒸汽烫台，形状和大小适合于试样大小。蒸汽以大约 500 kPa 的压力释放。
5.2.4 人体蒸汽烫模，形状与服装相同或不同。蒸汽以大约 500 kPa 的压力释放。
5.2.5 蒸汽整烫柜，形状与服装相适合。蒸汽以大约 500 kPa 的压力释放。

5.3 陪试物

若干块白色或淡色的清洁布片。以质量计约 80%的陪试物为羊毛布片，20%为棉布片。每块布片为两层，沿布边缝合，布片形状为(300±30)mm 的正方形。

注：如果协议使用其他纤维成分的陪试物，需在试验报告中注明。

6 调湿

试样和陪试物应在 GB/T 6529 中规定的纺织品调湿和试验用标准大气中至少调湿 16 h。试样从调湿大气中取出后应立即进行试验，否则应将其放入密闭塑料袋中并在 30 min 内试验。

7 试样

7.1 服装应以整件进行试验。
7.2 组合试样(见 3.2)。
7.3 织物应裁成试验片，尺寸最好不小于 500 mm×500 mm。沿四边用白色涤纶线缝合，以避免脱散。
7.4 如果要求按照 GB/T 19981.1 进行评价，至少需要两个相同的试样(一个作为原样，另一个用于试验)。

因为可选择的处理程序具有不同敏感性，可能需要反复试验，建议取足量的试样，以备全部试验的需要。

8 程序

注：根据纺织制品的性能(见 8.2 中的示例)选择试验程序(普通、敏感或特敏)，同时也应考虑制品的最终用途，因为最终用途影响沾污的类型和程度。通常，处理越温和，干洗效果越差。局部沾污和污渍的去除不在本部分的范围内。

8.1 普通材料的干洗程序

8.1.1 根据滚筒容积计算干洗载荷的全部质量，精确至 0.1%。普通材料的载荷量为(50±2)kg/m^3，敏感和特敏材料为(33±2)kg/m^3。除单个试样(织物、组合试样或服装)的质量超过载荷的 10%外，试样质量不得超过载荷的 10%，使用陪试物补齐载荷量。
8.1.2 将调湿后的载荷放入干洗机内。向机内注入经蒸馏的四氯乙烯(见 4.1)和山梨糖醇酐单油酸酯溶液(见 4.2)，使每升溶液中含有 1 g 的山梨糖醇酐单油酸酯。根据笼内乳液容积计算出的浴比为(5.5±0.5)L/kg。

溶剂的温度在整个清洗过程中均为(30±3)℃。
8.1.3 配制新乳液，按每千克载荷 10 mL 山梨糖醇酐单油酸酯和 30 mL 四氯乙烯，将两种溶剂混合，然后边搅拌边加入 20 mL 水。加水量相当于载荷质量的 2%。

如果不允许溶剂和水在机器外混合，可以将溶剂和水直接加注至干洗机内。应预先采取措施，保证各成分在载荷中均匀分布。对任何偏离标准程序的宜在试验报告中注明。

在过滤回路关闭的状态下将干洗机接通电源，在滚筒进口关闭后 2 min，缓慢地将乳液注入至溶剂液面之下、笼和滚筒之间的干洗机内，加注时间为(30±5)s。

8.1.4 开动机器，干洗 15 min，试验期间不得使用过滤回路。

8.1.5 排空溶剂，离心脱去载荷内的溶剂，时间为 2 min(包括至少 1 min 的满速脱液)。

8.1.6 注入与 8.1.2 等量的纯净干洗溶剂，冲洗 5 min。排出溶剂，再次脱液 3 min(包括至少 2 min 的满速脱液)。

8.1.7 在机器内烘干载荷，烘干时间应恰当。宜使用溶剂干燥自动控制。烘干后，对转动中的载荷吹室温空气至少 5 min。

8.1.8 立即从干洗机中取出试样，服装单独挂在晾衣架上，织物铺在平台上，在进行整烫前，至少放置 30 min。

8.1.9 从下述方法中选择合适的方法进行整烫，记录整烫条件。

方法 A：不需要整烫。

方法 B：使用熨斗压烫。

方法 C：使用蒸汽压烫。

方法 D：蒸汽烫台上喷蒸汽。

方法 E：人体蒸汽烫模或柜式整体蒸烫。

方法 F：没有合适的整烫方法，报告尝试的方法、条件及不适合的原因。

记录扣除了蒸汽开关、计时机构反应延迟的实际喷蒸汽时间。

干洗后整烫的目的是使织物、服装再次使用前回复到最初的状态，整烫程度和整烫方法应与它们的性质和回复要求相适应。

注：方法 C 和方法 D 的喷蒸汽、抽真空时间是不同的。如对轻薄服装喷蒸汽(2±1)s、抽真空(5±1)s。对厚重服装喷蒸汽 (4±1)s、抽真空(8±1)s。方法 C 须从顶部喷蒸汽时才与实际压烫相符。达到良好的整烫效果可能需要将方法 E 与方法 B 或方法 C 联用。

8.2 敏感材料和特敏材料的干洗程序

按 8.1 规定的方法进行，但选用的参数应比表 1 中普通材料的水平低。

示例：

——腈纶制品对温度敏感，其烘干入口温度应降至 60 ℃，出口温度降至 50 ℃。其余参数与普通材料相同。

——山羊绒制品对机械作用和水非常敏感，因此，干洗机加载量应降低至普通材料的 66%，不使用水，减少干洗周期时间，洗涤 5 min，冲洗 3 min，最后的脱液 2 min，也可装在网袋中干洗。其余参数与普通材料相同。

——氯纶织物对在溶剂中的时间和干燥温度非常敏感。可以使用普通材料 66% 的干洗载荷，减少干洗周期时间，洗涤 5 min，冲洗 3 min，最后的脱液 2 min，干热空气入口温度降至 50 ℃，出口温度降至 40 ℃。其余参数与普通材料相同。

9 试验报告

试验报告应包括以下内容：

a) GB/T 19981 本部分的编号，即 GB/T 19981.2；

b) 检验机构名称和检验报告名称；

c) 试验日期；

d) 样品描述；

e) 引用的 GB/T 19981.1 中的内容；

f) 所用干洗和整烫设备的类型；

g） 所选用的表1中的干洗程序；

h） 与第8章规定程序的差异；

i） 干洗和整烫处理的总次数；

j） 偏离干洗程序的任何细节。

参 考 文 献

[1] GB/T 8685—2008 纺织品 维护标签规范 符号法

ICS 01.120
A 00

中华人民共和国国家标准

GB/T 20000.1—2014
代替 GB/T 20000.1—2002

标准化工作指南
第1部分：标准化和相关活动的通用术语

Guidelines for standardization—
Part 1: Standardization and related actives—General vocabulary

(ISO/IEC Guide 2:2004, Standardization and related actives—General vocabulary, MOD)

2014-12-31 发布　　　　2015-06-01 实施

中华人民共和国国家质量监督检验检疫总局
中国国家标准化管理委员会　发布

前　言

GB/T 20000《标准化工作指南》、GB/T 1《标准化工作导则》、GB/T 20001《标准编写规则》、GB/T 20002《标准中特定内容的起草》和GB/T 20003《标准制定的特殊程序》共同构成支撑标准制修订工作的基础性系列国家标准。

GB/T 20000《标准化工作指南》拟分为如下几部分：

——第1部分：标准化和相关活动的通用术语；

——第2部分：采用国际标准；

——第3部分：引用文件；

——第4部分：国家标准英文译本翻译通则；

——第5部分：国家标准英文译本通用表述；

——第6部分：标准化良好行为规范；

——第7部分：管理体系标准的论证和制定；

——第8部分：阶段代码系统的使用原则和指南；

——第9部分：采用其他国际标准化文件。

本部分为GB/T 20000的第1部分。

本部分按照GB/T 1.1—2009给出的规则起草。

本部分代替GB/T 20000.1—2002《标准化工作指南　第1部分：标准化和相关活动的通用词汇》。与GB/T 20000.1—2002相比，主要技术变化如下：

——重新定义了5个术语，即：标准化(见3.1)、标准(见5.3)、规程(见5.6)、术语标准(见7.2)、试验标准(见7.5)，并将“国际标准的采用”修改为“规范性文件的采用”，同时修改了定义(见12.1)；

——增加了16个术语及其定义，即：标准化文件(见5.2)、行业标准(见5.3.4)、企业标准(见5.3.6)、标准化技术组织(见6.5)、技术委员会(见6.5.1)、分技术委员会(见6.5.2)、工作组(见6.5.3)、分类标准(见7.4)、指南标准(见7.8)、起草(见11.4)、编制(见11.5)、制定(见11.6)、一致性程度(见12.1.1)、等同(见12.1.1.1)、修改(见12.1.1.2)、非等效(见12.1.1.3)；

——根据ISO/IEC指南2:2004对部分术语做了如下修改：

- 将“标准化(的)对象”修改为“标准化对象”，见3.2；
- 将“权力机构”修改为“权力机关”，见6.6；
- 将“权宜性条款”修改为“视同符合条款”，见5.7.1、9.6、13.3.2；
- 将“重印”修改为“重印版本”，见11.11；

——根据ISO/IEC指南2:2004对部分定义做了如下修改：

- “Preparation”在文中统一译为“编制”，见第11章；
- 其他一些术语的定义的修改见3.7、4、5.1、5.4、5.5、8.1、8.8、8.9、9.5、9.5.1、9.5.2、11.1、11.7、11.8；

——将涉及标准的采用的术语及定义调整为规范性文件的采用，见12.1；

——将涉及法规引用标准的部分术语及定义调整为规范性文件引用标准，见第13章；

——将GB/T 20000.1—2002中有关合格评定的术语及其定义删除，并增加引用GB/T 27000《合格评定　词汇和通用原则》，见第14章。

本部分使用重新起草法修改采用ISO/IEC指南2:2004《标准化和相关活动　通用词汇》。

本部分与ISO/IEC指南2:2004相比存在结构变化。根据GB/T 1.1—2009的规则将ISO/IEC指南 2:2004 中未编号的“范围”一章编为第 1 章;未编号的“规范性引用文件”一章编为第 2 章。因此,本部分其他章和术语条目的编号中章编号相对于 ISO/IEC 指南 2:2004 的章编号加“2”;某些章中术语条目的编号由于增加了一些新的术语条目而重新依次编号,其他术语条目的编号与 ISO/IEC 指南 2:2004 中的术语条目的编号一一对应。

本部分与 ISO/IEC 指南 2:2004 相比存在如下技术性差异:

——重新定义了 5 个术语,即:标准化(见 3.1)、标准(见 5.3)、规程(见 5.6)、术语标准(见 7.2)、试验标准(见 7.5),以完善对这些概念的界定;同时将“国际标准的采用”修改为“规范性文件的采用”并修改了定义(见 12.1),以扩充“采用”的适用范围;删除了 ISO/IEC 指南 2:2004 的 11.4 术语“强制性标准”,其定义不适于我国通常使用的该术语的含义;附录 A 列出了被本部分重新定义和删除的 ISO/IEC 指南 2:2004 相关术语及定义,以便将本部分的相关术语及其定义与 ISO/IEC 指南 2:2004 中的相关术语及其定义对照;

——增加了 16 个术语及其定义,即:标准化文件(见 5.2)、行业标准(见 5.3.4)、企业标准(见5.3.6)、标准化技术组织(见 6.5)、技术委员会(见 6.5.1)、分技术委员会(见 6.5.2)、工作组(见 6.5.3)、分类标准(见 7.4)、指南标准(见 7.8)、起草(见 11.4)、编制(见 11.5)、制定(见 11.6)、一致性程度(见 12.1.1)、等同(见 12.1.1.1)、修改(见 12.1.1.2)、非等效(见 12.1.1.3),以满足标准化工作交流的需要;

——将 ISO/IEC 指南 2:2004 第 11 章的标题“在法规中对标准的各种引用”修改为“在规范性文件中引用标准”,并将“引用标准”(见 13.1.1)、“注日期引用(对标准的)”(见 13.2.1)、“不注日期引用(对标准的)”(见 13.2.2)的定义中的“法规”修改为“规范性文件”,以扩充引用标准中“注日期引用”和“不注日期引用”方式的适应范围。

本部分由全国标准化原理与方法标准化技术委员会(SAC/TC 286)归口。

本部分起草单位:中国标准化研究院、深圳市华测检测技术股份有限责任公司、冶金工业信息标准研究院、有色金属技术经济研究院、中国电子技术标准化研究院。

本部分主要起草人:逄征虎、白殿一、吴学静、王益谊、张宇春、朱玉华、薛海宁、刘慎斋、陆锡林、朱平。

本部分所代替标准的历次版本发布情况为:

——GB/T 3935.1—1983、GB/T 3935.1—1996;

——GB/T 20000.1—2002。

引　言

制定 GB/T 20000 的本部分的目的在于，促进从事标准化工作的机构和人员间的相互理解。

本部分不重复其他权威术语词典从通用角度对术语所界定的定义。

表达具体概念的术语，通常可由表达一般概念的术语组合而成。因此后一类术语就形成了“建筑构件”，本部分采用了这种方法选择术语并编写定义。这样，再增添的术语，就可以按照本部分的框架，很容易地构建起来。例如，**安全标准**可定义为，“免除了不可接受的伤害风险的状态(见 4.5 对**安全**的定义)的**标准**”。

当本部分中已经界定的术语在其他定义和注中首次出现时，这些术语用黑体字印刷。

某些定义的注，提供进一步的说明、解释或示例，以帮助对所指称的概念的清晰理解。

标准化工作指南
第1部分:标准化和相关活动的通用术语

1 范围

GB/T 20000 的本部分界定了标准化和相关活动的通用术语及其定义。

本部分适用于标准化及其他相关领域。本部分也可为诸如标准化基本理论研究和教学实践提供相应的基础。

2 规范性引用文件

下列文件对于本文件的应用是必不可少的。凡是注日期的引用文件,仅注日期的版本适用于本文件。凡是不注日期的引用文件,其最新版本(包括所有的修改单)适用于本文件。

GB/T 27000 合格评定 词汇和通用原则(GB/T 27000—2006,ISO/IEC 17000:2004,IDT)

3 标准化

3.1

标准化 standardization

为了在既定范围内获得最佳秩序,促进共同效益,对现实问题或潜在问题确立共同使用和重复使用的**条款**以及**编制**、发布和应用文件的活动。

注1:标准化活动确立的条款,可形成**标准化文件**,包括**标准**和其他**标准化文件**。

注2:标准化的主要效益在于为了产品、过程或服务的预期目的改进它们的适用性,促进贸易、交流以及技术合作。

3.2

标准化对象 subject of standardization

需要标准化的主题。

注1:本部分使用的"产品、过程或服务"这一表述,旨在从广义上囊括标准化对象,宜等同地理解为包括诸如材料、元件、设备、系统、接口、协议、程序、功能、方法或活动。

注2:**标准化**可以限定在任何对象的特定方面,例如,可对鞋子的尺码和耐用性分别标准化。

3.3

标准化领域 field of standardization

一组相关的**标准化对象**。

注:例如工程、运输、农业、量和单位均可视为标准化领域。

3.4

最新技术水平 state of the art

在一定时期内,基于相关科学、技术和经验的综合成果的产品、过程或服务相应技术能力所达到的高度。

3.5

公认的技术规则 acknowledged rule of technology

大多数有代表性的专家承认的能反映**最新技术水平**的技术**条款**。

注:针对技术对象的**规范性文件**,若由各利益相关方通过磋商和**协商一致**程序合作**编制**,则在批准时视为公认的技术规则。

3.6

标准化层次　level of standardization

标准化所涉及的地理、政治或经济区域的范围。

注：**标准化**可在全球、区域或国家层次上，在一个国家的某个地区内，在政府部门、行业协会或企业层次上，以至企业内车间和业务室等各个不同层次上进行。

3.6.1

国际标准化　international standardization

所有国家的有关**机构**均可参与的**标准化**。

3.6.2

区域标准化　regional standardization

仅世界某个地理、政治或经济区域内的国家的有关**机构**可参与的**标准化**。

3.6.3

国家标准化　national standardization

在国家层次上进行的**标准化**。

3.6.4

地方标准化　provincial standardization

在国家的某个地区层次上进行的**标准化**。

3.7

协商一致　consensus

普遍同意，即有关重要利益相关方对于实质性问题没有坚持反对意见，同时按照程序考虑了有关各方的观点并且协调了所有争议。

注：协商一致并不意味着全体一致同意。

4　标准化的目的

注：**标准化**的一般目的是基于3.1的定义。标准化可以有一个或更多特定目的，以使产品、过程或服务适合其用途。这些目的可能包括但不限于**品种控制**、可用性、**兼容性**、**互换性**、健康、**安全**、**环境保护**、**产品防护**、相互理解、经济绩效、贸易。这些目的可能相互重叠。

4.1

适用性　fitness for purpose

产品、过程或服务在具体条件下适合规定用途的能力。

4.2

兼容性　compatibility

诸多产品、过程或服务在特定条件下一起使用时，各自满足相应**要求**，彼此间不引起不可接受的相互干扰的适应能力。

4.3

互换性　interchangeability

某一产品、过程或服务能用来代替另一产品、过程或服务并满足同样要求的能力。

注：功能方面的互换性称为“功能互换性”，量度方面的互换性称为“尺寸互换性”。

4.4

品种控制　variety control

为了满足主导需求，对产品、过程或服务的规格或类型数量的最佳选择。

4.5

安全　safety

免除了不可接受的伤害风险的状态。

注：**标准化**考虑产品、过程或服务的安全时，通常是为了获得包括诸如人类行为等非技术因素在内的若干因素的最佳平衡，将伤害到人员和物品的可避免风险消除到可接受的程度。

4.6

环境保护　protection of environment

使环境免受产品的使用、过程的操作或服务的提供所造成的不可接受的损害。

4.7

产品防护　product protection

使产品在使用、运输或贮存过程中免受气候或其他不利条件造成的损害。

5　规范性文件的种类

5.1

规范性文件　normative document

为各种活动或其结果提供规则、指南或特性的文件。

注1：“规范性文件”是诸如**标准**、**规范**、**规程**和**法规**等文件的通称。

注2：“文件”可理解为记录有信息的各种媒介。

5.2

标准化文件　standardizing document

通过**标准化**活动**制定**的文件。

注：“标准化文件”是诸如**标准**、技术规范、可公开获得规范、技术报告等文件的通称。

5.3

标准　standard

通过**标准化**活动，按照规定的程序经**协商一致制定**，为各种活动或其结果提供规则、指南或特性，供共同使用和重复使用的文件。

注1：标准宜以科学、技术和经验的综合成果为基础。

注2：规定的程序指**制定**标准的**机构**颁布的标准制定程序。

注3：诸如**国际标准**、**区域标准**、**国家标准**等，由于它们可以公开获得以及必要时通过**修正**或**修订**保持与**最新技术水平**同步，因此它们被视为构成了**公认的技术规则**。其他层次上通过的标准，诸如专业协（学）会标准、**企业标准**等，在地域上可影响几个国家。

5.3.1

国际标准　international standard

由**国际标准化组织**或**国际标准组织**通过并公开发布的**标准**。

5.3.2

区域标准　regional standard

由**区域标准化组织**或**区域标准组织**通过并公开发布的**标准**。

5.3.3

国家标准　national standard

由**国家标准机构**通过并公开发布的**标准**。

5.3.4

行业标准　industry standard

由行业**机构**通过并公开发布的**标准**。

5.3.5

地方标准　provincial standard

在国家的某个地区通过并公开发布的**标准**。

5.3.6

企业标准　company standard

由企业通过供该企业使用的**标准**。

5.4

试行标准　prestandard

标准化机构通过并公开发布的暂行文件，目的是从它的应用中取得必要的经验，再据以建立正式的**标准**。

5.5

规范　specification

规定产品、过程或服务应满足的技术要求的文件。

注1：适宜时，规范宜指明可以判定其要求是否得到满足的程序。

注2：规范可以是**标准**、标准的一个部分或标准以外的其他**标准化文件**。

5.6

规程　code of practice

为产品、过程或服务全生命周期的有关阶段推荐良好惯例或程序的文件。

注：规程可以是**标准**、标准的一个部分或标准以外的其他**标准化文件**。

5.7

法规　regulation

由**权力机关**通过的有约束力的法律性文件。

5.7.1

技术法规　technical regulation

规定技术**要求**的**法规**，它或者直接规定技术要求，或者通过引用**标准**、**规范**或**规程**提供技术要求，或者将标准、规范或规程的内容纳入法规中。

注：技术法规可附带技术指导，列出为了遵守法规要求可采取的某些途径，即**视同符合条款**。

6　标准和法规的负责机构

6.1

机构　body

〈负责标准和法规〉有特定任务和组成的法定实体或行政实体。

注：机构如**组织**、**权力机关**、公司和基金会等。

6.2

组织　organization

以其他机构或个人作为成员组成的，具有既定章程和自身管理部门的**机构**。

6.3

标准化机构　standardizing body

公认的从事**标准化**活动的**机构**。

6.3.1

区域标准化组织　regional standardizing organization

成员资格仅向某个地理、政治或经济区域内的各国有关国家**机构**开放的标准化**组织**。

6.3.2

国际标准化组织　international standardizing organization

成员资格向世界各个国家的有关国家**机构**开放的标准化**组织**。

6.4

标准机构　standards body

根据自身章程的规定，以**编制**、批准或采用公开发布的**标准**为主要职能，在国家、区域或国际层次上公认的**标准化机构**。

注：标准机构也可有其他的主要职能。

6.4.1

国家标准机构　national standards body

有资格作为相应**国际标准组织**和**区域标准组织**的国家成员，在国家层次上公认的**标准机构**。

6.4.2

区域标准组织　regional standards organization

成员资格仅向某个地理、政治或经济区域内的各国有关国家**机构**开放的标准组织。

6.4.3

国际标准组织　international standards organization

成员资格向世界各国的有关国家**机构**开放的标准组织。

6.5

标准化技术组织　standardizing technical organization

由**标准机构**或**标准化机构**设立的负责**标准**的**起草**或**编制**的**组织**。

6.5.1

技术委员会　technical committee

在特定专业领域内，从事**标准**的**编制**等工作的**标准化技术组织**。

6.5.2

分技术委员会　subcommittee

在**技术委员会**内设置的负责某一分支领域**标准**的**编制**等工作的**标准化技术组织**。

6.5.3

工作组　working group

在**技术委员会**或**分技术委员会**内设置的负责**标准**的**起草**的专家组。

6.6

权力机关　authority

具有法律上的权力和权利的**机构**。

注：权力机关可以是区域、国家或地方的。

6.6.1

法规制定机关　regulatory authority

负责**编制**或通过**法规**的**权力机关**。

6.6.2

法规执行机关　enforcement authority

负责执行**法规**的**权力机关**。

注：法规执行机关可以是或不是**法规制定机关**。

7　标准的类别

注：本章给出下列术语和定义的目的既不是对**标准**进行系统的分类，也不是列出全部可能的标准类别，仅仅给出一

些常见的标准类别。这些类别相互间并不排斥，例如，一个特定的**产品标准**，如果不仅规定了对该产品特性的技术要求，还规定了用于判定该要求是否得到满足的证实方法，也可视为**规范标准**。

7.1

基础标准　basic standard

具有广泛的适用范围或包含一个特定领域的通用**条款**的**标准**。

注：基础标准可直接应用，也可作为其他标准的基础。

7.2

术语标准　terminology standard

界定特定领域或学科中使用的概念的指称及其定义的**标准**。

注：术语标准通常包含术语及其定义，有时还附有示意图、注、示例等。

7.3

符号标准　symbol standard

界定特定领域或学科中使用的符号的表现形式及其含义或名称的**标准**。

7.4

分类标准　classification standard

基于诸如来源、构成、性能或用途等相似特性对产品、过程或服务进行有规律的排列或划分的**标准**。

注：分类标准有时给出或含有分类原则。

7.5

试验标准　testing standard

在适合指定目的的精确度范围内和给定环境下，全面描述试验活动以及得出结论的方式的**标准**。

注1：试验标准有时附有与测试有关的其他**条款**，例如取样、统计方法的应用、多个试验的先后顺序等。

注2：适当时，试验标准可说明从事试验活动需要的设备和工具。

7.6

规范标准　specification standard

规定产品、过程或服务需要满足的**要求**以及用于判定其要求是否得到满足的证实方法的**标准**。

7.7

规程标准　code of practice standard

为产品、过程或服务全生命周期的相关阶段推荐良好惯例或程序的**标准**。

注：规程标准汇集了便于获取和使用信息的实践经验和知识。

7.8

指南标准　guide standard

以适当的背景知识给出某主题的一般性、原则性、方向性的信息、指导或建议，而不推荐具体做法的**标准**。

7.9

产品标准　product standard

规定产品需要满足的**要求**以保证其**适用性**的**标准**。

注1：产品标准除了包括适用性的要求外，也可直接包括或以引用的方式包括诸如术语、取样、检测、包装和标签等方面的要求，有时还可包括工艺要求。

注2：产品标准根据其规定的是全部的还是部分的必要要求，可区分为完整的标准和非完整的标准。由此，产品标准又可分为不同类别的标准，例如尺寸类、材料类和交货技术通则类产品标准。

注3：若标准仅包括分类、试验方法、标志和标签等内容中的一项，则该标准分别属于分类标准、试验标准和标志标准，而不属于产品标准。

7.10

过程标准　process standard

规定过程需要满足的**要求**以保证其**适用性**的**标准**。

7.11

服务标准　service standard

规定服务需要满足的**要求**以保证其**适用性**的**标准**。

注：服务标准可以在诸如洗衣、饭店管理、运输、汽车维护、远程通信、保险、银行、贸易等领域内**编制**。

7.12

接口标准　interface standard

界面标准

规定产品或系统在其互连部位与**兼容性**有关的**要求**的**标准**。

7.13

数据待定标准　standard on data to be provided

列出产品、过程或服务的特性，而特性的具体值或其他数据需根据产品、过程或服务的具体要求另行指定的标准。

注：典型情况下，一些标准规定由供方确定数据，另一些标准由需方确定数据。

8　标准的协调

注：**技术法规**的协调与**标准**的协调相似。用"技术法规"代替8.1～8.9中的"标准"，用"**权力机关**"代替8.1中的"**标准化机构**"，便可得到技术法规协调的相应的术语和定义。

8.1

协调标准　harmonized standards；equivalent standards

不同**标准化机构**各自针对同一对象批准的，能作为依据建立产品、过程或服务的**互换性**，或者能够提供试验结果或信息的相互理解的若干**标准**。

注：符合本定义的**协调标准**，在表述方面甚至在内容方面都可能有所不同，例如在注、在达到标准**要求**的指导、在可选项和品种规格的优选等方面都可能有所不同。

8.2

一致标准　unified standards

内容相同，但表达形式不同的**协调标准**。

8.3

等同标准　identical standards

内容和表达形式都相同的**协调标准**。

注1：各等同标准的编号可互不相同。

注2：不同语种的等同标准互为准确的译文。

8.4

国际协调标准　internationally harmonized standards

与**国际标准**相协调的**标准**。

8.5

区域协调标准　regionally harmonized standards

与**区域标准**相协调的**标准**。

8.6

多边协调标准　multilaterally harmonized standards

两个以上**标准化机构**之间相协调的**标准**。

8.7

双边协调标准　bilaterally harmonized standards

两个**标准化机构**之间相协调的**标准**。

8.8

单边调整标准　unilaterally aligned standard

以满足某一标准为目标调整后形成的**标准**，以便按照调整后的标准提供的产品、过程、服务、试验和信息能够满足目标标准的要求，但反之未必亦然。

注：单边调整标准与以其为调整目标的标准不协调。

8.9

可比标准　comparable standards

不同**标准化机构**各自针对同一产品、过程或服务批准的，对若干相同特性分别规定不同**要求**，并采用相同方法加以评定，因而可以清晰地比较这些不同要求之间差异性的若干**标准**。

注：可比标准不是**协调标准**。

9　规范性文件的内容

9.1

条款　provision

规范性文件内容的表述方式，一般采取**陈述**、**指示**、**推荐**或**要求**的形式。

注：条款的这些形式以其所用的措辞加以区分，例如：指示用祈使句表达，推荐用助动词"宜"，要求用助动词"应"。

9.2

陈述　statement

表达信息的**条款**。

9.3

指示　instruction

表达应执行的行动的**条款**。

9.4

推荐　recommendation

表达建议或指导的**条款**。

9.5

要求　requirement

表达需要满足准则的**条款**。

9.5.1

必达要求　exclusive requirement

为了遵守**规范性文件**而必须履行的**要求**。

9.5.2

可选要求　optional requirement

为了遵守**规范性文件**所允许的特定选择而必须满足的**要求**。

注：可选要求可以是以下任何一种：

a)　两个或更多可选择的要求中的一个；

b)　仅在适用时满足，而在不适用时可不予考虑的附加要求。

9.6

视同符合条款　deemed-to-satisfy provision

指出遵守**规范性文件**的**要求**的一种或多种途径的**条款**。

9.7

描述条款　descriptive provision

表达有关产品、过程或服务特性的**适用性**的**条款**。

注：描述条款通常用尺寸和材料组成表述设计、构造细节等内容。

9.8

性能条款 performance provision

表达有关产品、过程或服务的使用性能或与使用相关性能的**适用性**的**条款**。

10 规范性文件的结构

10.1

主体 body

〈规范性文件中〉构成**规范性文件**实质内容的一组**条款**。

注 1：就**标准**而言，主体即规范性要素，由标准的规范性一般要素和规范性技术要素组成。

注 2：为了方便起见，规范性文件主体的某些部分可以采用附录的形式（规范性附录），但其他附录（资料性）只可以作为**附加要素**。

10.2

附加要素 additional element

规范性文件中包含的但不影响其实质内容的信息。

注：就**标准**而言，附加要素即资料性概述要素和资料性补充要素，可以包括：封面、目次、前言、引言、资料性附录、参考文献和索引等。

11 规范性文件的制定

11.1

标准工作计划 standards programme

标准化机构就其当前**标准化**工作项目所作出的工作日程安排。

11.1.1

标准项目 standards project

标准工作计划内的具体工作项目。

11.2

标准草案 draft standard

为了征求意见、投票（审查）或批准而提出的**标准**文本。

11.3

有效期 period of validity

规范性文件现行的时长，即从该文件的**负责机构**决定它生效之日起直到它被废止或代替之日为止所经历的时间。

11.4

起草 drafting

确立**条款**，搭建文本的结构，形成文件草案的活动。

注：**标准化**活动中，起草主要由**工作组**完成。

11.5

编制 preparation

起草文件，履行征求意见、技术审查等程序的活动。

注：**标准化**活动中，编制主要指**标准化技术组织**从事的活动。

11.6

制定 development

确立**条款**，编制、发布文件的全过程活动。

注：**标准化**活动中，制定主要指**标准机构**或**标准化机构**从事的活动。

11.7

复审　review

决定**规范性文件**是否应予确认、更改或废止的审查活动。

11.8

勘误　correction

对已出版的**规范性文件**文本中的印刷、文字错误以及其他类似错误的更正。

注：适合时，勘误的结果可视情况发布单独的勘误页或发布规范性文件的**新版本**。

11.9

修正　amendment

对**规范性文件**内容的特定部分的更改、增加或删除。

注：修正的结果一般是发布单独的规范性文件的修正案。

11.10

修订　revision

对**规范性文件**实质内容和表述的全面必要的更改。

注：修订的结果是发布规范性文件的**新版本**。

11.11

重印版本　reprint

不加任何改变的**规范性文件**的新的印刷品。

11.12

新版本　new edition

包括了对前一版本的更改内容的**规范性文件**的新的印刷品。

注：即使仅将现存的**勘误**或**修正案**的内容纳入规范性文件的文本中，该文本也构成一个新版本。

12　规范性文件的实施

注：**规范性文件**有两种不同的“实施”方式。一是可以直接应用于生产、贸易等方面；二是可以被另一个规范性文件全部或部分地采用。通过第二个规范性文件的媒介，第一个规范性文件还可得到应用，或再次被第三个规范性文件所采用。

12.1

规范性文件的采用　adoption of a normative document

某一机构以另一机构的**规范性文件**为基础**编制**并说明和标示了两个文件之间差异的规范性文件的发布，或者某一机构将另一机构的规范性文件作为与本机构文件具有同等地位的签署认可行为。

12.1.1

一致性程度　degrees of correspondence

描述采用与被采用关系的两个文件之间差别大小的程度。

注：我国标准与相应国际标准的一致性程度分为：等同、修改和非等效。

12.1.1.1

等同　identical；IDT

某一文件与所采用的另一文件的技术内容和文本结构相同的**一致性程度**。

注：文件版式（例如，页码、字体、字号等）的改变不影响一致性程度。

12.1.1.2

修改　modified；MOD

某一文件与所采用的另一文件存在已被明确指出并说明原因的技术性差异，和（或）已清晰阐述或比较两个文件之间文本结构变化的**一致性程度**。

12.1.1.3

非等效　nonequivalent;NEQ

某一文件与另一文件存在未清晰说明的技术内容和(或)文本结构的差别,或只保留另一文件中少量或不重要条款的**一致性程度**。

注:与国际标准一致性程度为非等效的我国标准,不属于采用国际标准。

12.2

规范性文件的应用　application of a normative document

规范性文件在生产、贸易等方面的使用。

12.2.1

标准的直接应用　direct application of an standard

无论某标准是否被其他**规范性文件**采用或引用而对该**标准**的应用。

12.2.2

标准的间接应用　indirect application of an standard

以另一个采用或引用某标准的**规范性文件**为媒介而对该**标准**的应用。

13　在规范性文件中引用标准

13.1　引用的概念

13.1.1

引用标准　reference to standards

提及一个或多个**标准**,以代替**规范性文件**中的详细**条款**。

注1:引用标准可以是注日期引用、不注日期引用或普遍性引用,同时可以是惟一性引用或指示性引用。

注2:涉及**最新技术水平**或**公认的技术规则**的更普遍性的法律条款可以引用标准,也可以直接规定技术内容。

13.2　引用的确定性

13.2.1

注日期引用(对标准的)　dated reference(to standards)

除非**规范性文件**被更改,被引用的标准随后的**修正**和**修订**均不适用的一种**引用标准**的方式。

注1:以这种方式**引用标准**通常标出标准代号、顺序号和发布日期或版次。

注2:法规引用标准时可给出标准名称。

13.2.2

不注日期引用(对标准的)　undated reference(to standards)

无需对**规范性文件**进行更改,被引用的标准随后的**修正**和**修订**均适用的一种**引用标准**的方式。

注1:对以这种方式**引用标准**通常仅标出标准代号和顺序号。

注2:法规引用标准时可给出标准名称。

13.2.3

普遍性引用(法规对标准的)　general reference(to standards in regulations)

指明特定机构或具体领域内所有标准(不逐个列举)的一种**引用标准**的方式。

13.3　引用的力度

13.3.1

惟一性引用(法规对标准的)　exclusive reference(to standards in regulations)

指明遵守所引用的**标准**是满足**技术法规**有关**要求**的惟一途径的一种**引用标准**的方式。

13.3.2

指示性引用（法规对标准的）　indicative reference（to standards in regulations）

指明遵守所引用的标准是满足技术法规有关要求的途径之一的一种引用标准的方式。

注：法规对标准的指示性引用是视同符合条款的一种形式。

14　合格评定

GB/T 27000 给出了适用的术语和定义。

附 录 A
（资料性附录）
被本部分重新定义和删除的 ISO/IEC 指南 2:2004 相关术语及定义

表 A.1 给出了被本部分重新定义和删除的 ISO/IEC 指南 2:2004 中的相关术语及定义。

表 A.1 被本部分重新定义和删除的 ISO/IEC 指南 2:2004 相关术语及定义

序号	术 语	定 义	ISO/IEC 指南 2:2004 中术语条目编号	本部分中术语条目编号
1	标准化 standardization	为了在一定范围内获得最佳秩序，对现实问题或潜在问题确立共同使用和重复使用的条款的活动。 **注 1：** 上述活动主要包括编制、发布和实施标准的过程。 **注 2：** 标准化的主要效益在于为了产品、过程或服务的预期目的改进它们的适用性，防止贸易壁垒，并促进技术合作。	1.1	3.1
2	标准 standard	为了在一定范围内获得最佳秩序，经协商一致确立并由公认机构批准，为活动或结果提供规则、指南和特性，供共同使用和重复使用的文件。 **注：** 标准宜以科学、技术和经验的综合成果为基础，以促进最佳的共同效益为目的。	3.2	5.3
3	规程 code of practice	为设备、构件或产品的设计、制造、安装、维护或使用而推荐惯例或程序的文件。 **注：** 规程可以是标准、标准的一个部分或标准以外的文件。	3.5	5.6
4	术语标准 terminology standard	与术语有关的标准，通常带有定义，有时还附有注、图、示例等。	5.2	7.2
5	试验标准 testing standard	与试验方法有关的标准，有时附有与测试有关的其他条款，例如取样、统计方法的应用、试验步骤。	5.3	7.5
6	（在国家规范性文件中）采用国际标准 taking over an international standard (in a national normative document)	以标明与相应国际标准之间差异的方式，发布一个以该国际标准为基础的国家规范性文件，或签署认可该国际标准与国家规范性文件具有同等地位。 **注：** 有时术语"adoption"和"taking over"具有相同的含义，例如"adoption of an international standard in a national standard"。	10.1	12.1
7	强制标准 mandatory standard	根据普遍性法律规定或法规中的惟一性引用使标准应用成为强迫性的标准。	11.4	—

索　引

汉语拼音索引

英文对应词索引

A

B

C

D

E

ICS 01.120
A 00

中华人民共和国国家标准

GB/T 20000.3—2014
代替 GB/T 20000.3—2003

标准化工作指南
第3部分:引用文件

Guidelines for standardization—
Part 3: Reference to documents

2014-12-31 发布　　　　2015-06-01 实施

中华人民共和国国家质量监督检验检疫总局
中国国家标准化管理委员会　发布

前　言

GB/T 20000《标准化工作指南》、GB/T 1《标准化工作导则》、GB/T 20001《标准编写规则》、GB/T 20002《标准中特定内容的起草》和 GB/T 20003《标准制定的特殊程序》共同构成支撑标准制修订工作的基础性系列国家标准。

GB/T 20000《标准化工作指南》拟分为如下几部分：

——第 1 部分：标准化和相关活动的通用术语；

——第 2 部分：采用国际标准；

——第 3 部分：引用文件；

——第 4 部分：国家标准英文译本翻译通则；

——第 5 部分：国家标准英文译本通用表述；

——第 6 部分：标准化良好行为规范；

——第 7 部分：管理体系标准的论证和制定；

——第 8 部分：阶段代码系统的使用原则和指南；

——第 9 部分：采用其他国际标准化文件。

本部分为 GB/T 20000 的第 3 部分。

本部分按照 GB/T 1.1—2009 给出的规则起草。

本部分代替 GB/T 20000.3—2003《标准化工作指南　第 3 部分：引用文件》。与 GB/T 20000.3—2003 相比，主要技术变化如下：

——删除了“可公开提供的规范”“技术规范”“技术报告”和“指南”四个术语及定义，增加了“惟一性引用(法规对标准的)”“指示性引用(法规对标准的)”“直接引用(法规对标准的)”和“间接引用(法规对标准的)”四个术语及定义(见第 3 章，2003 年版的第 3 章)；

——增加了“总则”一章(见第 4 章)；

——增加了标准中引用文件时需保持技术协调性的规定(见 5.1.1)；

——增加了避免标准中过渡引用的规定(见 5.1.7)；

——增加了标准中引用文件的方法(见 5.2.1 和 5.2.2)；

——删除了标准中引用非标准机构发布的文件的规定(见 2003 年版的第 6 章)；

——修改了法规中引用标准的规定(见第 6 章，2003 版的资料性附录 A)；

——删除了 ISO/IEC“引用标准”的原则规定(见 2003 版的资料性附录 B)。

本部分由全国标准化原理与方法标准化技术委员会(SAC/TC 286)提出并归口。

本部分起草单位：中国标准化研究院、深圳市华测检测技术股份有限责任公司、机械科学研究总院、中国航空综合技术研究所、中国电子技术标准化研究院、纺织工业标准化研究所。

本部分主要起草人：薛海宁、逄征虎、白殿一、强毅、丁树伟、刘慎斋、陆锡林、郑宇英、朱平、吴学静。

本部分所代替标准的历次版本发布情况为：

——GB/T 1.22—1993；

——GB/T 20000.3—2003。

引　　言

在编制规范性文件时，经常需要在条文中重复其他标准或文件中的某些要求和内容。使用引用文件的方法，既可以简化规范性文件的编写工作、减少不必要的重复、保证规范性文件之间的协调性，又可以减少规范性文件的篇幅、避免因重复抄录造成的差错。在规范性文件中引用文件是国内外制定规范性文件时经常使用的一种科学、简便的编写方法。因此，正确使用引用文件的方法，对于规范性文件的制定具有重要的意义。

标准和法规[1]是规范性文件中数量最多且引用文件最为普遍的两类。本部分在吸收国际上引用文件的原则和方法的基础上，结合我国的实际情况，给出了我国引用文件的普遍适用原则，并规定了标准中引用文件及法规中引用标准的一般要求、引用方式和表述方法，供我国在制定规范性文件时使用和参考。

在法规中引用标准，可以借助标准制定人员的技术专长，更加科学合理地给出法规中的技术解决方案。由于标准是遵照公开透明的程序、在协商一致的基础上制定的，具有广泛认可度，在法规中引用标准还有助于法规的顺利实施。通常情况下，标准每三到五年修订一次以保证标准反映最新的技术水平。在法规中引用标准，更有助于法规适应技术最新发展满足现实需求。因此，法规中引用标准是支撑法规制定和实施的有效手段，制定法规时应当鼓励引用标准。

1）指由权力机关通过的有约束力的法律性文件，在我国通常包括法律、行政法规、地方法规、地方规章、部门规章及其他规范性文件。

标准化工作指南
第3部分:引用文件

1 范围

GB/T 20000 的本部分规定了引用文件的一般要求、方法及表述。

本部分适用于在标准中引用文件及在法规中引用标准。其他规范性文件引用标准可参考使用。

2 规范性引用文件

下列文件对于本文件的应用是必不可少的。凡是注日期的引用文件,仅注日期的版本适用于本文件。凡是不注日期的引用文件,其最新版本(包括所有的修改单)适用于本文件。

GB/T 1.1—2009 标准化工作导则 第1部分:标准的结构和编写

GB/T 20000.1 标准化工作指南 第1部分:标准化和相关活动的通用术语

3 术语和定义

GB/T 20000.1 界定的以及下列术语和定义适用于本文件。为了便于使用,以下重复列出了GB/T 20000.1 中的某些术语和定义。

3.1

惟一性引用(法规对标准的) exclusive reference(to standards in regulations)

指明遵守所引用的标准是满足法规有关要求的惟一途径的一种引用标准的方式。

注:改写 GB/T 20000.1—2014,定义 13.3.1。

3.2

指示性引用(法规对标准的) indicative reference(to standards in regulations)

指明遵守所引用的标准是满足法规有关要求的途径之一的一种引用标准的方式。

注:改写 GB/T 20000.1—2014,定义 13.3.2。

3.3

直接引用(法规对标准的) direct reference (to standards in regulations)

在法规中引用标准时直接写出一个或多个具体标准的标准编号和标准名称的引用方法。

注:直接引用的形式有两种,分别是注日期引用和不注日期引用。

3.4

间接引用(法规对标准的) indirect reference (to standards in regulations)

在法规中引用标准时,仅列出执行法规时可参考的相关文件,不直接在法规中写明标准的标准编号和标准名称的引用方法。

注:执行法规时可参考的相关文件是由立法机关或管理机构通过特定程序发布以满足法规有关要求的标准清单。

4 总则

4.1 编制规范性文件时,若需在条文中重复其他文件的某些内容和要求时,通常不抄录需要重复的具体内容，而应采取引用的方式。

4.2 规范性文件中应只引用公开可获得的文件，不应引用文件草案和已废止的文件。

4.3 若规范性文件引用了其他文件，应适时关注被引用文件的版本状态，充分处理好被引用文件的版本有效性问题。

5 标准中引用文件

5.1 一般要求

5.1.1 引用文件时，应充分研究和核实被引用文件的适用范围与技术内容的适用性。

5.1.2 国家标准、行业标准、地方标准和企业标准在引用其他标准时应遵循如下原则：

a) 国家标准和行业标准可以引用国家标准和行业标准，不应引用地方标准和企业标准；

b) 地方标准可以引用国家标准、行业标准、本行政区域地方标准，不应引用企业标准和其他行政区域地方标准；

c) 企业标准可以引用国家标准、行业标准、本行政区域地方标准，以及本企业的标准。

5.1.3 国家标准、行业标准、地方标准和企业标准可引用国家标准化指导性技术文件。

5.1.4 在某些领域，没有国家标准和行业标准或国家标准和行业标准已不适用时，国家标准或行业标准可引用国际标准化文件。

注：国际标准化文件包括 ISO、IEC 和 ITU 及 ISO 承认的其他国际性组织发布的标准，其他国际标准化文件目前有 ISO 和 IEC 发布的技术规范(TS)、可公开获得规范(PAS)、技术报告(TR)、指南(Guide)、技术趋势评定(TTA)、工业技术协议(ITA)、国际专题研讨会协议(IWA)。

5.1.5 在标准中不宜引用下列文件：

——法律、行政法规、规章和其他政策性文件；

——仅适合在合同中引用的索赔、担保、费用类文件；

——含有专利或限制竞争的专用设计方案或属某个企业所有而参与竞争的企业不易获得的文件。

5.1.6 在标准中不宜出现要求符合法规和政策性文件的条款，例如不宜出现如下表述，“……要求应符合国家有关法律法规”。

注 1：标准使用者不管是否声明符合标准，都需要遵守法律法规。

注 2：为了帮助标准使用者正确理解标准而提供的附加信息，可以资料性引用法规。例如如下表述，“符合本标准是符合……(法规)的方法之一”(此表述宜在前言中给出)，“……认证标志的使用参见《……管理办法》”。

5.1.7 在引用其他文件时，若被引用的内容又引用了另一个文件时，则应直接引用后者，避免过渡引用。

5.2 标准中引用文件的方法和表述

5.2.1 在标准中引用标准自身内容的方法和表述见 GB/T 1.1—2009 的 8.1.2。

5.2.2 在标准中引用其他文件或标准中其他部分的方法和表述见 GB/T 1.1—2009 的 8.1.3。

6 法规中引用标准

6.1 一般要求

6.1.1 在法规中引用标准时，应采用特定的程序或评定方法对引用标准进行适用性评价，以确保标准的内容能够满足法规的相关要求。采用的程序或评定方法的选择取决于法规约束的产品、过程或服务的适用范围和潜在风险。

6.1.2 在法规中应仅引用标准中为满足法规的基本要求所需的内容，为此可以选择引用整个标准、某项标准的特定部分或标准中的特定内容。

注：标准机构在未受法规制定机构委托的情况下制定标准，往往未考虑标准的内容是否会被强制执行，因而标准可能包含了法规不需要强制执行的内容。法规如果不加审慎地引用这样的标准，有可能使不需要强制执行的内容具有强制性。这给执行法规的各方面(特别是企业)造成了不必要的负担。

6.1.3 在法规中引用标准时，应充分考虑引用标准的力度问题，可选择惟一性引用或指示性引用。通常情况下，惟一性引用标准时宜采用直接引用的方法，指示性引用标准时宜采用间接引用的方法。两种引用方式在表述上是有区别的(见6.3)，在法规表述中应注意措词。

6.1.4 法规制定机关和标准机构之间可通过协议等方式建立合作机制，就法规引用的标准进行及时信息沟通和交流，以促进标准更适用于法规的需求。

6.2 法规中引用标准的方法

6.2.1 直接引用

6.2.1.1 注日期直接引用

注日期直接引用方法是在法规引用标准时给出标准代号、顺序号时，还明确注出标准的年号，即只有标准的特定版本适用于该法规，随后的修订版(包括修改单)均不适用。

注：这种方法有助于通过明确给出技术解决方案(符合所制定的法规)确保法律确定性，是一种最受限制的引用，在未来修订标准可能无法满足法规相关要求的情况下使用。

采用注日期直接引用方法，若被引用的标准进行修改或修订之后，应及时研究新的修改或修订对于法规的适用性，并考虑是否修订法规中引用标准的相关条款。

引用标准的特定内容(例如引用具体的型式、级别或类别、具体的试验方法)时，即对标准的特定章或条、图表或附录的引用应始终使用注日期的直接引用，因为标准的任何修改或修订都可能导致其内部编号的改变。

6.2.1.2 不注日期直接引用

不注日期直接引用方法是在法规中引用标准时只给出标准的代号、顺序号，不包括标准的年号，即标准的最新版本(包括所有的修改单)适用于该法规。若被引用标准进行修订，法规本身不需要进行修改，其引用的标准自动对应于该标准的最新版本。这种引用方法相对于注日期直接引用方法更加灵活。

采用不注日期直接引用方法也应对被引用标准的任何修改或修订予以跟踪，以确定是否继续不注日期引用。

6.2.2 间接引用

间接引用是不直接在法规中写明标准编号和标准名称，而是仅规定需满足的基本要求以及为实现这些基本要求可参照的相关文件，该文件独立于法规之外，并通过相应程序在特定媒体上发布，包含一系列适用于满足法规相关要求的标准。

采用这种引用方法时，如果某项标准被修改或修订，不需修改法律文本，只需修改已发布的包含有标准清单的相关文件即可。这种引用方法更易于与科学技术的发展水平保持一致。

正式发布的标准清单应符合下列要求：

——给出标准年号，以表明特定版本的有效期，从而确保法规的确定性；

——适时进行更新；

——便于使用者通过网站或其他手段获取或查询。

6.3 法规中引用标准的表述

6.3.1 注日期直接引用的表述

在法规中注日期直接引用标准时，应明确写出标准的代号、顺序号和标准年号，并给出标准名称，可使用下述适用的表述形式：

——“……按 GB/T ××××—2002《××××》规定的……”；(惟一性引用)

——“……按 GB/T ××××.1—2010《×××× 第 1 部分：××××》中的试验方法进行试验，……”；(惟一性引用)

——“……遵照 GB/T ××××.3—2010《×××× 第 3 部分：××××》中第×章中有关……的规定执行”；(惟一性引用)

——“如果符合 GB/T ××××.1—2004《×××× 第 1 部分：××××》中有关……的具体要求，即视为符合本法规的要求”；(指示性引用)

——“如果……(该法规约束范围内的产品、过程或服务)符合 GB/T ××××—2008《××××》，则免除……(法规)规定的技术审批”。(指示性引用)

6.3.2 不注日期直接引用的表述

在法规中直接引用标准时，应明确写出标准代号和顺序号，并给出标准名称，不应写出标准年号，可使用下述适用的表述形式：

——“……应符合 GB/T ××××《××××》的规定”；(惟一性引用)

——“……按 GB/T ××××.4《×××× 第 4 部分：××××》规定的程序和要求执行”；(惟一性引用)

——“如果……(该法规约束范围内的产品、过程或服务)按照 GB/T ××××《××××》进行维护和修理，并符合 GB/T ××××《××××》的基本要求，则免除……(法规)规定的检验”；(指示性引用)

——“如果……(该法规约束范围内的产品、过程或服务的法定要求，如安全要求)符合附件一提供的有关国家标准，即认为其符合本法规所规定的安全要求”。(指示性引用)

6.3.3 间接引用的表述

采用间接引用的方法时，应指明标准清单的发布单位及具体发布媒体，可使用类似下列的表述方式：

——“……若设备符合由……(标准清单发布单位)发表在……(发布媒体)上的《××××》(法规中所列出的文件名)中所列的相关标准或其部分，则视该设备符合本法规所规定的基本要求”；

——“《××××》(法规中所列出的文件名)已经由……(标准清单发布单位)发表在……(发布媒体)上，按照文件中所列标准生产(开发或提供)的所有……(该法规约束范围内的产品、过程或服务)都被推定为符合本法规第×条规定的基本安全要求”；

——“当……(该法规约束范围内的产品、过程或服务的法定要求，如安全要求)符合《××××》(法规中所列出的文件名)中所列的国家标准[《××××》已经由……(标准清单发布单位)发表在…… 上(发布媒体)]时，该产品则被视为符合本法规的安全要求”。

ICS 01.120
A 00

中华人民共和国国家标准

GB/T 20000.8—2014

标准化工作指南
第8部分：阶段代码系统的使用原则和指南

Guidelines for standardization—
Part 8:Establishing principles and guidelines for use of stage code system

[ISO Guide 69:1999,Harmonized Stage Code system(Edition 2)—
Principles and guidelines for use,MOD]

2014-12-31 发布　　2015-06-01 实施

中华人民共和国国家质量监督检验检疫总局
中国国家标准化管理委员会　发布

前　言

GB/T 20000《标准化工作指南》、GB/T 1《标准化工作导则》、GB/T 20001《标准编写规则》、GB/T 20002《标准中特定内容的起草》和 GB/T 20003《标准制定的特殊程序》共同构成支撑标准制修订工作的基础性系列国家标准。

GB/T 20000《标准化工作指南》拟分为如下几部分：

——第 1 部分：标准化和相关活动的通用术语；

——第 2 部分：采用国际标准；

——第 3 部分：引用文件；

——第 4 部分：国家标准英文译本翻译通则；

——第 5 部分：国家标准英文译本通用表述；

——第 6 部分：标准化良好行为规范；

——第 7 部分：管理体系标准的论证和制定；

——第 8 部分：阶段代码系统的使用原则和指南；

——第 9 部分：采用其他国际标准化文件。

本部分为 GB/T 20000 的第 8 部分。

本部分按照 GB/T 1.1—2009 给出的规则起草。

本部分使用重新起草法修改采用 ISO 指南 69:1999《协调阶段代码系统(第 2 版)　使用原则和指南》。

本部分与 ISO 指南 69:1999 在结构上保持一致。

本部分与 ISO 指南 69:1999 的主要技术性差异及其原因如下：

——本部分删除了 ISO 指南 69:1999 的 2.3 有关阶段代码框架在国际、区域和其他国家标准组织使用原则情况的描述，因为本部分只涉及我国协调一致的阶段代码的使用原则和指南；

——本部分删除了 ISO 指南 69:1999 的 2.10 和第 6 章中有关协调一致的阶段代码的管理内容，因为本部分内容不涉及标准化的相关管理规定；

——本部分删除了 ISO 指南 69:1999 的 5.8 关于国际、区域和其他国家组织机构代码标识的使用原则，因为本部分只涉及我国协调一致的阶段代码的使用原则和指南。

本部分由全国标准化原理与方法标准化技术委员会(SAC/TC 286)归口。

本部分起草单位：中国标准化研究院、冶金工业信息标准研究院、机械工业仪器仪表综合技术经济研究所、中国质检出版社(中国标准出版社)、深圳市华测检测技术股份有限责任公司、中国电子技术标准化研究院。

本部分主要起草人：吴学静、逄征虎、白殿一、张宇春、欧阳劲松、白德美、刘慎斋、陆锡林、朱平、薛海宁。

引 言

标准化过程由若干明确的步骤或阶段组成,用以描述标准制修订程序或表明某项标准计划项目所处的阶段。通常,不同的标准机构通过正式的标准化程序制定和出版标准的方法是十分相似的。因此,各标准机构有可能在较高层次上就标准化程序和各阶段设置形成一致意见。然而各标准机构的标准制修订程序又存在不同之处,这就需要其制定适用于自身的阶段系统。

制定如此多的系统容易使标准使用者感到混乱,因而ISO开发了一个所有机构都能理解和使用的协调阶段代码系统(HSC)。

本部分中提供的协调程序代码的建立原则和矩阵结构可以作为我国各类标准机构建立自身的程序代码,开发标准项目数据库和向外部发布标准制定信息的基础。

GB/T 1.2《标准化工作导则 第2部分:标准制定程序》界定了标准制定程序的阶段划分及其代码,该标准参考了本部分的程序代码的建立原则和矩阵结构,是在本部分规定的程序代码建立原则和矩阵结构的基础上,根据我国标准制定情况做的细化安排,主要用于国家标准制修订的信息化管理。

标准化工作指南
第8部分:阶段代码系统的使用原则和指南

1 范围

GB/T 20000的本部分规定了标准项目数据库的协调一致的阶段代码系统的使用原则和指南。

本部分适用于标准机构利用数据库跟踪标准制定项目和标准机构之间进行标准项目的信息交换。

2 阶段代码系统的一般原则

2.1 确立协调一致的阶段代码系统的目的是为不同标准机构的核心数据传递提供一个通用的框架。每个标准机构可在协调一致的阶段代码系统的核心矩阵基础上确立适用其自身的阶段系统。

2.2 不同用户对阶段代码系统有不同的需求。标准组织需要确立内容详细的系统来恰当地监控、分析和控制整个标准化工作流程。普通公众宜概况性地了解系统以便理解标准化工作。协调一致的阶段代码系统通过提供标准化程序的矩阵框架,同时又允许标准化工作细节融入其中来满足各方需求。

2.3 阶段代码的通用程序框架给出了协调一致的阶段代码系统矩阵,见附录A。既可在这一框架基础上确立阶段代码系统,也可围绕这一框架确立新的阶段代码系统。

2.4 阶段代码矩阵将事项和决定同时编排在了矩阵中,有的事项有独立的子事项,有的没有。这样编排是由标准制定过程的特点决定的,因为标准制定过程的每个阶段都涉及了活动过程中或活动之后作出的决定。这样就不用单独设计字段存储决定信息,有些像项目状态的信息宜放在其他数据库字段存储。

2.5 框架中只有指定的代码可用于有效的数据传输,其他代码只可内部使用(见第5章),不应作为数据库摘录传输给其他机构。

2.6 阶段代码矩阵中只有特定节点可能发生,那些不可能发生的节点已在附录A中以“—”标出。

2.7 阶段代码系统使得在国际、区域、国家层次的数据库中以相同的方式跟踪特定项目的制定情况。因此,将某一层次的标准采用为另一层次的项目能够被纳入到事件代码的整个序列中,例如国际标准采用为国家标准或者区域标准采用为国家标准。

2.8 附录A中给出的阶段代码系统的框架可适应未来开发的新程序。每个标准组织制定标准的总体程序是相似的,因此,对现行程序的任何改变可能也是相同的。代码矩阵很容易适用新的要求,甚至可以适应标准制定过程的重构。

3 阶段代码矩阵的结构

3.1 矩阵建立了一系列代表标准制定程序顺序的“阶段”代码,用以表述标准制定过程的主要阶段。

注:这些“阶段”为不同的标准组织所共用。

3.2 在每一个“阶段”代码内运用一致的逻辑概念体系设立了一系列“事项”代码。术语“阶段”和“事项”分别代表矩阵坐标的纵轴和横轴。

3.3 主要阶段代码和事项代码各自被以10为增量从00到90的两位数字进行编码,标准组织可使用第2位非零数字对标准制定程序中可能存在的子阶段和子事项进行编码。在附录A的矩阵中存在很多使用第2位非零数字的插入。只有不是以数字“0”结尾,且尚未被指定的事项可以自由使用。

3.4 矩阵中的各个单元由所处阶段和事项的坐标组成的四位数字进行编码，两个坐标之间用点分开。例如，10.20 代表：阶段 10，事项 20。

3.5 所有尚未使用的“阶段”代码留待将来使用，以便插入可能认定的新阶段。

3.6 事项代码 10、30、40、50 和 80 留待将来使用，以便插入可能认定的新事项。事项代码 30、40 和 50 存在于主要活动事项 xx.20 与 xx.60 之间。一些内部活动和(或)节点可能在 xx.20 和 xx.60 之间是必需的。因此，用户可将事项代码 30、40 和 50 作为内部代码使用。假如将来主要矩阵需要用到这些代码，用户则应修改他们的内部系统。如果各标准组织之间的活动越来越一致，则可能有修改内部系统的要求。

3.7 每一个标准制定流程都包含若干重要节点。这些重要节点是标准制定程序的关键环节。协调一致的阶段代码矩阵系统中有若干所有标准机构都宜识别的通用重要节点。其他节点可用于个别标准机构的标准制定程序中。通用的重要节点是 00.00、10.00、20.00、40.20、40.60、50.20、50.60、55.60、60.60、65.60、90.20，这些通用重要节点在矩阵中标记为“M”。在复审阶段以后，其他通用重要节点是 90.60、91.60、92.60、99.60，这些节点在矩阵中标记为“m”。尽管其他通用重要节点也是重要节点，但这些节点像其他节点一样是可选的，而且如果不适用于某一标准组织的工作方式也无需记录。

4 阶段代码系统的使用指南

4.1 附录 A 中给出的通用的阶段代码具有通用含义，每个标准组织可以在其内部，通过相同的阶段代码清楚识别相对应的标准制定程序。因此，只要标准组织的内部使用术语的语义与通用含义相同，标准组织可对阶段代码重新命名。

4.2 对于不同的标准机构来说，重要的阶段和事项是不同的，因此每个标准机构可以自由采用只适用于自己的阶段和事项。

4.3 每个阶段代码代表一个标准化工作，这个工作可能是一项标准化活动的开始或结束，也可能是基于该项标准化活动的某一方面做出的决定。某些代码可被视为是标准项目整个制修订周期的重要节点。

4.4 其他相关信息(例如文件来源或文件类型)宜单独记录在其他数据库字段中，不宜在阶段代码中有所体现。

4.5 不使用子代码来表示在任何特定阶段暂停的项目，建议使用数据库其他字段处理该问题。

4.6 协调一致的阶段代码系统考虑到了标准制定程序的周期循环特性，也考虑到重复当前阶段或早期阶段的情况。通过重复相同阶段代码来记录在标准项目制修订周期中的重复事项。例如，由于程序上的操作失误而决定重复某项程序，则宜使用事项代码 xx.93；由于文件不正确，决定重新起草，则宜使用事项代码 xx.92。宜由其他单独的数据库数值字段来记录跟踪阶段或事项的版本或迭代次数。

4.7 标准项目的返回和暂停是阶段代码系统的本地操作问题。通常使用事项代码 xx.92 和 xx.93 表示项目返回到系统的任何其他节点；使用项目所处的阶段代码或者事项代码 xx.91 表示暂停项目。其他代码可在本地使用，一旦代码发生传递，则应引起注意。暂停的标准项目信息宜在其他单独数据库字段中记录。

4.8 协调一致的阶段代码系统不涉及完成某一节点的目标及实际日期，宜使用其他数据库字段来记录与特定节点相关的目标和(或)实际日期。各个标准机构宜自行决定在哪个节点保留和维护该信息。

4.9 处在“00：新项目建议”阶段的项目，一旦开始后续阶段工作，则不宜将该标准项目退回到中止状态，准备对项目进行彻底重新评估除外。

4.10 代码为 20 至 60(或 70)的工作事项类型和代码为 90 的决策事项存在区别，因为在实践中两者可明显从时间上区分开。

4.11 只有事项代码 xx.60 表示主要工作结束，不宜使用其他事项代码表示此意义。然而，在某些阶段需要在主要工作结束后进行一些后续工作，比如派发结果，可使用事项代码 xx.70 来记录这一情况。一旦标准项目进行到事项 xx.60 和(或)xx.70，则下一事项可能是事项 91 到 99 中的一个，也可能是进入下一个适当阶段。在任何时候，只能选择 xx.90 事项的其中一项决定。

4.12 “60：出版阶段”是指准备由标准机构安排标准出版的阶段；“65：实施阶段”是指由标准制定机构之外的其他标准机构实施标准应用的阶段。

4.13 事项 xx.90 的使用与其他事项不同，需要对决定进行选择，因此这一事项有不同的设计。如果使用事项 xx.92 或 xx.94，则通常认为接下来的事项宜为 xx.99。注意，相对于所有其他事项来说，是否使用事项 xx.90 是可选。

4.14 通常事项 xx.90 中进行选择的决定标题如下：

——xx.91 决定推迟项目；
——xx.92 决定返回早期阶段；
——xx.93 决定重复本阶段；
——xx.94 决定省略一个或多个阶段；
——xx.95 (未指派)；
——xx.96 (未指派)；
——xx.97 决定合并或拆分项目；
——xx.98 决定放弃项目；
——xx.99 决定登记为下一个适用阶段。

不同阶段具体的标题可略有不同。

4.15 事项“xx.94：决定省略一个或多个阶段”可用于表示已经确定的项目的特殊流程。实际流程宜在其他数据库字段予以记录。

4.16 阶段“90：复审阶段”与“91：确认阶段”“92：修订阶段”“95：废止程序”和“99：废止阶段”相关联。是否使用 91、92 或 95(或 99)阶段取决于 90 阶段做出的决定。有明确的废止程序的标准机构可使用阶段 95 和(或)99。

4.17 数据库系统中仍保留因某种原因已经取消或已不再有效的记录(相对于标准项目来说)，通常是使用单独的数据库字段来记录这些信息。若用户希望使用协调一致的阶段代码来记录这些信息，宜使用特殊的代码 99.98，并遵循事项 xx.98 的原则。代码 99.98 不用于正式延期、取消或因其他原因暂停的项目(这类项目应使用其他有效事项 xx.90 之一记录)。

5 基于阶段代码矩阵的内部代码开发

5.1 协调一致的阶段代码系统主要为标准机构间的数据传输而设计，但也可供各个标准机构内部使用。

5.2 如果各个机构都增加代码供内部使用，并将相同的代码用于表示不同的事情，这就可能在不同的标准机构之间存在分歧，然而这种影响将会很小。协调一致的阶段代码矩阵确保主要代码始终保持相同的意义，只有内部代码可有不同的含义。目前的情况是两个标准组织的相同代码可表示不同的阶段。

5.3 所有使用阶段代码矩阵(含内部代码)的标准组织应意识到协调一致的阶段代码系统将来可能改变，则内部代码也应改变。

5.4 各个机构可为与外部单位无关的内部程序额外添加数字。宜使用以下两种方式之一：

a) 将某些代码向右扩展为 XX.XX.YY，这里的 YY 只是内部代码；
b) 使用 xx.21 和 xx.59 之间的新事项，可能会使用事项 30、40 和 50(这些事项目前未使用，发生在每一阶段的主要工作开始和结束之间)。

注意额外添加的数字代码只能做内部代码，不宜传递。如果这些保留的代码以后用于特定事项，则用户应相应的修改其内部系统。

5.5 使用事项 xx.20 和 xx.60 之间的代码或特定组织代码有助于将专业机构(如工作组)的活动纳入到系统中。各个标准机构可根据需要确定其内部代码,然而工作组活动不宜设立特定的阶段。

5.6 尽可能不使用保留的事项(例如 80 字段)表示各项活动(例如编辑)。各个标准机构可将未使用的事项作为内部代码使用,然而,如果这些保留的代码以后用于特定事项,标准机构应相应的修改其内部系统。

5.7 对于多机构共同参与的标准项目(也就是那些由国际标准机构、区域和国家层次的标准机构等多于一个标准机构推动的项目),应记录为不同项目或者是同一项目的不同分支。无论哪种方式,实际上它们都是不同的实体,各自的数据集和各项目的阶段代码应分别对待。只用一个阶段代码(或其他特定属性)跟踪多机构参与的标准项目并为所有机构做记录不太可能。

5.8 协调一致的阶段代码系统是为主要阶段的子程序设计的,不是为多个节点都出现的具体工作而设计。这些具体工作包括传输文本、获得草案、准备表格等。这些工作发生在 xx.20 和 xx.60 之间,是某个阶段工作的一部分。这些节点的子事项可定义为机构自用代码,通常建议单独设计字段存储这些信息。

5.9 协调一致的阶段代码系统的用户发现将他们自己的内部代码转换到协调一致的阶段代码系统或者将协调一致的阶段代码传输给另一个系统都十分困难,这很正常。将内部代码转换到协调一致的阶段代码系统时,应记住组织使用的绝大多数代码仅用于内部。各用户和其他组织不必了解那些代码。一旦认可这点,令主要代码适用于矩阵和在主要活动 xx.20 到 xx.60 之间开发只用于内部的节点就变得很容易。同样,再将核心矩阵转换回个体系统通常不可能。各系统不可能因此而无效。记住确立协调一致的阶段代码系统的目的是为了便于核心数据的传输,而不在于每一个细节。

附 录 A
（规范性附录）
阶段代码系统矩阵

阶段代码系统矩阵见表A.1。

表A.1 阶段代码系统矩阵

阶段	事项								
	00	*	20	*	*	*	60	70	*	90
	登记		主要工作开始				主要工作结束	进一步工作结束		决定
00 新项目建议	00.00 提案登记 M		00.20 提案开始				00.60 提案讨论结束	—		00.91 决定推迟项目 00.92 — 00.93 决定重新界定项目 00.94 — 00.97 决定合并或拆分项目 00.98 决定放弃项目 00.99 决定登记为下一个适用阶段
10 项目建议评价	10.00 项目建议评价登记 M		10.20 分发项目建议				10.60 评价结束	10.70 评价结果派发		10.91 决定推迟项目 10.92 决定重新界定项目 10.93 — 10.94 决定省略一个或多个阶段 10.97 决定合并或拆分项目 10.98 决定放弃项目 10.99 决定登记为下一个适用阶段
15 其他利益相关方评价	15.00 其他利益相关方评价建议登记		15.20 分发评价建议				15.60 评价结束	15.70 评价结果派发		15.91 决定推迟项目 15.92 决定重新界定项目 15.93 — 15.94 决定省略一个或多个阶段 15.97 决定合并或拆分项目 15.98 决定放弃项目 15.99 决定登记为下一个适用阶段
20 起草阶段	20.00 新项目登记 M		20.20 起草开始				20.60 工作组讨论稿结束	—		20.91 决定推迟项目 20.92 决定重新界定项目 20.93 决定重新起草文件 20.94 决定省略一个或多个阶段 20.97 决定合并或拆分项目 20.98 决定放弃项目 20.99 决定登记为下一个适用阶段

表 A.1（续）

阶段	事项									
	00	*	20	*	*	*	60	70	*	90
	登记		主要工作开始				主要工作结束	进一步工作结束		决定
30 征求意见	30.00 征求意见稿登记		30.20 征求意见开始				30.60 征求意见结束	30.70 派发意见		30.91 决定推迟项目 30.92 决定返回到起草阶段或重新界定项目 30.93 — 30.94 决定省略一个或多个阶段 30.97 决定合并或拆分项目 30.98 决定放弃项目 30.99 决定登记为下一个适用阶段
35 第二轮征求意见	35.00 征求意见稿登记		35.20 征求意见开始				35.60 征求意见结束	35.70 派发意见		35.91 决定推迟项目 35.92 决定返回到起草阶段 35.93 — 35.94 决定省略一个或多个阶段 35.97 决定合并或拆分项目 35.98 决定放弃项目 35.99 决定登记为下一个适用阶段
40 审查阶段	40.00 送审稿登记		40.20 分发审查稿 M				40.60 审查结束 M	40.70 派发结果		40.91 决定推迟项目 40.92 决定返回起草阶段或重新界定项目 40.93 决定重新审查[a] 40.94 决定省略一个或多个阶段 40.97 决定合并或拆分项目 40.98 决定放弃项目 40.99 决定登记为下一个适用阶段
50 批准阶段	50.00 报批稿登记		50.20 分发正式批准稿 M				50.60 批准结束 M	50.70 派发结果		50.91 决定推迟项目 50.92 决定返回起草阶段 50.93 决定重新分发正式批准稿件[a] 50.94 — 50.97 — 50.98 决定放弃项目 50.99 决定登记为下一个适用阶段
55 发布阶段	55.00 发布登记		55.20 分发认可文件				55.60 认可结束 M	—		55.91 — 55.92 — 55.93 — 55.94 — 55.97 — 55.98 — 55.99 决定进入复审阶段

表 A.1（续）

阶段	事项									
	00	*	20	*	*	*	60	70	*	90
	登记		主要工作开始				主要工作结束	进一步工作结束		决定
60 出版阶段	60.00 待出版文件登记		60.20 出版程序启动				60.60 出版发行标准 M	—		60.91 — 60.92 决定返回早期阶段 60.93 决定重新出版[a] 60.94 — 60.97 — 60.98 — 60.99 决定进入复审阶段
65 实施阶段	65.00 实施文件登记		65.20 实施过程开始				65.60 实施过程结束 M	—		65.91 — 65.92 决定返回早期阶段 65.93 决定重新实施[a] 65.94 — 65.97 — 65.98 — 65.99 决定进入复审阶段
90 复审阶段	—		90.20 待周期性复审文件 M				90.60 复审过程结束 m	90.70 派发复审概要		90.91 — 90.92 — 90.93 决定重新复审确认项目 90.94 — 90.97 — 90.98 决定提议废止 90.99 决定进入下一阶段
91 确认阶段	—		91.20 确认过程开始				91.60 确认过程结束[b] m	—		91.91 — 91.92 — 91.93 决定复审文件 91.94 — 91.97 — 91.98 — 91.99 —
92 修订阶段	—		92.20 修订阶段开始[c]				92.60 修订阶段结束 m	—		—

表 A.1（续）

阶段	事项									
	00	*	20	*	*	*	60	70	*	90
	登记		主要工作开始				主要工作结束	进一步工作结束		决定
95 废止程序	95.00 建议废止登记		95.20 废止投票开始				95.60 投票结束	95.70 派发投票概要		95.91 — 95.92 决定返回修订阶段[d] 95.93 — 95.94 — 95.97 — 95.98 — 95.99 决定废止
99 废止阶段	—		—				99.60 同意废止 m	—		—

说明：

* 表示保留这些事项以备将来使用。事项 30、40 和 50 可做内部使用(见 5.4)。

— 表示这一阶段或事项不太可能发生。

M 表示通用重要节点，m 表示其他重要节点。

[a] 如果是程序错误，则只需重复这些阶段。如果是文件修改，则应返回早期阶段。

[b] 一经确认，则文件再一次自动进入复审周期。因此，下一阶段是 90.20。

[c] 这是为了“旧”项目设计的。修订后的文件是个新项目。

[d] 如果决定文件不宜废止但需要修订，则成为“待修订文件”并返回到阶段 92.20。

参 考 文 献

[1] ISONET Manual.http://www.iso.org/.

ICS 01.120
A 00

中华人民共和国国家标准

GB/T 20000.9—2014

标准化工作指南 第9部分:采用其他国际标准化文件

Guidelines for standardization—
Part 9:Adoption of International Deliverables other than International Standards

(ISO/IEC Guide 21-2:2005,Regional or national adoption of International Standards and other International Deliverables—Part 2:Adoption of International Deliverables other than International Standards,MOD)

2014-12-31 发布 2015-06-01 实施

中华人民共和国国家质量监督检验检疫总局
中国国家标准化管理委员会 发布

前　　言

GB/T 20000《标准化工作指南》、GB/T 1《标准化工作导则》、GB/T 20001《标准编写规则》、GB/T 20002《标准中特定内容的起草》和 GB/T 20003《标准制定的特殊程序》共同构成支撑标准制修订工作的基础性系列国家标准。

GB/T 20000《标准化工作指南》拟分为如下几部分：

——第 1 部分：标准化和相关活动的通用术语；

——第 2 部分：采用国际标准；

——第 3 部分：引用文件；

——第 4 部分：国家标准英文译本翻译通则；

——第 5 部分：国家标准英文译本通用表述；

——第 6 部分：标准化良好行为规范；

——第 7 部分：管理体系标准的论证和制定；

——第 8 部分：阶段代码系统的使用原则和指南；

——第 9 部分：采用其他国际标准化文件。

本部分为 GB/T 20000 的第 9 部分。

本部分按照 GB/T 1.1—2009 给出的规则起草。

本部分使用重新起草法修改采用 ISO/IEC 指南 21-2:2005《区域标准或国家标准采用国际标准和其他国际标准化文件　第 2 部分：采用国际标准以外其他国际标准化文件》。

本部分将 ISO/IEC 指南 21-2:2005 的 7.2 和 7.3 合并为本部分的 7.2，并取消 7.2.1～7.2.3 编号，改为二段表述；本部分删除了 ISO/IEC 指南 21-2:2005 的附录 A。除此之外，本部分与 ISO/IEC 指南 21-2:2005 的结构一一对应。

本部分与 ISO/IEC 指南 21-2:2005 的主要技术性差异及其原因如下：

——将采用对象的范围由 ISO 和 IEC 以外的其他标准化文件增加至其他国际标准化组织发布的类似文件，并将采用主体由国家标准扩大至我国其他标准，参考使用本文件的采用方法，以满足我国采用国际标准的需求；

——关于规范性引用文件，本部分用不注日期引用的 GB/T 20000.1《标准化工作指南　第 1 部分：标准化和相关活动的通用术语》代替了注日期引用的 ISO/IEC 指南 2:2004《标准化和相关活动　通用词汇》；用注日期引用的 GB/T 20000.2—2009《标准化工作指南　第 2 部分：采用国际标准》代替了注日期引用的 ISO/IEC 指南 21-1:2005《区域标准或国家标准采用国际标准和其他国际标准化文件　第 1 部分：采用国际标准》；

——在第 3 章中增加引用了 GB/T 20000.2—2009，因为本部分中所用较多术语及其定义源自 GB/T 20000.2—2009；

——删除了 ISO/IEC 指南 21-2:2005 的 3.9～3.14 术语及其定义，因为这 6 个术语及其定义在 GB/T 20000.2—2009 中已做界定，在本部分中使用只是采用对象不同，含义完全相同；

——删除了 ISO/IEC 指南 21-2:2005 的 5.2 中关于国际标准仅应被采用为国家标准而不是其他类型文件的要求，因为，在 GB/T 20000.2—2009 中我国已规定了采用国际标准化文件为相同或相似类型国家标准化文件的原则；

——删除了 ISO/IEC 指南 21-2:2005 的第 7 章等同采用国际标准化文件的国家标准编号方法中的单编号方式，因为，我国标准编号体系不适用单编号方式。

本部分还做了下列编辑性修改：

——将 ISO/IEC 指南 21-2:2005 的第 7 章等同采用国际标准化文件的国家标准编号方法中，按文件类型不变和文件类型改变分别表述改为合并表述；

——删除了 ISO/IEC 指南 21-2:2005 的附录 A，因为附录 A 的标准编号和一致性程度标识示例包含单、双编号两种方式，且是虚拟示例，我国仅采纳双编号方式，该附录的示例作用不大；同时，本部分已在第 7 章和第 8 章中分别给出了一致性程度标识的示例和我国标准的编号示例。

本部分由全国标准化原理与方法标准化技术委员会(SAC/TC 286)归口。

本部分起草单位：中国标准化研究院、冶金工业信息标准研究院、中国电器工业协会、深圳市华测检测技术股份有限责任公司、中国质检出版社(中国标准出版社)、中国电子技术标准化研究院。

本部分主要起草人：逄征虎、白殿一、张宇春、陆锡林、刘慎斋、白德美、方晓燕、朱平、薛海宁、吴学静。

引　言

本部分规定的国家标准化文件采用国际标准以外其他类型文件的方法，将促进我国采用国际标准以外其他类型文件的规范化。国际标准化组织发布的国际标准以外的其他类型文件多种多样，其中，ISO 和 IEC 发布的文件种类和数量占大多数，这包括技术规范（TS）、可公开获得规范（PAS）、技术报告（TR）、指南（Guide）、技术趋势评定（TTA）、工业技术协议（ITA）、国际专题研讨会协议（IWA）。

本部分涵盖的 ISO 和 IEC 发布的标准以外其他类型文件中的部分类型文件，经过一段时期，根据 ISO 和 IEC 有关文件类型的具体规则的改变，可能被撤销或被新类型文件取代，应留意变化。

GB/T 20000.2—2009 的引言中阐述了国际标准在 WTO/TBT 协议框架内的重要性，国际标准以外其他类型文件对于减少贸易壁垒和促进贸易便利化可能具有同样的作用。

尽量将国家标准化文件与相应国际标准化文件的差异控制在最小程度的原则同样适用本部分。

关注 ISO 和 IEC 有关其出版物的版权、版权使用权、销售规则和政策。

标准化工作指南
第9部分:采用其他国际标准化文件

1 范围

GB/T 20000的本部分规定了采用国际标准以外的其他类型国际标准化文件的方法,以及等同采用时国家标准化文件的特定编号方法。

本部分适用于国家标准化文件采用国际标准以外的其他类型国际标准化文件,同时可供我国其他层次的标准化文件采用其他类型国际标准化文件时参考。

2 规范性引用文件

下列文件对于本文件的应用是必不可少的。凡是注日期的引用文件,仅注日期的版本适用于本文件。凡是不注日期的引用文件,其最新版本(包括所有的修改单)适用于本文件。

GB/T 20000.1 标准化工作指南 第1部分:标准化和相关活动的通用术语(GB/T 20000.1—2014,ISO/IEC Guide 2:2004,MOD)

GB/T 20000.2—2009 标准化工作指南 第2部分:采用国际标准(ISO/IEC Guide 21-1:2005,MOD)

3 术语和定义

GB/T 20000.1和GB/T 20000.2—2009界定的以及下列术语和定义适用于本文件。

注:以下界定的文件为ISO和IEC发布的除国际标准以外其他类型国际标准化文件,其他国际标准化组织也发布类似文件。

3.1

技术规范 Technical Specification;TS

ISO或IEC发布的,未来有可能形成国际标准,但现阶段由于下述情况尚未形成国际标准的文件:

——尚不能获得批准为国际标准所需要的支持;

——尚未达成协商一致;

——主要技术内容仍处在技术发展阶段;

——不能立即作为国际标准发布的其他原因。

注1:技术规范(包括附录)可以包含要求。

注2:针对同一标准化对象,可以有多个相互竞争的技术规范存在。

注3:1999年中期以前,技术规范被称为第1类和第2类技术报告。

3.2

可公开获得规范 Publicly Avilabale Specification;PAS

ISO或IEC为顺应市场急需而发布的,用以反映下述任一主体内达成的协商一致的文件:

——ISO和IEC以外的组织;

——工作组内的专家。

注:针对同一标准化对象,可以有多个相互竞争的可公开获得规范存在。

3.3

技术报告 Technical Report;TR

ISO和IEC发布的包含不同于国际标准或技术规范的数据的文件。

注1:这些数据可以包括,例如国家团体实践中获得的数据、其他组织的工作数据或有关成员国家标准中特定标准化对象最新技术水平的数据。

注2:1999年中期以前,技术报告被称为第3类技术报告。

3.4

指南 Guide

ISO和IEC发布的为国际标准化活动提供规则、指导或建议的文件。

注:可以用指南处理所有国际标准用户关注的问题。

3.5

技术趋势评估 Technology Trend Assessment;TTA

ISO或IEC为响应全球有关标准化问题合作的需要而在技术创新早期阶段发布的,用以评定新兴领域最新技术水平或发展趋势的文件。

注:技术趋势评估通常是标准化前期工作或研究的成果。

3.6

工业技术协议 Industry Technical Aggreement;ITA

规定新产品或服务参数的规范性或资料性文件。

注1:工业技术协议仅存在于IEC。

注2:工业技术协议在IEC技术体系之外制定,以推进工业产品投入生产和投放市场的进程。工业技术协议相当于工业事实标准。技术快速发展的行业是工业技术协议的主要潜在用户,可以覆盖整个电气和电子工程(包括信息技术领域)范围。

3.7

国际研讨会协议 International Workshop Agreement;IWA

为满足市场急需,通过研讨会机制形成的文件。

注1:国际研讨会协议仅存在于ISO。

注2:ISO技术管理局批准任何方面提出举办研讨会的提案,并可指定一个ISO成员团体协助提案人。国际研讨会协议经研讨会成员协商一致通过。

注3:国际研讨会协议在ISO技术体系之外制定。

3.8

类型 type

〈出版物的〉由标准机构作为规范性或资料性文件发布的出版物或文件的具体种类。

注:出版物的类型通常与文件的制定程序相关,制定程序决定了出版物所代表的协商一致程度。

4 一致性程度

GB/T 20000.2—2009的第4章规定的一致性程度适用于本部分。一致性程度不受采用什么类型的国际标准化文件所影响,仅取决于内容和结构的一致性程度。

5 采用方法

5.1 GB/T 20000.2—2009的第5章规定的采用方法适用于本部分。

5.2 除国际标准以外的其他类型国际标准化文件宜采用为国家标准化指导性技术文件,也可采用为国家标准,例如,ISO或IEC的技术规范可以采用为国家标准化指导性技术文件,但也可能采用为国家标准。这种情况下，应在国家标准的前言中清楚地指明文件类型的改变。至于是以国家标准化指导性技术文件还是以国家标准采用除国际标准以外的其他类型国际标准化文件，需要结合具体情况确定。

6 技术性差异和编辑性修改的表述和标示

GB/T 20000.2—2009 的第 6 章规定的技术性差异和编辑性修改的表述和标示方法适用于本部分。

7 等同采用其他类型国际标准化文件的国家标准化文件编号方法

7.1 概述

本章规定的标准编号方法仅适用于国家标准化文件等同采用 ISO 和 IEC 发布的标准以外其他类型文件，例如，技术规范、可公开获得规范、技术报告、指南、技术趋势评估、工业技术协议、国际研讨会协议，不适用于采用 ISO 和 IEC 以外其他国际标准化组织发布的类似文件。

当国家标准化文件与 ISO 和 IEC 发布的除国际标准以外其他类型国际标准化文件等同时，"等同"这一信息宜使读者在查阅内容之前清楚获悉。

7.2 编号

国家标准化文件等同采用 ISO 和(或)IEC 标准以外其他类型标准化文件的编号方法应采取国家标准化文件编号与 ISO 和(或)IEC 标准化文件编号结合在一起的双编号方法。具体编号方法为将国家标准化文件编号及 ISO 和(或)IEC 标准以外其他类型标准化文件编号排为一行，两者之间用斜线分开。

示例 1： GB/Z 25756—2010/ISO/TS 3669-2:2007

示例 2： GB/Z 25101—2010/ISO/TR 21449:2004

示例 3： GB/T 26852—2011/IEC/PAS 62515:2007

示例 4： GB/T 20159.4—2011/IEC/TR 60721-4-4:2003

对于与 ISO 和(或)IEC 标准以外其他类型标准化文件的一致性程度是修改和非等效的国家标准化文件，只使用国家标准化文件编号，不准许使用上述双编号方法。

双编号在国家标准化文件中仅用于封面、页眉、封底和版权页上。

8 一致性程度标示方法

GB/T 20000.2—2009 的第 8 章规定的一致性程度标示方法适用于本部分，一致性程度的标示参见如下示例。

示例 1： GB/Z 26822—2011 文档管理 电子信息存储 真实性可靠性建议(ISO/TR 15801:2009，IDT)

示例 2： GB/T 17215.911—2011 电测量设备 可信性 第 11 部分：一般概念(IEC/TR 62059-11:2002，IDT)

示例 3： GB/Z 25426—2010 风力发电机组 机械载荷测量(IEC/TS 61400-13:2001，Wind turbine generator systems—Part 13:Measurement of mechanical loads ，MOD)

示例 4： GB/Z 20985—2007 信息技术 安全技术 信息安全事件管理指南(ISO/IEC TR 18044:2004，MOD)

示例 5： GB/Z 20283—2006 信息安全技术 保护轮廓和安全目标的产生指南(ISO/IEC TR 15446:2004，NEQ)

ICS 01.120
A 00

中华人民共和国国家标准

GB/T 20001.10—2014

标准编写规则 第10部分:产品标准

Rules for drafting standards—
Part 10:Product standards

2014-12-31发布

2015-06-01实施

中华人民共和国国家质量监督检验检疫总局
中国国家标准化管理委员会
发布

前　　言

GB/T 20001《标准编写规则》、GB/T 1《标准化工作导则》、GB/T 20000《标准化工作指南》、GB/T 20002《标准中特定内容的起草》和GB/T 20003《标准制定的特殊程序》共同构成支撑标准制修订工作的基础性系列国家标准。

GB/T 20001《标准编写规则》拟分为如下部分：

——第1部分：术语标准；

——第2部分：符号标准；

——第3部分：分类标准；

——第4部分：试验方法标准；

——第5部分：规范标准；

——第6部分：规程标准；

——第7部分：指南标准；

……

——第10部分：产品标准。

本部分为GB/T 20001的第10部分。

本部分按照GB/T 1.1—2009给出的规则起草。

本部分由全国标准化原理与方法标准化技术委员会(SAC/TC 286)归口。

本部分起草单位：中国标准化研究院、机械科学研究总院、中国电子技术标准化研究院、煤炭科学研究总院、中国家用电器研究院。

本部分主要起草人：白殿一、逄征虎、薛海宁、强毅、刘慎斋、陆锡林、姜英、王益谊、马德军、吴学静。

引　言

GB/T 1.1—2009《标准化工作导则　第1部分:标准的结构和编写》已经发布实施。GB/T 1.1是针对标准编写的普遍性、一般性要求所做出的规定,而产品标准作为产品生产、检验、使用、维护及贸易洽谈等方面的技术依据,在标准结构和标准要素起草方面有其特殊性。为了更好地指导产品标准的编写,有必要对产品标准的内容和结构的确定以及要素的编写作出统一规定,以满足我国标准化工作的实际需要。

标准编写规则 第10部分：产品标准

1 范围

GB/T 20001的本部分规定了起草产品标准所遵循的原则、产品标准结构、要素的起草要求和表述规则以及数值的选择方法。

本部分适用于国家、行业、地方和企业产品标准的编写，具体适用于编写有形产品的标准，编写无形产品的标准可参照使用。

2 规范性引用文件

下列文件对于本文件的应用是必不可少的。凡是注日期的引用文件，仅注日期的版本适用于本文件。凡是不注日期的引用文件，其最新版本(包括所有的修改单)适用于本文件。

GB/T 1.1 标准化工作导则 第1部分：标准的结构和编写

GB 190 危险货物包装标志

GB/T 191 包装储运图示标志

GB/T 321 优先数和优先数系

GB 5296(所有部分) 消费品使用说明

GB/T 6388 运输包装收发货标志

GB/T 9969 工业产品使用说明书 总则

GB/T 20000.1 标准化工作指南 第1部分：标准化和相关活动的通用术语

GB/T 20000.4—2003[1)] 标准化工作指南 第4部分：标准中涉及安全的内容

GB/T 20001.4 标准编写规则 第4部分：化学分析方法

GB/T 20002.3 标准中特定内容的起草 第3部分：产品标准中涉及环境的内容

GB/T 27000 合格评定 词汇和通用原则

3 术语和定义

GB/T 20000.1和GB/T 27000界定的以及下列术语和定义适用于本文件。为了便于使用，以下重复列出了GB/T 20000.1中的某些术语和定义。

3.1

产品标准 product standard

规定产品需要满足的要求以保证其适用性的标准。

注1：产品标准除了包括适用性的要求外，也可直接包括或以引用的方式包括诸如术语、取样、检测、包装和标签等方面的要求，有时还可包括工艺要求。

注2：产品标准根据其规定的是全部的还是部分的必要要求，可区分为完整的标准和非完整的标准。由此，产品标

1) GB/T 20000.4—2003已修订，即将被批准为GB/T 20002.4《标准中特定内容的起草 第4部分：标准中涉及安全的内容》。

准又可分为不同类别的标准，例如尺寸类、材料类和交货技术通则类产品标准。

注 3：若标准仅包括分类、试验方法、标志和标签等内容中的一项，则该标准分别属于分类标准、试验方法标准和标志标准，而不属于产品标准。

[GB/T 20000.1—2014，定义 7.9]

3.2

性能特性　performance characteristic

与产品使用功能相关的物理、化学等技术性能。

注：如速度、亮度、纯度、功率、转速等。

3.3

描述特性　descriptive characteristic

与产品使用功能相关的设计、工艺、材料等特性。

注：描述特性往往可以显示在实物上或图纸上，如在图纸上描述的尺寸、形状、光洁度等。

4　总则

4.1　规范性

产品标准各要素的起草以及标准的结构和编排格式除应符合 GB/T 1.1 的相关规定外，还应符合本部分的规定。

4.2　技术要素的选择原则

4.2.1　一般原则

产品标准的技术要素及其内容的选择，取决于标准化对象(也就是具体的产品)、标准的使用者以及标准的编制目的。

4.2.2　确定标准化对象

起草产品标准时，首先应确定标准化对象或领域。产品标准的标准化对象通常为有形产品、系统、原材料等，编写产品标准涉及的标准化对象或领域通常有：

——某领域的产品，如“家用电器”；

——完整产品，如“电视接收机”；

——产品部件，如“电视接收机　显示屏”。

4.2.3　明确标准的使用者

起草产品标准时，应明确标准的使用者。产品标准的使用者通常有：

——制造商或供应商(第一方)；

——用户或订货方(第二方)；

——独立机构(第三方)。

国家标准、行业标准中的产品标准的使用者通常为上述三方。因此，在起草这类产品标准时应遵守“中立原则”，即应使得产品标准的要求能够作为第一方、第二方或第三方合格评定的依据。

企业标准中的产品标准通常供企业自身使用。因此，在起草这类产品标准时应明确标准的使用者是企业的生产者还是采购者。

4.2.4 确定标准的编制目的

任何产品都有许多特性，但只有其中的一些特性可以作为标准的内容。标准的编制目的是特性选择的决定因素之一。对相应产品进行功能分析有助于选择标准所要包括的技术要素。

编制产品标准的目的通常有：保证产品的可用性，保障健康、安全，保护环境或促进资源合理利用，便于接口、互换、兼容或相互配合，利于品种控制等。（见6.5.2）

注：在标准中，通常不指明各要求的目的（标准和某些要求的目的可以在引言中进行阐述）。然而，最重要的是在工作的最初阶段（起草征求意见稿前）确认这些目的，以便决定标准包括哪些要求。

4.2.5 符合性能特性原则

只要可能，要求应由性能特性，而不用描述特性来表述，以便给技术发展留有最大的余地。采用性能特性表述要求时，需要注意保证性能要求中不疏漏重要的特性。

然而，是以性能特性表述要求，还是以描述特性表述要求，需要认真权衡利弊，因为用性能特性表述要求时，可能引入既耗时又费钱的复杂的试验过程。

注：性能特性原则的实质是要求“结果”优先，相对于“结果”，“过程”的途径多种多样。因此，不同的生产者可以采用不同的技术、不同的方法达到性能特性要求的“结果”。

4.2.6 满足可证实性原则

不论产品标准的目的如何，标准中应只列入那些能被证实的技术要求。或者说，如果没有一种试验方法能在相对较短的时间内证实产品是否符合稳定性、可靠性或寿命等要求，则标准中不应规定这些要求。

注：生产者声称符合没有证实方法的要求，只能视作生产者做出的保证。保证条件不属于标准的内容，它是商业概念或合同概念，而不是技术概念。

为了满足可证实性原则，标准中的要求应定量并使用明确的数值（见GB/T 1.1）表示。不应使用诸如“足够坚固”或“适当的强度”之类的定性的表述。规范性要求的数值应与只供参考的数值明确区分。

4.3 避免重复和不必要的差异

避免重复是标准化方法论的一项首要原则，同时还应尽可能减少不必要的差异。为此，有关产品的要求只应在一项标准中规定，可以采取以下具体措施：

——将适用于一组产品的通用要求规定在某项标准的一个部分中；

——将适用于一组产品、两个或两个以上类型的产品的试验方法规定在产品标准的某一个部分中。

涉及上述产品的每一个部分或标准均应引用通用要求部分或试验方法部分（可指出各种必要的修改）。

注1：如果在编制产品标准时，有必要对某种试验方法标准化，并且多个标准都需要引用该试验方法，则需要为该方法编制一个单独的试验方法标准。

注2：如果在编制产品标准时，有必要对某种试验设备标准化，并且测试其他产品也可能用到该设备，为了避免重复，需要与涉及该试验设备的技术委员会协商，以便为该设备编制一个单独的标准。

5 结构

产品标准的必备要素包括：封面、前言、标准名称、范围、技术要求等。产品标准中要素的典型编排以及每个要素所允许的表述方式见表1。

表 1　产品标准中要素的典型编排

要素类型	要素[a]的编排	要素所允许的表述形式[a]
资料性概述要素	***封面***	***文字***
	目次	*文字(自动生成的内容)*
	前言	***条文*** *注、脚注*
	引言(见 6.1)	*条文、图、表、注、脚注*
规范性一般要素	**标准名称(见 6.2)**	**文字**
	范围(见 6.3)	**条文** 图、表 *注、脚注*
	规范性引用文件	文件清单(规范性引用) *注、脚注*
规范性技术要素	术语和定义 符号、代号和缩略语 分类、标记和编码(见 6.4) **技术要求**(见 6.5) 取样(见 6.6) 试验方法(见 6.7) 检验规则(见 6.8) 标志、标签和随行文件(见 6.9) 包装、运输和贮存(见 6.10) 规范性附录	条文、图、表 *注、脚注*
资料性补充要素	*资料性附录*	*条文、图、表、注、脚注*
规范性技术要素	规范性附录	条文、图、表 *注、脚注*
资料性补充要素	*参考文献*	*文件清单(资料性引用)、脚注*
	索引	*文字(自动生成的内容)*

注：表中各类要素的前后顺序即其在标准中所呈现的具体位置。

[a] 黑体表示“必备要素”;正体表示“规范性要素”;斜体表示“资料性要素”。

根据产品的特点,一项产品标准不但不一定包括表 1 中的所有规范性技术要素,而且还可以包含表 1 之外的其他规范性技术要素。按照产品标准的表述需要,表 1 中的规范性技术要素可以合并或拆分,其标题可做相应调整。

6　要素的起草

6.1　引言

可在引言中解释标准和某些要求的目的。(见 4.2.4 和 6.5.2)

6.2 标准名称

6.2.1 产品标准如包含了6.4～6.9的全部技术要素，可用产品名称作为标准名称。

示例1：小麦

示例2：墙板自攻螺钉

示例3：船用消防接头

6.2.2 产品标准的规范性技术要素中如仅包括了“技术要求”和“试验方法”（见6.5和6.7），或者同时还包括了6.4、6.6、6.8、6.9中的部分技术要素，可使用“技术规范”或“规范”作为标准名称的补充要素。

示例1：白炽照明灯 规范

示例2：空气压缩机阀片用热轧薄钢板 技术规范

6.2.3 同类产品共同使用的“技术规范”，可使用“通用技术规范”或“总规范”作为标准名称的补充要素。

示例1：地面雷达 通用技术规范

示例2：船舶电器 总规范

6.3 范围

6.3.1 范围应明确标准所涉及的具体产品，还应按照6.4～6.10的顺序指出所涉及的具体内容。如必要，还应针对编制标准的目的指出技术要求所涉及的方面。

6.3.2 范围还应指出标准的预期用途和适用界限，或标准的使用对象。

6.4 分类、标记和编码

6.4.1 产品标准中分类、标记和编码为可选要素，它可为符合规定要求的产品建立一个分类（分级）、标记和（或）编码体系。产品标准中的标准化项目标记应符合GB/T 1.1中的相关规定。根据分出的类别的识别特点，可以使用“分类”“分类和命名”“分类和编码”“分类和标记”作为该要素的标题。

6.4.2 根据具体情况，该要素可并入技术要求（见6.5），或编制为标准的一个部分，也可编制为单独的标准[2)]。

6.4.3 产品分类的基本要求如下：

——划分的类别应满足使用的需要；

——应尽可能采用系列化的方法进行分类；

——对于系列产品应合理确定系列范围与疏密程度等，尽可能采用优先数和优先数系或模数制。

6.4.4 可根据产品不同的特性（如来源、结构、性能或用途等）进行分类。产品分类一般包括下述内容：

——分类原则与方法；

——划分的类别，如产品品种、型式（或型号）和规格及其系列；

——类别的识别，通常可用名称（一般由文字组成）、编码（一般由数字、字母或它们的组合而成）或标记（可由符号、字母、数字构成）进行识别。

6.5 技术要求

6.5.1 一般要求

产品标准中技术要求为必备要素，它应包括下述内容：

a) 直接或以引用方式规定的产品的所有特性；

b) 可量化特性所要求的极限值。

---

2) 这种情况，该标准属于“分类标准”，不属于产品标准。

c) 针对每项要求，引用测定或验证特性值的试验方法，或者直接规定试验方法（见 6.7）。

该要素中不应包括合同要求（有关索赔、担保、费用结算等）和法律或法规的要求。

在某些产品标准中，可能需要规定产品应附带的针对安装者或使用者的警示事项或说明，并规定其性质。另一方面，由于安装或使用要求并不用于产品本身，因此应规定在一个单独的部分或一个单独的标准中。

如果标准只列出特性，其特性值要求由供方或需方明确而标准本身并不予以规定时，在标准中应规定如何测量和如何表述（如在标志、标签或包装上）这些数值。（见 7.3）

6.5.2 适用性的要求

6.5.2.1 可用性

为了保证可用性，需要根据产品的具体情况规定产品的使用性能、理化性能、环境适应性、人类工效学等方面的技术要求。针对不同类别的产品可考虑诸如以下内容：

a) 使用性能：选择直接反映产品使用性能的指标或者间接反映使用性能的可靠代用指标，如生产能力、功率、效率、速度、耐磨性、噪声、灵敏度、可靠性等要求。

注 1：有可靠性要求的产品可定量地规定可靠性指标，如故障率、失效率、平均寿命（MTTF）、平均失效间隔时间或平均失效间工作时间（MTBF）或强迫停机率（FOR）等。

注 2：用不同测试方法得出的不同指标的数据或得出的同一指标的不同数据，经过一定换算，能够在实用范围内得到同样有效的判断或结论时，可用这些数据中的某些数据代替别的数据作为衡量产品性能的指标。这时，前者被称为后者的代用指标。

b) 理化性能：当产品的理化性能对其使用十分重要，或者产品的要求需要用理化性能加以保证时，应规定产品的物理（如力学、声学、热学）、化学和电磁性能，如产品的密度、强度、硬度、塑性、黏度；化学成分、纯度、杂质含量极限；电容、电阻、电感、磁感等。

c) 环境适应性：根据产品在运输、贮存和使用中可能遇到的实际环境条件规定相应的指标，如产品对温度、湿度、气压、烟雾、盐雾、工业腐蚀、冲击、振动、辐射等适应的程度，产品对气候、酸碱度等影响的反应，以及产品抗风、抗磁、抗老化、抗腐蚀的性能等。

d) 人类工效学：产品的人机界面要求，产品满足视觉、听觉、味觉、嗅觉、触觉等外观或感官方面的要求，如对表面缺陷、颜色的规定，对易读性、易操作性的规定等。

6.5.2.2 健康、安全，环境或资源合理利用

如果保障健康、安全，保护环境或促进资源合理利用成为编制标准的目的之一，则应根据具体情况编制相应的条款，诸如：

a) 对产品中有害成分的限制要求；

b) 对产品运转部分的噪声限制、平衡要求；

c) 防爆、防火、防电击、防辐射、防机械损伤的要求；

d) 产品中的有害物质以及使用中产生的废弃物排放对环境影响的要求；

e) 对直接消耗能源产品的耗能指标的规定，如耗电、耗油、耗煤、耗气、耗水等指标。

这些要求可能需要含有极限值[最大值和（或）最小值]（见 7.1）或严格尺寸的某些特性，有时这些要求中还可能包括结构细节（例如保证安全的防错装结构）（见 6.5.3.1）。在规定极限值水平时应尽可能降低风险因素。

为了便于法规引用，这些要求宜编制成标准中单独的章，或标准的单独部分，以至单独的标准。

GB/T 20000.4—2003 给出了起草标准中涉及安全内容的指南，GB/T 20002.3 给出了编写产品标准中涉及环境内容的指南。

注：如果标准只涉及健康、安全、环境保护或资源合理利用中的一种或多种要求，则属于强制性标准。如果这些要

求规定在强制性标准或技术法规中，相应的试验方法需要编制成单独的推荐性标准，而强制性标准或技术法规通常要引用这些试验标准。

6.5.2.3　接口、互换性、兼容性或相互配合

便于接口、互换性、兼容性或相互配合等要求是编制标准的重要目的之一。具体产品的标准化可以只针对这几个方面。如果编制标准的目的是保证互换性，则关于该产品的尺寸互换性和功能互换性均应予以考虑。

注：由于贸易、经济或安全等原因，互换件的可获得性是重要的。

需要满足尺寸互换时，在规定接口尺寸时，应规定其公差。

6.5.2.4　品种控制

对于广泛使用的材料、物资或机械零部件、电子元器件或电线电缆等，利于品种控制是编制标准的重要目的。

品种可包括尺寸和其他特性。在涉及品种控制的标准中应提供可选择的值（通常给出一系列数据），并规定其公差。

6.5.3　其他要求

6.5.3.1　结构

需要对产品的结构提出要求时，应做出相应的规定。规定产品结构尺寸时，应给出结构尺寸图，并在图上注明相应尺寸（长、宽、高三个方向），或者注明相应尺寸代号等。

6.5.3.2　材料

产品标准通常不包括材料要求。为了保证产品性能和安全，不得不指定产品所用的材料时，如有现行标准，应引用有关标准，或规定可以使用性能不低于有关标准规定的其他材料；如无现行标准，可在附录中对材料性能作出具体规定。

注：对于原材料，如果无法确定必要的性能特性时，宜直接指定原材料，最好再补充如下文字："……或其他已经证明同样适用的原材料。"

6.5.3.3　工艺

产品标准通常不包括生产工艺要求（如加工方法、表面处理方法、热处理方法等），而以成品试验来代替。然而为了保证产品性能和安全，不得不限定工艺条件，甚至需要检验生产工艺（例如压力容器的焊接等）时，则可在"要求"中规定工艺要求。

6.5.4　要求的表述

6.5.4.1　涉及产品适用性的某些要求，有时可使用产品的类型（例如深水型）或等级（例如宇航级），或使用需要满足使用条件的描述术语（如"防震"）来表达，以便在产品上做标记或标志（例如手表外壳上的"防震"字样），同时规定只在能使用标准试验方法证明相应要求得到满足时才可使用这些术语或标志。

6.5.4.2　要求型条款用文字表述的典型句式为：

——对结果提要求："特性"按"证实方法"测定"应"符合"特性的量值"的规定；

——对过程提要求："谁""应""怎么做"。

6.5.4.3　要求型条款用表格表述时，其表头的典型形式为：编号、特性、特性值、试验方法等，其中试验方法栏通常给出该标准中规定试验方法的章条编号，或者给出引用的标准编号及章条号。该表格应在正文中使用要求型条款提及。

示例：

编号	特性	特性值	试验方法

6.6 取样

产品标准中取样为可选要素，它规定取样的条件和方法，以及样品保存方法。该要素可位于要素6.7的起始部分。

6.7 试验方法

6.7.1 一般要求

6.7.1.1 产品标准中试验方法为可选要素，编写试验方法的目的在于给出证实技术要求中的要求是否得到满足的方法。因此，该要素中规定的试验方法应与技术要求(见6.5)有明确对应关系。

在标准中该要素可以：

——作为单独的章；

——融入技术要求(见6.5)中；

——成为标准的规范性附录；

——形成标准的单独部分。

技术要求、取样和试验方法虽然是不同的要素，但在产品标准中它们是相互关联的，应作统筹考虑。

6.7.1.2 由于一种试验方法往往稍加变动或原封不动就适用于几种产品或几类产品，所以试验方法最容易出现重复现象。因此，在编制产品标准时，如果需要对试验方法进行标准化，应首先引用现成适用的试验方法。

规定试验方法时应考虑采用通用的试验方法标准和其他标准中类似特性的相应试验方法。只要可能，应采用无损试验方法代替置信度相同的破坏性试验方法。

不应将正在使用的试验方法不同于普遍接受的通用方法作为理由，而拒绝在标准中规定普遍接受的通用方法。

6.7.1.3 在标准中列出的各项试验方法，并不意味着具有实施这些试验的义务，而仅仅是陈述了测定的方法，当有要求或被引用时才予以实施。

如果在标准中指明产品的合格评定采用统计方法，则符合标准的陈述是指整体的或成批的产品合格。

如果标准中指定每件产品需按照标准进行试验，则产品符合标准的陈述意味着每件产品均经过了试验并满足相应的要求。

6.7.2 试验方法的内容

6.7.2.1 试验方法的内容应包括用于验证产品是否符合规定的方法，以及保证结果再现性步骤的所有条款。如果各项试验之间的次序能够影响试验结果，标准应规定试验的先后次序。

通常情况下产品标准中的试验方法应包括试样的制备和保存、试验步骤和结果的表述(包括计算方法以及试验方法的准确度或测量不确定度)，也可根据需要增加其他内容，如原理、试剂或材料、仪器、试验报告等。

化学分析方法的编写见GB/T 20001.4的规定。该标准的大部分内容亦适用于非化学品的产品试验方法。

6.7.2.2 如果试验方法涉及到使用危险的物品、仪器或过程时，应包括总的警示用语和适宜的具体警示用语。建议的警示用语见 GB/T 20000.4—2003。

6.7.3 供选择的试验方法

如果一个特性存在多种适用的试验方法,原则上标准中只应规定一种试验方法。如果因为某种原因,标准需要列入多种试验方法,为了解决怀疑或争端,应指明仲裁方法。

6.7.4 按准确度选择试验方法

6.7.4.1 所选试验方法的准确度应能够对需要评定的特性值是否处在规定的公差范围内做出明确的判定。

6.7.4.2 当技术上需要时,每个试验方法应包括其准确度范围的相应陈述。

6.8 检验规则

6.8.1 产品标准中检验规则为可选要素,针对产品的一个或多个特性,给出测量、检查、验证产品符合技术要求所遵循的规则、程序或方法等内容。

6.8.2 产品标准不应涉及合格评定方案和制度的通用要求。使产品符合相关技术要求不应依赖于质量管理体系标准,即产品标准中不应规范性引用诸如 GB/T 19001。

6.8.3 若标准中需要规定检验规则,应指出该检验规则的适用范围,必要时应明确界定供制造商或供应商(第一方)、用户或订货方(第二方)和合格评定机构(第三方)分别适用的检验类型、检验项目、组批规则和抽样方案以及判定规则等,其内容编写参见附录 A。

6.9 标志、标签和随行文件

6.9.1 一般要求

6.9.1.1 产品标准中标志、标签和随行文件为可选要素,可作为相互补充的内容,只要有关应纳入标准,特别是涉及消费品的产品标准。如果需要,标记的方法也应做出规定或建议。

6.9.1.2 该要素不应涉及符合性标志。符合性标志通常使用认证体系的规则(参见 GB/T 27023)。涉及标准机构或其发布的文件(即符合性声明)的产品标志参见 GB/T 27050.1 和 GB/T 27050.2。

GB/T 20000.4—2003 给出了有关安全标准和涉及安全内容的条款。

6.9.1.3 可在资料性附录中给出订货资料的示例,对标志或标签加以补充。

6.9.2 标志和标签的要求

6.9.2.1 适用时,含有产品标志内容的产品标准应规定:

a) 用于识别产品的各种标志的内容,适宜时,包括生产者(名称和地址)或总经销商(商号、商标或识别标志),或产品的标志[例如生产者或销售商的商标、型式或型号、标记(见 GB/T 1.1 中的相关规定)],或不同规格、种类、型式和等级的标志;
b) 这类标志的表示方法,例如,使用金属牌(铭牌)、标签、印记、颜色、线条(在电线上)或条形等方式;
c) 这类标志呈现在产品或包装上的位置。

6.9.2.2 如果标准要求使用标签,则标准还应规定标签的类型,以及在产品或其包装上如何拴系、粘贴或涂刷标签。

6.9.2.3 如果需要给出有关产品的生产日期(或表明日期的代码)、有效期、搬运规则、安全警示等,则相应的要求应纳入涉及标志和标签的章条。

6.9.2.4 用作标志的符号应符合 GB 190、GB/T 191、GB/T 6388 以及其他相应的标准。

6.9.3 产品随行文件的要求

产品标准可要求提供产品的某些随行文件，例如可包括：

——产品合格证，参见 GB/T 14436；

——产品说明书；

——装箱单；

——随机备附件清单；

——安装图；

——试验报告；

——搬运说明；

——其他有关资料。

适用时，标准中应对这些文件的内容做出规定，见 GB 5296、GB/T 9969 以及其他相关标准。

6.10 包装、运输和贮存

产品标准中包装、运输和贮存为可选要素，需要时可规定产品的包装、运输和贮存条件等方面的技术要求，这样既可以防止因包装、运输和贮存不当引起危险、毒害或污染环境，又可以保护产品。包装、运输和贮存的编写参见附录 B。

7 数值的选择

7.1 极限值

根据特性的用途可规定极限值[最大值和(或)最小值]。通常一个特性规定一个极限值，但有多个广泛使用的类型或等级时，则需要规定多个极限值。

7.2 可选值

7.2.1 根据特性的用途，特别是品种控制和某些接口的用途，可选择多个数值或数系。适用时，数值或数系应按照 GB/T 321(进一步的指南参见 GB/T 19763 和 GB/T 19764)给出的优先数系，或者按照模数制或其他决定性因素进行选择。

当试图对一个拟定的数系进行标准化时，应检查是否有现成的被广泛接受的数系。

采用优先数系时，宜注意非整数(例如：数 3.15)有时可能带来不便或要求不必要的高精确值。这时，需要对非整数进行修约(参见 GB/T 19764)。宜避免由于同一标准中同时包括了精确值和修约值，而导致不同使用者选择不同的值。

7.2.2 根据产品的分类，可以对某些特性提出不同的特性值，这时应清楚的指明类别和值的对应关系。

7.3 由供方确定的数值

如果允许多样化，则不必对产品的某些特性规定特性值(尽管这些特性对产品的性能有明显的影响)。标准中可列出全部由供方自行选择的特性，其值由供方确定，可规定以何种形式(如铭牌、标签、随行文件等)表明特性值。例如，对于某些纺织品，在标准中不必具体规定羊毛含量的特性值，只需要求供方在标签上注明即可。

对于大多数复杂产品，只要规定了相应的测试方法，则由供方提供一份性能数据(产品信息)清单比标准中给出具体性能要求更好。

对于健康和安全要求，标准应规定其特性值，不准许采用由供方确定的特性值。

附 录 A
（资料性附录）
质量评定程序或检验规则

A.1 检验分类

根据行业和产品特点可选择下列一类或多类检验：

——型式检验（例行检验）、定型检验（鉴定检验）、首件检验等；

——出厂检验（常规检验、交收检验）、质量一致性检验等。

可供选择的检验分类组合示例如下。

示例 1：型式检验（或例行检验）、出厂检验（或交收检验）。

示例 2：定型检验（或鉴定检验）、质量一致性检验。

示例 3：首件检验、质量一致性检验。

示例 4：定型检验（或鉴定检验）、首件检验、质量一致性检验。

示例 5：首件检验、出厂检验。

示例 6：出厂检验。

A.2 检验项目

根据选定的检验类别，分别确定需要检验的项目，可用表的形式表示。表一般可包括序号、检验项目名称、“要求”的章条号和“试验方法”的章条号。不同检验类别的检验项目可单列表也可合并列表。

当检验项目的次序可能影响检验结果时，需对检验项目的次序作出规定。

除出厂检验或质量一致性检验按照惯例进行外，其他检验宜根据需要规定检验的时机，例如转产、转厂、停产后复产、结构或材料或者工艺有重大改变、合同规定等。

A.3 组批规则和抽样方案

A.3.1 组批规则和抽样方案需根据产品的特点、供需双方的需求以及愿意承担的风险予以确定。组批规则通常需确定组批条件、批量、组批时机、组批方法等。

示例 1：

钢板应成批验收。每批钢板由同一炉罐号、同一厚度、同一热处理工艺的钢板组成。钢板厚度 6 mm～16 mm 时，每批质量不大于 15 t；钢板厚度大于 16 mm 时，每批质量不大于 25 t。

示例 2：

一个检验批可由一个生产批组成，或由符合以下条件的几个生产批组成：

——采用基本相同的材料、工艺和设备等；

——几个生产批间隔的时间通常不超过一周，除非另有规定，但也不超过一个月。

A.3.2 具体抽样方案需根据有关的要素，例如抽样方案类型、不合格分类等，进行确定。

A.4 判定规则

每一类检验都需要有判定规则，即判定产品为合格或不合格的条件。

附　录　B
（资料性附录）
包装、运输、贮存要求的编写规则

B.1　包装

需要对产品的包装提出要求时，可将有关内容编入标准，也可引用有关的包装标准。

包装要求的基本内容包括：

a）包装技术和方法，指明产品采用的包装，以及防晒、防潮、防磁、防震动、防辐射等措施；

b）包装材料和要求，指明采用的包装材料，以及材料的性能等；

c）对内装物的要求，指明内装物的摆放位置和方法，预处理方法以及危险物品的防护条件等；

d）包装试验方法，指明与包装有关的试验方法。

B.2　运输

对产品运输有特殊要求时，可规定运输要求，运输要求的基本内容包括：

a）运输方式，指明运输工具等；

b）运输条件，指明运输时的要求，例如遮篷、密封、保温等；

c）运输中的注意事项，指明装、卸、运方面的特殊要求，以及运输危险物品的防护条件等。

B.3　贮存

必要时，可规定产品的贮存要求，特别是对有毒、易腐、易燃、易爆等危险物品应规定相应的特殊要求。

贮存要求的基本内容包括：

a）贮存场所，指明库存、露天、遮篷等；

b）贮存条件，指明温度、湿度、通风、有害条件的影响等；

c）贮存方式，指明单放、码放等；

d）贮存期限，指明规定的贮存期限，贮存期内定期维护的要求，以及贮存期内的抽检要求。

参 考 文 献

[1] GB/T 2471 电阻器和电容器优先数系

[2] GB/T 2822 标准尺寸

[3] GB/T 14436 工业产品保证文件 总则

[4] GB/T 19001 质量管理体系 要求

[5] GB/T 19763 优先数和优先数系的应用指南

[6] GB/T 19764 优先数和优先数化整值系列的选用指南

[7] GB/T 27023 第三方认证制度中标准符合性的表示方法

[8] GB/T 27050.1 合格评定 供方的符合性声明 第1部分:通用要求

[9] GB/T 27050.2 合格评定 供方的符合性声明 第2部分:支持性文件

ICS 01.120
A 00

中华人民共和国国家标准

GB/T 20002.3—2014
代替 GB/T 20000.5—2004

标准中特定内容的起草
第3部分:产品标准中涉及环境的内容

Drafting for special aspects in standards—
Part 3:Addressing environmental issues in product standards

(ISO Guide 64:2008,Guide for addressing environmental issues in product standards,MOD)

2014-12-31 发布　　2015-06-01 实施

中华人民共和国国家质量监督检验检疫总局
中国国家标准化管理委员会　发布

前　言

GB/T 20002《标准中特定内容的起草》、GB/T 1.1《标准化工作导则》、GB/T 20000《标准化工作指南》、GB/T 20001《标准编写规则》和 GB/T 20003《标准制定的特殊程序》共同构成支撑标准制修订工作的基础性系列国家标准。

GB/T 20002《标准中特定内容的起草》拟分为如下几部分：

——第 1 部分：儿童安全；

——第 2 部分：老年人和残疾人的需求；

——第 3 部分：产品标准中涉及环境的内容；

——第 4 部分：标准中涉及安全的内容。

本部分为 GB/T 20002 的第 3 部分。

本部分按照 GB/T 1.1—2009 给出的规则起草。

本部分代替 GB/T 20000.5—2004《标准化工作指南　第 5 部分：产品标准中涉及环境的内容》。与 GB/T 20000.5—2004 相比，除编辑性修改外主要技术变化如下：

——标准名称由《标准化工作指南　第 5 部分：产品标准中涉及环境的内容》调整为《标准中特定内容的起草　第 3 部分：产品标准中涉及环境的内容》；

——增加了起草产品标准的有关环境条款时，推广使用生命周期理念的规定；

——增加了基于生命周期理念对产品标准环境条款的步进法途径的内容(见引言)；

——增加了除非与环境问题密切相关，否则，本部分不包括职业健康安全或消费者安全问题的规定(见第 1 章)；

——增加了"环境""环境问题""环境条款""相关方""生命周期理念""产品""产品环境因素""产品环境影响""标准起草者"的术语和定义(见 2.1，2.2，2.3，2.4，2.6，2.8，2.9，2.10，2.12)；

——删除了"环境因素""环境影响"的术语和定义(见 2004 年版的 2.1 和 2.2)；

——增加了让环境专家参与产品标准起草工作的规定(见第 3 章)；

——增加了生命周期理念的原则及途径的内容(见第 3 章)；

——增加了从自然资源的有效利用、污染预防及环境风险的最小化角度使产品标准积极有效的改善环境状况，同时减少产品的潜在负面环境影响的方法(见第 3 章)；

——增加了预防原则的规定，即如有可能，当证实对环境或人体健康具有严重或不可逆损害威胁时，不宜以缺乏科学确定性为理由推迟将环境条款纳入到标准中(见第 3 章)；

——删除了由于技术创新较快，当应用新知识能显著减少不利的环境影响时，应考虑对产品标准进行复审的规定(见 2004 年版的第 3 章)；

——删除了产品标准条款不宜过松和过严的规定(见 2004 年版的 3.5 及 4.1)；

——增加了所有产品环境因素同样适用于服务项目的规定；同时指出有些服务项目、生命周期理念不能直接应用的情况(见 4.1)；

——改写了产品标准涉及环境问题的影响因素的输入和输出的内容(见第 4 章，2004 年版的第 4 章、第 5 章)；

——增加了在产品标准中宜体现出告知消费者此产品的重要环境因素的规定(见 4.4.2)；

——增加了通过应用产品环境因素和影响的数据收集及环境检查表的系统方法识别产品环境因素的规定(见第 5 章)；

——增加了尽可能使用当前现有环境信息来识别并评价产品环境因素和影响的规定(见 5.2)；

——增加了以优先顺序排列的有用信息源的内容(见 5.2);

——删除了环境影响评价技术的内容(见 2004 年版的第 6 章);

——增加了将环境条款纳入产品标准的指南(见第 6 章);

——增加了制定专业环境内容的指南(见附录 A);

——增加了标准中环境条款的示例(见附录 B)。

本部分使用重新起草法修改采用 ISO 指南 64:2008《产品标准中的环境问题指南》。

为了和支撑标准编制工作的基础性系列国家标准的名称协调一致,将 ISO 指南 64:2008《产品标准中的环境问题指南》的名称改为《标准中特定内容的起草　第 3 部分:产品标准中涉及环境的内容》。

为了符合标准编写规则的一般原则和方法,对国际标准的结构作如下调整:

——本部分将 ISO 指南 64:2008"范围"一章中有关制定指南的目的的内容移到本部分的引言中;

——将有关参与标准制定的人员及项目管理人员应遵循的基本原则与方法移到本部分的 3.1。

本部分由全国标准化原理与方法标准化技术委员会(SAC/TC 286)归口。

本部分起草单位:中国标准化研究院、冶金工业信息标准研究院、中国电子技术标准化研究所、深圳市华测检测技术股份有限公司。

本部分主要起草人:逄征虎、白殿一、吴学静、张宇春、陆锡林、刘慎斋、熊正隆、薛海宁、朱平。

引　言

产品在生命周期的各个阶段都对环境产生影响，影响的强度或大或小，影响的持续时间可长可短，影响的范围可至本地、区域或全球。而产品环境影响与产品标准的条款相关。

需要减少产品在生命周期各个阶段给环境带来的不利影响已成为全球的共识。重视产品标准中的环境问题能减少产品给环境带来的不利影响。

本部分的意图，一是促使产品标准的起草者在支持国际贸易持续发展的同时重视环境问题；二是帮助产品标准的起草者弄清并了解相关的产品环境因素和影响，并判定环境问题能否借助于产品标准解决。具体内容包括：

——概括产品标准条款与产品环境因素和影响之间的关系；

——协助起草或修订产品标准条款，以便在产品的整个生命周期不同阶段减少对环境的不利影响；

注 1：示例参见附录 B。

——强调将环境问题纳入产品标准范围是复杂的过程，并要求保持竞争优势的平衡；

——推荐使用生命周期理念起草产品标准的环境条款；

——促进标准起草者依照本部分的原则和途径制定相关的专业指南和处理产品标准中的环境问题。

注 2：参见附录 A。

识别产品在生命周期内涉及的各种不同环境因素并预测这些因素的影响是一个复杂的过程。制定产品标准，重要的是要尽早评价产品在不同的生命周期阶段对环境的影响。这种评价结果对制定标准的条款尤为重要。无疑，标准起草者会主动按照国家、地区和本地与产品相关的一切适用法规考虑评价结果。

为减少产品给环境带来的不利影响，本部分依据生命周期理念（见 3.2.1）原则，提出如图 1 所示的步进法途径，以安排本部分各章的内容。

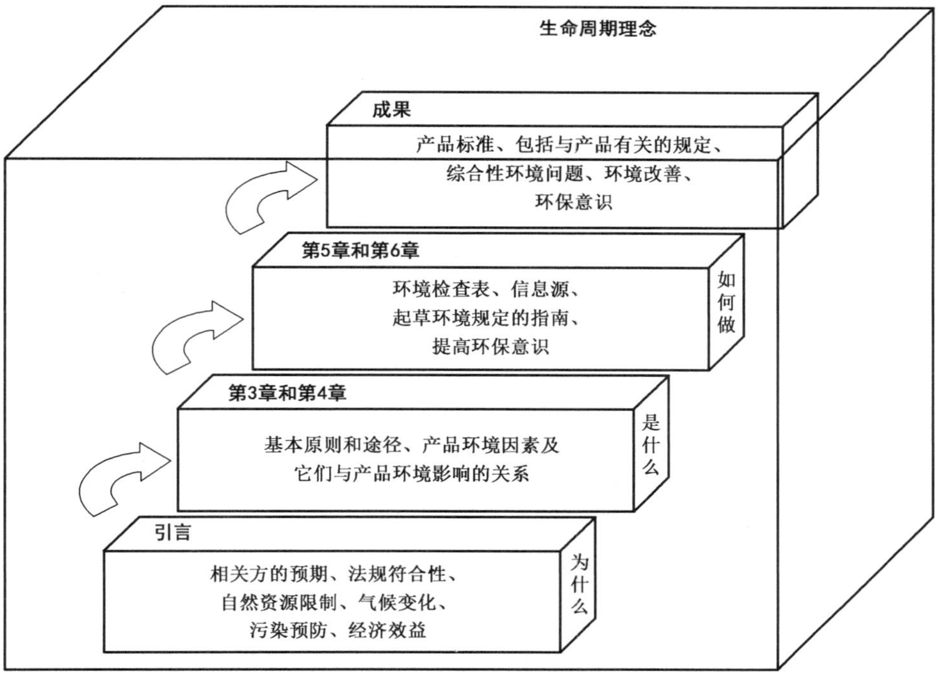

图 1　产品标准中基于生命周期理念环境条款的步进法途径

第3章阐述基本原则和途径，帮助标准起草者认识标准为何能对环境改善起到有效作用，认识怎样才能减少产品给环境带来的不利影响。

第4章阐述产品在生命周期内和环境如何相互联系，说明哪些环境因素与标准相关(即“内容”)，以便判定标准能否和适宜考虑环境问题。

第5章给出环境检查表，帮助标准起草者应用生命周期理念获取环境信息、产品知识和环境知识，据此评定产品的环境因素。

第6章给出明确环境因素与影响以及起草产品标准环境条款的技术“方法”。附录B给出从现行标准中选取的一些实例。

根据得出的结果、获得的信息以及补充的指导意见，起草产品标准的环境条款。

标准中特定内容的起草
第3部分：产品标准中涉及环境的内容

1 范围

GB/T 20002的本部分提供了处理产品标准中环境问题的指南。

本部分主要适用于产品标准中环境内容的编写。

本部分不包括作为产品生命周期特定方面的职业健康安全或消费者安全问题，与环境问题密切相关的情况除外。标准起草者可在其他指南中找到解决此类问题的指导原则和方法。

注：详见参考文献中的其他指南。

2 术语和定义

下列术语和定义适用于本文件。

2.1

环境 environment

组织运行活动的外部存在，包括空气、水、土地、自然资源、植物、动物、人，以及它们之间的相互关系。

注：从这一意义上讲，外部存在从组织内延伸到全球系统。

[GB/T 24001—2004，定义3.5]

2.2

环境问题 environmental issue

任何涉及环境因素和环境影响的问题。

2.3

环境条款 environmental provision

标准中关于处理环境问题的任何要求、建议或陈述。

2.4

相关方 interested party

关注组织的环境绩效或受其环境影响的个人或团体。

[GB/T 24001—2004，定义3.13]

2.5

生命周期 life-cycle

寿命周期

产品系统从原材料采购或自然资源产生到最终处置的前后衔接的阶段。

注1：GB/T 24040—2008对术语“产品系统”进行了定义及进一步解释。

注2：改写自GB/T 24040—2008，定义3.1。

2.6

生命周期理念 life cycle thinking

在整个产品生命周期内，考虑所有相关的环境因素。

[GB/T 20877—2007，定义3.10]

2.7

污染预防　prevention of pollution

为了减少负面环境影响，单独或综合运用过程、惯例、技术、材料、产品、服务或能源来避免、减少或控制任何污染物或废料的产生、释放或排放。

注1：污染预防可包括资源削减或消除，过程、产品或服务的更改，资源的有效利用，材料或能源的替代，再利用、回收、再循环、再生和处理。

注2：改写自GB/T 24001—2004，定义3.18。

2.8

产品　product

任何商品或服务。

[GB/T 24050—2004，定义4.2]

2.9

产品环境因素　product environmental aspect

在产品生命周期内能与环境发生相互作用的产品要素。

2.10

产品环境影响　product environment impact

全部或部分的由**产品环境因素**(2.9)给环境造成的任何变化。

2.11

产品标准　product standard

规定产品应满足的要求以确保其适用性的标准。

注1：产品标准除了包括适用性的要求外，还可直接地或通过引用间接地包括诸如术语、抽样、测试、包装和标签等方面的要求，有时还可包括工艺要求。

注2：产品标准根据其规定的是全部的还是部分的必要要求，可区分为完整的标准和非完整的标准。同理，产品标准又可区分为其他不同类别的标准，例如尺寸类、材料类和交货技术通则类标准。

注3：若标准仅包括分类、试验方法、标志和标签等内容中的一项，则该标准分别属于分类标准、试验标准和标志标准，而不属于产品标准。

[GB/T 20000.1—2014，定义7.9]

2.12

标准起草者　standards writer

所有参与标准起草的人。

3　基本原则和途径

3.1　概述

本章包含标准起草者宜考虑的原则和途径。起草产品标准或修订现行产品标准时，项目管理人员、技术委员会主任和(或)工作组召集人宜积极推广应用本部分。此外，在标准制定程序的任何阶段，专家们宜考虑环境问题。

起草产品标准时，由于要考虑产品的多样性及产品特定的环境影响，并且需要相关的环境知识，所以环境专家参与标准起草工作十分有益。项目管理人员、技术委员会主任和(或)工作组召集人可参考其他现行特定指南和标准的环境条款。

3.2　基本原则

3.2.1　生命周期理念

3.2.1.1　原则

标准起草者宜考虑产品生命周期所有阶段的相关环境因素和影响(见图2)。

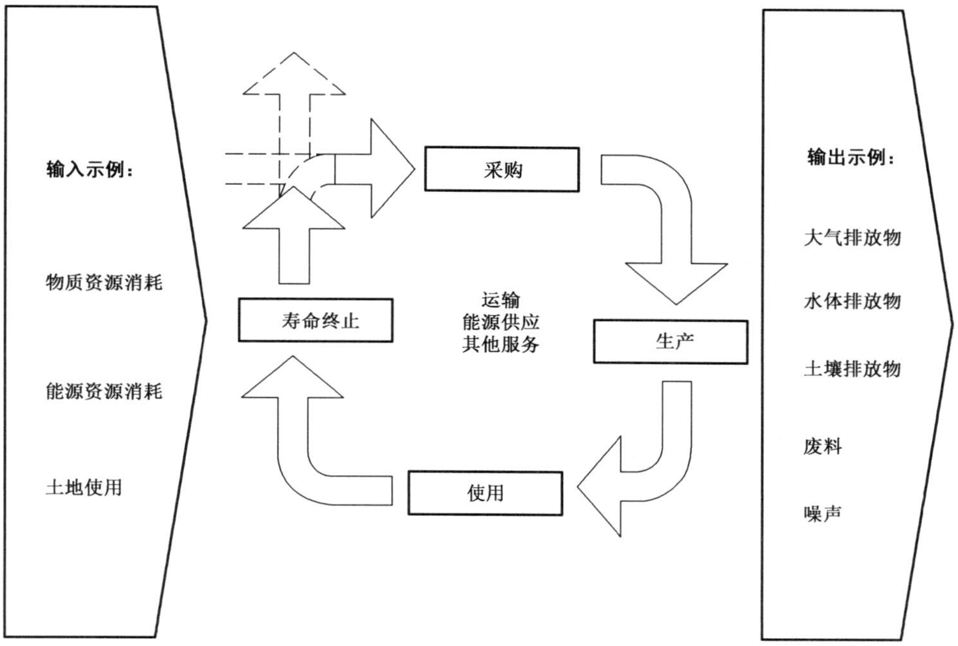

图 2　生命周期理念

3.2.1.2　说明

图 2 展示了产品生命周期的四个主要阶段(并不排除还有其他阶段)：

——原材料采购；

——生产；

——使用；

——寿命终止。

诸如运输、能源供应和其他服务等过程，因不属于产品生命周期的任何具体阶段并通常出现在两个阶段之间，而设置于图 2 的中心部位。输入和输出可能与上述所有阶段和过程都有联系。

“生命周期理念”是一种整体理念，强调全面考虑产品在其生命周期所有阶段的所有环境因素，而不是专注其中某个阶段环境因素的改善，以避免单一阶段的改善给其他阶段带来不利的环境影响。标准起草者宜确保对单个阶段环境影响的考虑不致使下列方面发生不利的改变或产生不利的影响：

——与产品相关的环境影响总负荷；

——本地、区域或全球环境的其他因素。

示例：在生产阶段，热水和鼓风过程替代溶剂清洗过程致使生产阶段的能耗增加。

这个理念在制定特定范围和仅适用于某些阶段的产品标准时尤为关键。

运用生命周期理念能明确产品生命周期的重要阶段和环境因素。这些重要阶段和因素很大程度上取决于产品的性质，产品标准中的环境条款宜对这些环境因素做出规定。

产品标准制定过程中，宜尽早考虑是否包含环境条款。

3.2.2　自然资源的有效利用

3.2.2.1　原则

标准起草者在起草产品标准条款的同时，宜努力减少自然资源的消耗，尤其需要考虑自然资源稀缺的问题。

3.2.2.2 说明

本原则强调在产品生命周期的各个阶段都需要提高资源使用的有效性和节俭性。例如，原材料的选择和使用，水源、能源和土地的使用以及通过废料回收而来的其他材料和能源的使用。

除考虑与资源获取及使用相关的环境影响外，还要考虑不可再生资源的消耗问题，尤其需要考虑矿藏和化石燃料的消耗无法维持的问题。此外，还要考虑消耗率高于再生率的可再生资源的消耗。

人类活动能影响生物多样性以及生物种群的繁衍，甚至可能导致物种的严重衰退和最终的灭绝。

标准起草者宜从环境效益的角度给出优选的可再生资源和产品寿命终止处理的优选方案。

能源利用方面有诸多需要考虑的方面，尤其需要考虑所选能源的转换效率和能源的有效利用问题。

3.2.3 污染预防

3.2.3.1 原则

标准起草者宜考虑产品生命周期所有阶段的污染预防问题。

3.2.3.2 说明

产品标准条款有助于预防污染。预防污染形式多样，而且能在产品生命周期的各个阶段具体化。例如，可能又可行的情况下，可采取这种方式，以危害性更小的物质和材料代替产品标准所规定的危险、有毒或其他有害的物质和材料。

本原则推行源头预防法，即在源头就优先考虑污染预防，通过做好源头预防(包括环境方面的设计、开发，材料替代，产品、过程或技术的改进，材料和能源的有效利用和转换)，在源头减小或杜绝污染，达到无污物和无排放物产生的目标。

此外，还宜考虑下述污染预防方案：

——内部重复使用或循环使用(重复使用或循环使用过程或设施内的材料)；

——外部重复使用或循环使用(厂区外重复使用或循环使用材料)；

——回收和处理(工厂内外废物源的能源回收、排放处理以及工厂内外废物释放，以便减少其环境影响)。

3.2.4 环境风险的最小化

3.2.4.1 原则

标准起草者宜从事件和事故发生的概率和产生的后果来考虑减小环境风险的需求。

3.2.4.2 说明

本部分中风险的大小根据事件(或事故)发生的概率和产生后果的组合来测量。

在产品生产、使用和处置过程中，是否对环境造成有害影响宜遵循预防事件和事故发生并将环境影响(包括人体健康)降至最小的原则。

为了改善决策和输出，宜预防和最小化环境风险，从计划或期望的情况识别潜在风险变化和风险管理与该环境风险有关。组织用来预防和降低环境风险的原则和技术能提供有效措施预防和降低产品标准应用造成的风险。制定产品标准的过程中，预防并降低环境风险宜与处理其他环境因素保持一致。

这包括，诸如：

——减少与非职业事件和事故相关的人体健康风险；

——无论是作为产品部件还是在生产中充当促进剂或催化剂，都要减少或避免使用有害物质；

——与过程相关的、不可避免的风险识别和适当管理；

——使用或拆卸期间可控或不可控有害物的潜在排放或释放。

3.2.5 预防方案的选择

3.2.5.1 原则

标准起草者在制定标准的过程中宜考虑预防方案的选择原则。

3.2.5.2 说明

当证实对环境或人体健康具有严重或不可逆损害时，如可能，则不宜以缺乏科学确定性为理由推迟将环境条款纳入标准。

其实，预防方案的选择是采取预防措施以防止在缺乏科学确定性的情况下进行生产实践活动或采用某种物质，而不是继续还处在研究中或没有研究依据的可疑行动。

预防方案选择方法关心的不是可接受的危害等级，而是下列问题：

——此产品或活动是否必要?

——能避免多少污染物?

——此产品或活动的替代方案是什么? 它们是否安全?

预防方案的选择原则更加关注的是选择方案和解决方案，而不是环境风险。

3.3 途径

3.3.1 产品设计

3.3.1.1 通则

标准起草者宜尽可能考虑产品设计的环境因素，因为在产品生命周期的所有阶段，产品设计是避免潜在环境影响最为有力的工具。

3.3.1.2 说明

有一些考虑资源保护和污染预防因素(见 3.2)的产品设计方法。这些方法广泛应用于各类产品的设计阶段。制定产品标准时，标准起草者宜考虑这些方法，例如环境设计(DFE)。

注：将环境因素整合至产品设计和开发阶段可称作环境意识设计(ECD)或生态设计，是产品监管的环境要求部分。

考虑的因素包括：

——材料选择；

——材料和能源的有效利用；

——材料的循环、回收和重复利用；

——生产；

——产品使用和维护；

——寿命终止处理。

GB/T 24062—2009 提供了将环境因素整合到产品设计流程的相关信息；该标准可作为标准化应用指南。

3.3.2 产品使用

3.3.2.1 通则

标准起草者宜考虑产品的维护要求、使用要求、非预期使用要求和上述要求对环境的影响。

3.3.2.2 说明

设备"使用阶段"的耗水和耗能对该产品整个生命周期的环境影响重大。对于许多耗水和耗能的设备，宜优先考虑其使用阶段的环境影响。为水和能源的有效使用制定条款并将其作为产品标准的一部分，能减少产品的环境影响，但改进往往带来其他问题。

3.3.3 产品环境信息

3.3.3.1 通则

标准起草者宜确保标准内相关环境信息的交流。

3.3.3.2 说明

与个人或职业消费者就产品的预期使用进行交流时，涉及环境因素方面的信息越来越多。国家标准 GB/T 24040—2008、GB/T 24021—2001、GB/T 24024—2001 和 GB/T 24025—2009 提供了环境标志方面的原则、示例和要求，例如产品环境声明。为了恰当使用产品，人们还期望就产品维护、修理和寿命终止处理的建议进行探讨。

许多标准起草者已意识到，在起草国家标准或国际标准时，需要考虑产品的环境特征。

4 产品标准中需考虑的环境因素

4.1 总则

为了明确产品标准起草者宜通过何种方式识别产品环境因素，有必要了解产品在其生命周期期间是如何影响环境的。产品环境因素示例包括：

——大气排放物；

——水体和土壤排放物；

——原料的使用；

——能源和水的消耗；

——土地使用。

产品的环境因素都有各自的产品环境影响。环境因素通过因果关系与环境影响相互联系。环境受产品标准条款正面和负面影响的示例包括：

a) 气候变化(通过温室气体排放)；

b) 大气污染[微粒和有毒气体向大气的控制性排放和(或)未处理排放或事故性排放]；

c) 不可再生资源的消耗(化石燃料和矿物的消耗)。

起草产品标准时，为了充分考虑环境问题，标准起草者宜编制有关产品环境因素的预案。第 5 章给出了识别产品环境因素推荐方法的指南。

产品的环境影响与输入(能源、水源、土地等)的消耗、产品的使用过程以及产品生命周期所有阶段产生的排放物息息相关。应用第 3 章阐述的基本原则和途径能降低产品环境因素对环境的负面影响。

本章阐述的所有产品环境因素同样适用于服务领域。不过，对于有些服务项目，生命周期理念不能直接应用。

4.2 输入

4.2.1 概述

输入包括资源的消耗，这些资源可能为天然材料(例如矿物、水、天然气、油、煤和木材)、可能为从工业环境产生的材料(例如回收的材料、共生产品、中间产品和能源)或利用土地产生的材料。

从实际角度考虑,这些资源可大致归类为“材料”“水”“能源”和“土地使用”。

4.2.2 材料

材料输入在从资源开采到最终处置的产品生命周期所有阶段都起着至关重要的作用。材料输入可产生各种各样的环境影响。这些影响包括资源的消耗、土地的不当使用以及有害材料暴露在环境中或人为接触到有害物质。材料输入还可产生废物、大气排放物以及排放至土壤和水源的物质。

4.2.3 水

世界许多地区都普遍存在着缺水的情况,尤其是地表或地下淡水资源的缺乏。此时需要考虑产品生命周期不同阶段对水的有效使用。另外,把水运送到需要的地区还要消耗能源。

保护自然栖息地和生物多样性对于海洋、湖泊和河流极为重要。水污染、河道裁直和沿岸地区的变化都能破坏自然界的水生动植物群。

注:硝酸盐和磷污染都能造成水体的富营养化作用,这可能危及受影响区域的生物体。

4.2.4 能源

在产品生命周期的大多数阶段都需要能源输入。能源主要包括化石燃料、核燃料、回收热能、水电、地热、生物质能、太阳能和风能。各种能源都有自身的环境影响。

4.2.5 土地

土地使用能导致生物多样性的减少并且影响土壤质量,土壤复原需要很长时间。即使人们努力在破坏的土壤区域重新种植,但恢复生态系统的自然平衡需要较长时间,也可能永远恢复不到先前的正常水平。

4.3 输出

4.3.1 概述

产品生命周期期间的输出通常包括大气排放物、水体排放物、土壤排放物、废料、中间产品和共生产品以及其他排放物。

4.3.2 大气排放物

大气排放物包括释放到大气的气体、水蒸气或颗粒物质。排放物(例如灰尘、有毒物质、腐蚀性物质、易燃物质、易爆物质、酸性物质或含异味物质)能给动植物群以及人类带来负面影响。此外,酸雨可能给建筑物和具有文物价值的场所带来危害。这些排放物还能带来其他的环境影响,例如造成气候变化和平流层臭氧消耗或形成光化毒物。大气排放物包括受控源和失控源的排放、处理和未处理排放、正常操作排放和事故排放。

注1:失控排放可能来自事故造成的泄漏和蒸发。

注2:温室气体引起气候变化。导致气候变化的温室气体主要包括二氧化碳、甲烷、一氧化氮、六氟化物、氟烷和全氟化碳。

4.3.3 水体排放物

水体排放物包括向排水沟、下水道或河道排放的物质。营养物、有毒物质、腐蚀性物质、放射性物质、不易分解的物质、聚集物或耗氧物质的排放都能给环境带来负面影响,其中包括对水生生态系统的诸多污染和水质恶化。水体排放物包括受控源和失控源排放、处理的和未经处理的排放、正常操作排放和事故排放。

注：失控排放可能来自事故泄漏。

4.3.4 土壤排放物

所有对土壤的排放和处置以及土壤应用都宜考虑其带来的潜在环境影响。不但需要考虑有害材料，还需考虑无害材料对环境的潜在影响，不过这取决于无害材料的浓度和使用方式。需要考虑排放物对土壤和地下水质的潜在影响。

土壤排放物包括受控源和失控源的排放、处理的和未处理的排放、正常操作排放和事故排放。

注：失控排放可能来自事故泄漏。

4.3.5 废料

废料和废品大致能划分为下述类别：

——作为最终处置的材料，例如无能源回收或土地填埋价值的焚化；

——使用后收集的且适合回收（包括再循环）的材料；

——某生产流程产生的并且在收集前不作进一步处理和使用的材料。

国家或区域法规可对废品和废料的后续处理进行规定。

4.3.6 中间产品和共生产品

宜考虑其他输出，例如从废料（高热值废料）回收的能源、循环材料、副产品和循环水。

4.3.7 其他排放物

其他排放物包括噪声和震动、辐射和热量。

4.4 其他相关问题

4.4.1 事故或非预期使用导致的环境风险

产品生命周期期间可产生各种各样的环境影响，爆炸、碰撞、容器滑落以及其他事件都能对环境造成影响。

有意或无意的滥用行为也会对环境造成影响。例如，不按照说明书的要求或其预期用途使用产品，包括：

——超过农药的推荐使用剂量导致的土壤和水体污染；

——运输工具发生事故导致的化学品泄漏风险；

——电冰箱和空调等的不当使用导致的能量消耗等。

4.4.2 消费者信息

真实的、可信赖的、通俗易懂的、可比较的信息能告知消费者与该产品有关的重要环境因素。如果与环境相关，则标准中宜给出必要的与环境相关的信息，例如有害物质的分类、含量和（或）释放、能效等。另外，还宜考虑有关这些信息的法规要求。

消费者信息在购买产品前宜容易获得。

注：GB/T 24021—2001、GB/T 24024—2001 和 GB/T 24025—2009 有关于环境标志和声明的要求。标准的消费者信息章条部分可参考这些标准。

5 产品环境因素的识别

5.1 通则

产品标准起草者宜基于生命周期理念制定一项程序来系统评定与产品有关的环境因素。

环境检查表是完成此项任务的有效工具，该检查表基于有用的环境信息、产品和环境专业知识以及生命周期理念方法而设计。

完整的检查表用来确认产品生命周期各个阶段及其相关环境因素，产品标准宜包含生命周期阶段相关环境因素的条款。

检查表还可用来检查某项已出版的标准是否需要修订，尤其是那些由于环境原因而需要修订的标准。

5.2 识别产品环境因素和环境影响的数据收集

识别与产品生命周期相关的环境因素和环境影响以及产品标准如何对它们产生影响较为复杂，需要时可向环境专家进行咨询。宜尽可能使用现有环境信息来识别和评价产品的环境因素和环境影响。

有用信息源包括下列内容（以优先顺序排列）：

a) 相关专业指南（参见附录 A）；

b) 生命周期评定（LCA）研究，宜应用符合 GB/T 24040—2008 和 GB/T 24044—2008 要求的 LCA 方法进行生命周期评定研究；

注：LCA 是评定与产品有关的环境因素和潜在环境影响的技术，并且通过以下方式进行评定：

——编制系统的相关输入和输出目录；

——评价与这些输入和输出有关的潜在环境因素；

——正确解释与研究目的有关的目录和影响评定阶段的结果。

c) 产品相关的环境影响或风险研究、技术数据报告、出版的环境分析结果或研究成果、有毒物质清单；相关监测数据；

d) 产品规范、产品开发数据、材料和（或）化学安全数据表、能源和材料平衡数据；环保产品声明；

e) 环境要求和其他相关法律要求；

f) 特定环境规程、国家政策和国际政策、指南和工作程序；

g) 紧急情况报告和事故报告。

5.3 环境检查表

制定标准的所有阶段，宜完成并更新适用的环境检查表（见表 1），同时将其附在标准草案中。表 1 提供的内容尤其适用于产品标准。在某些情况下，例如服务领域，其他工具或其他形式的检查表可能更适合某地区或部门的特定问题。例如，生命周期阶段可修改为提供更好服务的典型阶段。在其他情况下，如果用涉及整个生命周期阶段的系列标准描述一项产品，那么完成系列标准的环境检查表比完成单项标准的检查表更合适。

环境检查表的目的在于解释项目建议是否包含相关产品环境因素，如果包含，则标准草案是如何处理这些相关环境因素的。标准出版时不必附有环境检查表。

下列信息宜标注在检查表上：

——文件编号（如有）；

——标准名称；

——技术委员会和（或）分技术委员会和（或）工作组的编号；

——工作项目编号（如有）；

——环境检查表版本；

——环境检查表的修订日期。

鼓励技术委员会成员参与完成环境检查表，并考虑所收集的数据（见 5.2），并按以下方式完成环境检查表：

表 1　环境检查表

文件编号(如有)：				标准名称：				技术委员会和(或)分技术委员会和(或)工作组编号：			
工作项目编号(如有)：				环境检查表版本：				环境检查表的修订日期：			
环境问题	生命周期阶段										所有阶段
	采购		生产		使用			寿命终止			
	原材料和能源	预加工材料和部件	制造	包装	使用	维护和修理	辅助产品使用	再使用和(或)材料和能源回收	无能源回收价值的焚烧	最终处置	运输
输入											
材料											
水											
能源											
土地											
输出											
大气排放物											
水体排放物											
土壤排放物											
废料											
噪声、震动、辐射和热量											
其他相关方面											
事故或非预期使用导致的环境风险											
消费者信息											
备注											

注 1：包装阶段指的是加工产品的初次包装操作。为运输而进行的二次或三次包装会发生在生命周期的某些阶段或所有阶段，该二次或三次包装指的是运输阶段包装。

注 2：运输可视为所有阶段的一部分(详见检查表)或作为单独的分阶段。为了适应与产品运输和包装相关的特定问题，可添加新的内容和(或)增加备注。

a) 确认与产品相关的各环境因素。

b) 如果包含重要的产品环境因素，则在框内标记“是”，如果不包含重要的产品环境因素或者内容不相关，则在框内标记“否”。

c) 对于标注“是”的各项，确认此产品环境因素能否在标准中阐述，并在这些框内标记三个星号（＊＊＊）。

d) 在相应的框内填写产品环境因素的标准章条号。

e) 在备注框内填写附加信息。可给出各产品环境因素（标记“是”的方框）和如何处理这些环境因素（或为什么没有处理该环境因素）的简短描述。此外，还可给出标准草案中与环境相关的备注以及技术委员会对这些备注所作的回复。

f) 在产品的整个生命周期阶段评定不同环境因素需要注意的是，环境压力不宜从一个生命周期阶段转移至另一个阶段，也不宜从一种介质转移至另一种介质。

5.4 环境检查表与本部分条款之间的关系

环境检查表确定了重要的产品环境因素时，可分别就这些环境因素起草环境条款。第 6 章包含与检查表相关的特定指南，见表 2。

表 2 生命周期不同阶段的标准起草指南

结构	生命周期阶段										所有阶段
	采购		生产		使用			寿命终止			
	原材料和能源	预加工材料和部件	制造	包装	使用	维护和修理	辅助产品的使用	重新使用和（或）材料与能源回收	无能源回收价值的焚烧	最终处置	运输
条	6.2	6.2	6.3	6.3	6.4.2	6.4.3	6.4.4	6.5	6.5	6.5	6.6

6 将环境条款纳入产品标准的指南

6.1 概述

就与其他准则的适用性要求和保持一致而言，基于产品生命周期理念起草的标准环境条款宜有助于将产品生命周期不同阶段的潜在负面环境影响降至最低。

表 3 至表 10 基于生命周期理念给出了起草生命周期各个阶段的标准环境条款可能需要的建议，包括需要作出选择的限制条件和示例。标准起草者宜根据有关的环境影响的性质和标准范围来决定这些条款是否需要纳入标准，如果需要纳入标准，则需决定该条款是要求型条款、推荐型条款还是陈述型条款。

附录 B 给出了现行标准生命周期某些阶段或所有阶段的条款示例。

6.2 采购

表 3 给出了环境条款宜包括的有关原材料选择和采购的建议事项，其中包括能源、预加工材料和组件，同时需要考虑限制条件和可能的决策冲突。

表 3　原材料、预加工材料和组件的采购

标准中涉及环境条款的建议事项	选择和限制条件示例
尽可能使用最少量的材料	如果需要使用大量 A 材料且资源充足或使用较少量的 B 材料且资源十分有限，宜做适当选择
使用易于回收或再循环的材料	包装宜使用可焚烧或填埋的轻质材料或使用牢固、较重且可循环使用的容器包装，宜做适当选择，例如硬纸板箱或钢罐
使用再循环或再生的材料	材料寿命终止的回收率要大于回收产品在产品生产中的使用率； 如缺乏回收材料材质的相关知识，可限制这些材料的使用，例如化学成分(有害物质、污染物)
使用可再生资源并且将不可再生原料的使用降至最低	此准则只在可对可再生资源进行可持续管理并且其再生速度快于消耗速度时有效(见 4.1)
检查产品的可重复使用价值	如果再生的产品比新产品消耗更多的能源，宜做适当选择
限制使用因功能需要而无法避免的有害物质尤其是有毒物质、剧毒物质、致癌物质和基因突变物质	如果少量有害物质溶解于再循环材料，宜做出选择。在这种情况下，需要考虑溶解的有害材料的生物利用率
选用耐久性和使用期限最优的原料	无
使用标准化的元件、零件和组件以便维护、再使用和再循环	无
材料品种的最小化	无
再生组件的利用	如果可重复使用的组件比新组件使用更多能源或造成更多的环境影响，宜做适当选择
原料采购期间宜最小化能源消耗和温室气体排放	例如，在公路和铁路用车的材料是钢或铝的选用上可产生分歧，使用阶段的能源消耗可能是一项重要的环境因素
规定性能准则如环保性能，而不是规定所使用材料或物质的性能	这通常要求制造商制定综合规范并对产品进行进一步测试； 技术性能准则和环保性能准则可能相互矛盾

6.3　生产

表 4 和表 5 给出了环境条款宜包括的产品制造和包装方面的建议事项，还有限制条件和可能的决策冲突的示例。

表 4　制造

标准中涉及环境条款的建议事项	选择和限制条件示例
生产期间宜最小化能源消耗和温室气体排放	低能耗流程生产低性能产品和耗能较多的流程主产在使用中具有优良环保性能的产品，宜做适当选择
选择生产或制造设备，宜优先考虑将环境影响降至最低的设备，例如能量泵或废热回收装置	在某些情况下，即使一些新设备对环境的影响较少，但仍无法轻易取代现有设备，这是因为现有设备使用寿命较长
选用生产阶段造成最少污染的辅助材料	这样可能阻止人们将废料用作辅助材料，例如钢铁或水泥生产行业
适用时，选用造成最少污染的表面处理的材料，例如优先考虑水基涂层而不是溶剂涂层	如果水基涂层性能劣于溶剂涂层性能，那么宜做适当选择； 水基涂层可能需要使用更多能源
引用和使用可将环境影响降至最低的产品试验方法	无

表 5 包装

标准中涉及环境条款的建议事项	选择和限制条件示例
采用适当类型的包装将损坏和损失降至最低	此包装可需要更多原材料、能源或是难于再循环的材料
包装材料的再使用或再循环	如果为了包装材料的再使用或循环使用而收集和回收使用的包装材料需付出很多努力，或者为了材料的循环使用需耗费大量能源或化石燃料，宜做适当选择

6.4 产品使用

6.4.1 概述

产品使用是产品生命周期中最耗能的一个阶段。尽管标准起草者无法控制产品的使用，但是环境条款在产品的使用阶段能给环境带来极大影响。这些条款包括：

——正常使用期间将产品带来的负面环境影响降至最低的条款(见 6.4.2)；

——维护和修理期间延长产品的使用期限并将负面环境影响降至最低的条款(见 6.4.3)；

——与辅助产品使用相关的条款(见 6.4.4)。

6.4.2 正常使用

表 6 给出了环境条款宜包括的正常使用产品的建议事项，还有限制条件和可能的决策冲突的示例。

表 6 正常使用

标准中涉及环境条款的建议事项	选择和限制条件示例
撤销辅助功能、断开电源(开关)或减少辅助功能电源消耗	根据功能和突发事件做出适当选择
在产品上粘贴信息标志以告知使用产品的最佳能效方式	在不超过标志能承载信息量的情况下选择公开的信息
产品使用期间将能量的总体使用和温室气体排放降至最低	无
将产品的启动时间降至最短	根据功能做适当选择，例如预热功能
改善保温措施以减少热损耗	隔热材料的生产对环境有影响，其用量需要进行优化
使用轻型部件，例如车辆和运动机械零部件	对轻金属生产的能耗问题与塑料和复合材料的再循环问题做出选择
使用期间将用水量降至最低，这可通过减少用水总量或使用循环水来实现；用户手册内宜注明标准耗水级别	如果只有额外使用化学品或消耗能源才能实现节水，那么就这一点可能存在决策冲突
将产品使用期间产生的废料量降至最低	无
确保不释放有害物质，这要考虑到所有的可能释放情况(大气和室内空气排放物以及土壤和水体排放物)	在不妨碍功能的条件下将有害材料的使用降至最低，并且为产品的使用和处置制定合适的指南
产品使用期间，将产品噪声级别降至最低；产品的用户手册上宜标注标准噪声级别	对于隔音层的厚度以及隔音材料的环境影响宜做出决策
给出产品的使用说明，例如产品用户手册宜提供建议方法，告知人们如何将非预期使用和负面环境影响风险降至最低	无

6.4.3 产品的耐用性、维护和修理

表7给出了环境条款宜包括的有关产品耐用性、维护和修理的建议事项，还有限制条件和可能的决策冲突的示例。

表7 产品的耐用性、维护和修理

标准中涉及环境条款的建议事项	选择和限制条件示例
改善产品的预期寿命	有时只能通过使用有害材料进行表面处理才能实现，例如铬
改善抗腐蚀性	需要额外的表面处理
产品的设计方式宜为易于清洗和(或)不易染尘	需要额外的表面处理
使用易于更换的零部件	无
清洁、修理和维护操作期间将污染降至最低	适用于清洁、修理和维护期间需要辅助产品的操作
采用易于连接及断开的连接技术，例如方便修理	适用于通过修理操作可大幅提高寿命的产品
确保部件易于修理和更换	需要增加产品的数量，意味着在原材料采购和生产阶段造成更大的环境影响
确保可使用标准工具进行维护	无
确保备用件的可获得性	适用于部件寿命较短或频繁损坏的组装产品
提供可能的产品升级或改良	无
包括维护和服务期间的修理和维护操作指南	适用于那些可通过修理操作而大幅延长使用寿命的产品
最大限度降低维护和表面处理需要	无

6.4.4 辅助产品的使用

表8给出了环境条款宜包括的关于辅助产品使用的建议事项，还有限制条件和可能的决策冲突的示例。

注：辅助产品示例包括用于清洗机器或咖啡机过滤袋所用的清洁剂。

表8 辅助产品的使用

标准中涉及环境条款的建议事项	选择和限制的示例
辅助产品的规范	无
使用最少量辅助产品的说明	无
适用的情况下，鼓励最少量的用水并促使其循环使用	无
使辅助产品可重复使用、再循环使用、可回收利用，并可进行生物降解	无
除非对环境有利，否则最低限度使用一次性部件	无
使用标准部件和产品(例如电源、连接器)作为辅助产品	无

6.5 寿命终止

当产品寿命终止时，经过分解或进一步处理后产品可能是再生的和(或)可回收的或是被处置的(不论何时根据需要进行处理后)。生命周期此阶段的最佳环境选择取决于诸多因素，其中包括本地有效的废物管理基础设施、废物流的性质和(或)价值以及生物降解性，最后一条但同样重要的是初期选用的产

品设计方案。从整个生命周期角度来看，关注生命终止阶段，不宜危害产品的环境优化方案。

表9给出了环境条款宜包括的与产品寿命终止操作相关的建议事项，还有限制条件和可能的决策冲突的示例。

表9 寿命终止

标准中涉及环境条款的建议事项	选择和限制条件示例
为便于分类，对于不同组件做不同的标记	建议仅用于那些经常需要拆卸的大型组件
产品内放置的不可再循环及不可重复使用的材料，宜以易于移除的方式放置	如果产品不预先进行某项拆卸操作，那么不必对其进行粉碎和分类操作
避免使用不可分离的复合材料	复合材料有助于整个生命周期期间的环境优化，例如减轻质量
最大限度减少拆卸的时间和路径	仅适用于经常需要拆卸的产品
确保高收集率	仅适用于大批量生产制造的产品(例如罐体、蓄电池等)
最大限度减少所用材料的种类	考虑分离技术(磁力分选和电磁分选等)
避免使用给产品重复使用或再循环使用带来阻碍的部件、组件、附加材料和表面处理工艺	此类部件可能对产品的环保绩效具有很大影响
使用标准化的且易于重复使用的元件及零部件	主要适用于作为备件且频繁使用的部件
确保有害物质或有价值物质或材料的简易拆卸或分类	无
在不影响功能的情况下，避免使用持久有害的物质	无
宜向终端用户提供适宜的寿命终止操作的指导说明和(或)张贴标志，告知他们如何区分有害废物和无害废物	无
重复使用或循环使用包装材料	无

6.6 运输

产品标准几乎很难列举与物流供应链组织相关的条款，而产品设计在生命周期的任何一个阶段的运输过程都可能对环境造成至关重要的影响。产品设计有助于节省原材料和减少能耗，通过确保产品的高效配送和考虑从生产商到分销商、零售商、用户以及寿命终止操作场地等不同生产场地间的运输距离的方式来达到节省原材料和节约能耗的目的。

表10给出了有关产品包装和配送的各种环境因素。

表10 运输

标准中涉及环境条款的建议事项	选择和限制条件示例
设计产品使其在运输过程中节约能源	无
减少运输需求，例如因维护和修理、辅助产品的采购或寿命终止处置、处置和重复使用、再循环、回收方法	无
选用适宜的运输方式(公路、铁路、海运或空运)	无
采用适宜的运输包装方式，最大限度降低损耗和损坏	无
使用最为高效的包装方法[质量、体积、装载量和(或)运输工具、可重复使用性、可回收性]	无
节省与运输相关的原材料、预加工材料和组件	无
确保在产品、包装和运输设备上张贴适宜标志	无

附　录　A
（资料性附录）
制定专业标准环境内容的指南

A.1　概述

对于某些专业，制定本部分范围之外的专业指南可能有益。这样，专业指南可重点关注专业特定的环境问题，并为标准起草者提供了额外且较为详细的信息，例如提供各专业如何解决各自领域标准的环境问题的示例。

注：欧洲标准化委员会（CEN）制定了铝制品和焊接操作的专业指南，ISO 制定了塑料制品（见参考文献）的专业指南。CEN 制定了许多专业指南，包括天然气基础设施、天然气利用、保健和压力设备等方面的指南。这些信息可在 CEN 环境信息咨询服务平台（CEN/EHD）上免费获得，网址是：http://www.cen.eu/sh/ehd。

典型的做法是，专业指南往往可由特定专业的具有环境和技术知识的专家、消费者组织代表、民间组织及其他组织代表共同制定。

专业指南作为文件宜单独使用。但是，它宜遵循本部分阐述的原则、方法和建议事项。起草专业指南需考虑环境因素时与本部分结构保持一致可能有益，起草的文件除了特定专业指南包括的内容外还宜包括其他相关内容。

为了确保起草的专业指南与本部分的兼容性和提高专业指南的可用性，给出如下具体建议确保制定的专业指南结构与本部分的主体结构保持一致。

A.2　引言、范围、引用文件和定义的建议

对于专业指南，下列的引言内容可能适用。

“本文件是评定专业范围内标准环境问题的指南。

其目的在于为那些制定标准但并非环境专家身份的人员提供一种有用工具。本专业内的技术委员会和工作组人员可将本文件作为一种工具来分析与标准相关的潜在环境因素。”

如果可以，宜提供更多关于专业和专业环境小组的信息。

范围、引用文件和定义宜与本部分保持一致。可添加诸如特定专业的引用文件或定义等补充内容。

A.3　基本原则和途径的建议

本部分的基本原则和途径同样适用于专业指南。可另外为标准起草者提供制定标准的原则、途径及其他相关信息的指南。此外，还可考虑与专业有关的具体建议。

A.4　环境因素的建议

A.4.1　概述

为了识别主要环境问题，有必要对专业的主要环境因素进行详细且目的明确的阐述。关于这点，建议采用本专业的示例。

这一章宜明确产品标准的哪些条款最有可能对产品的环境影响产生作用。示例通常是很有用的。

A.4.2 输入

A.4.2.1 材料

如果在专业领域需使用材料的量很大或使用与环境有重大关系的物质,这点宜在专业指南中做出详细说明。此外,还宜考虑使用可回收材料的可能性。

A.4.2.2 水

如果某专业领域的产品在其生命周期的某一阶段或所有阶段耗水量较大,则专业指南宜阐明该情况并提供解决问题的方法。

A.4.2.3 能源

能源通常是标准处理的一项重要环境因素。例如,如果专业产品在其使用阶段耗电严重,那么专业指南宜阐明此问题并提供解决问题的方法。示例之一便是制定能量需求等级以便于产品之间进行比较。

A.4.2.4 土地

如果产品生命周期某一阶段或所有阶段存在集中用地情况,则专业指南宜阐明这个问题并提供解决方法,通常还包括土地还原的最佳办法。

A.4.3 输出

A.4.3.1 大气排放物、土壤排放物和水体排放物

如果在产品的使用阶段产生排放物或排泄物,专业指南宜说明这一情况。如何产生最少量的排放物和排泄物,专业指南宜给出示例。另一种可能是为了便于不同产品之间的比较,宜设定不同排放物等级。

A.4.3.2 废料

如果专业产品在其生命周期阶段产生大量废料,那么如何产生最少量废料或如何循环使用废料,专业指南宜给出示例,例如材料或能源是否有可能循环使用或回收利用(包括对使用终止的产品和易于拆卸产品的详细条款),以及在循环使用、能源回收或最终处置过程中存在的潜在环境风险。

A.4.3.3 其他排放物

除上述情况外,与专业有关的其他排放如噪声、辐射等问题,宜进行相应处理。

A.5 有关图的建议

建议在专业指南中使用图来表现特定专业产品的生命周期、环境因素和它们之间的相互依赖关系。环境检查表(见5.3)便是一个提供产品和(或)产品标准的环境因素概述的示例。

A.6 识别产品环境因素的建议

环境检查表是采用系统方式处理环境问题的有效工具,因此专业指南宜推荐使用该工具。为了更好地适应专业特定问题,可对环境检查表进行修改,例如可添加后续相关子阶段或环境因素。专业指南

可给出完整的环境检查表示例。

不过，对于某些专业，检查表不一定适用于该专业的服务或产品族，对于某些专业可能已有适合于本领域的分析工具或方法。在这些情况下，专业指南可引入并详细说明这些替代工具。

此外，专业指南宜详细说明额外的信息来源及特定专业信息来源。

若想准确识别和评估环境因素和环境影响，建议在制定专业指南的过程中咨询环境专家。

A.7 将环境条款纳入到产品标准的建议

专业指南宜包括对特定专业的建议、限制条件和在标准中制定环境条款的示例。

附 录 B
(资料性附录)
标准中环境条款的示例

B.1 采购阶段示例

B.1.1 塑料管材中回收材料的使用

B.1.1.1 说明

使用回收材料生产塑料管材通常是受限制的。在特定条件下允许使用回收材料,但它们需要满足非常明确的要求。CEN/TS 14541 对使用 PE(聚乙烯)、PP(聚丙烯)和 PVC-U(硬聚氯乙烯)等回收材料的要求作了详细的规定。

B.1.1.2 示例

摘自 CEN/TS 14541:2007 关于常压塑料管材及管件 PVC-U(硬聚氯乙烯)、PP(聚丙烯)和 PE(聚乙烯)回收材料的使用。

"**4.2 符合协议规格的回收材料**

符合协议规格的回收材料在供应数量和供应时间上有保证时,应允许添加到新料或余料中,或上述两者的混合料中生产管材,但应符合下列条件:

——每种回收材料的规格应在材料供应者与产品生产者之间协商一致。回收材料的特性至少应包含:PVC-U(硬聚氯乙烯)见表 1,PP(聚丙烯)见表 2,PE(聚乙烯)见表 3。其他特性应符合:PVC(聚氯乙烯)见 EN 15346,PP(聚丙烯)见 EN 15345,PP(聚丙烯)和 PE(聚乙烯)见 EN 15344。

当按表 1、表 2、表 3 分别对 PVC-U(硬聚氯乙烯)、PP(聚丙烯)、PE(聚乙烯)进行测定时,这些特性显示的实际值应符合协商一致的约定值。

——每次提交应具有符合 EN 10204:2004 中 3.1 格式的证书,以表明材料供应者的提交符合协议规格,或产品生产者的提交符合双方的约定。

注:回收材料供应者的质量计划宜符合 ISO 9001:2000。

——产品生产者应明确回收材料的最大添加量。

——产品生产者应记录实际添加到各产品系列中回收材料的数量。

——最终产品的材料特性应符合相关产品标准规定的要求。

——最终产品应按回收材料的成分和最大添加量进行型式试验。批准结果应证实符合含有较低等级回收材料的成分。"

B.1.2 采购阶段寿命终止注意事项

B.1.2.1 说明

在采购阶段就考虑指定材料的寿命终止处理是与标准有关的生命周期理念的良好示例。这个问题在 EN 15312 的综合运动设备关于材料一般要求的子条款中得到了解决,其中还包括与环境有关的要求。

B.1.2.2 示例

摘自 EN 15312:2007 关于开放性综合运动设备。

"4.1 材料

……

选择设备用材料时,宜注意材料的最终处置可能对环境造成的任何有毒危害。宜特别注意表面涂层的潜在毒害。"

B.2 生产阶段示例

B.2.1 减少产品测试的环境影响

B.2.1.1 说明

许多产品标准要求产品上市前接受某种型式的试验。有些试验,尤其是破坏性试验对环境影响较大,例如排放有害物质。然而,制定标准有助于减少此类影响。

B.2.1.2 示例

摘自 EN 14180:2003 关于医用消毒器。

"附录 A 试验方法

……

注:尽可能扩大适宜同步实施试验的数量(如烘干)以节省重复时间和实验设备的修理次数,可减轻环境负担(参见附录 F)。"

B.2.1.3 示例

摘自 IRAM 3543:2005 关于灭火器和消弧电位试验。

"4 通则

……

警告——这些试验具有一定风险,还可能产生对人体健康和环境有害的物质。必须采取预防措施谨慎保护人员和环境安全,同时宜注意试验后材料和产生废料的最终处置。

4.6 试验场地

……

注:为避免环境污染,建议在试验期间提供气体的收集系统和清洗系统。"

B.2.2 包装材料的环境影响

B.2.2.1 说明

许多产品标准要求产品使用特定类型的包装方法(初次包装)。然而,标准还宜介绍产品初次包装的环境因素,例如包装材料的处置。

B.2.2.2 示例

摘自 ISO 16201:2006 关于对残疾人的技术援助。

"4 总体要求

4.2 制造商提供的信息

4.2.3 标志

为了安全使用环境控制系统或系统中的某个设备，根据需要在产品、包装和说明书上应至少包含以下信息：

……

g） 告知消费者如何以对环境无害的方式处置包装材料；

……"

B.2.3 回收材料中的有害物质

B.2.3.1 说明

建筑行业普遍使用回收材料，但宜考虑回收材料中有害物质对环境造成的影响。

B.2.3.2 示例

摘自 JIS A 5731:2002 关于用回收塑料制成的雨水检查舱和盖。

"7.1 回收塑料制品

如果使用回收塑料制品，通过以往的记录应可免费获知此类塑料制品的成分及污染物所包含的对人体和环境有害的物质(例如黏附物)数量。如果无法找到相关记录，应进行测试并确定在使用过程中它们对人体和环境是无害的。相关方应对试验项目和试验方法达成一致。

7.2 辅助材料

……

填充剂、增强剂和添加剂等辅助材料中不应包含对产品质量或环境造成负面影响的有害物质。"

B.2.4 提高回收资源的利用率

B.2.4.1 说明

为了提高设备中回收资源的利用率，关键是在产品设计或投产初期恰当考虑回收资源的使用。引入一个公认的产品中回收资源利用率的评估方法，既可反映该行业寿命终止链的实际情况，也可为设计者在设计或投产初期提供较好的评估方法。

B.2.4.2 示例

摘自 JIS C 9911:2007 关于电工或电子设备中回收资源利用指标的计算和表示方法。

"1 范围

本标准规定了电工或电子设备在设计或开发阶段，关于回收资源利用率的计算和表示方法。

本标准适用于设备在设计或开发阶段对回收资源有效利用率的测量结果的评价。"

B.3 使用阶段示例

B.3.1 化学试验室内的环境保护措施

B.3.1.1 说明

有些涉及水处理用化学品的欧洲标准，在分析方法中含通过资料性附录介绍化学试验室内环境、健康和安全防护措施的相关信息。对于有环境影响的化学品的产品标准的分析方法中也宜包含类似建议。

B.3.1.2 示例

摘自 EN 15039:2006 关于水处理的化学品。

"**附录 C 化学试验室内环境、健康和安全防护措施**

……

本防护措施可作为安全和常用的技术指南。使用者宜:

——研究使用的欧盟指令、调整的欧洲立法和国家法律、法规以及行政条款是否适用进行调查;

——就材料安全数据表和其他建议等特殊细节应该向制造商和(或)供应商咨询;

……

——谨慎对待易燃材料、有毒物质和(或)人类致癌物,在运输、倒灌、稀释、溢出物处理时宜格外小心;

——以安全及环保方式储存、搬运和处理化学品:包括实验室试验用化学品、试样、未使用的溶剂和配制好的试剂。"

B.3.2 维护和修理

B.3.2.1 说明

一般而言,定期进行产品维护能延长产品的使用寿命。尤其是那些无法及时更新的产品,而延长产品的使用寿命与减少产品环境影响关系密切。因此易于修理和维护能减少产品环境影响。

此外,维护和修理的流程或用品对环境具有较大影响。标准可通过制定条款来处理生命周期中这一特定阶段的有关问题。

B.3.2.2 示例

摘自 ISO 16201:2006 关于残疾人特定技术援助。

"**4 通用要求**

4.2 制造商提供的信息

4.2.1 总则

对于正在市场销售的环境控制系统或系统中的某个设备,至少应使用销售地的官方语言并且以明确及易于让人理解的方式告知下列信息:

……

j) 可替换部件的详细信息。

……

4.2.2 使用说明

使用说明至少应包含下列信息:

……

d) 用于设备维护和校准的特性及频率的细节。"

B.3.2.3 示例

摘自 IRAM 2400:2003 关于电气绝缘矿物油的使用和维护。

"**13 卫生和环保措施**

……

注:为了遵守相关法律规定,向拥有和使用绝缘矿物油的变压器的个人或组织建议:如果需要更换或处理绝缘油,需预先测定多氯联苯(PCB)的含量。"

B.3.3 减少辅助产品的环境影响

B.3.3.1 说明

在许多情况下，使用某个产品通常还需要使用辅助产品，例如水。除了这些辅助产品固有的环境因素外，主要因素在于辅助产品的使用量。个别情况下，可通过在标准中向使用者提出建议来缓解这一情况。另一方面，使用辅助产品可能是减少产品自身的其他环境因素的需要。

B.3.3.2 示例

摘自 EN 14180:2003 关于医用消毒器。

"4.2 设计和构造

4.2.3 真空系统

4.2.3.1 消毒器宜配备用来排出空气、水和消毒剂的真空系统。……

注：真空系统通常通过水来进行操作。宜注意系统内部用水的优化问题，因为资源使用和甲醛稀释间需要达到一个平衡，使甲醛的稀释浓度不可对环境造成危害（参见附录 F）。"

B.4 寿命终止阶段示例

B.4.1 选择适当的寿命终止方案

B.4.1.1 说明

有一系列欧洲标准是关于不同材料的回收塑料制品（EN 15342、EN 15343、EN15344、EN 15345、EN 15346 以及 EN 15347）的，这些标准的引言部分指出了在确定寿命终止方案时采用生命周期理念的重要性。

B.4.1.2 示例

摘自回收塑料制品（EN 15342:2007、EN 15343:2007、EN15344:2007、EN 15345:2007、EN 15346:2007 以及 EN 15347:2007）系列标准。

"引言

塑料废品的回收利用意在节省资源（原材料、用水、能量）的材料回收过程，同时最大限度地降低有害气体排放、水体排放、土壤排放和对人体健康的影响。需要对回收系统的全过程（从废品产生到最终残渣处置过程）的环境影响进行评定。为了确保回收利用是处理可利用废物的最佳方案，宜满足一些先决条件：

——采用的回收使用方案宜比备选的可回收方案造成的环境影响更小；

——宜确定回收产品的当前或潜在的市场销路以保证再循环产业发展的可持续性；

——宜对收集和分类方案进行合理规划，以便于回收的塑料碎片正好满足回收技术和确定的市场销路的需求，其中宜优先考虑社会成本最小化。"

B.4.2 处置要求

B.4.2.1 说明

为了覆盖产品的整个生命周期，产品标准还宜包含有关处置的建议事项。这些建议事项宜包括以下内容：产品宜由谁以何种方式处置。

B.4.2.2 示例

摘自 GB/T 21218—2007 关于电气用未使用过的硅绝缘液体。

"4.2 **健康、安全和环境要求(HSE)**

4.2.2 **处置**

对最终产品的处置应与本地的法规保持一致。处置的优先措施是由有资质的承包商进行回收利用。也可对废液进行焚烧,溢出物宜使用吸附性介质进行清理。……"

B.4.3 呼吁用户参与回收利用的推广活动

B.4.3.1 说明

推行蓄电池回收利用过程中最为重要的因素是:通过恰当的处理方法,使用户在使用阶段就参与进来。于是,生产商就需要在用户手册或标签上详细阐明这一情况。

B.4.3.2 示例

摘自 JIS C 8705:2006 关于密封充电镍镉电池。

"11 **处理注意事项**

……

i) 为了促进用后蓄电池的有效利用,蓄电池作为一种再生资源,其操作要求宜在用户手册、标志或以其他适当方式给出。"

B.5 生命周期所有阶段示例

B.5.1 将环境问题集中在一章内

B.5.1.1 说明

有些标准将所有与环境相关的条款或建议都集中在一章或一个附录中。EN 12975-1 太阳热能系统的太阳能收集器就包含关于环保的资料性附录 B。该附录包含与产品生命周期不同阶段有关的传热流体、绝热材料和收集器材料再循环使用的条款。

B.5.1.2 示例

摘自 EN 12975-1:2006 关于太阳热能系统。

"**附录 B 环保**

B.1 传热流体

使用的传热流体宜无毒、对人体皮肤或眼睛无严重刺激、对水无污染,而且该传热流体宜可充分生物降解。

B.2 绝热材料

收集器不宜使用氟氯化碳或含有氟氯化碳的材料制造。因此,绝热材料不宜包含该成分,依照第 6 章的描述,该成分在临界温度时排出有毒气体,将严重刺激人体皮肤或眼睛。

B.3 收集器材料的回收利用

收集器主要用于储存能量并减少污染。因此,收集器的设计宜考虑用后材料的回收利用。宜避免使用不可循环材料或最小限度使用该材料。

注:有毒物质的分类和识别信息可从 67/548/EEC 导则(危险物质的分类、包装、标识粘贴)和 76/769/EEC 导则(危险物质的使用限制)及修正案中找到。"

B.5.2　采用检查表系统评定标准的环境因素

B.5.2.1　说明

ISO 23747 的呼气峰流量计包含了与 EN 12975-1 中类似的集中环境内容的附录。按照产品环境因素的总体要求，最终的标准中包含了环境检查表，以说明生命周期各阶段的相关环境因素以及它们在标准中所在的章节。

B.5.2.2　示例

摘自 ISO 23747:2007 关于麻醉设备和呼吸器。

"1　**范围**

……

本标准适用于产品的规划和设计，生命周期内的产品环境影响见附录 E。

……

附录 E　环境因素

呼气峰流量计产生的环境影响主要限于下列情况：

——用户根据使用说明和例行程序进行例行检验和调整操作时，对本地环境产生的影响；

——操作期间消耗品的使用、清理和处置，包括用户根据使用说明和例行程序进行例行检验和调整操作；

——生命周期终止阶段的报废。

为了突出减少环境负担的重要性，本标准阐述了意在减少由呼气峰流量计在其生命周期的不同阶段造成的环境影响的要求或建议。

表 E.1 显示了呼气峰流量计有关环境方面的生命周期映射情况。

[表 E.1　环境检查表]"

参 考 文 献

[1] GB/T 19001—2008 质量管理体系要求(ISO 9001:2008,IDT)

[2] GB/T 20877—2007 电气产品标准中引入环境因素的导则(IEC Guide 109:2003,IDT)

[3] GB/T 21218—2007 电气用未使用过的硅绝缘液体(IEC 60836:2005,IDT)

[4] GB/T 21273—2007 环境意识设计 将环境因素引入电工产品的设计和开发(IEC Guide 114:2005,IDT)

[5] GB/T 24001—2004 环境管理体系 要求及使用指南(ISO 14001:2004,IDT)

[6] GB/T 24021—2001 环境管理 环境标志和声明 自我环境声明(Ⅱ型环境标志)(ISO 14021:1999,IDT)

[7] GB/T 24024—2001 环境管理 环境标志和声明 Ⅰ型环境标志 原则和程序(ISO 14024:1999,IDT)

[8] GB/T 24025—2009 环境标志和声明 Ⅲ型环境声明 原则和程序(ISO 14025:2006,IDT)

[9] GB/T 24040—2008 环境管理 生命周期评价 原则与框架(ISO 14040:2006,IDT)

[10] GB/T 24044—2008 环境管理 生命周期评价 要求与指南(ISO 14044:2006,IDT)

[11] GB/T 24050—2004 环境管理 术语(ISO 14050:2002,IDT)

[12] GB/T 24062—2009 环境管理 将环境因素引入产品的设计和开发(ISO/TR 14062:2002,IDT)

[13] ISO 14020:2000 Environmental labels and declarations—General principles

[14] ISO 16201:2006 Technical aids for persons with disability—Environmental control systems for daily living

[15] ISO 17422:2002 Plastics—Environmental aspects—General guidelines for their inclusion in standards

[16] ISO 23747:2007 Anaesthetic and respiratory equipment—Peak expiratory flow meters for the assessment of pulmonary function in spontaneously breathing humans

[17] ISO/IEC Guide 2:2004 Standardization and related activities—General vocabulary

[18] EN 10204:2004 Metallic products—Types of inspection documents

[19] EN 12975-1:2006 Thermal solar systems and components—Solar collectors—Part 1:General requirements

[20] EN 14180:2003 Sterilizers for medical purposes—Low temperature steam and formaldehyde sterilizers—Requirements and testing

[21] EN 14717:2005 Welding and allied processes—Environmental check list

[22] EN 15039:2006 Chemicals used for treatment of water intended for human consumption—Antiscalants for membranes—Polycarboxilic acids and salts

[23] EN 15312:2007 Free access multi-sports equipment—Requirements,including safety,and test methods

[24] EN 15342:2007 Plastics—Recycled Plastics—Characterization of polystyrene(PS) recyclates

[25] EN 15343:2007 Plastics—Recycled plastics—Plastics recycling traceability and assessment of conformity and recycled content

[26] EN 15344:2007 Plastics—Recycled plastics—Characterization of polyethylene(PE) recyclates

[27] EN 15345:2007 Plastics—Recycled plastics—Plastics recyclate characterisation of (PP)

recyclates

[28] EN 15346:2007 Plastics—Recycled plastics—Characterisation of poly(vinyl chloride)(PVC) recyclates

[29] EN 15347:2007 Plastics—Recycled plastics—Characterisation of plastics wastes

[30] EN 15530:2008 Aluminium and aluminium alloys—Environmental aspects of aluminium products—General guidelines for their inclusion in standards

[31] CEN/TS 14541:2007 Plastics pipes and fittings for non-pressure applications—Utilisation of non-virgin PVC-U,PP and PE materials

[32] CEN Guide 4:2004 Guide for the inclusion of environmental aspects in product standards

[33] DIN Report 108:2003 Guide for the inclusion of environmental aspects in product standardization and development

[34] IRAM 2400:2003 Mineral electrical insulating oils—Guide for supervision maintenance of oil in electrical equipment and in service

[35] IRAM 3543:2005 Manual and Wheeled Fire Extinguishers—Qualification and test of the extinction potential on Class B Fires

[36] JIS A 5731:2002 Recycled plastics inspection chambers and covers for rainwater

[37] JIS C 8705:2006 Sealed nickel-cadmium cylindrical rechargeable single cells

[38] JIS C 9911:2007 Calculation and display methods of recycled and reuse indicator of electric or electronic equipment

[39] NEAS Guide for Integration of Environmental Aspects in Standards

[40] Council Directive 67/548/EEC of 27 June 1967 on the approximation of laws,regulations and administrative provisions relating to the classification, packaging and labelling of dangerous substances

[41] Council Directive 76/769/EEC of 27 July 1976 on the approximation of the laws,regulations and administrative provisions of the Member States relating to restrictions on the marketing and use of certain dangerous substances and preparations

[42] The CEN Environmental Helpdesk(CEN/EHD):http://www.cen.eu/sh/ehd

[43] UNEP-SETAC Life-cycle Initiative and Life-cycle management programme Available at http://www.uneptie.org/pc/sustain/lcinitiative

ICS 01.120
A 00

中华人民共和国国家标准

GB/T 20003.1—2014

标准制定的特殊程序 第1部分:涉及专利的标准

Special procedures for the development of standards—Part 1:Standard related to patents

2014-04-28 发布

2014-05-01 实施

中华人民共和国国家质量监督检验检疫总局
中国国家标准化管理委员会 发布

前　言

GB/T 20003《标准制定的特殊程序》与 GB/T 1《标准化工作导则》、GB/T 20000《标准化工作指南》、GB/T 20001《标准编写规则》和 GB/T 20002《标准中特定内容的起草》共同构成支撑标准制修订工作的基础性系列国家标准。

GB/T 20003《标准制定的特殊程序》拟分为若干部分，本部分为 GB/T 20003 的第 1 部分。

本部分按照 GB/T 1.1—2009《标准化工作导则　第 1 部分：标准的结构和编写》给出的规则起草。

请注意本文件的某些内容可能涉及专利。本文件的发布机构不承担识别这些专利的责任。

本部分由中国标准化研究院提出。

本部分由全国标准化原理与方法标准化技术委员会(SAC/TC 286)归口。

本部分起草单位：中国标准化研究院、中国通信标准化协会、数字音视频编解码技术标准工作组。

本部分主要起草人：王益谊、朱翔华、杜晓燕、白殿一、潘峰、牛朝晖、赵文慧。

引　言

由于技术的发展和更新，标准中涉及的专利越来越多。为统一规范涉及专利的标准制修订规则，保护社会公众和专利权人及相关权利人的合法权益，保障涉及专利的标准制修订工作的公开、透明，特制定本部分。

标准制定的特殊程序
第1部分:涉及专利的标准

1 范围

GB/T 20003的本部分规定了标准制定和修订过程中涉及专利问题的处置要求和特殊程序。如无特别说明,本部分所提及的专利包括有效的专利和专利申请。

本部分适用于涉及专利的国家标准的制修订工作,涉及专利的国家标准化指导性技术文件、行业标准和地方标准的制修订可参照使用。

2 规范性引用文件

下列文件对于本文件的应用是必不可少的。凡是注日期的引用文件,仅注日期的版本适用于本文件。凡是不注日期的引用文件,其最新版本(包括所有的修改单)适用于本文件。

GB/T 1.1—2009 标准化工作导则 第1部分:标准的结构和编写

GB/T 20000.1 标准化工作指南 第1部分:标准化和相关活动的通用词汇

3 术语和定义

GB/T 20000.1界定的以及下列术语和定义适用于本文件。

3.1

必要权利要求 essential claim

实施标准时,某一专利中不可避免被侵犯的权利要求。

3.2

必要专利 essential patent

包含至少一项**必要权利要求**的专利。

3.3

关联者 affiliate

直接或间接控制法律实体A,或受法律实体A控制,或与法律实体A共同受另一个法律实体B控制的法律实体。

注:控制是描述一个法律实体直接或间接拥有另一个法律实体中超过50%表决权的股份,或者在未达到前述50%表决权股份的情况下,拥有决策权的状态。关联者不包括以国家作为关联者的法律实体。

3.4

技术建议 technical contribution

在标准制修订过程中,以书面或电子媒介的形式直接或者通过代理间接正式提交的关于标准技术内容的建议材料。

4 专利处置要求

4.1 必要专利信息的披露

4.1.1 参与标准制修订的组织或个人应尽早向相关全国专业标准化技术委员会或归口单位披露自身

及关联者拥有的必要专利，宜尽早披露其所知悉的他人（方）拥有的必要专利。参与的组织或个人包括项目提案方、工作组的所有成员、全国专业标准化技术委员会的委员、提供技术建议的单位或个人等。

4.1.2 鼓励没有参与国家标准制修订的组织或者个人在标准制修订过程中尽早披露其拥有和知悉的必要专利。

4.1.3 在披露必要专利时，应填写必要专利信息披露表（见附录A的表A.1），并将必要专利信息披露表与相关证明材料一起提交至所属的全国专业标准化技术委员会或归口单位。已授权专利的证明材料为专利证书复印件或扉页，已公开但尚未授权的专利申请的证明材料为专利公开通知书复印件或扉页，未公开的专利申请的证明材料为专利申请号和申请日期。

4.2 必要专利实施许可声明

4.2.1 在作出必要专利实施许可声明时，专利权人或专利申请人应填写必要专利实施许可声明表（见表A.2）和/或通用必要专利实施许可声明表（见表A.3）。

4.2.2 专利权人或专利申请人在填写必要专利实施许可声明表时，应在以下三种方式中选择一种：

a) 专利权人或专利申请人同意在公平、合理、无歧视基础上，免费许可任何组织或者个人在实施该国家标准时实施专利；

b) 专利权人或专利申请人同意在公平、合理、无歧视基础上，收费许可任何组织或者个人在实施该国家标准时实施专利；

c) 专利权人或专利申请人不同意按照以上两种方式进行专利实施许可。

4.2.3 专利权人或专利申请人所作出的必要专利实施许可声明一经提交就不可撤销，直到该标准的相关内容由于标准的修订导致已作出实施许可声明的必要权利要求对于该标准的实施不再是必要的；只有后提交的实施许可声明对标准实施者而言更宽松、更优惠时，才可取代在先的实施许可声明。

4.2.4 专利权人或专利申请人在作出必要专利实施许可声明时，应保证其不会以规避4.2.2中所作出的实施许可声明为目的转让专利权或专利申请权。对于已经向全国专业标准化技术委员会或者归口单位提交实施许可声明的专利，专利权人或专利申请人转让或者转移该专利时，应当事先告知受让人该专利实施许可声明的内容，并保证受让人同意受该专利实施许可声明的约束。

4.2.5 标准制修订或者实施过程中，专利权人或专利申请人应将标准中必要专利的任何信息变更及时通知全国专业标准化技术委员会或归口单位。这些信息包括但不限于专利权或者专利申请权转移，专利申请被驳回、撤回、视为撤回、视为放弃或恢复，专利权无效、终止或恢复等。

4.3 相关信息的公布

4.3.1 国家标准化行政主管部门、全国专业标准化技术委员会或归口单位应通过国家标准化行政主管部门网站、全国专业标准化技术委员会网站、国家级期刊等渠道公布标准或标准草案中涉及专利的信息。

4.3.2 公布的相关信息应至少包括涉及了专利的标准或标准草案、已披露的专利清单（见表A.4）和全国专业标准化技术委员会或归口单位的联系方式。

4.3.3 已披露的专利清单由全国专业标准化技术委员会或归口单位根据收到的专利信息披露表和必要专利实施许可声明表等填写。已披露的专利清单如有更新，全国专业标准化技术委员会或归口单位应至少在标准制修订过程中的起草阶段和审查阶段结束时，将更新后的已披露的专利清单报送国家标准化行政主管部门。

4.4 会议要求

在标准制修订过程中的每次会议期间，会议主持人都应提醒参会者慎重考虑标准草案是否涉及专利，通告标准草案涉及专利的情况和询问参会者是否知悉标准草案涉及的尚未披露的必要专利，并将结果记录在会议纪要中。

4.5 文件要求

在工作组讨论稿、征求意见稿、送审稿的封面上应给出征集潜在必要专利的信息。在标准制修订过程中的任何阶段，一旦识别出标准的技术内容涉及了必要专利并进行了相应的处置(见第5章)，应在相关阶段以及其后的所有阶段的标准草案直至正式出版的国家标准的引言中给出相应的说明。如果在标准制修订过程中尚未识别出标准的技术内容涉及专利，应在标准报批稿和正式出版的国家标准的前言中给出相应的说明。封面、引言和前言中与专利有关的内容应与GB/T 1.1—2009附录C中给出的表述相符合。

4.6 以国际标准或国外标准为基础制修订国家标准

4.6.1 等同采用国际标准化组织(ISO)和国际电工委员会(IEC)的标准化文件制修订国家标准时，该国际标准化文件中所涉及专利的实施许可声明依然适用于国家标准。在标准制修订过程中，全国专业标准化技术委员会或归口单位只需填写已披露的专利清单，并按照有关规定公布和报送。

4.6.2 修改采用国际标准或国家标准与国际标准的一致性程度为非等效时，以及以其他国际标准组织或国家的标准化文件为基础制定国家标准时，应按照第5章的规定处置标准中涉及的专利问题。

4.7 引用涉及专利的标准

在制修订国家标准过程中规范性引用了涉及专利的标准条款时，应按照第5章的规定获得专利权人或专利申请人的实施许可声明。

5 涉及专利的国家标准制修订的特殊程序

5.1 预研阶段

5.1.1 项目提案方应尽可能广泛地收集项目提案所附的标准建议稿中涉及的必要专利信息，并应按照4.1的规定披露自身及关联者拥有的必要专利，宜按照4.1的规定披露其所知悉的他人(方)拥有的必要专利。

5.1.2 项目提案方在向全国专业标准化技术委员会或归口单位提交的项目提案中应包括必要专利信息披露表和证明材料。

5.1.3 全国专业标准化技术委员会或归口单位在将项目建议书提交全体委员表决时，应同时提交收到的必要专利信息披露表、证明材料和已披露的专利清单(可不填写有关许可的信息)。

5.1.4 全国专业标准化技术委员会的委员应在规定的截止时间前，按4.1的规定披露本人、委员所在单位及其关联者拥有的必要专利，宜按照4.1的规定披露其所知悉的他人(方)拥有的必要专利。具体的期限由专业标准化技术委员会或归口单位自行规定。

5.1.5 全国专业标准化技术委员会或归口单位在向国家标准化行政主管部门上报国家标准项目建议书和标准建议稿时，应同时报送必要专利信息披露表、证明材料和已披露的专利清单(可不填写有关许可的信息)。

5.2 立项阶段

国家标准化行政主管部门在对拟立项的国家标准项目进行公示时，应同时公布涉及专利的标准建议稿、已披露的专利清单和全国专业标准化技术委员会或归口单位的联系方式，鼓励组织和个人披露其拥有和知悉的与标准有关的必要专利。

5.3 起草阶段

5.3.1 工作组的所有成员应按4.1的规定披露自身及关联者拥有的必要专利,宜按照4.1的规定披露其所知悉的他人(方)拥有的必要专利。

5.3.2 不属于工作组,但向正在制修订的标准提供技术建议的所有单位或个人应按4.1的规定披露自身及关联者拥有的必要专利,宜按照4.1的规定披露其所知悉的他人拥有的必要专利。

5.3.3 全国专业标准化技术委员会或归口单位应联系必要专利的专利权人或专利申请人,并按照4.2的规定获取专利权人或专利申请人的书面实施许可声明。

5.3.4 全国专业标准化技术委员会或归口单位应将收到的必要专利信息披露表、证明材料和必要专利实施许可声明表及时通知工作组。

5.3.5 如果全国专业标准化技术委员会或归口单位在规定的期限内未收到必要专利的专利权人或专利申请人签署的必要专利实施许可声明表,或必要专利的专利权人或专利申请人选择了4.2.2 c)的许可方式,则标准草案不应包含基于此项专利技术的条款。具体的期限由专业标准化技术委员会或归口单位自行规定。

5.3.6 工作组向技术委员会提交的标准草案征求意见材料中应包括必要专利信息披露表、证明材料、已披露的专利清单和必要专利实施许可声明表。

5.4 征求意见阶段

5.4.1 涉及专利的国家标准在征求意见时,全国专业标准化技术委员会或归口单位应按4.3的规定公布标准相关信息,并注明鼓励组织和个人按4.1的规定披露其所拥有和知悉的必要专利。有关组织和个人宜按照4.1的规定披露其拥有和知悉的必要专利。

5.4.2 全国专业标准化技术委员会的委员应在征求意见截止时间前,按4.1的规定披露委员本人、委员所在单位及其关联者拥有的与标准征求意见稿内容有关的必要专利,宜按照4.1的规定披露其所知悉的他人(方)拥有的必要专利。

5.4.3 全国专业标准化技术委员会或归口单位对征求意见过程中新收到的必要专利披露信息应按照5.3.3至5.3.5的规定处置。

5.5 审查阶段

5.5.1 全国专业标准化技术委员会或归口单位在对涉及了专利的标准送审稿进行审查时,应采用会议审查的方式。审查内容至少包括:标准是否满足4.5的文件要求以及必要专利信息披露表、证明材料、已披露的专利清单和必要专利实施许可声明表的完备性,并给出审查意见。

5.5.2 全国专业标准化技术委员会或归口单位向国家标准化行政主管部门提交的标准草案报批材料中应包括必要专利信息披露表、证明材料、已披露的专利清单和必要专利实施许可声明表。

5.6 批准阶段

5.6.1 国家标准化行政主管部门应对必要专利信息披露表、证明材料、已披露的专利清单和必要专利实施许可声明表的完备性,以及处置程序的符合性进行审核。对不符合报批要求的,应退回全国专业标准化技术委员会或归口单位,限时解决问题后再行报批。

5.6.2 对于符合报批要求的,国家标准化行政主管部门应在该标准发布前按4.3的规定公布标准中涉及专利的信息。公示期为30天。对于涉及或可能涉及专利的强制性标准,可依申请将其公示期延长至60天。任何组织或者个人可按4.1的规定向国家标准化行政主管部门披露其知悉的其他必要专利。

5.6.3 国家标准化行政主管部门应将新收到的必要专利信息及时通知全国专业标准化技术委员会或归口单位。

5.6.4 在标准批准之前，如果发现了新的必要专利，全国专业标准化技术委员会或归口单位应申请中止标准报批稿的批准程序，并对新披露的必要专利按照5.3.3至5.3.5的规定进行处置，然后再行报批。

5.7 出版阶段

标准按4.5的要求出版。

5.8 复审阶段

5.8.1 标准中涉及的专利信息发生变化时，应及时对标准进行复审。

5.8.2 在复审过程中，全国专业标准化技术委员会或归口单位应对标准中必要专利的信息进行核实，并根据核实结果确定标准的复审结论。

6 标准实施中的专利处置

6.1 标准发布后，发现标准涉及专利但没有专利实施许可声明的，国家标准化行政主管部门应责成全国专业标准化技术委员会或者归口单位在规定时间内获得专利权人或专利申请人作出的专利实施许可声明，并提交国家标准化行政主管部门。

6.2 除强制性国家标准外，未能在规定时间内获得专利权人或专利申请人依据4.2.2中a)或b)选项作出的专利实施许可声明的，国家标准化行政主管部门可以视情况暂停实施该国家标准，并责成相应的全国专业标准化技术委员会或者归口单位修订该标准。

附　录　A
（规范性附录）
标准制定过程中处置涉及的专利所使用的表格格式

表 A.1 至表 A.4 给出了标准中所涉及的专利在进行披露、实施许可声明和公布时所使用的表格格式。表 A.1 用于必要专利信息的披露，表 A.2 用于专利权人或专利申请人对具体必要专利进行的实施许可声明，表 A.3 用于专利权人或专利申请人针对某一项标准就其拥有的所有相关必要专利进行的实施许可声明，表 A.4 是对已披露的必要专利信息进行公布时所使用的专利清单。

下列表格均可根据实际需要增加表格行。

表 A.1　必要专利信息披露表

<table>
<tr><td colspan="6">标准信息</td></tr>
<tr><td colspan="2">□国家标准计划编号/
□国家标准号</td><td></td><td>项目名称/
国家标准名称</td><td colspan="2"></td></tr>
<tr><td colspan="6">专利披露者信息</td></tr>
<tr><td>□个人</td><td>姓名</td><td></td><td>工作单位</td><td colspan="2"></td></tr>
<tr><td>□单位</td><td>单位名称</td><td colspan="2"></td><td>联系人</td><td></td></tr>
<tr><td>联系地址</td><td colspan="5"></td></tr>
<tr><td>邮政编码</td><td></td><td>电话</td><td></td><td>电子邮箱</td><td></td></tr>
<tr><td colspan="6">标准中涉及的必要专利信息</td></tr>
<tr><td>序号</td><td>专利申请号/
专利号</td><td>专利名称</td><td>专利申请人/
专利权人</td><td>涉及专利的标准
条款(章、条编号)</td><td>是否同意
作出实施许可声明</td></tr>
<tr><td></td><td></td><td></td><td></td><td></td><td></td></tr>
<tr><td></td><td></td><td></td><td></td><td></td><td></td></tr>
<tr><td></td><td></td><td></td><td></td><td></td><td></td></tr>
<tr><td colspan="6">专利披露者(签字/盖章)：

年　　　月　　　日</td></tr>
<tr><td colspan="6">填表说明：专利信息的披露者可为个人或单位，请在表中选择填写。</td></tr>
</table>

表 A.2 必要专利实施许可声明表

<table>
<tr><td colspan="5">标准信息</td></tr>
<tr><td colspan="2">□国家标准计划编号/
□国家标准号</td><td></td><td>项目名称/
国家标准名称</td><td></td></tr>
<tr><td colspan="5">专利权人/专利申请人信息</td></tr>
<tr><td colspan="2">专利权人/专利申请人的
姓名或单位名称</td><td colspan="3"></td></tr>
<tr><td colspan="2">联系人姓名</td><td></td><td>电话</td><td></td></tr>
<tr><td colspan="2">邮政编码</td><td></td><td>电子邮箱</td><td></td></tr>
<tr><td colspan="2">联系地址</td><td colspan="3"></td></tr>
<tr><td colspan="5">必要专利实施许可声明</td></tr>
<tr><td colspan="5">当且仅当下表中的本专利权人或专利申请人专利中的权利要求成为最终发布的国家标准的必要权利要求时，专利权人或专利申请人作出如下实施许可声明：
a) 专利权人或专利申请人同意在公平、合理、无歧视基础上，免费许可任何组织或者个人在实施该国家标准时实施专利；
注：专利权人/专利申请人可以在互惠或防御性终止条件下作出上述声明。
b) 专利权人或专利申请人同意在公平、合理、无歧视基础上，收费许可任何组织或者个人在实施该国家标准时实施专利；
注：专利权人/专利申请人可以在互惠或防御性终止条件下作出上述声明。
c) 专利权人或专利申请人不同意按照以上两种方式进行专利实施许可。</td></tr>
<tr><td>序号</td><td>专利号/
专利申请号</td><td>专利名称</td><td>必要权利要求</td><td>实施许可声明方式
[a)、b)或 c)]</td></tr>
<tr><td></td><td></td><td></td><td></td><td></td></tr>
<tr><td></td><td></td><td></td><td></td><td></td></tr>
<tr><td></td><td></td><td></td><td></td><td></td></tr>
<tr><td></td><td></td><td></td><td></td><td></td></tr>
<tr><td colspan="5">专利权人/专利申请人(签字/盖章)：

年　　月　　日</td></tr>
</table>

表 A.3　通用必要专利实施许可声明表

<table>
<tr><td colspan="4">标准信息</td></tr>
<tr><td>□国家标准计划编号/
□国家标准号</td><td></td><td>项目名称/
国家标准名称</td><td></td></tr>
<tr><td colspan="4">专利权人/专利申请人信息</td></tr>
<tr><td>专利权人/专利
申请人的姓名或名称</td><td colspan="3"></td></tr>
<tr><td>联系人姓名</td><td></td><td>电话</td><td></td></tr>
<tr><td>邮政编码</td><td></td><td>电子邮箱</td><td></td></tr>
<tr><td>联系地址</td><td colspan="3"></td></tr>
<tr><td colspan="4">必要专利实施许可声明</td></tr>
<tr><td colspan="4">当且仅当本专利权人/专利申请人专利中的权利要求成为最终发布的国家标准的必要权利要求时，本专利权人/专利申请人作出如下实施许可声明(请在以下三种方式中勾选一种)：
□　a)　专利权人或专利申请人同意在公平、合理、无歧视基础上，免费许可任何组织或者个人在实施该国家标准时实施专利；
注：专利权人/专利申请人可以在互惠或防御性终止条件下作出上述声明。
□　b)　专利权人或专利申请人同意在公平、合理、无歧视基础上，收费许可任何组织或者个人在实施该国家标准时实施专利；
注：专利权人/专利申请人可以在互惠或防御性终止条件下作出上述声明。
□　c)　专利权人或专利申请人不同意按照以上两种方式进行专利实施许可。</td></tr>
<tr><td colspan="4">专利权人/专利申请人(签字/盖章)：
年　　　月　　　日</td></tr>
</table>

表 A.4　已披露的专利清单

<table>
<tr><td colspan="7">标准信息</td></tr>
<tr><td colspan="2">□国家标准计划编号/
□国家标准号</td><td></td><td>项目名称/
国家标准名称</td><td colspan="3"></td></tr>
<tr><td colspan="2">标准所处阶段</td><td colspan="5">□立项　□征求意见　□审查　□批准</td></tr>
<tr><td colspan="7">标准中涉及的专利</td></tr>
<tr><td>序号</td><td>专利申请号/
专利号</td><td>专利申请名称/
专利名称</td><td>专利申请人/
专利权人</td><td>涉及专利的标准条款(章、条编号)</td><td>实施许可声明方式[a)或 b)]</td><td>获得实施许可声明日期</td></tr>
<tr><td></td><td></td><td></td><td></td><td></td><td></td><td></td></tr>
<tr><td></td><td></td><td></td><td></td><td></td><td></td><td></td></tr>
<tr><td></td><td></td><td></td><td></td><td></td><td></td><td></td></tr>
<tr><td></td><td></td><td></td><td></td><td></td><td></td><td></td></tr>
<tr><td></td><td></td><td></td><td></td><td></td><td></td><td></td></tr>
<tr><td></td><td></td><td></td><td></td><td></td><td></td><td></td></tr>
<tr><td></td><td></td><td></td><td></td><td></td><td></td><td></td></tr>
<tr><td></td><td></td><td></td><td></td><td></td><td></td><td></td></tr>
<tr><td colspan="7">工作组组长(签字)
年　月　日</td></tr>
<tr><td colspan="7">技术委员会或归口单位(盖章)
年　月　日</td></tr>
</table>

ICS 27.070
K 82

中华人民共和国国家标准

GB/T 20042.7—2014

质子交换膜燃料电池 第7部分：炭纸特性测试方法

Proton exchange membrane fuel cells—Part 7: Test method of carbon paper properties

2014-12-05 发布　　2015-07-01 实施

中华人民共和国国家质量监督检验检疫总局
中国国家标准化管理委员会　发布

前　言

GB/T 20042《质子交换膜燃料电池》分以下部分：

——第1部分：术语；

——第2部分：电池堆通用技术条件；

——第3部分：质子交换膜测试方法；

——第4部分：电催化剂测试方法；

——第5部分：膜电极测试方法；

——第6部分：双极板特性测试方法；

——第7部分：炭纸特性测试方法。

本部分为GB/T 20042的第7部分。

本部分按照GB/T 1.1—2009给出的规则起草。

本部分由中国电器工业协会提出。

本部分由全国燃料电池及液流电池标准化技术委员会(SAC/TC 342)归口。

本部分负责起草单位：中国科学院大连化学物理研究所、机械工业北京电工技术经济研究所、新源动力股份有限公司、武汉邮电科学研究院、清华大学、武汉理工新能源有限公司、武汉理工大学、宁波拜特测控技术有限公司、南京大学昆山创新研究院、同济大学。

本部分主要起草人：钟和香、陈晨、张华民、侯中军、齐志刚、邱艳玲、李霞、裴普成、宛朝晖、李赏、黄平、顾军、侯永平、王美日、衣宝廉。

质子交换膜燃料电池
第7部分：炭纸特性测试方法

1 范围

GB/T 20042的本部分给出了质子交换膜燃料电池炭纸特性测试方法的术语和定义、厚度均匀性测试、电阻测试、机械强度测试、透气率测试、孔隙率测试、表观密度测试、面密度测试、粗糙度测试和测试报告。

本部分适用于质子交换膜燃料电池用各种类型的炭纸。

2 规范性引用文件

下列文件对于本文件的应用是必不可少的。凡是注日期的引用文件，仅注日期的版本适用于本文件。凡是不注日期的引用文件，其最新版本(包括所有的修改单)适用于本文件。

GB/T 1040.3—2006 塑料 拉伸性能的测定 第3部分：薄膜和薄片的试验条件

GB/T 13465.2—2002 不透性石墨材料抗弯强度试验方法

GB/T 20042.1—2005 质子交换膜燃料电池 术语

GB/T 28816—2012 燃料电池 术语

3 术语、定义和符号

3.1 术语和定义

GB/T 20042.1—2005及GB/T 28816—2012界定的以及下列术语和定义适用于本文件。

3.1.1

垂直方向电阻率 through-plane resistivity

炭纸厚度方向的电阻率，单位为毫欧厘米(mΩ·cm)。

3.1.2

平面方向电阻率 in-plane resistivity

炭纸平面方向的电阻率，单位为毫欧厘米(mΩ·cm)。

3.1.3

透气率 gas permeability

在恒定温度下，单位压差、单位时间气体透过单位厚度、单位面积样品上的气体体积，单位为毫升毫米每平方厘米小时毫米汞柱[mL·mm/(cm^2·h·mmHg)]。

3.1.4

孔隙率 porosity

炭纸孔隙体积占其总体积的百分率。

3.1.5

面密度 area density

炭纸质量与表观面积的比值，单位为克每平方厘米(g/cm^2)。

注：炭纸的表观面积为其表观长度与宽度的积。

3.1.6

表观密度　bulk density

炭纸质量与表观体积的比值，单位为克每立方厘米(g/cm^3)。

注：炭纸的表观体积为其平均厚度与表观面积的乘积。

3.1.7

表面粗糙度　surface roughness

炭纸表面微小峰谷的微观不平度。通常用一个取样长度 L 内，轮廓上各点到轮廓中线 X 绝对值的算术平均值(轮廓的算术平均偏差 Ra)或用最大轮廓峰高与最大轮廓谷深之和(轮廓的最大高度 Rz)来表示，单位为微米(μm)。

注：轮廓的中线(见图1的 X)包括轮廓的算术平均中线和轮廓的最小二乘中线两种。轮廓的算术平均中线是在取样长度范围内，将实际轮廓划分上、下两部分，且使上下面积相等的直线。轮廓的最小二乘中线是在取样长度内，使轮廓上各点至一条该线的距离平方和为最小。

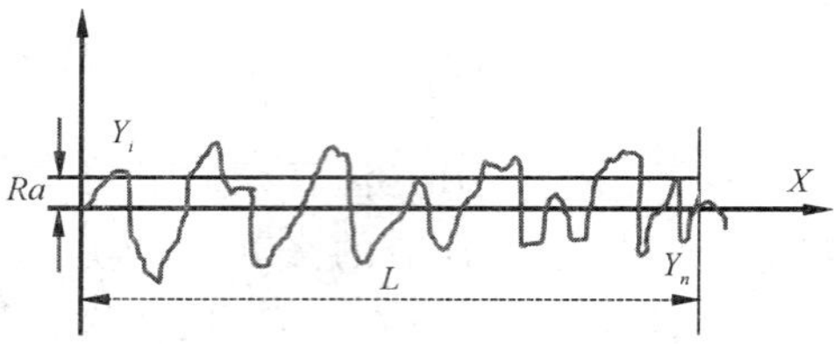

图1　轮廓的中线及 *Ra* 示意图

3.1.8

导热系数　thermal conductivity

单位温度差、单位面积、单位时间内通过单位厚度炭纸的热量，单位为瓦每米开[W/(m·K)]。

注：导热系数的测试见附录C。

3.2　符号

本部分中使用的符号、定义与单位见表1。

表1　符号、定义与单位

符号	定义	单位
	常用参数	
n	测量数据点数	
M	样品的质量	g
L_{cp}	样品的长度	cm
W_{cp}	样品的宽度	mm
	厚度均匀性	
$\overline{d}$	在一定压强下的样品平均厚度	mm
d_i	在一定压强下，某一点样品的厚度测量值	mm
σ	在一定压强下，样品的厚度标准偏差	mm
δ	离散系数，反映单位均值上的离散程度	

表 1（续）

符号	定义	单位
	电阻	
ρ_{in}	样品平面方向的电阻率	mΩ·cm
ρ_i	不同部位电阻率测量值	mΩ·cm
G	样品厚度校正系数	
D	样品形状校正系数	
ρ_t	样品垂直方向的电阻率	mΩ·cm
R_m	仪器的测量值，即样品垂直方向电阻、铜电极本体电阻和两个样品与电极间的接触电阻的总和	mΩ
R_c	两个铜电极本体电阻、样品与两个电极间的接触电阻总和	mΩ·cm^2
S	样品与两个电极之间的接触面积	cm^2
	机械强度	
T_s	样品的拉伸强度	MPa
F_b	样品断开时记录的负荷	N
T_b	抗弯强度	MPa
F	弯曲断裂负荷值	N
L	支座跨距	mm
γ	一定压力下样品的压缩率	%
d_{pi}	一定压力下的厚度	mm
d_0	样品的初始厚度，即压力接近零时的厚度	mm
	透气率	
V_{pe}	样品的透气率	mL·mm/(cm^2·h·mmHg)
V_s	在压差 p_s-p_0 下气体通过样品的体积流速	mL/min
p_s	测试样品时，微量压差计示数	Pa
p_0	空白样品的微量压差计示数	Pa
	孔隙率	
ε	样品的孔隙率	%
ρ_{CF}	炭纤维的密度	g/cm^3
	密度	
ρ_0	密度	g/cm^3
ρ_s	面密度	g/cm^2
	粗糙度	
Ra	轮廓算术平均偏差	μm
$\lvert Y_i \rvert$	轮廓上各点到轮廓中线纵坐标绝对值	μm

表 1（续）

符号	定义	单位
n_s	轮廓曲线上选取的数据点	
$\overline{Ra}$	平均轮廓算术平均偏差	μm
n_a	选取的取样长度的个数	
Rz	轮廓的最大高度，即最大轮廓峰高和最大轮廓谷深之和	μm
Rp	最大轮廓峰高，轮廓最高点到中线的距离最大值	μm
Rv	最大轮廓谷深，轮廓最低点到中线的距离最大值	μm
$\overline{Rz}$	平均轮廓的最大高度	μm
	导热系数	
λ	导热系数	W/(m·K)
Q	传导的热量	J
T_1-T_2	样品上下表面的稳定温度差	K
t	传导热量的时间	s
A	样品的面积	m^2
R_{m1}	厚度为 $\overline{d}_1$ 时，仪器的电阻测量值，即样品垂直方向电阻和两个样品与电极间的接触电阻及两个镀金电极电阻的总和	mΩ
$\overline{d}_1$	样品 1 的平均厚度	cm
R_{m2}	厚度为 $\overline{d}_2$ 时，仪器的电阻测量值，即样品垂直方向电阻和两个样品与电极间的接触电阻及两个镀金电极电阻的总和	mΩ
$\overline{d}_2$	样品 2 的平均厚度	cm

4 测试准备

4.1 样品准备

4.1.1 尺寸为 25 cm^2(5 cm×5 cm)的测试样品数量不少于 20 个；尺寸为 100 cm^2(10 cm×10 cm)的测试样品数量不少于 15 个。样品形状和尺寸也可由测试双方协商决定。

4.1.2 样品应无褶皱、划痕和破损。

4.1.3 每一项测试至少测试 3 次(确保得到 3 个有效值)。

4.1.4 样品从可重复的同一批次或不同批次中抽取。

4.1.5 将样品置于丙酮溶液中浸泡 0.5 h，除去其表面及内部的油分和灰分，随后将其置于烘箱中于 120 ℃干燥至少 2 h。

4.2 测试准备

4.2.1 对于每项试验来说，应选择符合精度要求的检测仪器及设备，以便将设备误差减到最小。

4.2.2 试验开始前，应由测试方和材料制造商协商试验条件。如果没有规定，应参照附录 A 或附录 B 中的试验确定条件和内容进行测试和记录。

4.2.3 如无特殊说明，测试环境分别为：温度为 5 ℃～40 ℃，相对湿度为 10%～90%。

5 测试仪器和器具

本部分给出的试验方法使用的仪器和器具及其精度要求如下：

——测厚仪：用于测量样品的厚度，精度为 ±2 μm；

——长度测量仪：用于测试样品的长度和宽度，精度为±0.02 mm；

——精密电子天平，用于测试样品的质量，精度为±0.1 mg；

——四探针电阻率测试仪：用于测试样品平面方向的电阻率，精度为±0.1 mΩ·cm；

——低电阻测试仪：用于测试样品的垂直方向电阻，精度为±0.01 mΩ。

——机械性能试验机，用于测试样品的拉伸强度和弯曲强度，力精度为其量程±0.5%；

——机械性能试验机，用于测试样品的压缩强度，力精度为其量程±0.5%；

——密度计：用于测试样品的密度，精度为±0.002 g/cm^3。

——表面粗糙度轮廓仪，精度为±0.1 μm；

——微压差计：用于测试压差，精度为±2 Pa；

——微量调节阀：用于调节进气流量，精度为其满量程的±1%；

——气体流量计：用于测量气体流量，精度为其满量程的±1%。

6 厚度均匀性测试

6.1 测试方法

6.1.1 每次测量前应校准测厚仪的零点，且在每组试样测量后应重新检查其零点。

6.1.2 将测厚仪的测量头平缓放下，避免样品变形和破损，进行测试。

6.1.3 测厚仪的测量头与样品之间保持一定的压强，记录厚度值。

注：推荐压强为 5 N/cm^2。

6.1.4 样品尺寸不小于 100 cm^2，且每个 25 cm^2 样品不少于 9 个测试点，且测试点应均匀分布。

6.2 数据处理

6.2.1 样品的厚度均匀性用厚度最大值与最小值之差、厚度标准偏差和厚度离散系数表示。

6.2.2 平均厚度按式(1)计算：

$$\overline{d}=\frac{\sum_{i=1}^{n}d_i}{n} \qquad \cdots\cdots(1)$$

式中：

$\overline{d}$ ——在一定压强下的样品平均厚度，单位为毫米(mm)；

d_i——在一定压强下，某一点样品的厚度测量值，单位为毫米(mm)；

n ——测量数据点数。

6.2.3 厚度标准偏差由式(2)表示：

$$\sigma=\sqrt{\frac{\sum_{i=1}^{n}(d_i-\overline{d})^2}{n-1}} \qquad \cdots\cdots(2)$$

式中：

σ ——在一定压强下，样品的厚度标准偏差，单位为毫米(mm)；

$\overline{d}$ ——在一定压强下，样品的平均厚度，单位为毫米(mm)；

d_i——在一定压强下，某一点样品的厚度测量值，单位为毫米(mm)；

n ——测量数据点数。

6.2.4 厚度离散系数由式(3)表示：

$$\delta = \frac{\sigma}{\bar{d}} \times 100\% \qquad \cdots\cdots(3)$$

式中：

δ ——离散系数，反映单位均值上的离散程度；

σ ——在一定压强下，样品的厚度标准偏差，单位为毫米(mm)；

$\bar{d}$ ——在一定压强下，样品的平均厚度，单位为毫米(mm)。

取 3 个有效样品为一组，计算出平均值作为试验结果。

7 电阻测试

7.1 平面方向电阻率测试

7.1.1 测试方法

7.1.1.1 利用长度测量仪测量样品的长度和宽度。

7.1.1.2 按照第 6 章方法测量样品的平均厚度 $\bar{d}$。

7.1.1.3 测量前先校准四探针电阻率测试仪的零点。

7.1.1.4 将样品放置在仪器的测量台上，将测试仪的测量头轻轻放下，使探针接触到样品表面。

7.1.1.5 分别在样品靠近边缘和中心的至少 5 个不同部位进行测量，并记录测量值。

7.1.1.6 根据样品的形状及厚度，查取相应的校正系数，计算出电阻平面方向的电阻率。

7.1.2 数据处理

按式(4)计算平面方向的电阻率：

$$\rho_{\text{in}} = \frac{\sum_{i=1}^{n}(\rho_i \times G \times D)}{n} \qquad \cdots\cdots(4)$$

式中：

ρ_{in}——样品平面方向的电阻率，单位为毫欧厘米(mΩ · cm)；

ρ_i ——不同部位电阻率测量值，单位为毫欧厘米(mΩ · cm)；

G ——样品厚度校正系数；

D ——样品形状校正系数；

n ——测试的数据点数。

注：G 和 D 的取值可以参照 SJ/T 10314—1992 中所述的方法进行计算，一般也可从仪器使用说明附表中查到。

7.2 垂直方向电阻率测试

7.2.1 测试方法

7.2.1.1 按照第 6 章方法测量样品的平均厚度 $\bar{d}$。

7.2.1.2 将样品装在图 2 所示测试装置中的两个测量电极之间。测量电极为金电极或镀金的铜电极。

7.2.1.3 压强每增加 0.05 MPa，用低电阻测试仪测量两电极之间的电阻值。不同压强下的电阻值记录为 R_{m}。

7.2.1.4 直到当前测得的电阻值与前一电阻测试值的变化率不大于 5%时，则认为达到电阻的最小值，停止测试。

注：推荐测量压强范围为 0.05 MPa～4.0 MPa。

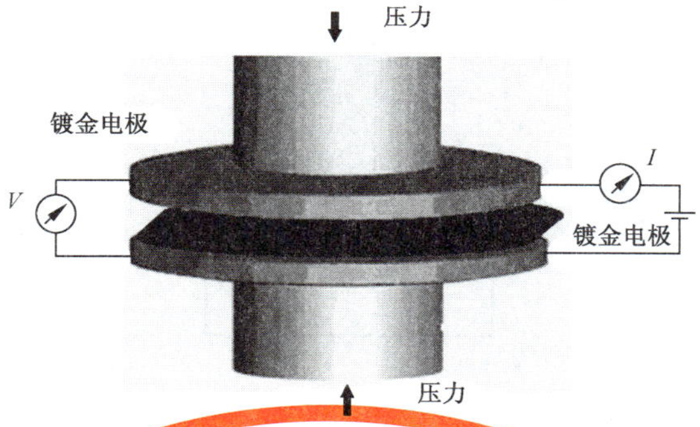

注：样品放置在两块电极之间，在电极两侧施加一定的压强，通过记录不同压强下的电流和电压值，得到不同施加压强下的电阻值。电极采用金电极或镀金金属，样品不能伸到电极之外。

图 2　垂直方向电阻测试示意图

7.2.2　数据处理

按式(5)计算垂直方向的电阻率：

$$\rho_t = \frac{R_m S - 2R_c}{\overline{d}} \qquad \cdots\cdots(5)$$

式中：

ρ_t ——样品垂直方向的电阻率，单位为毫欧厘米(mΩ·cm)。

R_m ——仪器的测量值，即样品垂直方向电阻、铜电极本体电阻和两个样品与电极间的接触电阻的总和，单位为毫欧(mΩ)；

S ——样品与两个电极之间的接触面积，单位为平方厘米(cm^2)；

R_c ——两个铜电极本体电阻、样品与两个电极间的接触电阻总和，单位为毫欧平方厘米(mΩ·cm^2)；

注：R_c 可以用同种材料，不同厚度的炭纸，通过式(D.1)计算得到，见附录 D 所示。本实验采用金电极或镀金铜块，R_c 数值较小，也可以忽略。

$\overline{d}$ ——在一定压强下，样品的平均厚度，单位为厘米(mm)。

取 3 个样品为一组，计算出平均值作为试验结果。

8　机械强度测试

8.1　拉伸强度测试

8.1.1　样品测试

8.1.1.1　按 GB/T 1040.3—2006 中的规定，将试样分成纵向和横向（没有方向的样品任意取一种方向）等间隔裁取一定尺寸(70 mm×10 mm)的长条形试样。

8.1.1.2　采用长度测量仪测量每个试样的宽度 W。

8.1.1.3　按照第 6 章方法测量样品的平均厚度$\overline{d}$。

8.1.1.4　将试样置于试验机的两夹具中(如图 3 所示)。试验机上、下夹具的中心线应与试样受力的方向平行，且在受力过程中保持试样在同一平面。测试过程中，试样不得在夹具内滑动，试验夹具也不应引起试样在夹具处断裂。夹具内应衬橡胶之类的弹性材料。

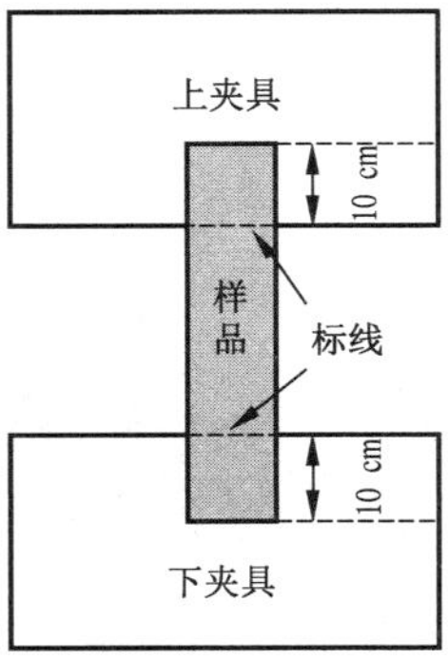

图3　试样在夹具中的位置

8.1.1.5　在机械性能试验机上进行拉伸强度试验。拉伸速度应在 10 mm/min～100 mm/min 范围内。

8.1.1.6　样品断裂后，读取相应的负荷值。若试样在标线±5 mm 内某处断裂时，表示试样夹持不正，该结果应弃去不计。

8.1.1.7　样品按每个试验方向为一组，每组样品数应满足 5 次有效试验的要求。

8.1.2　数据处理

根据读取的断裂最大负荷及相应的样品宽度，按式(6)计算样品的拉伸强度：

$$T_s = \frac{F_b}{W_{cp} \times \bar{d}} \quad \cdots\cdots(6)$$

式中：

T_s ——样品的拉伸强度，单位为兆帕(MPa)；

F_b ——样品断开时记录的负荷，单位为牛顿(N)；

W_{cp} ——样品的宽度，单位为毫米(mm)；

$\bar{d}$ ——在一定压强下，样品的平均厚度，单位为毫米(mm)。

每批样品取 5 个试样为一组，计算出平均值作为试验结果。

8.2　抗弯强度测试

8.2.1　样品测试

8.2.1.1　按测试要求截取一定尺寸的送试材料作为样品。

注：样品的长度应不小于支座跨距。

8.2.1.2　依据第 6 章方法测量样品的平均厚度。

8.2.1.3　采用长度测量仪测量样品的宽度和长度。

8.2.1.4　调整支座跨距，将制备好的样品放在支座上，且使试验机压头、支座轴向垂直于试样，参照 GB/T 13465.2—2002 应用三点弯曲法对样品抗弯强度进行测试。

8.2.1.5　试验机压头以 0.01 mm/min～10 mm/min 的加载速度均匀且无冲击地施加负荷，直至试样断裂，读取断裂负荷值。

8.2.2　数据处理

按式(7)计算抗弯强度：

$$T_b = \frac{3F \times L}{2W_{cp} \times \bar{d}^2} \quad \cdots\cdots(7)$$

式中：

T_b ——抗弯强度，单位为兆帕（MPa）；

F ——弯曲断裂负荷值，单位为牛（N）；

L ——支座跨距，单位为毫米（mm）；

W_{cp} ——试样的宽度，单位为毫米（mm）；

$\overline{d}$ ——在一定压强下，样品的平均厚度，单位为毫米（mm）。

取 3 个有效样品为一组，计算出平均值作为试验结果。

8.3 压缩特性测试

8.3.1 截取与试验机的平板夹具截面尺寸相同的送试材料作为样品。

8.3.2 将样品装在两块光滑的平板夹具之间。测试过程中，在两块夹具的外侧施加压强，压强每增加 0.01 MPa 记录一个夹具位移值和样品的厚度 d_{pi}，直到测得的位移值与前一压强下的测试位移值的变化率小于或等于 5%时，则认为达到最小值，停止测试。

8.3.3 数据处理

按式(8)计算样品的压缩率：

$$\gamma = \frac{d_0 - d_{pi}}{d_0} \times 100\% \qquad \cdots\cdots\cdots\cdots(8)$$

式中：

γ ——一定压强下的压缩率，%；

d_{pi} ——一定压强下的厚度，单位为毫米（mm）；

d_0 ——样品的初始厚度，即压强接近零时的厚度，单位为毫米（mm）。

取 3 个有效样品为一组，计算出平均值作为试验结果。

9 透气率测试

9.1 测试器具

试验中使用的仪器要求如图 4：

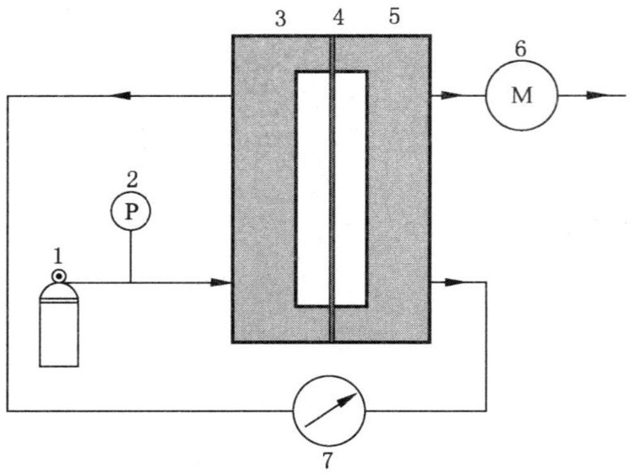

说明：

1——气源；

2——微量调节阀；

3——夹具；

4——样品；

5——夹具；

6——流量计；

7——微压差计。

注：测试池由两块具有气体进口和出口及凹槽的不锈钢板夹具组成，样品放置在两夹具中间，两侧形成气室。气体进入测试池在样品的两侧流动，从而可以维持样品两侧保持一定的压力差。进气流量主要通过微量调节阀控制，两侧的压力差主要通过微压差计控制，气体的流量由气体流量计测量，可以为质量流量计、皂泡流量计或皮膜流量计。

图 4　测试样品透气率的装置示意图

9.2　测试方法

9.2.1　依据第 6 章方法测量样品的平均厚度$\overline{d}$。

9.2.2　将样品放置在两片相同大小的中空边框之间，边框的中间孔尺寸为 4 cm×4 cm，在一定温度、压力下压制成边缘不漏气的样品/边框组件。组件压制过程，保证样品有效部分不变形、破损。

9.2.3　将压好的样品/边框组件装入两侧带有进气、出气口的平板夹具之间，使两侧形成气室，测试气密性。两个平板夹具均应具有密封元件。

9.2.4　将没有外漏的测试池，按照图 4 所示的试验装置示意图安装在试验装置上。

注：外漏的检测参照 GB/T 20042.5—2009 进行。

9.2.5　调节微量调节阀，用微量压差计控制一定的压差，在室温和一定的压力差下稳定至少 5 min，根据流量计示数，计算流速 V_s、微量压差计示数 p_s。

注：推荐压差为 5 Pa～50 Pa。

9.2.6　将与 9.2.3 中相同大小的中空边框压制成测试组件，压制条件同 9.2.3。

9.2.7　按照 9.2.4 中方法组装后进行测试。在同 9.2.5 相同的流速 V_s 下，读取空白样品微量压差计的示数 p_0，对测试结果进行校正。

9.3　数据处理

用公式(9)计算样品的透气率：

$$V_{pe}=\frac{60V_s\times\overline{d}}{16\times(p_s-p_0)\times0.0075}\quad\cdots\cdots(9)$$

式中：

V_{pe}——样品的透气率，单位为毫升毫米每平方厘米小时毫米汞柱[mL·mm/(cm²·h·mmHg)]；

V_s——在压差（p_s-p_0）下气体通过样品的体积流速，单位为毫升每分（mL/min）；

$\overline{d}$——样品的平均厚度，单位为毫米（mm）；

p_s——测试样品时，微量压差计示数，单位为帕（Pa）；

p_0——空白样品的微量压差计示数，单位为帕（Pa）。

取3个有效样品为一组，计算出平均值作为试验结果。

10 孔隙率测试

10.1 测试方法

10.1.1 按4.1准备样品。

10.1.2 依据第6章方法测量样品的平均厚度$\overline{d}$，利用长度测量仪测量样品的长度（L_{cp}）和宽度（W_{cp}），利用精密电子天平称量样品的质量M。

10.1.3 将正庚烷和二溴乙烷配成一定体积分数的混合液，注入具塞量筒内。

10.1.4 将样品纤维剪碎，并用玛瑙研钵碾压粉碎至长度小于2 mm，放入具塞量筒内的混合液中，用玻璃棒搅拌，使纤维分散在混合液中，盖上磨口塞，将其放入25 ℃±1 ℃的恒温水浴里，具塞量筒的塞及颈部要露出水面。

10.1.5 观察混合液，若纤维在混合液内上浮或下沉，则需要相应加入正庚烷或二溴乙烷，以调节混合液密度，直至纤维在混合液内均匀悬浮。

10.1.6 将混合液静置4 h后，若纤维仍均匀分布于混合液内，用密度计测量该温度下混合液的密度，即为纤维的密度值（ρ_{CF}）。

10.2 数据处理

按式(10)计算样品的孔隙率：

$$\varepsilon=\left[1-\frac{M}{\rho_{CF}L_{cp}W_{cp}\overline{d}}\right]\times 100\% \qquad \cdots\cdots(10)$$

式中：

ε——样品的孔隙率，%；

M——样品的质量，单位为克（g）；

ρ_{CF}——炭纤维的密度，单位为克每立方厘米（g/cm³）；

L_{cp}——样品的长度，单位为厘米（cm）；

W_{cp}——样品的宽度，单位为厘米（cm）；

$\overline{d}$——样品的平均厚度，单位为厘米（cm）。

取3个有效样品为一组，计算出平均值作为试验结果。

11 表观密度测试

11.1 测试方法

11.1.1 使用精密电子天平称量样品的质量M。

11.1.2 根据第6章方法测量样品的平均厚度$\overline{d}$。

11.1.3 用长度测量仪测量样品的长度（L_{cp}）和宽度（W_{cp}）。

11.2 数据处理

按式(11)计算样品的密度：

$$\rho_0 = \frac{M}{L_{cp} \times W_{cp} \times \overline{d}} \quad \cdots\cdots(11)$$

式中：

ρ_0 ——样品的密度,单位为克每立方厘米(g/cm^3)；
M ——样品的质量,单位为克(g)；
L_{cp} ——样品的表观长度,单位为厘米(cm)；
W_{cp} ——样品的表观宽度,单位为厘米(cm)；
$\overline{d}$ ——样品在一定压强下的平均厚度,单位为厘米(cm)。

取3个有效样品为一组,计算出平均值作为试验结果。

12 面密度测试

12.1 测试方法

12.1.1 采用长度测量仪测量样品的长度(L_{cp})和宽度(W_{cp})。

12.1.2 用分析天平称量样品的质量 M。

12.2 数据处理

按式(12)计算样品的面密度：

$$\rho_s = \frac{M}{L_{cp} \times W_{cp}} \quad \cdots\cdots(12)$$

式中：

ρ_s ——样品面密度,单位为克每平方厘米(g/cm^2)；
M ——样品质量,单位为克(g)；
L_{cp} ——样品的表观长度,单位为厘米(cm)；
W_{cp} ——样品的表观宽度,单位为厘米(cm)。

取3个样品为一组,计算出平均值作为试验结果。

13 粗糙度测量

13.1 测试方法

13.1.1 按4.1准备样品。

13.1.2 将样品放置于表面粗糙度轮廓仪的测试台上。

13.1.3 通过粗糙度的等级确定取样长度和行程长度,选取轮廓中线。

13.1.4 在一定取样长度 L 内,测试表面轮廓曲线,读取曲线上各点到轮廓中线的距离 Y_i。

13.1.5 在评定长度范围内,测出 m 个取样长度 L 的粗糙度轮廓曲线,计算表面粗糙度。

13.2 数据处理

13.2.1 轮廓算术平均偏差按式(13)计算：

$$Ra = \frac{1}{n_s}\sum_{i=1}^{n}|Y_i| \quad \cdots\cdots(13)$$

式中：

Ra ——轮廓算术平均偏差，单位为微米（μm）；

$|Y_i|$——轮廓上各点到轮廓中线纵坐标绝对值，单位为微米（μm）；

n_s ——轮廓曲线上选取的数据点。

注：Ra 一般可以在仪器上直接读取。

13.2.2 平均轮廓算术平均偏差按式（14）计算：

$$\overline{Ra}=\frac{1}{n_a}\sum_{i=1}^{m}Ra \qquad \cdots\cdots(14)$$

式中：

$\overline{Ra}$——平均轮廓算术平均偏差，单位为微米（μm）；

Ra——第 i 个取样长度内的轮廓算术平均偏差，单位为微米（μm）；

n_a ——选取的取样长度的个数。

13.2.3 轮廓的最大高度 Rz 按式（15）计算：

$$Rz=Rp+Rv \qquad \cdots\cdots(15)$$

式中：

Rz ——轮廓的最大高度，即最大轮廓峰高和最大轮廓谷深之和，单位为微米（μm）；

Rp ——最大轮廓峰高，轮廓最高点到中线的距离最大值，单位为微米（μm）；

Rv ——最大轮廓谷深，轮廓最低点到中线的距离最大值，单位为微米（μm）。

注：Rz 值可以直接由仪器读取。

13.2.4 平均轮廓的最大高度按式（16）计算：

$$\overline{Rz}=\frac{1}{n_a}\sum_{i=1}^{m}Rz \qquad \cdots\cdots(16)$$

式中：

$\overline{Rz}$——平均轮廓的最大高度，单位为微米（μm）；

Rz——第 i 个取样长度内的轮廓的最大高度，单位为微米（μm）；

n_a ——选取的取样长度 L 的个数。

取 3 个有效样品为一组，计算出平均值作为试验结果。

14 测试报告

根据所做试验，试验报告应提供足够多的、正确的、清晰和客观的数据用来进行分析和参考。报告中应包含各章中所有的数据。报告有三种形式：摘要式、详细式和完整式。每个类型的报告都应包含相同的标题页和内容目录。试验报告可按照附录 B 所提供的格式进行编写。

附 录 A
（资料性附录）
测试准备

A.1 概述

本附录描述在进行测试之前应该考虑的典型项目。对于每项试验来说，应选择高精度的检测仪器及设备，以便将设备误差减到最小。应准备一个书面的测试计划，下列各项应该列入测试计划：

a） 目的；

b） 测试规范；

c） 测试人员资格，测试人员应进行操作培训，并有操作仪器的经验，并应熟知安全操作规程；

d） 质量保证标准（符合 ISO 9000 和相关标准）；

e） 结果不确定度（符合 IEC/ISO 检测值不确定度的表述指南）；

f） 对测量仪器及设备的要求；

g） 测试参数范围的估计；

h） 数据采集计划。

A.2 数据采集和记录

为满足目标误差要求，数据采集系统和数据记录设备应满足采集频次与采集速度的需要，其性能应优于性能试验设备。

附　录　B
（资料性附录）
试验报告

B.1　概述

根据所做试验，试验报告应提供足够多的、正确的、清晰和客观的数据用来进行分析和参考。报告中应包含各章中所有的数据。报告有三种形式：摘要式、详细式和完整式。每个类型的报告都应包含标题页和内容目录。

B.2　报告内容

B.2.1　标题页

标题页应介绍下列各项信息：

a）　国家标准代号；

b）　样品名称、材料组成，规格；

c）　试样状态调节及测试标准环境；

d）　试验机型号；

e）　每次测试的结果以及结果的平均值；

f）　试验日期、人员。

标题页应包括下列内容：

——报告编号；（可选择）

——报告的类型；（摘要式、详细式和完整式）

——报告的作者；

——试验者；

——报告日期；

——试验的场所；

——试验的名称；

——试验日期和时间；

——试验申请单位。

B.2.2　内容目录

每种类型的报告都应提供一个目录。

B.3　报告类型

B.3.1　摘要式报告

摘要式报告应包括下列各项数据：

——试验的目的；

——试验的种类，仪器和设备；

——所有的试验结果；

——每个试验结果的不确定因素和确定因素；

——摘要性结论。

B.3.2 详细式报告

详细式报告除包含摘要式报告的内容外，还应包括下列各项数据：

——试验操作方式和试验流程图；

——仪器和设备的安排、布置和操作条件的描述；

——仪器设备校准情况；

——用图或表的形式说明试验结果；

——试验结果的讨论分析。

B.3.3 完整式报告

完整式报告除了包含详细内容，还应有原始数据的副本，此外还应包括下列各项：

——试验进行时间；

——用于试验的测量设备的精度。

附　录　C
（资料性附录）
导热系数测试

C.1　测试仪器

任何满足条件的导热系数测试仪均可。垂直方向导热系数测试所需仪器范围至少为0.5 W/(m·K)～10.0 W/(m·K)，精度为±0.1 W/(K·m)；平面方向导热系数所需仪器测量范围至少为5 W/(m·K)～50 W/(m· K)，精度至少为±0.5 W/(m·K)。

导热系数采用导热系数仪进行测试，一般包括两个等温板装置、一个或多个热流传感器和必要的环境条件控制设备组成，包括冷热等温面、热流传感器和可控环境，如图C.1所示。温差测量的不确定性应处于实际温差的±0.5% 范围之内。传感器准确度为最小输出的±0.5%。

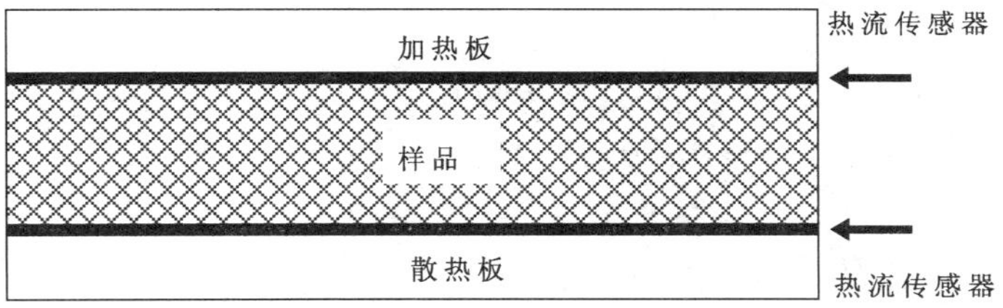

图 C.1　带两个热流传感器和一个试样的装置

C.2　测厚仪和长度测量仪

试验中使用的仪器和精度要求为：

——测厚仪：精度为±2 μm，用于测试样品的厚度；

——长度测量仪：精度为±0.02 mm，用于测试样品的长度和宽度。

C.3　样品准备

C.3.1　将样品置于丙酮溶液中浸泡0.5 h，除去炭纸表面及内部的油分和灰分，随后将其置于烘箱中于120 ℃干燥至少2 h。

C.3.2　剪裁一定尺寸的炭纸作为样品。样品形状和尺寸应与加热盘和冷却盘的形状和尺寸相同。

C.3.3　样品数量为5个(保证得到3个有效值)，应无褶皱、划痕和破损。

C.3.4　样品应由可重复的统一批次或不同批次抽样。

C.3.5　用绝热材料封闭试样边缘，从而将边缘热损失降低到可接受水平。

C.4　测试方法

C.4.1　垂直方向导热系数

C.4.1.1　利用长度测量仪测试待测样品的尺寸，计算样品的面积 A。

C.4.1.2 利用测厚仪测量样品的厚度$\overline{d}$。

C.4.1.3 用长度测量仪和测厚仪测量仪器散热盘的直径和厚度。

C.4.1.4 将 n 个样品重叠后，放置在导热系数测试仪中。样品的表面应与仪器的散热盘紧密接触。

注：样品的个数 n 应由仪器要求确定。

C.4.1.5 操作仪器，在样品厚度方向形成温度的梯度分布。

C.4.1.6 测量加热板和散热板的温度 T_2、T_1 和热量与时间等参数。

C.4.1.7 数据处理

按式(C.1)计算导热系数：

$$\lambda = \frac{Qn\overline{d}}{(T_2 - T_1)tA} \quad \cdots\cdots\cdots\cdots\cdots\cdots\cdots\cdots (C.1)$$

式中：

λ ——导热系数，单位为瓦每米开尔文[W/(m·K)]；

Q ——传导的热量，单位为焦(J)；

$\overline{d}$ ——样品的平均厚度，单位为米(m)；

n ——样品的个数，单位为米(m)；

注：n 由仪器对样品厚度的要求决定。

$T_2 - T_1$ ——样品上下表面的稳定温度差，单位为开尔文(K)；

t ——传导热量的时间，单位为秒(s)；

A ——样品的面积，单位为平方米(m^2)。

取 3 个有效样品为一组，计算出平均值作为试验结果。

注：部分仪器可直接读出导热系数。

C.4.2 平行方向导热系数

C.4.2.1 利用长度测量仪测试待测样品的尺寸，计算样品的面积 A。

C.4.2.2 利用测厚仪测量样品的厚度$\overline{d}$。

C.4.2.3 用长度测量仪和测厚仪测量仪器散热盘的直径和厚度。

C.4.2.4 将测试样品放置在导热系数测试仪中，测试仪的散热板应与样品的横截面接触，如图 C.2 所示。

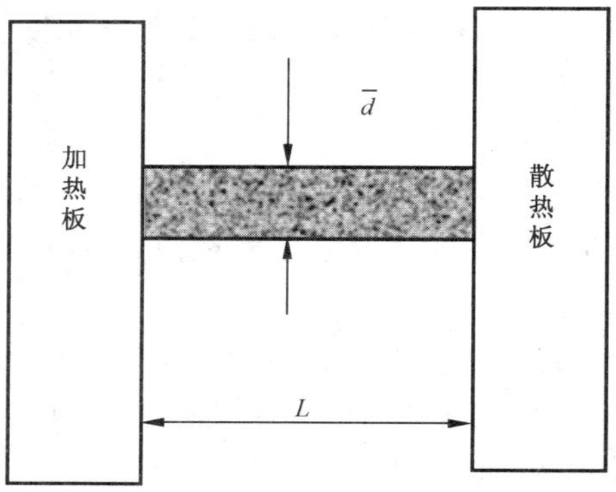

图 C.2 实验器具和样品

C.4.2.5 操作仪器使在平行于样品表面的方向上一段距离 L 内形成温度的梯度分布，测量加热板和散热板的温度 T_2、T_1 和热量与时间等参数。

C.5 数据处理

按式(C.2)计算导热系数：

$$\lambda = \frac{QL}{(T_2 - T_1)tA} \qquad \cdots\cdots\cdots(C.2)$$

式中：

λ ——导热系数，单位为瓦每米开尔文[W/(m·K)]；

Q ——传导的热量，单位为焦(J)；

L ——样品的长度，单位为米(m)；

T_2-T_1 ——样品上下表面的稳定温度差，单位为开尔文(K)；

t ——传导热量的时间，单位为秒(s)；

A ——样品的与仪器接触面的面积，单位为平方米(m^2)。

取3个有效样品为一组，计算出平均值作为试验结果。

注：部分仪器可直接读出导热系数。

附 录 D
（资料性附录）
两个铜电极本体电阻、炭纸与电极间接触电阻总和测试

两个铜电极本体电阻、样品与两个电极间的接触电阻总和可以按照式(D.1)计算：

$$R_{c}=\frac{(R_{m1}\bar{d}_{2}-R_{m2}\bar{d}_{1})S}{2(\bar{d}_{2}-\bar{d}_{1})} \qquad \cdots\cdots(D.1)$$

式中：

R_c ——两个铜电极本体电阻、样品与两个电极间的接触电阻总和，单位为毫欧平方厘米（mΩ· cm²）；

R_{m1} ——厚度为 $\bar{d}_1$ 时，仪器的电阻测量值，即样品垂直方向电阻、两个铜电极本体电阻和样品与两个电极间的接触电阻的总和，单位为毫欧（mΩ）；

$\bar{d}_1$ ——样品 1 的平均厚度，单位为厘米（cm）；

R_{m2} ——厚度为 $\bar{d}_2$ 时，仪器的电阻测量值，即样品垂直方向电阻、两个铜电极本体电阻和样品与两个电极间的接触电阻的总和，单位为毫欧（mΩ）；

$\bar{d}_2$ ——样品 2 的平均厚度，单位为厘米（cm）；

S ——样品与两个电极之间的接触面积，单位为平方厘米（cm²）。

注：至少取 4 个不同厚度的样品进行测试。

参 考 文 献

[1] GB/T 131—2006 产品几何技术规范(GPS) 技术产品文件中表面结构的表示法
[2] GB/T 1038—2000 塑料薄膜和薄片气体透过性试验方法 压差法
[3] GB/T 3505—2000 产品几何技术规范(GPS) 表面结构 轮廓法 术语、定义及表面结构参数
[4] GB/T 20042.5—2009 质子交换膜燃料电池 第5部分:膜电极测试方法
[5] SJ/T 10314—1992 直流四探针电阻率测试仪通用技术条件

ICS 97.040.30
Y 61

中华人民共和国国家标准

GB/T 20154—2014
代替 GB/T 20154—2006

低温保存箱

Low temperature freezer

2014-12-05 发布　　2015-12-01 实施

中华人民共和国国家质量监督检验检疫总局
中国国家标准化管理委员会　发布

前　　言

本标准按照 GB/T 1.1—2009 给出的规则起草。

本标准代替 GB/T 20154—2006《低温保存箱》。

本标准与 GB/T 20154—2006 的主要技术差异如下：

——修改了低温以及低温保存箱的定义(见 3.1、3.2，2006 年版 3.1、3.2)；

——删除外形总尺寸、储藏温度、人工化霜、混合制冷剂、复叠制冷系统的定义(2006 年版 3.3.3、3.4.2、3.4.3、3.5、3.6)；

——“稳定运行状态”定义中“铜制圆柱”修改为“T 型热电偶”(见 3.4.2，2006 年版 3.4.2)；

——增加“特性点”定义(见 3.7)；

——修改了“特性点温度”定义(见 3.8，2006 年版 3.9)；

——修改了低温箱按特性点温度划分的温度系列(见 4.1.2，2006 年版 4.1.2)；

——修改了型号命名的特性点温度说明(见 4.2，2006 年版 4.2)；

——增加特性点温度要求(见 5.3.1)；

——将“储藏温度”要求修改为“温度均匀性”要求(见 5.3.2，2006 年版 5.4.1)；

——修改了“降温时间”要求(见 5.3.3，2006 年版 5.4.2)；

——删除了“波动值”要求(2006 年版 5.4.3)；

——修改了“门铰链和把手的耐久性”要求(见 5.4.4，2006 年版 5.5.4)；

——修改了噪声要求，明确噪声限值为声功率级，且提升了限值要求(见 5.4.7.1，2006 年版 5.5.7.1)；

——增加了对搁架和类似部件的机械强度最低承重要求(见 5.4.9)；

——修改了试验温度要求，并增加特性点温度试验温度要求(见 6.1.1.2a)，2006 年版 6.1.1.1 中的 a))；

——删除了“GB/T 8059.1—1995 中 6.1.3.1～6.1.3.3”(2006 年版 6.1.2)；

——修改了测量仪器(见 6.1.3，2006 年版 6.1.3)；

——修改了直立式低温箱的布点要求(见 6.1.4.2，2006 年版 6.1.4.2)；

——增加特性点温度试验方法(见 6.2.1)；

——增加了温度均匀性试验方法(见 6.2.2)；

——修改了 6.2.3 降温时间试验方法(见 6.2.3，2006 年版 6.2.2)；

——修改了耗电量试验方法(见 6.2.4，2006 年版 6.2.4)；

——修改了凝露试验露点温度(见 6.3.1，2006 年版 6.3.1)；

——删除了“总有效容积”的测试方法(2006 年版 6.3.11)；

——修改了“安全性能”试验方法(见 6.4，2006 年版 6.4)；

——删除了“环境试验”(2006 年版 6.5)。

请注意本文件的有些内容可能涉及专利。本文件的发布机构不承担识别这些专利的责任。

本标准由中国轻工业联合会提出。

本标准由全国家用电器标准化技术委员会(SAC/TC 46)归口。

本标准起草单位：青岛海尔特种电器有限公司、合肥美菱股份有限公司、澳柯玛股份有限公司、中国家用电器研究院、上海尊贵电器有限公司、宁波惠康国际工业有限公司、大连三洋冷链有限公司、中国质量认证中心。

本标准主要起草人：刘占杰、邓旭、刘承党、胡效宗、张兴起、胡志强、周于兴、毛斌君、李徽、吴丽云。

本标准所代替标准的历次版本发布情况为：

——GB/T 20154—2006。

低 温 保 存 箱

1 范围

本标准规定了低温保存箱的术语与定义、分类与命名、要求、试验方法、检验规则、标志、包装、运输、贮存。

本标准适用于封闭式电动机驱动压缩式低温保存箱(以下简称低温箱)。

2 规范性引用文件

下列文件对于本文件的应用是必不可少的。凡是注日期的引用文件,仅注日期的版本适用于本文件。凡是不注日期的引用文件,其最新版本(包括所有的修改单)适用于本文件。

GB/T 191 包装储运图示标志

GB/T 1019 家用和类似用途电器包装通则

GB 4793.1—2007 测量、控制和实验室用电气设备的安全要求 第1部分:通用要求

GB/T 8059.1—1995 家用制冷器具 冷藏箱

GB/T 8059.3—1995 家用制冷器具 冷冻箱

3 术语和定义

下列术语和定义适用于本文件。

3.1

低温 low temperature

特性点温度在−25 ℃～−164 ℃范围内。

3.2

低温保存箱 low temperature freezer

一个具有适当容积和装置的绝热箱,箱内温度可控制在−25 ℃～−164 ℃温度区间内,用消耗电能的手段来制冷,具有一个或多个间室。

在规定的条件下,当箱内温度达到规定温度后,放入适量物品,这些物品经一段时间达到规定温度,并在要求温度波动范围内可靠储藏。

注:对于具有两个或多个间室的低温箱,各间室特性点温度等性能应相同。

3.3

一般定义 general definitions

3.3.1

顶开式低温箱 top-opening type low temperature freezer

卧式低温箱 chest low temperature freezer

通过顶部的箱门或盖取放物品的低温箱。

3.3.2

直立式低温箱 upright type low temperature freezer

通过前面的箱门取放物品的低温箱,也称为立式低温箱。

3.3.3

使用所需的空间　overall space required in use

门或盖打开，外形总尺寸加上低温箱使用时冷却空气自由循环所需的空间和箱内所有附件进出时门开启最小角度所需空间。附件包括容器和搁架，也包括需用人工取出的盛物盘等。

3.3.4

容积　volume

3.3.4.1

毛容积　gross volume

低温箱门(或盖)关闭，内壁所包围的容积。

若有强制空气冷却，则计算毛容积时应减去由于风道、蒸发器、风扇及其他附件等所占据空间容积。

3.3.4.2

总毛容积　total gross volume

具有多间室的低温箱各间室毛容积之和。

3.3.4.3

有效容积　storage volume

从任一间室的毛容积中减去各部件所占据的容积和那些认定不能用于储藏物品的空间后所余的容积为该间室的有效容积，单位为升(L)。

3.3.4.4

额定有效容积　rated storage volume

由制造厂标出的有效容积。

3.3.4.5

额定总有效容积　total storage volume

由制造厂标出的各低温间室的有效容积之和。

3.3.5

搁架　shelf

具有一定机械强度，在其上面放置物品的构件。搁架可以是固定的，也可以是活动的。

3.3.6

负载界限　load limit

储存物品的有效容积的表面。

3.3.7

负载界限线　load limit line

表示储存物品的有效容积界限的永久性标记。

3.4

性能特性方面的定义　definition relating to some performance characteristics

3.4.1

耗电量　energy consumption

低温箱在环境温度 25 ℃状态下稳定运行 24 h 的耗电量。

3.4.2

稳定运行状态　stable operating condition

在制冷系统周期运行情况下，当各 T 型热电偶在相邻控制周期的各相应点处的温度在±1 K 的波动范围时，并且在约 24 h 周期内平均温度差不大于±1 K 就认为达到稳定运行状态。

3.4.3

降温时间　cooling time

在规定的试验条件下，环境温度为25 ℃，低温箱在空载的情况下连续运行，使特性点处的测点温度均达到5.3.3规定所需的时间。

3.4.4

环境温度　ambient temperature

试验时低温箱周围的空气温度，它是指在距地面1 m处，并距低温箱两侧壁垂直中心线350 mm处的2个点上测得的平均温度 t_{a1}、t_{a2} 的算术平均值。

注：环境温度的温度测量仪器符合GB/T 8059.1—1995中6.1.4.1规定的带铜制圆柱的热电偶。

3.5

温控器　thermostat

按照蒸发器或间室的温度，自动调节制冷系统运行的一种装置。

3.6

控制周期　control cycle

一个受温控器控制的制冷系统，在稳定运行状态，相邻的两次开机或停机之间的时间间隔，即为一个控制周期。

3.7

特性点　character point

低温箱内一个有代表性特征的位置点。

3.8

特性点温度　character point temperature

低温箱在空载状态下特性点可达到的最低温度。

4　分类与命名

4.1　产品分类

4.1.1　低温箱按门或盖的打开型式可分为顶开式(卧式)和直立式(立式)。

4.1.2　低温箱按特性点温度可分为以下温度系列：

−25 ℃/−30 ℃/−40 ℃/−50 ℃/−60 ℃/−86 ℃/−140 ℃/−150 ℃

注：以上系列为优选系列，生产商也可自行规定其产品特性点温度，并在技术文件中说明，但各项指标的测试条件和型号命名方法不变。

4.2　型号与命名

型号命名规定如下：

DW-□ □ □ □

- 第四个□：设计序号，用汉语拼音字母顺序表示，基本型可省略
- 第三个□：总有效容积，以升(L)为单位，该数的小数点后第1位四舍五入，取整数
- 第二个□：低温箱型式分类(W表示卧式；L表示立式)
- 第一个□：特性点温度，代表低温箱箱内特性点温度绝对值，用2～3位阿拉伯数字表示
- DW：低温箱产品代号，用“低温”大写汉语拼音首字母表示

示例：DW-86L370表示−86 ℃、立式、总有效容积为370 L的基本型低温保存箱。

5 技术要求

低温箱应符合本标准要求，并按照经规定程序批准的图纸和技术文件制造。

5.1 使用环境

在下列环境条件下，低温箱应能正常工作：

a) 环境温度为 10 ℃～32 ℃。

b) 相对湿度不大于 90%。

c) 电源电压：单相电压 (220±22)V；

三相电压 (380±38)V。

d) 电源频率：(50±1) Hz。

5.2 总有效容积

总有效容积按 GB/T 8059.1—1995 中附录 B 规定进行测算，测算值不应小于额定总有效容积的 97%。

5.3 制冷性能

5.3.1 特性点温度

按 6.2.1 进行试验时，特性点温度应符合表 1。

表 1 特性点温度

序号	低温箱类型	特性点温度/℃
1	−25 ℃低温箱	≤−25
2	−30 ℃低温箱	≤−30
3	−40 ℃低温箱	≤−40
4	−50 ℃低温箱	≤−50
5	−60 ℃低温箱	≤−60
6	−86 ℃低温箱	≤−86
7	−140 ℃低温箱	≤−140
8	−150 ℃低温箱	≤−150
注：生产商也可自行定义低温箱类型，但限值均不应高于特性点温度。		

5.3.2 温度均匀性

按 6.2.2 进行试验时，低温箱箱内温度均匀性应符合表 2。

表 2　温度均匀性

<table>
<tr><th rowspan="2">序号</th><th rowspan="2">低温箱类型</th><th rowspan="2">设定温度/℃</th><th colspan="2">设定温度与箱内每个测点积分平均温度的偏差绝对值/K</th></tr>
<tr><th>直立式</th><th>卧式</th></tr>
<tr><td>1</td><td>−25 ℃低温箱</td><td>−25</td><td>≤4</td><td>≤3</td></tr>
<tr><td>2</td><td>−30 ℃低温箱</td><td>−30</td><td>≤4</td><td>≤3</td></tr>
<tr><td>3</td><td>−40 ℃低温箱</td><td>−40</td><td>≤6</td><td>≤3</td></tr>
<tr><td>4</td><td>−50 ℃低温箱</td><td>−45</td><td>≤6</td><td>≤3</td></tr>
<tr><td>5</td><td>−60 ℃低温箱</td><td>−55</td><td>≤6</td><td>≤4</td></tr>
<tr><td>6</td><td>−86 ℃低温箱</td><td>−81</td><td>≤6</td><td>≤5</td></tr>
<tr><td>7</td><td>−140 ℃低温箱</td><td>−135</td><td colspan="2">≤7</td></tr>
<tr><td>8</td><td>−150 ℃低温箱</td><td>−145</td><td colspan="2">≤7</td></tr>
<tr><td colspan="5">注 1：积分平均温度指测点在试验周期时间段内的积分平均值。
注 2：特性点温度不低于−40 ℃，设定温度为特性点温度；特性点温度低于−40 ℃，设定温度为特性点温度+5 ℃。</td></tr>
</table>

注：如生产商自行规定其产品箱内特性点温度，则设定温度与测点的积分平均温度的偏差绝对值应符合表 2 相近低温箱类型之间的值，其值可自行规定，但不得超过相邻值。

5.3.3　降温时间

按 6.2.3 进行试验，低温箱内特性点处的温度降至表 3 中规定的温度时所需时间，应符合表 3。

表 3　降温时间限值

<table>
<tr><th rowspan="2">序号</th><th rowspan="2">低温箱类型</th><th rowspan="2">特性点处的温度/℃</th><th colspan="2">降温时间/h</th></tr>
<tr><th>卧式</th><th>直立式</th></tr>
<tr><td>1</td><td>−25 ℃低温箱</td><td>−25</td><td>≤3</td><td>≤3</td></tr>
<tr><td>2</td><td>−30 ℃低温箱</td><td>−30</td><td>≤3</td><td>≤4</td></tr>
<tr><td>3</td><td>−40 ℃低温箱</td><td>−40</td><td>≤4</td><td>≤5</td></tr>
<tr><td>4</td><td>−50 ℃低温箱</td><td>−45</td><td>≤5</td><td>≤5.5</td></tr>
<tr><td>5</td><td>−60 ℃低温箱</td><td>−55</td><td>≤5.5</td><td>≤6</td></tr>
<tr><td>6</td><td>−86 ℃低温箱</td><td>−81</td><td>≤7</td><td>≤8</td></tr>
<tr><td>7</td><td>−140 ℃低温箱</td><td>−135</td><td colspan="2">≤8</td></tr>
<tr><td>8</td><td>−150 ℃低温箱</td><td>−145</td><td colspan="2">≤8</td></tr>
<tr><td colspan="5">注：不低于−40 ℃，特性点处温度为特性点温度；低于−40 ℃，特性点处温度为特性点温度+5 ℃。</td></tr>
</table>

注：如生产商自行规定其产品箱内特性点温度，则降温速度应符合表 3 相近低温箱类型之间的值，其值可自行规定，但不得超过相邻值。

5.3.4　耗电量

耗电量按 6.2.4 试验时，实测值应不大于额定值的 115%。

5.3.5　温度显示及记录

5.3.5.1　低温箱应有显示箱内温度的装置。温度显示的最小分度值为 1 ℃，显示温度与设定温度之差应小于 3 ℃。带有箱内温度记录装置的低温箱应能记录箱内温度的变化曲线。

5.3.5.2 低温箱箱内温度高于或低于设定温度应具有报警功能，报警温度可以人工设定。报警方式以声音蜂鸣和灯光闪烁显示，也可以设置远程报警。报警温度在出厂时一般设置为高于或低于设定工作温度 10 ℃。

5.4 结构和材料性能

5.4.1 门体

门与箱体配备安全门锁，防止随意开启。

5.4.2 测试孔

低温箱宜在箱体或门盖上设置温度测试孔，孔两端应使用胶塞进行可靠密封。当使用于不需测温的场合，也可不设置测温孔。

5.4.3 绝热性能和防凝露

低温箱保温层应稳定，不应有明显收缩变形。

低温箱按 6.3.1 进行凝露试验时，低温箱外表面不允许出现珠状级或流水级凝露。

5.4.4 门铰链和把手的耐久性

按 6.3.2 进行耐久性试验，特性点温度不高于－100 ℃低温箱经受 30 000 次；特性点温度高于－100 ℃低温箱经受 50 000 次。开闭试验后，应无损坏，气密性不能破坏。试验完毕后，再经 6.3.2 进行气密性试验，其结果应符合 5.4.8 要求。

5.4.5 低温箱内部材料

低温箱内部材料及其附件在正常使用时对储存物不应产生和传递气味，结果应符合 GB/T 8059.1—1995中 5.5.5 的要求。

低温箱内部材料与存放的物品接触时不应污染物品，也不应将有毒性物质传送给物品。

内外饰层应耐用而且适于清洗和卫生消毒，在正常使用和清洗时，不会破碎、裂缝、磨碎和软化。

箱体内胆接缝处应使用耐低温密封胶可靠密封。

箱门的密封条不应在低温条件下硬化，失去密封性。

内壁及暴露在低温环境中的材料、焊料及焊缝等，其机械性能和物理性能应能保证低温箱正常使用。

5.4.6 制冷系统密封性

制冷系统密封性按 6.3.4 进行检漏时，任何部位制冷剂年泄漏量不大于 0.5 g。

5.4.7 噪声和振动

5.4.7.1 低温箱运行时，按 6.3.5.1 进行噪声测定，应符合表 4 的要求。

表 4 噪声值

序号	特性点温度/℃	总有效容积/L	声功率级/dB(A)
1	≥－100	≤200	≤60
2		>200	≤68
3	<－100	—	≤75

5.4.7.2 低温箱运行时，不应产生明显的振动。按6.3.5.2进行振动测定时，其振动速度的有效值不大于2 mm/s。

5.4.8 门封气密性

当箱门(或盖)关闭后，箱壁不应有孔隙使空气进入箱内。门封(或盖封)应具有良好气密性，门(或盖)关闭后，门封(或盖封)四周应严密。按6.3.6进行试验时，纸片不应自由滑动。

5.4.9 搁架及类似部件的机械强度

搁架、容器及其类似部件，应具有足够的机械强度，搁架承重能力应不小于100 kg/m^2。测试时间不应少于24 h，经6.3.7机械强度试验后，不应发生失去原来功能的变形。

5.4.10 电镀件

低温箱的金属电镀件按6.3.8进行盐雾试验后，检查电镀件表面腐蚀情况，镀层上的金属锈点和锈迹，每100 cm^2 不应超过一个，每个锈迹的面积不得大于1 mm^2；当试件表面积小于100 cm^2 时，则不允许出现锈点和锈迹。

5.4.11 表面涂层

低温箱的表面涂层按6.3.9和6.3.10进行试验后，检查涂层表面，外观应良好，不允许有明显的针孔，试样表面任意100 cm^2 正方形面积内，直径为0.5 mm～1 mm的气泡不得多于两个，不允许出现直径大于1 mm的气泡。

5.4.12 外观要求

外观不应有明显的缺陷，装饰性表面应平整光亮。

涂层表面应平整光亮，颜色均匀，不应有明显的流疤、划痕、麻坑、皱纹、起泡、漏涂和集合沙粒等。

电镀件的装饰镀层应光滑细密，色泽均匀，不应有斑点、针孔、气泡和镀层剥落等缺陷。

塑料件表面应平整光滑，色泽均匀，不应有裂痕、气泡、明显缩孔和变形等缺陷。

铭牌和一切标志应齐全，铭牌按8.1.1检查应符合要求。

5.5 安全要求

电气安全试验应按照GB 4793.1—2007中相关要求进行。

6 试验方法

6.1 试验条件

6.1.1 试验室

6.1.1.1 一般要求

试验室内的环境温度应在10 ℃～32 ℃的范围内可调，若多台低温箱同时试验，试验室内应合理布局，以便保证每台低温箱周围条件与6.1.1.1～6.1.1.3所规定的试验要求一致。

6.1.1.2 环境温度

a) 特性点温度、温度均匀性：特性点温度≤－100 ℃的低温箱，环境温度为25 ℃；特性点温度

>−100 ℃的低温箱，环境温度为 32 ℃；

b） 耗电量测试时：25 ℃；

c） 其他试验时，按其试验要求规定的温度进行。

在要求达到稳定运行状态的试验期间，各个规定测点处的温度波动范围在±0.5 K 以内。

在有效范围内，其垂直方向的温度梯度不应超过 2 K/m，并且地面与天花板之间温度差不应超过 6 K。

6.1.1.3 环境湿度

试验室内环境相对湿度无特别注明时，一般应为 45%～80%。

6.1.1.4 环境空气流速

试验室内应有局部空气流动，试验室内空气的流速不应大于 0.25 m/s。

6.1.1.5 低温箱的安置

低温箱的安置按 GB/T 8059.1—1995 中 6.1.1.4 规定进行。

6.1.2 试验前准备工作

6.1.2.1 一般要求

电源电压和频率应保持在额定值的范围内。

试验前低温箱应放在 6.1.1.1 规定的环境条件下自然静置（打开箱门），使箱内温度达到平衡，其间的温差最大不超过±1 K。达到平衡后，低温箱才能开始试验。

6.1.2.2 温控器的调定

a） 如温控器可调，则按各项试验要求，调定到符合规定的位置上；

b） 若制造厂说明书已有规定，则按说明书调定。

6.1.2.3 防凝露加热器

如果低温箱装有电加热器，除了耗电量和凝露试验另有规定外，其他试验时电加热器应接通；如电加热器为可调时，应调至最大加热位置处。

6.1.2.4 低温箱内附件及配件

试验开始时，低温箱内各种附件和配件应处于正常位置，所有容器、搁架等应空置，箱内附件及内壁应干燥。

与箱内相连的测温元件和测量仪器的引线不能影响低温箱的气密性。

6.1.3 测量仪器

测量仪器应符合 GB/T 8059.1—1995 中 6.1.4.1～6.1.4.4 的要求。

6.1.4 负载

测定试验是在无负载状态下进行。

6.1.4.1 顶开式低温箱的温度测量点如图 1、图 2 所示。

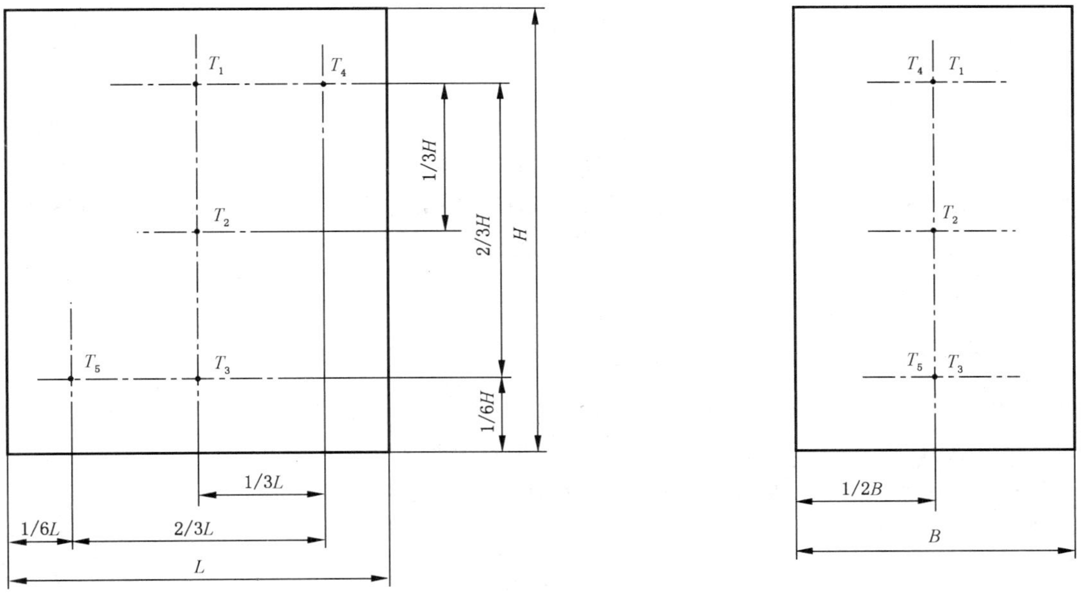

注 1：T_1、T_2、T_3、T_4、T_5 代表布点；

注 2：L、H、B 分别为低温箱箱内长、高、深。

图 1　低温箱测点布置图(箱内长 L 不小于 0.7 m)

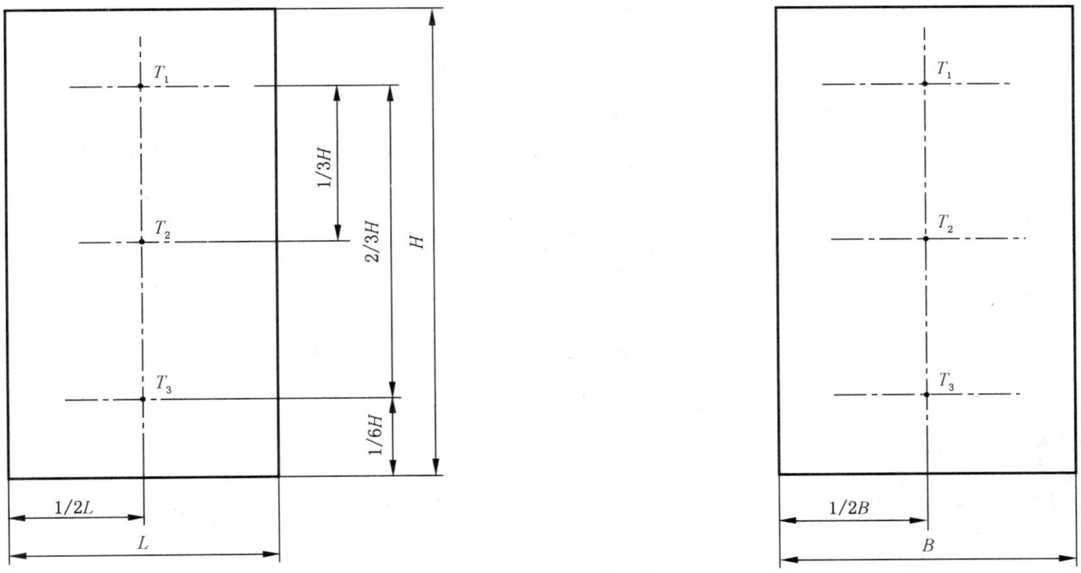

注 1：T_1、T_2、T_3、T_4、T_5 代表布点；

注 2：L、H、B 分别为低温箱箱内长、高、深。

图 2　低温箱测点布置图(箱内长 L 小于 0.7 m)

6.1.4.2　直立式低温箱的温度测量点在每层的几何中心布点。如搁架可调，应以说明书规定的方式放置。

6.1.4.3　特性点位置：直立式低温箱：当箱内隔板分割空间是奇数时，为箱内中间抽屉(搁架)几何中心点；当箱内隔板分隔空间是偶数时，为自上向下[(偶数/2)+1]层抽屉(搁架)空间几何中心点。卧式低温箱为箱内几何中心点。

6.2 制冷性能

6.2.1 特性点温度试验

低温箱放置在试验室内，试验条件按6.1规定进行，低温箱按6.1.4.1或6.1.4.2放置T型热电偶，按不同的环境温度(6.1.1.1)及湿度(6.1.1.2)将温控器调到一定的位置。待低温箱运行达到稳定运行状态时，测定低温箱的特性点温度，其测定值应符合5.3.1要求。该试验在稳定状态下运行时间不应少于24 h。

6.2.2 温度均匀性试验

低温箱放置在试验室内，试验条件按6.1规定进行，低温箱按6.1.4.1或6.1.4.2放置测试T型热电偶，按不同的环境温度(6.1.1.1)及湿度(6.1.1.2)将温控器调到表2规定的位置。

待低温箱运行达到稳定运行状态时，其测定值应符合5.3.2，同时显示值与设定温度应符合5.3.5.1要求。

该试验在稳定状态下运行时间不应少于24 h。

6.2.3 降温时间试验

低温箱放置在试验室内，打开门。试验室温度调为25 ℃，温控器调至最低温度设置点，待低温箱内部温度与环境达到平衡(温差±1 K)。在低温箱箱内特性点处放置T型热电偶，关闭箱门，通电测试，其测定值应符合5.3.3要求。

6.2.4 耗电量试验

温度均匀性试验后，设定温度保持不变，试验条件应符合6.1的规定。

低温箱如有防凝露电加热器及其他供用户选择的作为辅助功能的用电装置应断开。

低温箱室内按6.1.4.1或6.1.4.2要求放置T型热电偶，稳定运行约24 h的整数周期，最终测得24 h的耗电量应符合5.3.4的要求。

耗电量单位以kW·h/24 h表示，准确到小数点后两位数。

6.2.5 超温报警性能试验

在完成储藏温度试验后，从工作温度范围任选1个温度作为工作温度设定，报警温度设定为工作温度值±10 ℃，然后调整工作温度设置高于或低于设定报警温度，当显示箱内温度回升或降至报警温度设定值时，报警装置应发出报警信号。

6.3 结构和材料性能试验

6.3.1 凝露试验

低温箱放置在试验室内，试验条件按6.1规定，环境温度为25 ℃。

相对湿度应使露点温度为(22±0.5)℃。

按GB/T 8059.1—1995中6.3.1试验，结果应符合5.4.3的要求。

6.3.2 门铰链和把手耐久性试验

按GB/T 8059.3—1995中6.3.4规定进行，检查结果应符合5.4.4要求。

6.3.3 低温箱内部材料试验

按GB/T 8059.1—1995中6.3.5规定进行，检查结果应符合5.4.5要求。

6.3.4 制冷系统密封性试验

低温箱放置在正压室内，环境温度为 10 ℃～32 ℃，低温箱不通电。检漏仪调定到年漏量 0.5 g，对制冷系统任何部位进行检漏，检查结果应符合 5.4.6 的要求。

6.3.5 噪声和振动试验

6.3.5.1 噪声试验

按 GB/T 8059.3—1995 中 6.3.7.1 规定进行，检查结果应符合 5.4.7.1 要求。

6.3.5.2 振动试验

按 GB/T 8059.3—1995 中 6.3.7.2 规定进行，检查结果应符合 5.4.7.2 要求。

6.3.6 门封气密性试验

按 GB/T 8059.3—1995 中 6.3.2 规定进行，检查纸片是否自由滑动。检查结果应符合 5.4.8 要求。

6.3.7 搁架及类似部件及机械强度试验

按 GB/T 8059.1—1995 中 6.3.4 规定进行，检查结果应符合 5.4.9 要求。

6.3.8 电镀件盐雾试验

低温箱的电镀件应按 GB/T 8059.1—1995 中 6.3.8 规定进行，检查结果应符合 5.4.10 要求。

6.3.9 表面涂层湿热试验

按 GB/T 8059.1—1995 中 6.3.9 规定进行，检查结果应符合 5.4.11 要求。

6.3.10 表面涂层附着力试验

按 GB/T 8059.1—1995 中 6.3.10 规定进行，检查结果应符合 5.4.11 和 5.4.12 要求。

6.3.11 外观检查

通过目测检查，应符合 5.4.12 要求。

6.4 安全性能

按 GB 4793.1—2007 的规定进行。

7 检验规则

7.1 一般要求

低温箱根据本标准及 GB 4793.1—2007 的要求进行检验，并经鉴定合格后，方可批量生产。

7.2 出厂检验

7.2.1 低温箱应由生产单位质量检验部门进行检验，合格后方可出厂。

7.2.2 本检验在空载条件下进行。

7.2.3 检验项目、技术要求以及检验方法见表 5。

表 5 出厂检验项目

序号	检验项目	技术要求	试验方法
1	制冷系统密封性	5.4.6	6.3.4
2	外观要求	5.4.12	6.3.11
3	保护接地	GB 4793.1—2007 的 F.1	GB 4793.1—2007 的 F.1
4	电气强度	GB 4793.1—2007 的 F.2	GB 4793.1—2007 的 F.2

7.2.4 低温箱应逐台进行出厂检验,检验项目均应合格。

7.3 型式试验

7.3.1 有下列情况之一时,应进行型式试验:

a) 新产品试制定型鉴定;

b) 老产品转厂生产时;

c) 正式生产的产品在结构、材料、工艺有较大改变,可能影响产品性能时;

d) 产品停产一年以上再生产时;

e) 产品批量生产时,每两年至少一次的定期抽检。

7.3.2 型式试验项目及试验方法应按照表 6 所列各项和 GB 4793.1—2007 中规定的全部项目。

表 6 型式试验

序号	检验项目	技术要求	试验方法
1	总有效容积	5.2	GB/T 8059.1—1995 的附录 B
2	特性点温度	5.3.1	6.2.1
3	温度均匀性	5.3.2	6.2.2
4	降温时间	5.3.3	6.2.3
5	耗电量	5.3.4	6.2.4
6	温度显示与记录	5.3.5	6.2.5
7	绝热性能和防凝露	5.4.3	6.3.1
8	门铰链和把手耐久性	5.4.4	6.3.2
9	低温箱内部材料	5.4.5	6.3.3
10	制冷系统密封性	5.4.6	6.3.4
11	噪声和振动	5.4.7	6.3.5.1、6.3.5.2
12	门封气密性	5.4.8	6.3.6
13	搁架及类似部件的机械强度	5.4.9	6.3.7
14	电镀件	5.4.10	6.3.8
15	表面涂层	5.4.11	6.3.9、6.3.10
16	外观要求	5.4.12	6.3.11

7.3.3 型式试验样本数为 3 台,型式试验的样本应从合格的成品中随机抽取。

7.3.4 型式试验项目应全部合格,否则,对不合格项目加倍抽检。第二次抽检合格时,仅将第一次抽检不合格项目返修，检验合格后允许出厂，如第二次抽检样品仍然有一台不合格，判该批产品不合格。如第二次抽检样品全部合格，则判该批产品合格。型式检验的安全项目属致命缺陷，安全项目要100%合格，若出现一台项目不合格即判定该周期产品不合格。

8 标志、包装、运输和贮存

8.1 标志

8.1.1 每台低温箱在适当和明显的位置处应有耐久性的铭牌和电路图。铭牌上应清晰标出以下的内容：

a) 产品商标、名称、型号；
b) 产品特性点温度或箱内温度可调整范围；
c) 防触电保护类别；
d) 总有效容积，L；
e) 额定电压，V；
f) 额定频率，Hz；
g) 额定电流，A；
h) 制冷剂名称及装入量，g；
i) 制造厂名称；
j) 制造日期和编号。

8.1.2 每台低温箱应附有下列文件：

a) 使用说明书；
b) 检验合格证；
c) 装箱单(包括附件、配件等清单)；
d) 产品保修单。

8.1.3 包装标记：包装外表面应用不褪色的标记，清晰标明下列各项标志：

a) 制造厂名称、地址；
b) 产品名称、型号；
c) 商标；
d) 毛重、净重(kg)；
e) 外包装尺寸：(长×宽×高)(mm)；
f) 出厂编号；
g) 执行标准号；
h) “小心轻放”“怕湿”“向上”和可叠放层数等字样和标志，并应符合GB/T 191的规定。

8.1.4 检验合格证上应有下列内容：

a) 制造厂名称；
b) 产品名称、型号；
c) 检验日期；
d) 检验员代号；
e) “合格”字样。

8.2 包装

8.2.1 低温箱应用牢固的包装箱包装，按GB/T 1019的要求方法进行运输试验后，包装箱应无明显破损与变形，内装产品无松散、损伤与明显位移，产品性能无变化。

8.2.2 低温箱包装应有防潮、防尘和防震措施，保证产品在正常运输、装卸和贮存条件下，不致因颠震、装卸、潮湿、灰尘侵入而受到损伤。

8.3 运输和贮存

在运输和贮存过程中产品不应受到摔撞、过度倾斜、曝晒和雨雪淋袭。

ICS 01.080.20;53.100
P 97

中华人民共和国国家标准

GB 20178—2014/ISO 9244:2008
代替 GB 20178—2006

土方机械　机器安全标签　通则

Earth-moving machinery—Machine safety labels—General principles

(ISO 9244:2008,IDT)

2014-09-03 发布　　2015-07-01 实施

中华人民共和国国家质量监督检验检疫总局
中国国家标准化管理委员会　发布

前　言

本标准的4.5～4.9、第5章为强制性的,其余为推荐性的。

本标准按照GB/T 1.1—2009给出的规则起草。

本标准代替GB 20178—2006《土方机械　安全标志和危险图示　通则》。本标准与GB 20178—2006相比,除编辑性修改外主要技术变化如下:

——标准名称由"土方机械　安全标志和危险图示　通则"改为"土方机械　机器安全标签　通则";

——标准的章条结构有了较大的改动,相应的条文内容也作了修改、增加或删减;

——增加了"术语和定义"一章的内容;

——增加了颜色规范参数内容,若干图形改为彩色图形;

——增加、修改或删除了若干插图。

本标准使用翻译法等同采用ISO 9244:2008《土方机械　机器安全标签　通则》(英文版)。

与本标准中规范性引用的国际文件有一致性对应关系的我国文件如下:

——GB/T 8498—2008　土方机械　基本类型　识别、术语和定义(ISO 6165:2006,IDT)

——GB/T 25622—2010　土方机械　司机手册　内容和格式(ISO 6750:2005,IDT)

本标准与ISO 9244:2008相比,主要做了下列编辑性修改:

——第1章前增加了对颜色匹配的重要提示内容;

——3.10注1引用ISO 3864-2:2004的定义"3.2"改为"3.7";

——第5章标题修改为"颜色和字体",5.2标题修改为"危害程度带和字体";

——5.2的警示语字体增加了"中文字体为黑体或粗黑体";

——增加了资料性附录NA"警示语在不同语种中的文字",并在4.9.1中增加了"警示语在不同语种中的文字参见附录NA";

——增加了资料性附录NB"危害程度带及停止指示的英文图示",并在5.2中增加了"危害程度带的英文图示参见附录NB。"。

本标准由中国机械工业联合会提出。

本标准由全国土方机械标准化技术委员会(SAC/TC 334)归口。

本标准负责起草单位:天津工程机械研究院、山东临工工程机械有限公司、上海彭浦机器厂有限公司、厦门厦工机械股份有限公司。

本标准参加起草单位:广西柳工机械股份有限公司、山重建机有限公司。

本标准主要起草人:吴润才、支开印、陈宝明、李蔚苹、李群华、王守洪。

本标准所代替标准的历次版本发布情况为:

——GB 20178—2006。

引　言

本标准的目的是提供土方机械的机器安全标签设计和应用的一般原则，提醒人们注意危害，描述该种危害的性质，并描述危害产生的潜在伤害的结果，以及指示人们如何规避危害。随着国际贸易和商业的持续发展，有必要建立起一种通用的传递安全信息的交流方法。

本标准符合使用图形方式传递安全信息协调系统的全球需要，以尽可能少地使用文字信息。当某些必需的安全信息不能以图形方式进行交流时，才会使用含有文字的机器安全标签。

宣传教育在任何传递安全信息系统中都是必不可少的组成部分。虽然安全色和安全标志在任何安全信息系统中都是必不可少的，但仅能用其作为工作场所管理实践（例如正确的工作方法、指令以及事故预防措施和培训）的补充。

土方机械　机器安全标签
通则

重要提示：GB 20178 的机器安全标签图形和安全标志图形中的颜色不作为颜色匹配使用。颜色匹配按第 5 章中对机器安全标签的安全色或背景色和对比色的规定。

1　范围

本标准规定了牢固粘贴在土方机械上的机器安全标签设计和使用的通则和要求，概述了标志的目的，规定了基本形式和颜色，提供了制定安全标签各组成带的指南。

本标准适用于 ISO 6165 定义的土方机械。

2　规范性引用文件

下列文件对于本文件的应用是必不可少的。凡是注日期的引用文件，仅注日期的版本适用于本文件。凡是不注日期的引用文件，其最新版本（包括所有的修改单）适用于本文件。

ISO 6165　土方机械　基本类型　识别、术语和定义（Earth moving machinery—Basic types—Identification and terms and definitions）

ISO 6750　土方机械　司机手册　内容和格式（Earth-moving machinery—Operator's manual—Content and format）

3　术语和定义

下列术语和定义适用于本文件。

3.1

边框　border

安全标志和带的边缘区域。

3.2

注意　CAUTION

用于表示如不规避，则可能导致轻微或中度伤害的某种潜在危害情况的警示语。

[ISO 3864-2]

3.3

组合机器安全标签　combination machine safety label

在一个矩形标签上组合有安全标志和/或辅助安全信息带和/或危害程度带的机器安全标签。

注 1：一个组合机器安全标签只传递一种安全信息。

注 2：改写 GB/T 2893.2—2008，定义 3.4。

3.4

危险　DANGER

用于表示如不规避，则将导致死亡或严重伤害的某种紧急危害情况的警示语。

[ISO 3864-2]

3.5

图形符号　graphical symbol

易于可视的具有特定含义的图形，通常传递无需文字的信息。

3.6

危害　hazard

潜在的伤害之源。

[ISO 3864-2]

3.7

规避危害图示　hazard avoidance pictorial

规避危害的可视指示。

3.8

描述危害图示　hazard description pictorial

危害和/或不规避危害时后果的可视描述。

3.9

危害图示　hazard pictorial

危害的可视描述，不规避危害的后果和/或规避危害的指示。

3.10

危害程度带　hazard severity panel

组合机器安全标签或多重机器安全标签的一个区域，用于传递与某个危害相伴的风险类型。

注：改写 ISO 3864-2:2004，定义 3.7。

3.11

标签　label

柔韧材料制作的标志载体。

3.12

机器安全标签　machine safety label

用在机器上，向观看者告知潜在的一个或多个危害并描述规避危害所需的安全措施和/或行动的标签。

注 1：改写 ISO 17724:2003，定义 58。

注 2：机器安全标签传递危害、危害情况的预防措施和/或危害不能规避时将导致的结果等信息。

3.13

多重机器安全标签　multiple machine safety label

在一个矩形标签上包含两个或多个安全标志的机器安全标签。多重机器安全标签中可包含辅助安全信息带和/或危害程度带。

注：改写 ISO 3864-2:2004，定义 3.8。

3.14

带　panel

机器安全标签的组成部分，其是由线条、边界或空白勾划出的轮廓区域。

3.15

禁止标志　prohibition sign

用于禁止危险行为的机器安全标签的组成部分。

3.16

风险　risk

伤害发生的概率和该伤害程度的组合。

[ISO/IEC Guide 51]

3.17

安全色 safety colour

被赋予安全含义而具有特定属性的颜色。

[ISO 17724]

3.18

安全图形 safety shape

具有安全信息含义的几何图形。

[ISO 7010]

3.19

安全标志 safety sign

通过颜色与几何图形的组合表达通用的安全信息,并通过附加图形符号或危害图示表达特定安全信息的标志。

注:改写 ISO 3864-1:2002,定义 3.14。

3.20

警示语 signal word

用于使机器安全标签引起注意并标明风险类别的词语。

注:改写 ISO 3864-2:2004,定义 3.14。

3.21

辅助安全信息带 supplementary safety information panel

机器安全标签的一个区域,主要用于提供附加说明的安全信息符号或安全信息文字。

注:辅助安全信息带主要用于传递危害的后果或规避危害的信息。

[ISO 3864-2]

3.22

警告 WARNING

用于表示如不规避,则可能导致死亡或严重伤害的某种潜在危害情况的警示语。

[ISO 3864-2]

4 机器安全标签——应用、概述和一般要求

4.1 目的

机器安全标签用于:

a) 提醒人们警惕危害;

b) 描述危害的性质;

c) 说明危害可能造成伤害的后果;

d) 指示人们如何规避危害。

不带文字的机器安全标签,能满足多语种和机器转运到不同国家的要求。

4.2 位置

机器安全标签应:

a) 位于机器上危害位置的附近或能预防危害的操纵区域内;

b) 与设备本体颜色有明显区别；

c) 置于清晰可见的位置；

d) 尽可能地进行防护使其不被损坏和擦伤；

e) 具有相当长的期望寿命(考虑到环境因素)。

4.3 有效使用

使用与危害相关的机器安全标签。为避免混淆，应注意防止在机器上过度使用机器安全标签，机器安全标签的过度使用会降低其效果。

4.4 司机手册

在ISO 6750规定的司机手册中以及在服务手册和其他技术手册中，机器安全标签应反复使用。在手册中对它们的应用不受4.3的约束。

4.5 形式

机器安全标签应由两个或更多个矩形区域带以及围绕这些矩形区域带的边框构成，用来传递有关机器操作中的危害信息。排列方式可以是垂直排列或水平排列。最终的选择形式和排列方式宜由可有效利用的面积来确定。机器安全标签可有两个带或三个带，如图1和图2所示。当多于一种规避措施适用于一种危害，或多于一种的危害适用于一个规避措施时，可增加另外的带(多重机器安全标签)，见4.7.6。

4.5.1 带警示语的机器安全标签

含有警示语(见4.6.2)的机器安全标签应符合下列两种基本形式之一。

a) 两带组合机器安全标签：

  1) 危害程度带；

  2) 辅助安全信息带。

  见图1。

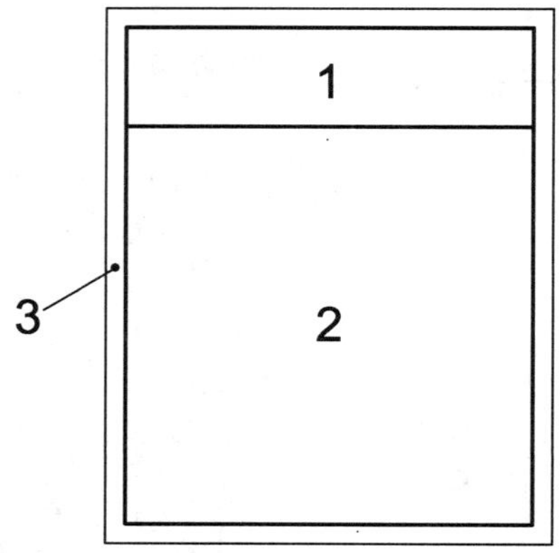

说明：

1——危害程度带；

2——辅助安全信息带；

3——边框。

图1 两带组合机器安全标签——带警示语

b） 三带组合机器安全标签：

1） 危害程度带；

2） 安全标志；

3） 辅助安全信息带。

见图 2。

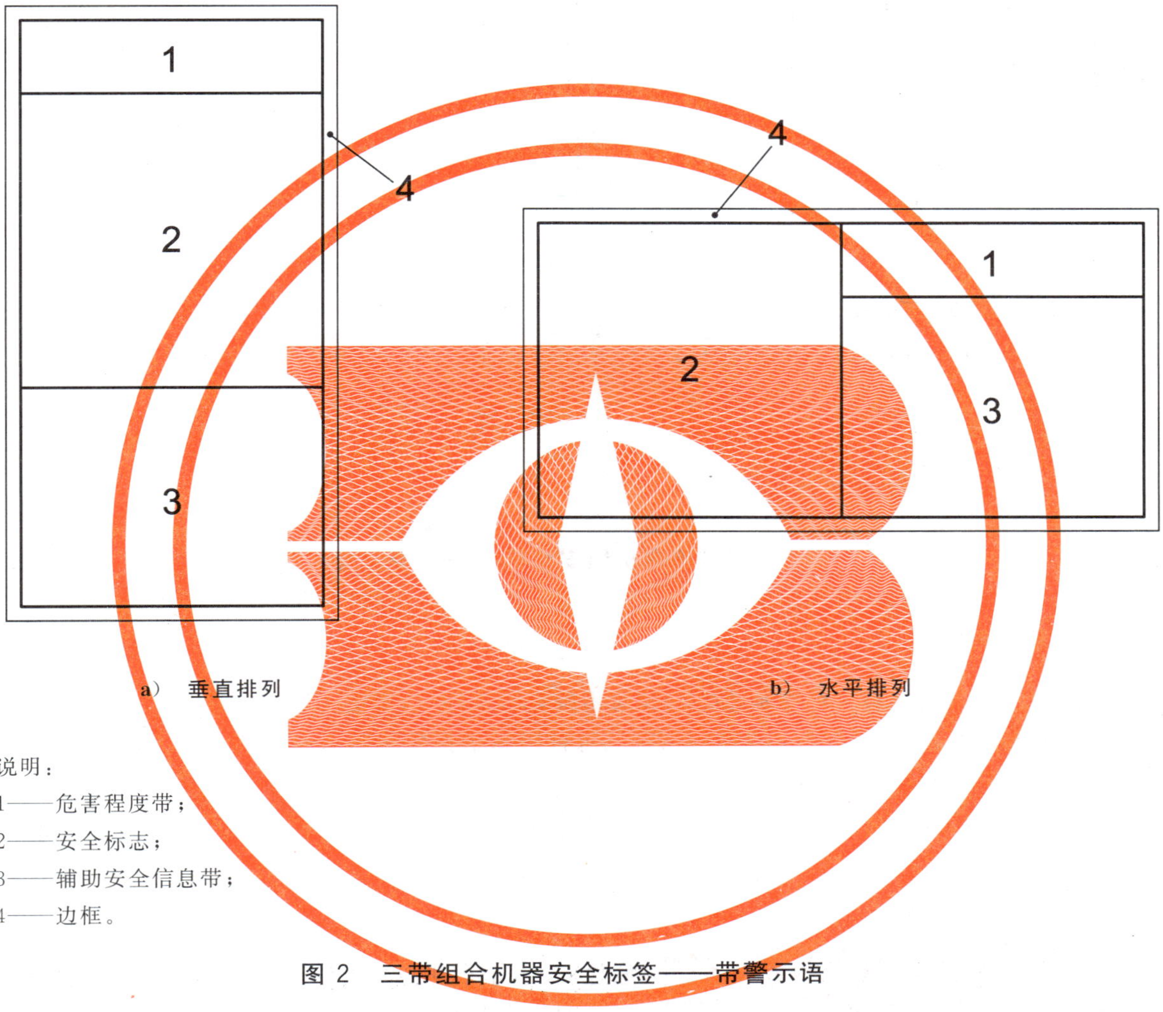

a） 垂直排列　　b） 水平排列

说明：

1——危害程度带；

2——安全标志；

3——辅助安全信息带；

4——边框。

图 2　三带组合机器安全标签——带警示语

4.5.2　不带警示语的机器安全标签

不带有警示语的机器安全标签应仅由两带构成：安全标志和辅助安全信息带，见图 3。

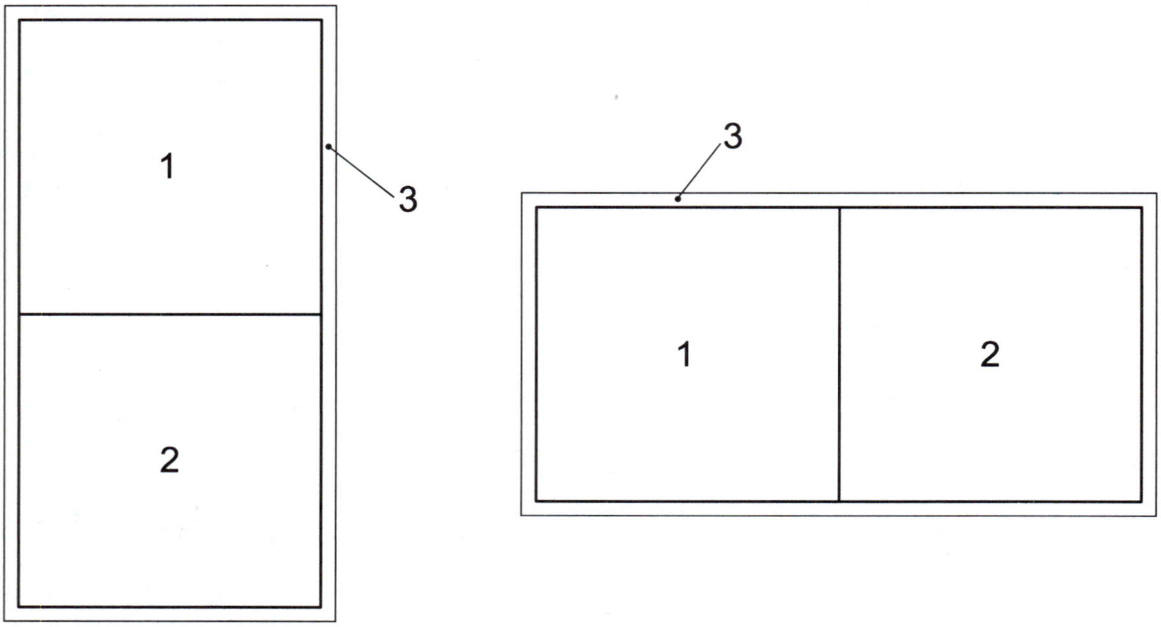

a） 垂直排列　　　　b） 水平排列

说明：

1——安全标志；

2——辅助安全信息带；

3——边框。

图 3　两带组合机器安全标签——不带警示语

4.6　危害程度带

4.6.1　危害程度带由带有三种警示语之一的通用警告标志构成，如图 4 所示（颜色见 5.2）。

4.6.2　三种警示语是“危险”“警告”和“注意”。每种警示语提醒观看者存在着危害及其相应的严重程度。它们专用于对人身伤害危害。

警示语“危险”应节制使用，并仅适用于存在最严重危害的情况。“警告”标识的危害表示受到伤害和死亡风险的程度要比“危险”标识的要低。

危险 表示如不规避，将导致死亡或严重伤害的高风险级别的危害

警告 表示如不规避，可能导致死亡或严重伤害的中等风险级别的危害

注意 表示如不规避，可能导致轻微或中度伤害的低风险级别的危害

图 4　危害程度带的含义

4.7 图示

4.7.1 描述危害图示

描述危害图示清晰地标识出危害，并描述如不按指示去做可能导致的潜在后果。在不带警示语的机器安全标签上，描述危害图示应在安全标志区域内。适当的描述危害图示的示例见附录 A。如果选用这些描述危害图示，宜遵循本标准规定的目的和原则。

4.7.2 规避危害图示

规避危害图示清晰地标识出人们为规避面临的危害时所必需相互配合的动作。规避危害图示可用于补充图示或替代辅助安全信息带内的文字信息。适当的规避危害图示的示例见附录 B。如果选用这些规避危害图示，宜遵循本标准规定的目的和原则。

4.7.3 通用禁止标志

4.7.3.1 动作的禁止应使用通用禁止标志表示(功能参考 ISO 7010 的 P001)，如图 5 所示。更多的信息见附录 D。

图 5 通用禁止标志

4.7.3.2 规避危害图示经常表达特定禁止动作的概念，或在特定位置的人员可能有危险。在有红色斜杠的红色圆环内的黑色图形符号或危害图示，定义为表示动作不应进行或应停止的安全标志。带有图示的通用禁止标志的一些示例见附录 C。

4.7.3.3 通用禁止标志的尺寸取决于其如何使用于特定图形。重要的是其要大得易于认知，但应注意避免图示的任何重要部位不清晰。

4.7.4 停止指示

“停止”一词可用于传递指示停止一个动作，应显示为红色，见图 6。

图 6 停止指示

4.7.5 组合图示

在特定情况下，描述危害图示和规避危害图示可在单带安全标志内组合。示例如图 7 所示。

图 7　单带内的组合图示

4.7.6　多重危害图示

在少数情况下，一个图示可以表达多于一个的危害，然而，一般避免由单一图示表达多于一个的危害，除非危害紧密相关。

4.7.7　警告标志安全图形

4.7.7.1　三角安全图形见图 8。用于不带警示语警告标志的图示。在带黑色三角形线条的黄色三角形内的黑色图形符号或危害图示，定义为表示危害的安全标志。示例见图 9 和附录 C。

图 8　警告标志安全图形

4.7.7.2　如果在安全图形内不用图示，则用于通用警告标志（功能参考 ISO 7010 的 W001），由带一个惊叹号的三角形（见图 9）构成为安全标志。

图 9　通用警告标志

4.8　辅助安全信息带内的文字

用于辅助安全信息带内的文字应传递危害的性质、可能的结果和避免的措施。如果其信息由图示充分表达，则可以删除对应的一个或多个文字要素。

4.9 语言、译文和多语种的机器安全标签

4.9.1 含有警示语和/或文字信息的机器安全标签宜是机器使用国的语言之一，警示语在不同语种中的文字参见附录 NA。

4.9.2 无文字的机器安全标签不需要语言翻译；然而，使用无文字的机器安全标签应具有以下两方面信息：

a) 在印刷的司机手册中以适当的语言给出与无文字安全标志相关的适当文字信息；

b) 带图示的通用警告标志，指示操作者阅读司机手册中适用于该机器的安全标志的说明（见图 10）。

图 10 无文字的机器安全标签——阅读司机手册

5 颜色和字体

5.1 颜色规范

用于机器安全标签的颜色应符合表 1 的规定。许用颜色是红色、橙色、黄色、白色和黑色。

表 1 用于机器安全标签的安全色或背景色和对比色

颜色	确定许用颜色范围的角点色度坐标（标准照明体 D65 和 CIE 2°视场）				
		1	2	3	4
红色[a]	x	0.660	0.610	0.700	0.735
	y	0.340	0.340	0.250	0.265
橙色[b]	x	0.590	0.552	0.532	0.567
	y	0.410	0.398	0.418	0.432

表 1（续）

颜色	确定许用颜色范围的角点色度坐标(标准照明体 D65 和 CIE 2°视场)				
		1	2	3	4
黄色[a]	x	0.494	0.470	0.493	0.522
	y	0.505	0.480	0.457	0.477
白色[c]	x	0.350	0.305	0.295	0.340
	y	0.360	0.315	0.325	0.370
黑色[c]	x	0.385	0.300	0.260	0.345
	y	0.355	0.270	0.310	0.395
颜色体系中的安全色参考值见 GB/T 2893.1—2004 附录 A。					

[a] 数值取自 GB/T 2893.1—2004 表 3。
[b] 数值取自 GB/T 2893.2—2008 表 2。
[c] 数值取自 GB/T 2893.1—2004 表 2。

5.2 危害程度带和字体

危害程度带的颜色依据使用的警示语而定，其应符合表 2 的规定。用于警示语的字体应是下列之一(或是具有类似易辨认性的字体)：中文为黑体或粗黑体；其他文种为 Arial、Arial Bold、Helvetica、Helvetica Bold、Folio Medium、Franklin Gothic、Futura、News Gothic Bold、Meta Bold 或 Univers。危害程度带的英文图示参见附录 NB。

表 2　危害程度带中颜色的含义和应用

带的背景色	对比色	含义/应用	危害程度带的图例
红色	白色	“危险”危害程度带标识高风险级别	
橙色	黑色	“警告”危害程度带标识中等风险级别	
黄色	黑色	“注意”危害程度带标识低风险级别	

5.3 图示和安全标志

5.3.1 用在有危害程度带的机器安全标签中的图示应是白色背景上的黑色图形。

5.3.2 用在有三角形安全图形/通用警告标志的机器安全标签中的图示应是黄色背景上的黑色图形。

5.3.3 可以使用其他颜色来突出图形的特殊视觉效果(例如:红色表示火焰)。

5.3.4 在4.7.3中规定的通用禁止标志(用于图示)应是红色,如图5所示。更多信息见附录D。

5.4 辅助安全信息带

5.4.1 含有警示语的机器安全标签的辅助安全信息带应是黑色背景上的白色字,或是白色背景上的黑色字。

5.4.2 不含有警示语的机器安全标签的辅助安全信息带应是黄色(或白色)背景上的黑色字。

5.5 边框、带的分隔线

5.5.1 如果有必要使危害程度带与其黏附的表面颜色有区别,边框可采用表2对应的对比色。

5.5.2 使用4.7.7规定的警告标志的机器安全标签边框应是黄色。如果有必要使机器安全标签与其黏附的表面颜色有区别,可以使用白色或黑色的第二个外围边框。示例如图11所示。

5.5.3 带的分隔线应是黑色。

图11 机器安全标签边框

6 尺寸

机器安全标签的推荐尺寸为图12～图14所示。可按需要采用较小或较大的尺寸。比例可按需要进行改变,以提供足够大的危害程度带,或对辅助安全信息带提供足够大的空间来排列清晰可辨的字号。

单位为毫米

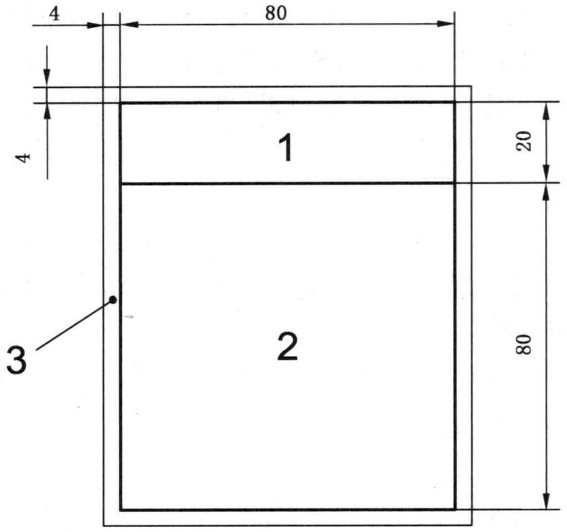

说明：

1——危害程度带；

2——辅助安全信息带；

3——边框。

机器安全标签的圆角可有一个与标签的尺寸成比例的小半径。可以根据带的尺寸、背景对比和可视清晰度，对边框宽度进行调整。

图 12 推荐的尺寸——两带形式

单位为毫米

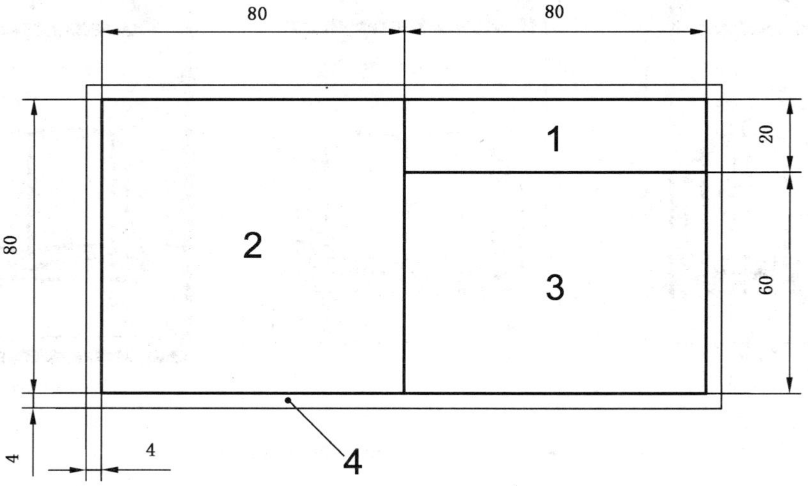

a) 水平排列

图 13 推荐的尺寸——三带形式

单位为毫米

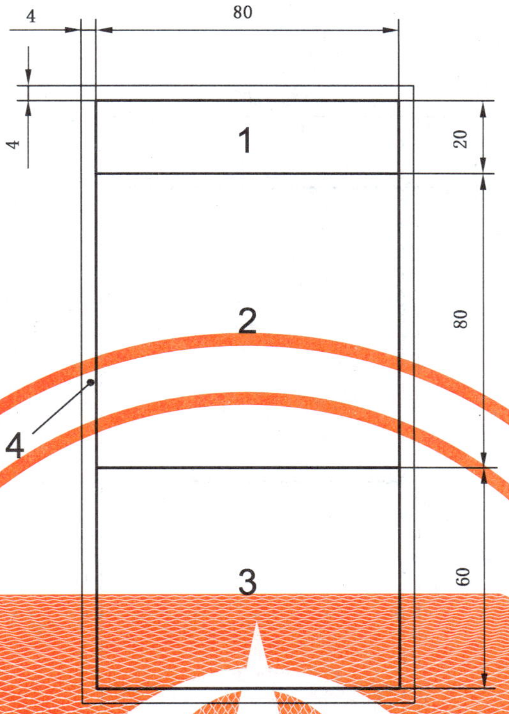

b） 垂直排列

说明：

1——危害程度带；

2——安全标志；

3——辅助安全信息带；

4——边框。

机器安全标签的圆角可有一个与标签的尺寸成比例的小半径。可以根据带的尺寸、背景对比和可视清晰度，对边框宽度进行调整。

图 13（续）

单位为毫米

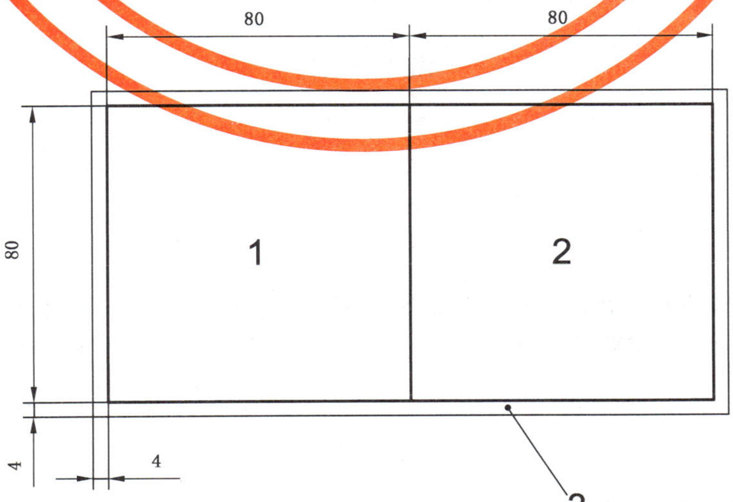

a） 水平排列

图 14 推荐的尺寸——两带形式

单位为毫米

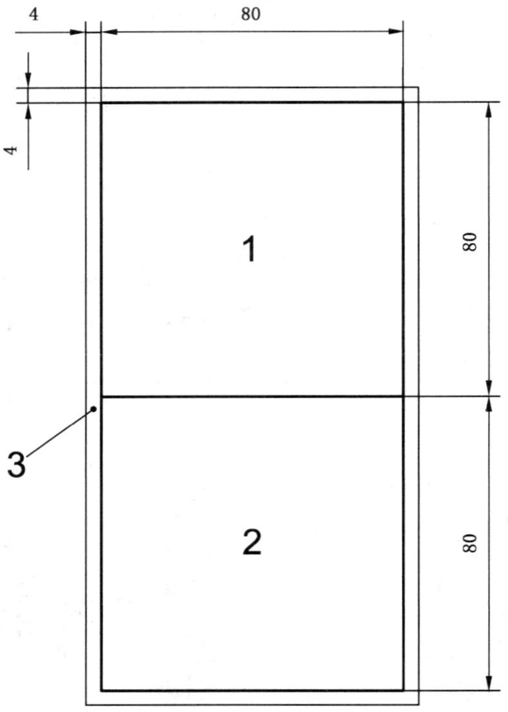

b） 垂直排列

说明：

1——安全标志；

2——辅助安全信息带；

3——边框。

机器安全标签的圆角可有一个与标签的尺寸成比例的小半径。可以根据带的尺寸、背景对比和可视清晰度，对边框宽度进行调整。

图 14（续）

7 机器安全标签的示例

7.1 有文字

与某种危害相适应的警示语和文字信息取决于各种易变因素。因此，本标准中没有给出有文字信息的安全标志具体图例。在需要的地方，宜按本标准所述的目的和原则来制定有文字信息的机器安全标签。

7.2 无文字

附录C给出了一些危害的无文字机器安全标签图例。如应用时，选用的机器安全标签应符合本标准所述的目的和原则。

8 危害图示的图形设计

附录D给出了危害图示的良好图形设计的原则和指南，以及人体图形和其他图形要素绘制的说明。良好和谐的形象化设计，对传递描述危害图示和规避危害图示的意图是重要的。

附 录 A
（资料性附录）
描述危害图示的图例

A.1 概述

本附录给出了用于机器安全标签的安全标志的描述危害图示的图例。如应用时，选用的描述危害图示宜遵循本标准所述的目的和原则。

A.2 化学（吸入/灼烧）危害

见图 A.1。

图 A.1 毒性的烟雾或毒性的气体——使人窒息

A.3 电的（电击/灼烧）危害——电击或触电

见图 A.2～图 A.6。

图 A.2 电击/触电——通用

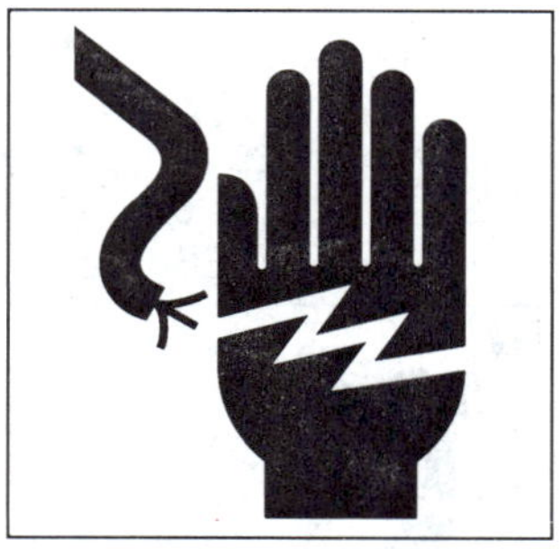

图 A.3　电击/触电——手

图 A.4　电击/触电——身体

图 A.5　电击/触电——装载机

图 A.6　电击/触电——挖掘机

A.4 跌落危害

见图 A.7～图 A.8。

图 A.7 从高处跌落

图 A.8 从提升的装载机铲斗上跌落

A.5 液体(注射、泄漏/喷射)危害

见图 A.9～图 A.10。

图 A.9 高压液体——喷射入人体

图 A.10　高压喷射——伤蚀人体

A.6　热的(灼烧/接触)危害

见图 A.11～图 A.12。

图 A.11　热表面——灼伤手指或手

图 A.12　压力热液体

A.7　机械危害——挤压危害

见图 A.13～图 A.22。

图 A.13　挤压全身——从上部施加的力

图 A.14　挤压全身——从后部施加的力

图 A.15　挤压全身——从侧面施加的力

图 A.16　挤压全身——从双向施加的力

图 A.17 挤压全身——装载机铲斗或提升臂

图 A.18 挤压全身——定向挤卡

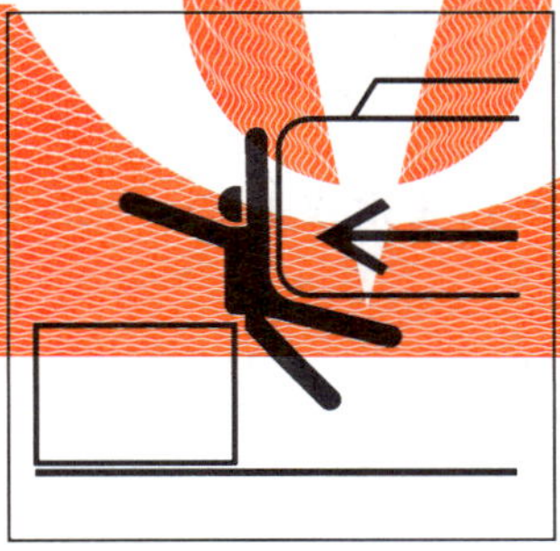

图 A.19 挤压全身——挖掘机

图 A.20 挤压脚

图 A.21 挤压手指或手掌——侧面施加的力

图 A.22 挤压手指或手掌——上部施加的力

A.8 机械危害——切割危害

见图 A.23～图 A.28。

图 A.23 切割手指或手掌——叶轮叶片

图 A.24　切割手指或手掌——发动机风扇

图 A.25　切割手指或手掌——锐利物体

图 A.26　切割脚

图 A.27　切割腿

图 A.28　切割头——旋转工具(或转轴工具)

A.9　机械危害——缠绕危害

见图 A.29～图 A.36。

图 A.29　缠绕手和臂——链或齿状带传动

图 A.30　缠绕手和臂——带传动

图 A.31　缠绕手和臂——旋转齿轮

图 A.32　缠绕手和臂——机械

图 A.33　缠绕手和臂——螺旋杆

图 A.34　缠绕腿或脚——螺旋杆

图 A.35 缠绕全身——机械

图 A.36 缠绕或切割腿或脚——挖沟机

A.10 机械危害——抛射或飞散物危害

见图 A.37～图 A.38。

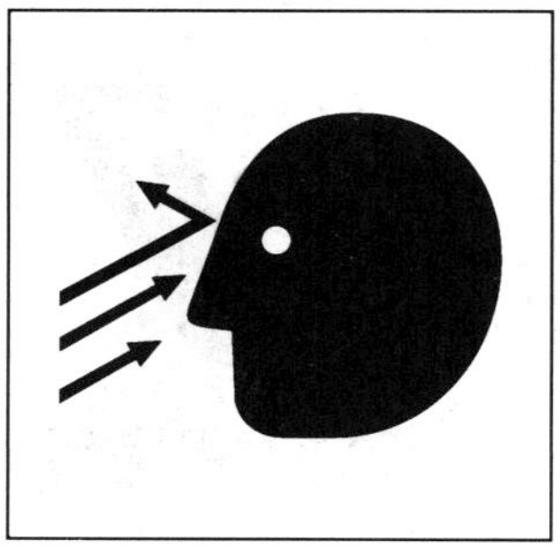

图 A.37 抛射或飞散物——脸部暴露

图 A.38　抛射或飞散物——全身暴露

A.11　辗压和/或撞击危害

A.11.1　辗压

见图 A.39。允许是其他机器的轮廓。

a)

b)

图 A.39　碾压

A.11.2　稳定性

见图 A.40～图 A.42。

图 A.40　机器滚翻——挤压

图 A.41　机器侧倾——超载——挖掘装载机

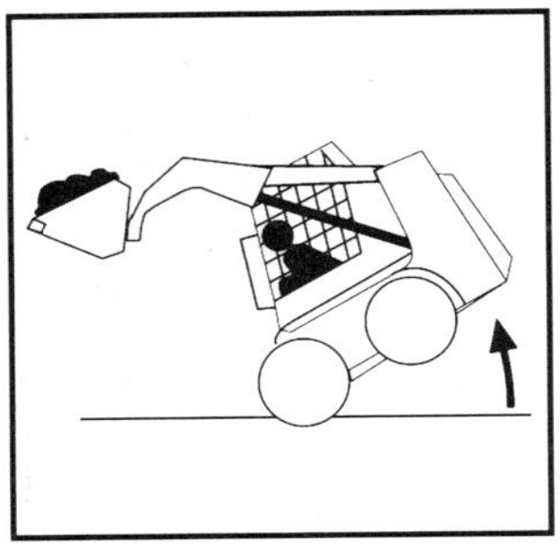

图 A.42　机器侧倾——超载——滑移转向装载机

A.12　热的(燃烧/爆炸)危害

见图 A.43～图 A.45。

图 A.43　爆炸(例如:使用起动机燃料)

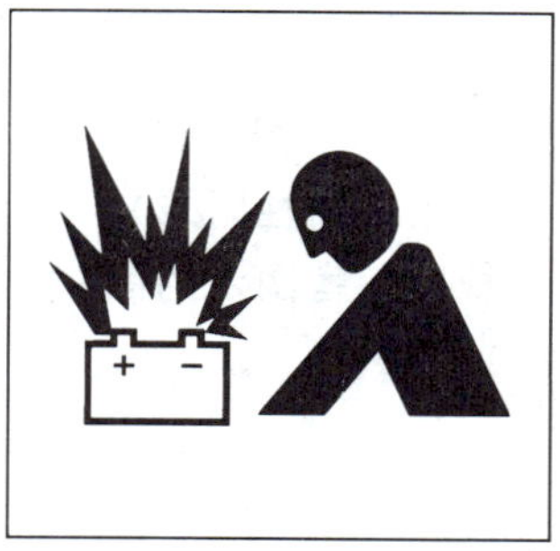

图 A.44 电池爆炸

图 A.45 电池爆炸——跨接起动

附　录　B
（资料性附录）
规避危害图示的图例

B.1　概述

本附录给出了用于机器安全标签的辅助安全信息带的一些规避危害图示图例。如应用时，选用的规避危害图示宜遵循本标准所述的目的和原则。

B.2　阅读手册

见图 B.1 和图 B.2。

图 B.1　阅读司机手册

图 B.2　阅读技术手册中适当的维护程序

B.3　与危害保持安全距离

见图 B.3～图 B.7。

图 B.3　与危害保持安全距离——通用

图 B.4 与已提升的装载机提升臂和铲斗保持安全距离

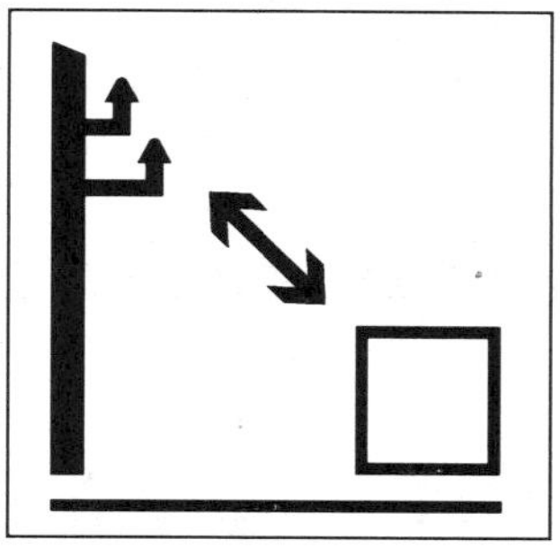

图 B.5 与电力线保持安全距离

图 B.6 与铰接区域保持安全距离

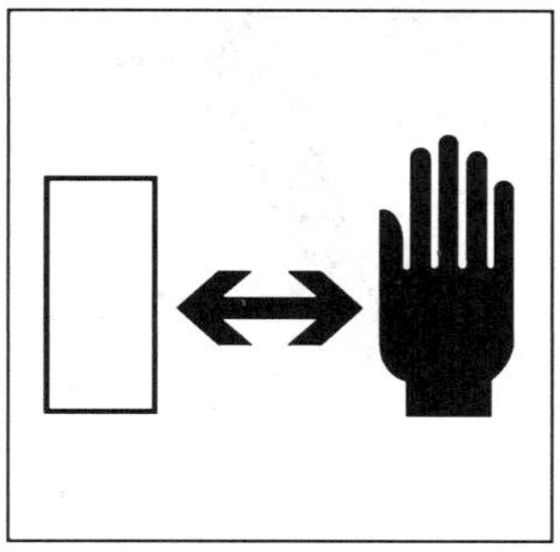

图 B.7 手与危害保持安全距离

B.4 安全提升和/或锁定装置

见图 B.8～图 B.11。

图 B.8 进入危险区域前，用锁定装置锁住提升液压缸

图 B.9 进入危险区域前，连接好支撑

图 B.10 进入危险区域前，连接好安全锁定装置。阅读司机手册

图 B.11　进入危险区域前，插好安全锁定装置

B.5　等待所有运动的机器零部件完全停止

见图 B.12。

图 B.12　等到所有机器零部件完全停止，才能接触它们

B.6　不要跨接起动发动机

见图 B.13。

图 B.13　不要跨接起动发动机

B.7　在进行维修和修理前，关闭发动机并取出钥匙

见图 B.14。

图 B.14 在进行维修和修理工作前，关闭发动机并取出钥匙

B.8 不要乘坐在挡泥板上

见图 B.15。

注：仅允许乘坐在机器配备的座椅上。

图 B.15 不要乘坐在挡泥板上

B.9 不要在危险区域伸入、站立或松动

见图 B.16～图 B.18。

图 B.16 不要伸入到切割区域内

图 B.17 不要站立在铲斗下

图 B.18 冷却前不要松动盖帽

B.10 禁止

见图 B.19～图 B.22。

图 B.19 禁止踩踏

图 B.20 禁止用手

图 B.21 禁止用脚

图 B.22 禁用乙醚——低温辅助起动

B.11 抛射或飞散物

见图 B.23～图 B.24。

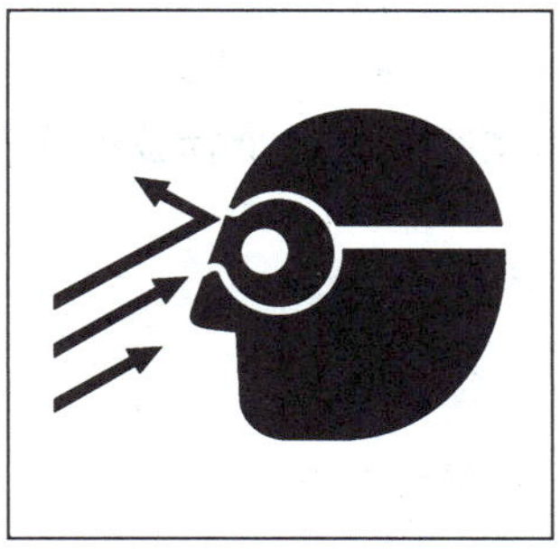

图 B.23　需要防护眼睛

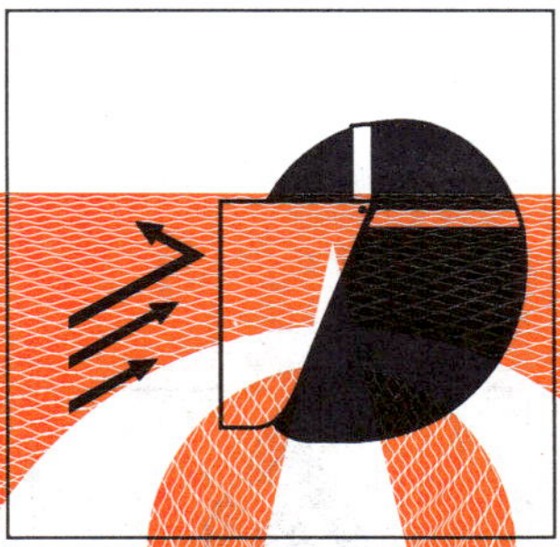

图 B.24　需要防护脸部

B.12　系安全带

见图 B.25。

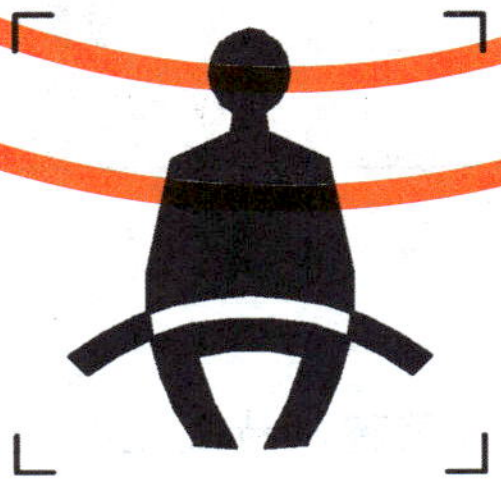

图 B.25　系安全带

附 录 C
（资料性附录）
无文字机器安全标签的图例

C.1 范围

本附录给出了一些危害的无文字机器安全标签的图例。这些图例是垂直排列的两苻形式（见图 3）。

对每种安全标志的文字描述，在司机手册中给予适当的文字说明示例。司机手册文本可以详述或改写为其他特定应用要求的说明。

C.2 与危害保持安全距离

见图 C.1～图 C.6。

图 C.1 与危害保持安全距离——通用

图 C.2　挤压全身——与提升的装载机提升臂和铲斗保持安全距离

图 C.3　挤压全身——与铰接区域保持安全距离

图 C.4 挤压或挤卡全身——与危害保持安全距离

a)　　b)　　c)

图 C.5 挤压全身——与危害保持安全距离

图 C.6 抛射或飞散物——与危害保持安全距离

C.3 安全锁定装置

见图 C.7～图 C.10。

图 C.7 挤压全身——在进入危险区域前，用锁定装置锁住提升液压缸

图 C.8　挤压全身——在进入危险区域前，连接好支撑

图 C.9　挤压全身——进入危险区域前，插好安全锁定装置

图 C.10　挤压全身——进入危险区域前，连接好安全锁定装置——阅读司机手册

C.4　从司机座位处起动发动机

见图 C.11。

图 C.11　挤压危害——碾压——不要跨接起动发动机

C.5　关闭发动机

见图 C.12。

图 C.12　通用安全警告——在进行维修和修理工作前，关闭发动机并取出钥匙

C.6　与电力源保持安全距离

见图 C.13～图 C.15。

图 C.13　电击或触电——与电力线保持安全距离

图 C.14　电击或触电——与电力源保持安全距离

图 C.15　电击或触电——手与电力源保持安全距离

C.7　避开热表面

见图 C.16。

图 C.16 灼伤手指或手——热表面——手与危害保持距离

C.8 避开压力状态下的液体

见图 C.17。

图 C.17 高压液体——避开压力液体——阅读技术手册中适当的维护程序

C.9 避免爆炸

见图 C.18～图 C.20。

图 C.18 电池爆炸——阅读司机手册

图 C.19 电池爆炸——跨接起动——阅读司机手册

图 C.20 爆炸危害——禁用乙醚——低温辅助起动

C.10 避开可能切割肢体的区域

见图 C.21～图 C.24。

图 C.21 切割手指或手——手与危害保持安全距离

图 C.22　切割脚或腿——脚和腿与危害保持安全距离

图 C.23　切割脚——脚与危害保持安全距离

图 C.24　切割头部——阅读司机手册

C.11　避开缠绕区域

见图 C.25～图 C.27。

图 C.25　臂或手的螺旋杆缠绕——手和臂与危害保持安全距离

图 C.26　全身的机械缠绕——与危害保持安全距离

图 C.27　腿或脚的缠绕或切割——与危害保持安全距离

C.12　避开挤压区域

见图 C.28～图 C.31。

图 C.28　挤压脚——脚与危害保持安全距离

a)

b)

图 C.29　挤压手指或手——手与危害保持安全距离

图 C.30 挤压全身——与提升的装载机提升臂和铲斗保持安全距离

图 C.31 机器滚翻的挤压危害——系安全带

C.13 避免倾翻

见图 C.32～图 C.33。

图 C.32 机器倾翻或超载——阅读司机手册

图 C.33 滑移转向装载机的倾翻或超载——阅读司机手册

C.14 避免碾压

见图 C.34。

注：仅允许乘坐在机器配备的座椅上。

图 C.34 避免碾压——不要乘坐在挡泥板上

附 录 D
（资料性附录）
危害和规避图示的图形设计原则和指南

D.1 概要

本附录提供了危害和规避危害图示的良好图形设计的原则和指南，以及人体图形和其他图形要素绘制的说明。良好和谐的形象化设计，对传递描述危害图示和规避危害图示的意图是重要的。

D.2 创作图示的指南

虽然每种安全标志和每种安全标志图示应符合其本身的条款，但一些通则可使良好的图形设计得到明确的表达：

——使用形象化图形而不是抽象的符号。

——使用实心图形表示人体要素或完整人体图形。当为了完善图示，在描述一个必须存在的而又不直接涉及危害的人时，可以使用轮廓线图形。

——当显示物体、面部或整个人体时，使用最容易识别的视图（一般为正视或侧视）。

——使用描述生动动作的图示来显示涉及危害的人体图形或身体要素。

——使用简明的图形表达产生危害的机器部件。危险的机器部件使用实心图形，除非这些实心区域不利于人体图形的识别。整机或位于危险区域的机器具体部位或相关的机器部件，使用轮廓线图形。

——要明确描述危害，尤其当危害的特征或位置不明显易见时。仅当通则适用并可充分传递必要信息时，才对所描述的危害和危害情况进行概述。

——在需要表示实际或潜在运动的地方使用箭头。在一些场合，图示图形中机器零件的运动是隐含的，并不需要加箭头。要协调一致地选择和使用箭头图示来表示不同的运动形式或相对的空间关系：落物或飞散物、机器零件的运动方向、整机的运动方向、压力和力的作用，以及避开危害一段安全距离。见 D.8。

——在禁止标志（斜线十字叉、带斜杠的圆）会对其禁止作用造成识别不清晰处，或其禁止标志的意图不清晰明确时，避免使用这些禁止标志。

——不要使用红色表示血液。

D.3 人体图形

D.3.1 描绘基本人体图形

人体图形在图示中是经常使用的主要部分，应以简明可信的形式来描绘。为了最长期的利益，宜始终统一地描绘人体图形。宜即刻就可判断，而不需要观察者对图形进行研究来确定涉及的是身体的哪个部位或按什么方法来确定。为满足这些明确的要求，在附录 D 中设计了所示的人体图形。因此，它不宜失真变形或重新分配各部分的比例，除非如 D.3.3 所述。其目的是警告看到安全标志的人要预防事故，并不是一个艺术性的描述图形。

D.3.2 人体图形单元系统

标准图示图形是基于一个尺寸相同的方格(或单元)系统。整个人体图形高为 12 个单元,躯干宽为 2 个单元,圆形头部的直径为 1.75 个单元。绘制图形的精确单元尺寸为图 D.1 所示。手和脚的末端以半圆表示。

单位为单元

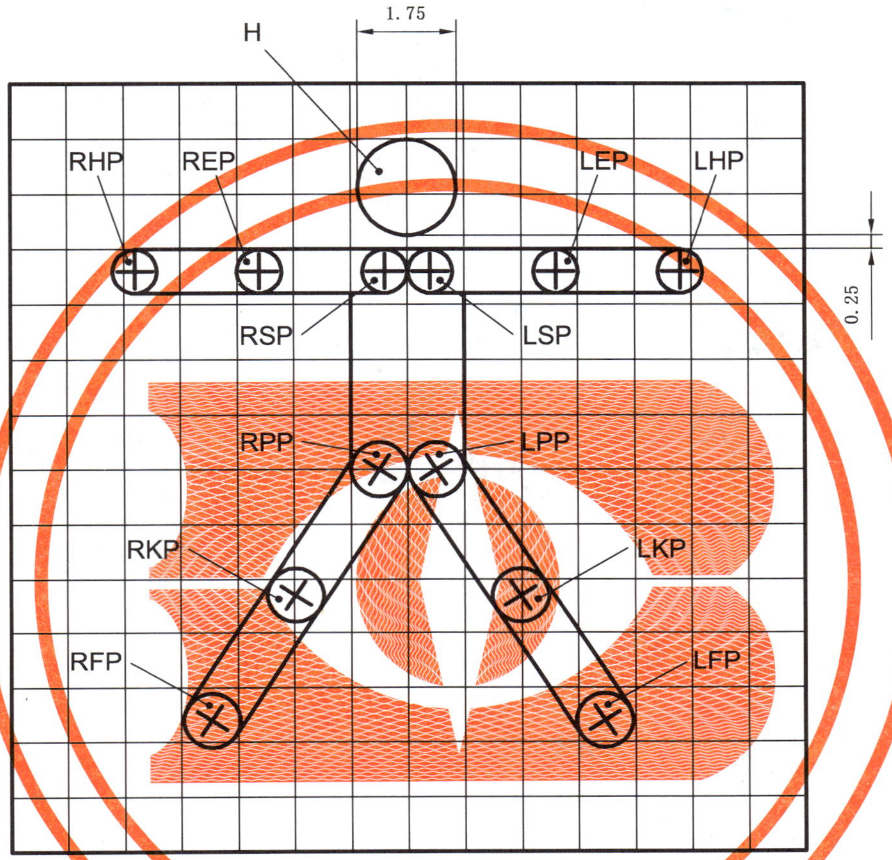

说明:

H ——头;
LEP ——左肘关节;
LHP ——左手关节;
LSP ——左肩关节;
LPP ——左髋关节;
LKP ——左膝关节;
LFP ——左脚关节;
RFP——右脚关节;
RKP——右膝关节;
RPP——右髋关节;
RSP——右肩关节;
RHP——右手关节;
REP——右肘关节。

图 D.1 人体图形单元系统

D.3.3 人体图形动画

通过图中的关节点,能够描绘出图形动作或运动。除了肢体交错产生肢体的视觉按透视法缩小的情况外,每单元大小保持相同。当肢体产生按透视法缩小时,增加 0.5 单元补偿到肢体上。图 D.2 表示各种位置的人体图形,在图示中要设定的图形位置通常由以下确定:

——危害的性质;

——危害的方向或方位；
——危害关联的运动或位置；
——由危害产生的伤害形式；
——在设备运行中涉及的运动和位置。

图 D.2 人体图形动画示例

D.3.4 与人体图形轮廓线相对的粗体描绘

在使观察者注意力集中于图示主题是潜在危害情况处的人上时，人体形态的这种粗体描绘比相同人体形态的线条描绘方式更为有效。因此，如果在图示上有多于一个的人体图形，一个不直接面临危害的人可以为线条描绘。

示例：在行驶危害图示上的机器司机或一个乘坐者跌落的危害图示。

线条描绘的人体图形宜用于：

——仅表示不直接有危害情况伤害风险的人；
——仅当与粗体人体形式组合产生的图示更容易理解和更好地传递信息时使用。

图 D.3 表示使用粗体和线条描绘人体形态的一个图例。

图 D.3 使用粗体和线条描绘人体形态的图例

D.3.5　静态自由站立的人体图形(前视或后视)

当描绘静态自由站立的人时,要对标准图示人体图形进行修改。IEC 符号表述“重量大的(肥胖的)病人——用于医学设备”(IEC 60417“符号数 5391”)被用于作为规避危害图示的人体图形,该规避危害图示传递与危害保持一段安全距离的信息(见 D.8.6)以及在某些规避危害图示中传递远离危险位置的信息(见 D.9)。图 D.4 表示静态自由站立的人体图形。

图 D.4　静态自由站立的人体图形

D.3.6　侧面头部

当头部涉及危害时,就使用朝向左侧或右侧的侧面头部。侧面头部也能够用于整幅头部图或呈现在躯干的上部,来产生一幅整体侧面头部图像或侧面头部加上躯干的图像。图 D.5 给出了使用侧面头部的危害图例。

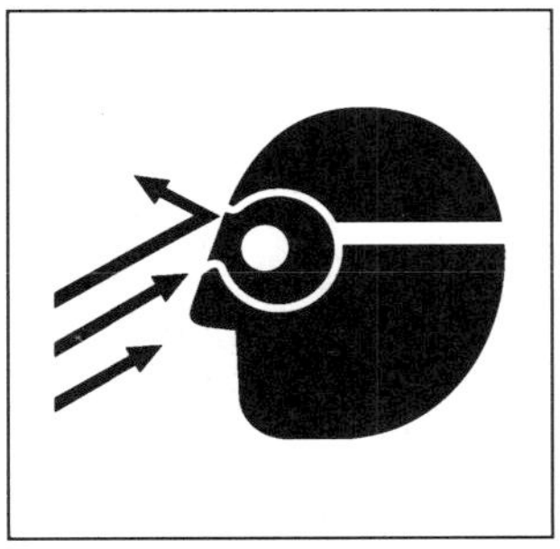

a)

b)

图 D.5　使用侧面头部的图例

D.4　上部躯干

涉及臂、手或头部的危害时最好能用上部躯干来生动地表示,而不是用整个躯干。大多数情况下,上部躯干将呈现为侧向,并将使用侧面头部而不用正面或圆形头部。当以侧面位置来描绘时,上部躯干也能有效地表达危害的运动方向。如果手遭受到危害,或如手的描述将有助于视觉表现,则宜将它们补充到图中(见 D.5.2 所示)。图 D.6 给出了使用上部躯干的危害图例。

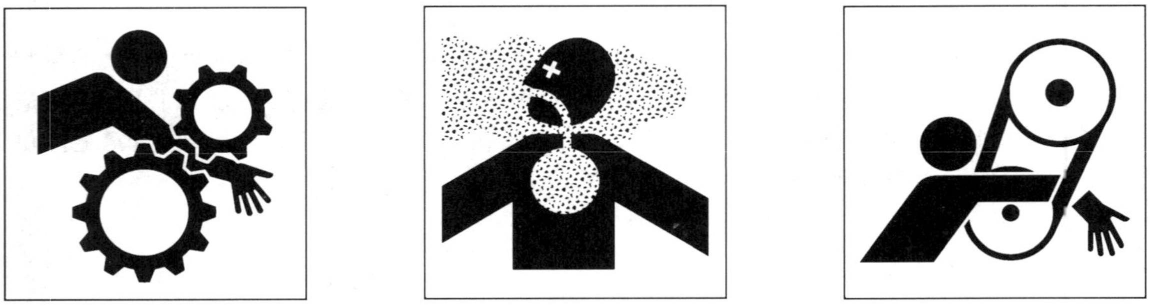

a)　　b)　　c)

图 D.6　使用上部躯干的图例

D.5　手

D.5.1　描绘人手和手指

人手和很多可能的手指动作的组合，使得最困难的图形要素之一的手得到处理。图 D.7 所示手的设计给出了容易识别的引人注意的简明形状和形态。在手掌的全视图中，手指和拇指不移向其他位置。在其他的手全视图中，手指可以分开。

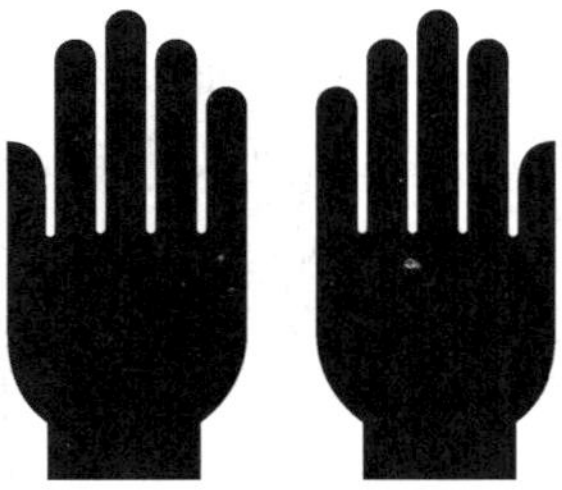

图 D.7　手掌的全视图

D.5.2　把手加到人体图形中

当危害涉及手或臂时，把手加到人体图形中，将增加肢体要素的识别能力。手的两种基本位置见图 D.8。

单位为单元(见 D.3.2)

a)　位置 A——拇指沿着手臂轴向伸出的手　　b)　位置 B——手绕着手关节点旋转不同的角度

[a] 手关节点(HPP)。

图 D.8　把手加到人体图形

D.5.3　使用带手的人体图形

宜根据哪个位置最能引起所涉及危害的识别来选择位置 A 与位置 B(图 D.8)。为了设计的统一性，即使仅一个手臂涉及危害时，双臂上也都画上手(图示为双臂时)。见图 D.9 的手被加到人体图形的危害图例。

a)　　　　b)　　　　c)

图 D.9　使用带手的人体图形图例

D.5.4　手的侧面图

手的侧面图最好用来表达纵深的感觉，能增加对图示的真实性、生动性和理解能力。尽管实际并不按透视法描绘手，但手指的位置能够产生一个三维的效果。

手的侧面图是人体图形最难设计的要素。图 D.10 所示手的侧面图体现了用于图示上的保持视觉一致性的设计类型。当通过选取已存在的图形并按需要修改或改变手的组成部分，进行创作手的侧面图时，就能够节省宝贵的时间。通过选择最接近所期望位置的手并加以修改，能描绘出要求各手指运动的位置。要注意手指的处理：手指不要绘成尖细的，虽然它们也许看着似尖细的。手指末端用一个四分之一的圆来绘制。侧面图仅使用三个手指加拇指。

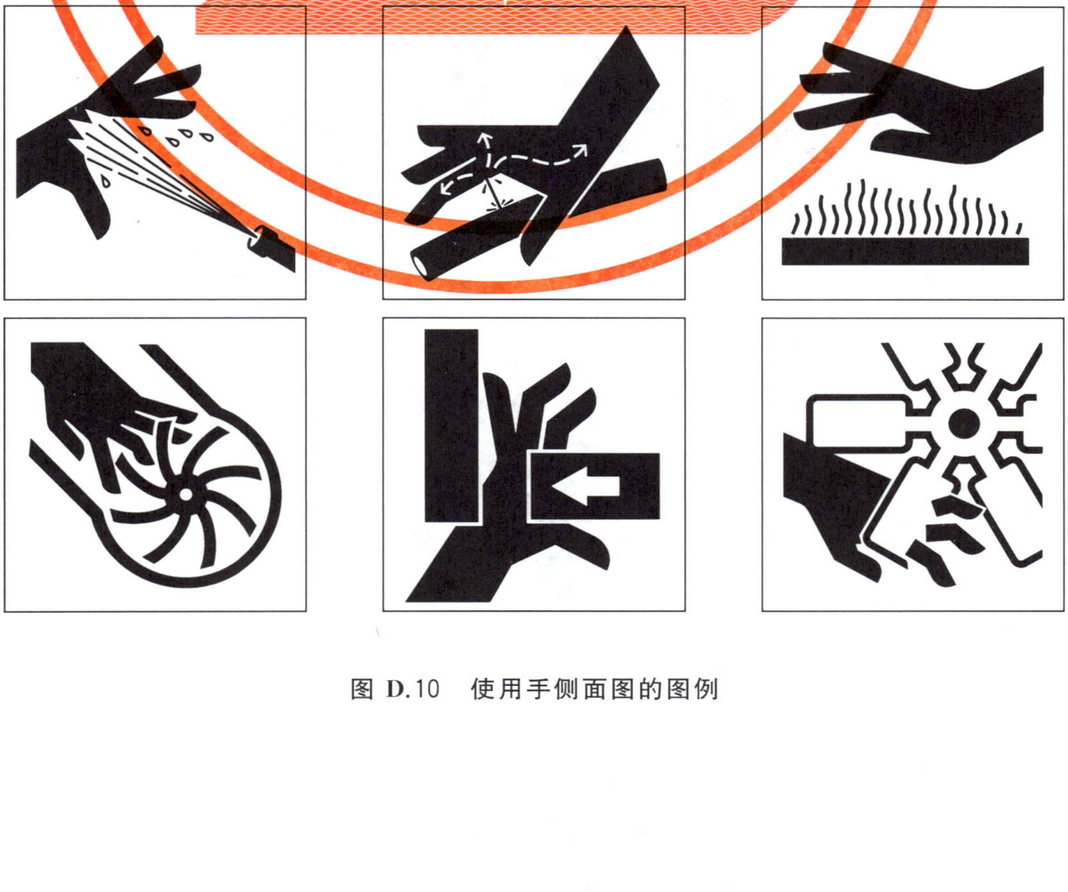

图 D.10　使用手侧面图的图例

D.6 脚

D.6.1 脚的描绘

当一个图示仅描述小腿或脚部时，宜使用图 D.11 所示式样的鞋或脚。应用时可朝向左或朝向右。

图 D.11 脚的描绘

D.6.2 把脚加到人体图形中

通过采用整个人体图形，最有效地生动表现出一些涉及脚或小腿的危害：把脚部加到人体图形来增加肢体要素的识别能力。对于这样的图示，宜把图 D.12 所示的脚加到脚关节点。为了设计的统一性，它们不宜被改变或变形。图 D.13 给出了脚部加到人体图形中的危害图例。

单位为单元(见 D.3.2)

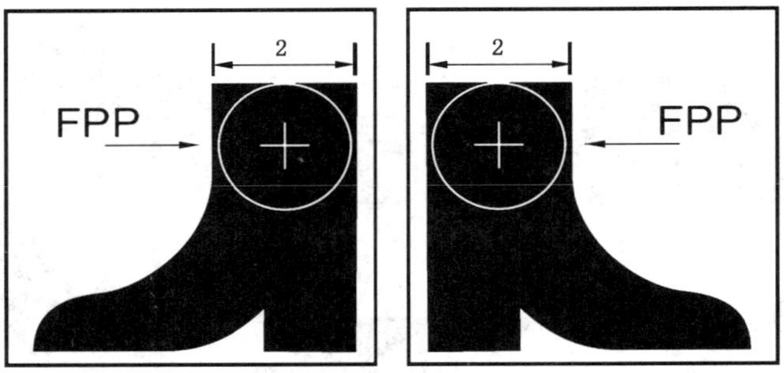

说明：

FPP——脚关节点。

图 D.12 脚部加到人体图形

图 D.13 表示带脚人体图形的图例

D.7　机器、部件和零件的描绘

整机或机器的具体部分一般用轮廓线描绘。理由是避免大的填充(黑色)面积,因大的填充面积可降低人体图形相对于机器或机器上产生危害的零件间的识别——当人体图形紧贴着机器示图进行描绘时,这样的表现方法就特别理想。单个零件的描绘可以是轮廓线或涂黑的,选取的根据是哪一个具有更好的视觉识别并图形清晰。一般填充区域产生质量和体积较大的感觉;然而,机器的轮廓线常有助于含有足够多的零件图形,以与实际零件一致,这样就可以更容易识别它们所表示的危害特征。较小的填充区域或使用较宽粗线条的轮廓线,能够有助于突出机器上产生危害的零件或部件。

图 D.14 给出了在危害图解中,使用整机或机器主要零部件图形的图例。

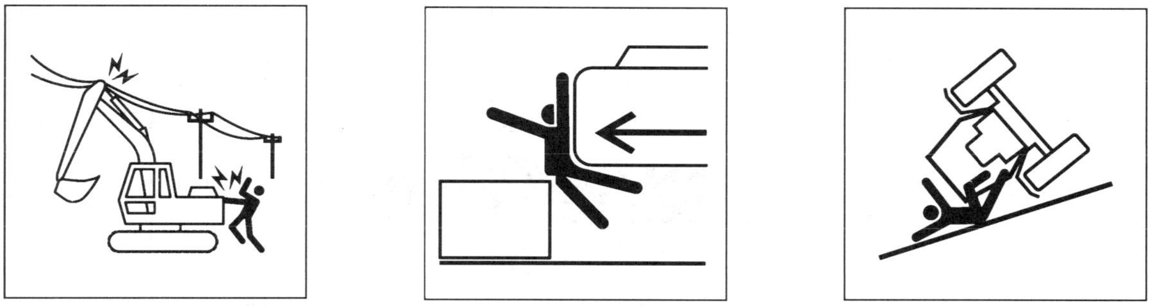

a)　　b)　　c)

图 D.14　表示机器危害的图例

图 D.15 给出了在危害图解中,使用产生危害的单个机器零部件图形的图例,不涉及该部件在机器上的位置。

a)　　b)　　c)

图 D.15　表示产生危害的单个零部件的图例

D.8　箭头

D.8.1　箭头的应用

为传递基本的安全标志信息,要使用视觉要素表达各种事物、条件和意图。主要是飞散物或落物以及它们的运动方向、机器零部件的运动方向、整机的运动方向、压力或力的作用,以及与危害保持一段安全距离的意图。使用五种类型的箭头来表示这些图形信息要素。

D.8.2　表示落物或飞散物及其运动方向的箭头

该箭头一般采用白色背景上的黑箭头(带文字的安全标志)或黄色背景上的黑箭头(无文字的安全

标志)。它可以是直的、折角的或弯曲的。当涉及单个或几个物体时,箭头尾部宜表现为实心涂黑;当受到物体或粒子的连续弹击时,箭头尾部应是间断的。箭头端具有一个45°的角度。箭头杆部可以是7.65个单元长度或按需要的长度。箭头的尺寸见图D.16。该箭头的大小一般与所给图示描绘的落物或飞散物的大小相称。图D.17给出了使用该箭头表示落物或飞散物及其运动方向的危害图例。

单位为单元(见D.3.2)

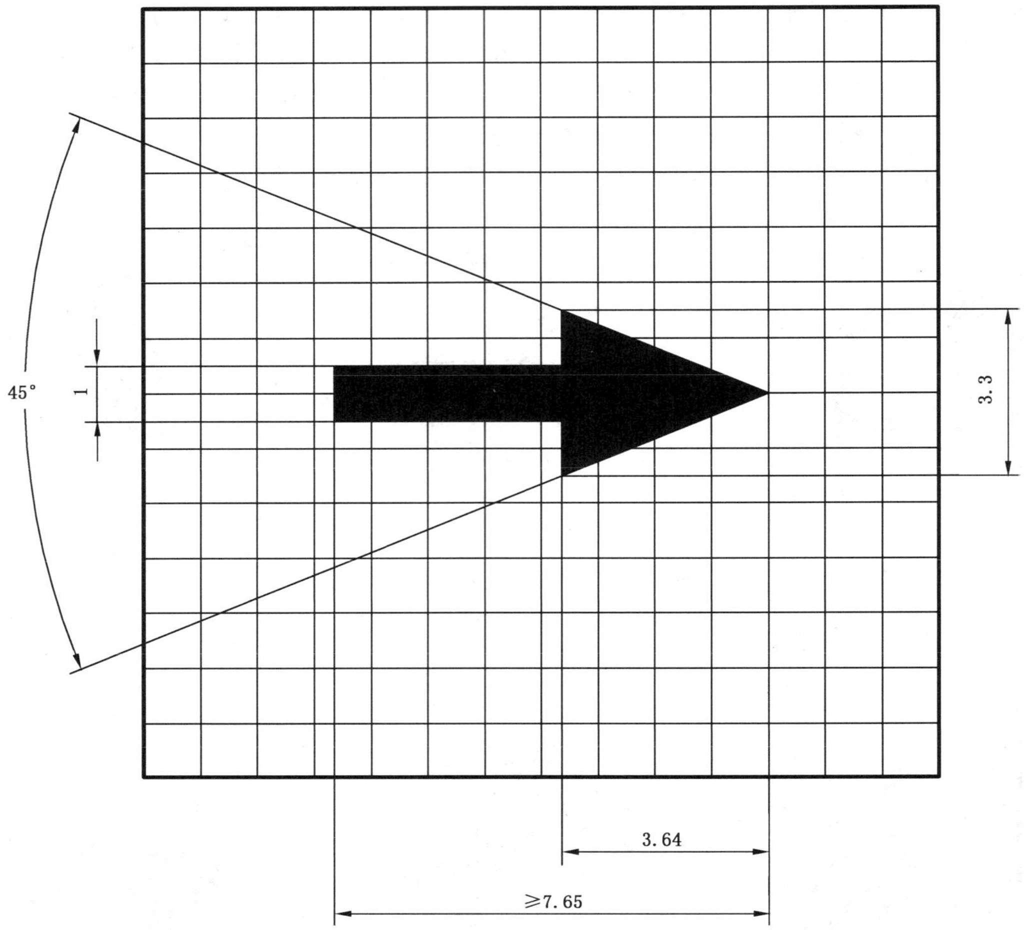

图 D.16 表示落物或飞散物及其运动方向的箭头

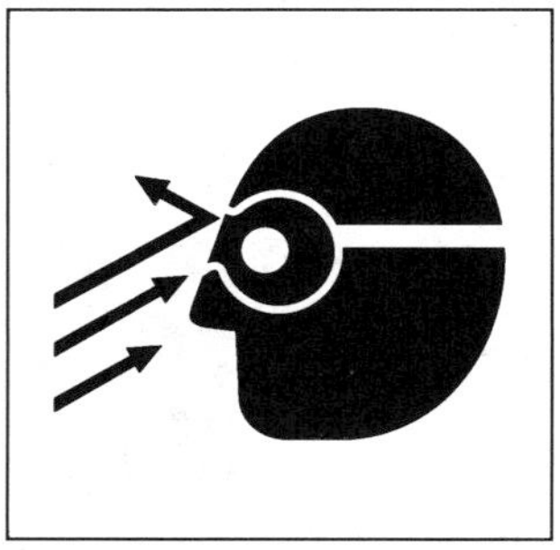

a)

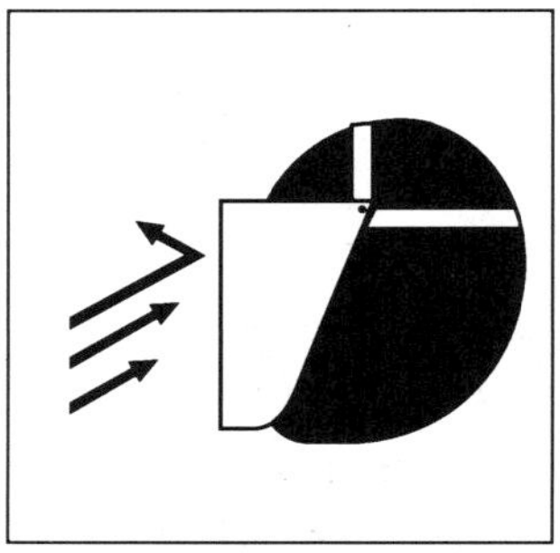

b)

图 D.17 使用箭头表示落物或飞散物及其运动方向的图例

D.8.3 表示机器部件运动方向的箭头

该箭头一般采用白色背景上的黑箭头(带文字的安全标志)或黄色背景上的黑箭头(无文字的安全标志)。它可以是直的、折角的或弯曲的。箭头尺寸见图 D.18。虽然为适应不同的图示,箭头大小可能不同,但通常 100%采用图 D.18 所示的实际尺寸。箭头端具有一个 60°的角度。箭头杆部可以是 5.25 个单元长度或按需要的长度。图 D.19 给出了使用该箭头表示机器部件运动方向的危害图例。由于图 D.18 和图 D.20 两者箭头之间,主要不同是相应的线宽,当两种箭头出现时,看似差不多。因此,尽可能使用图 D.18 的箭头表示机器部件的运动方向,而使用图 D.20 的箭头表示整机的运动方向。

单位为单元(见 D.3.2)

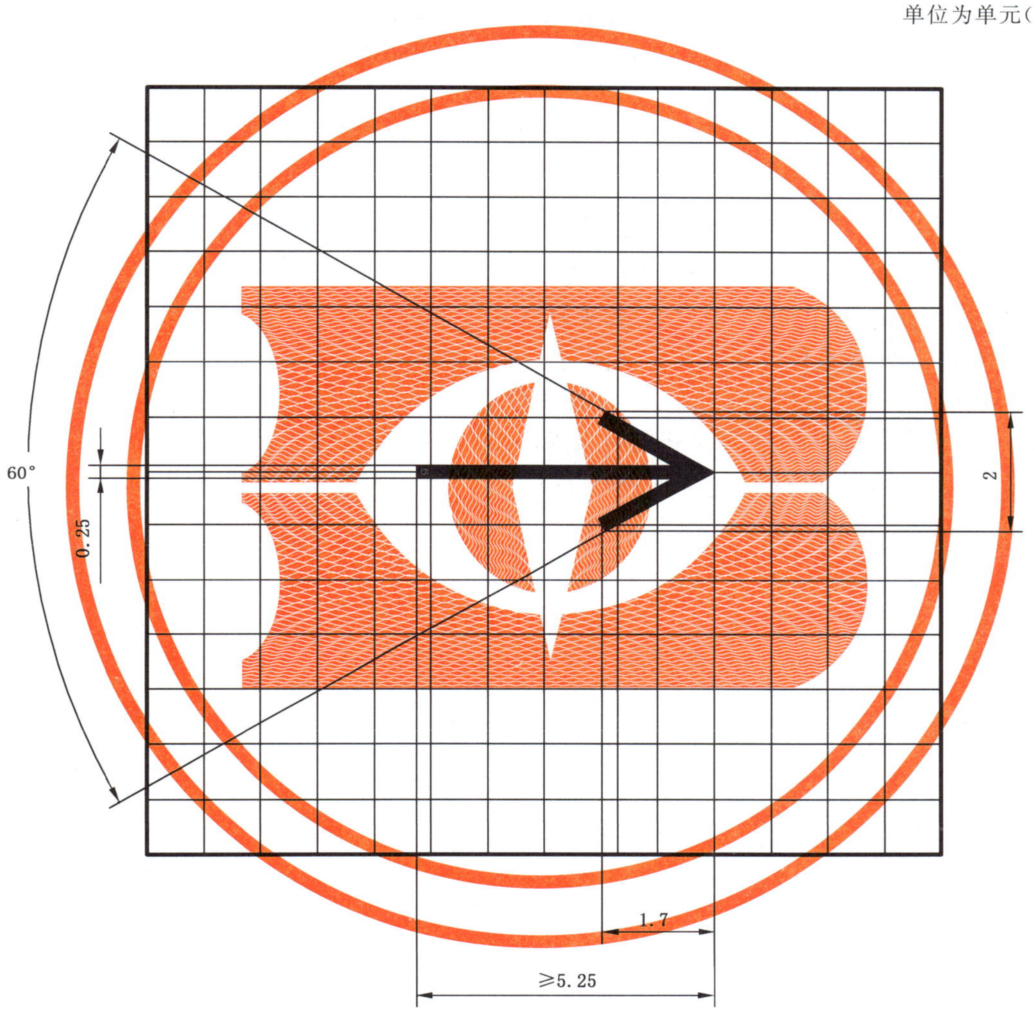

图 D.18 表示机器部件运动方向的箭头

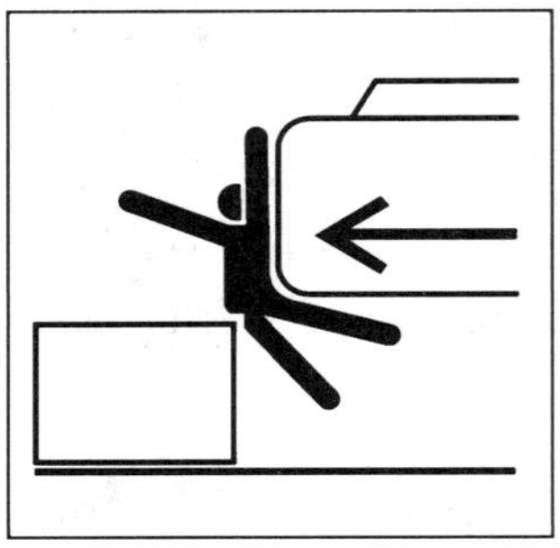

图 D.19 表示机器部件运动方向的箭头图例

D.8.4 表示整机运动方向的箭头

该箭头一般采用白色背景上的黑箭头(带文字的安全标志)或黄色背景上的黑箭头(无文字的安全标志)。它可以是直的、折角的或弯曲的。箭头尺寸见图 D.20。虽然为适应不同的图示,箭头大小可能不同,但通常 100%采用图 D.20 所示的实际尺寸。箭头端具有一个 60°的角度。箭头杆部可以是 5.25 个单元长度或按需要的长度。图 D.21 给出了使用该箭头表示整机运动方向的危害图例。由于图 D.18 和图 D.20 两者箭头之间,主要不同是相应的线宽,当两种箭头出现时,看似差不多。因此,尽可能使用图 D.18 的箭头表示机器部件的运动方向,而使用图 D.20 的箭头表示整机的运动方向。

单位为单元(见 D.3.2)

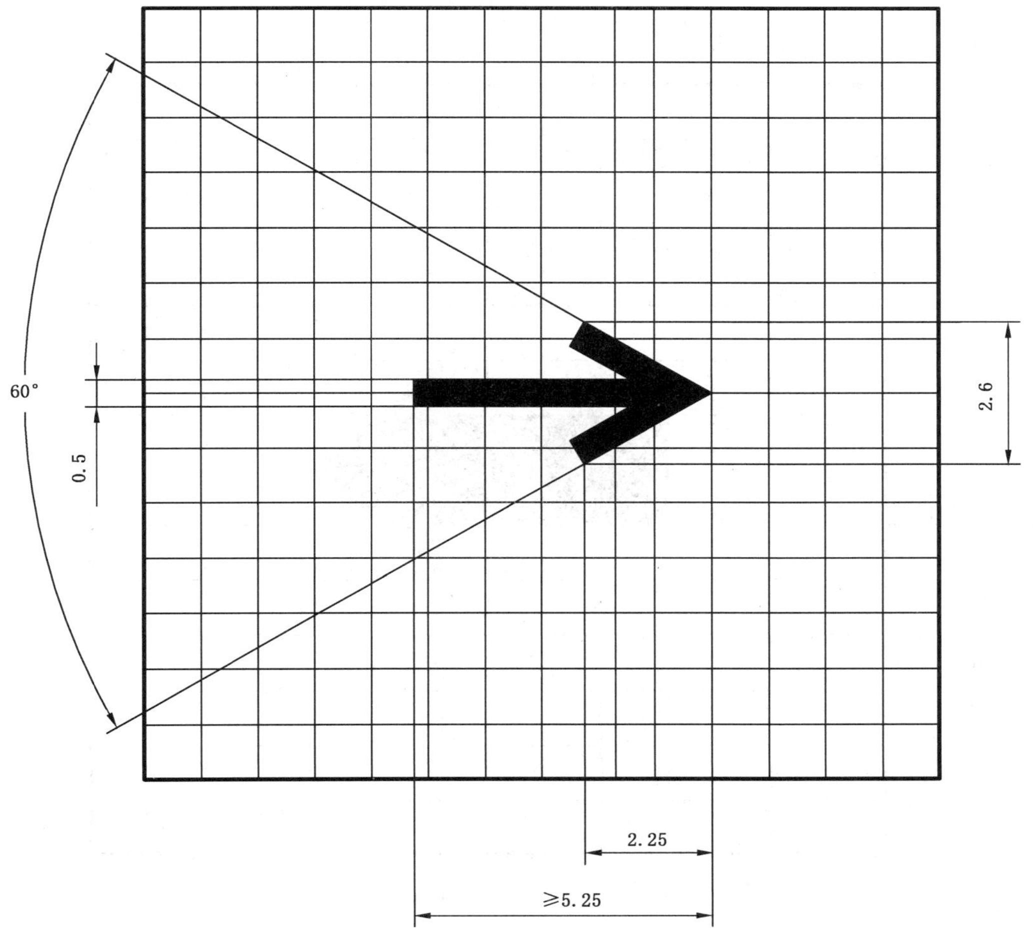

图 D.20 表示整机运动方向的箭头

图 D.21 表示整机运动方向的箭头图例

D.8.5 表示压力或力作用的箭头

该箭头一般采用黑廓影上的白箭头来表示力或压力的作用源。当描绘力或压力的特殊作用源时，也可以表现为白背景上的黑箭头。箭头尺寸见图 D.22。虽然为适应不同的图示，箭头大小可能不同，但通常 100%采用图 D.22 所示的实际尺寸。箭头端具有一个 84°的角度。箭头杆部可以是 6.2 个单元长度或按需要的长度。图 D.23 给出了使用压力或力的箭头的危险图例。

单位为单元(见 D.3.2)

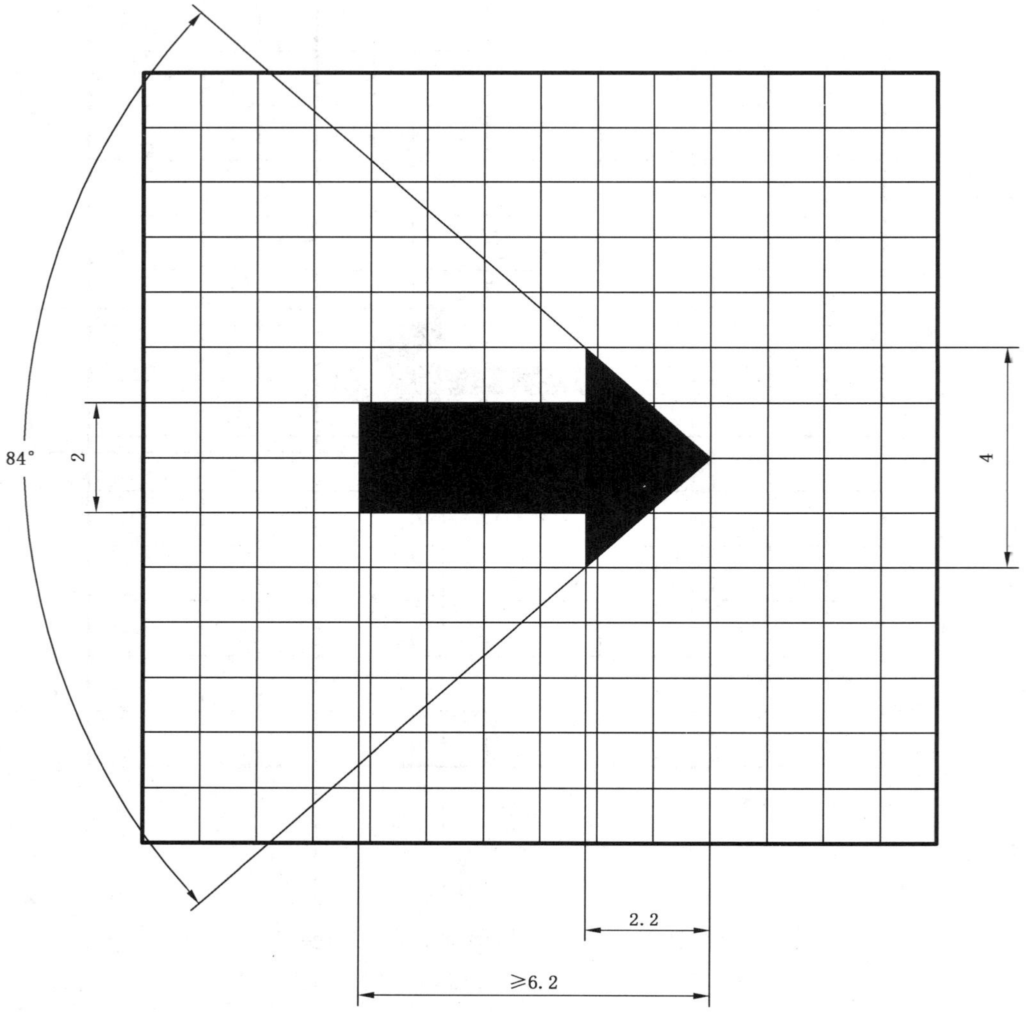

图 D.22 表示压力或力作用的箭头

a)

b)

c)

图 D.23 表示压力或力作用的箭头图例

D.8.6 表示与危害保持一段安全距离意图的箭头

该箭头一般采用白色背景上的黑箭头(带文字的安全标志)或黄色背景上的黑箭头(无文字的安全标志)。箭头尺寸见图 D.24。虽然为适应不同的图示,箭头大小可能不同,但通常采用图 D.24 所示实际尺寸的 60%比例。箭头端具有一个 84°的角度。图 D.25 给出了使用该箭头表示与危害保持一段安全距离意图的图例。箭头的左面部分是右面部分的镜像。

单位为单元(见 D.3.2)

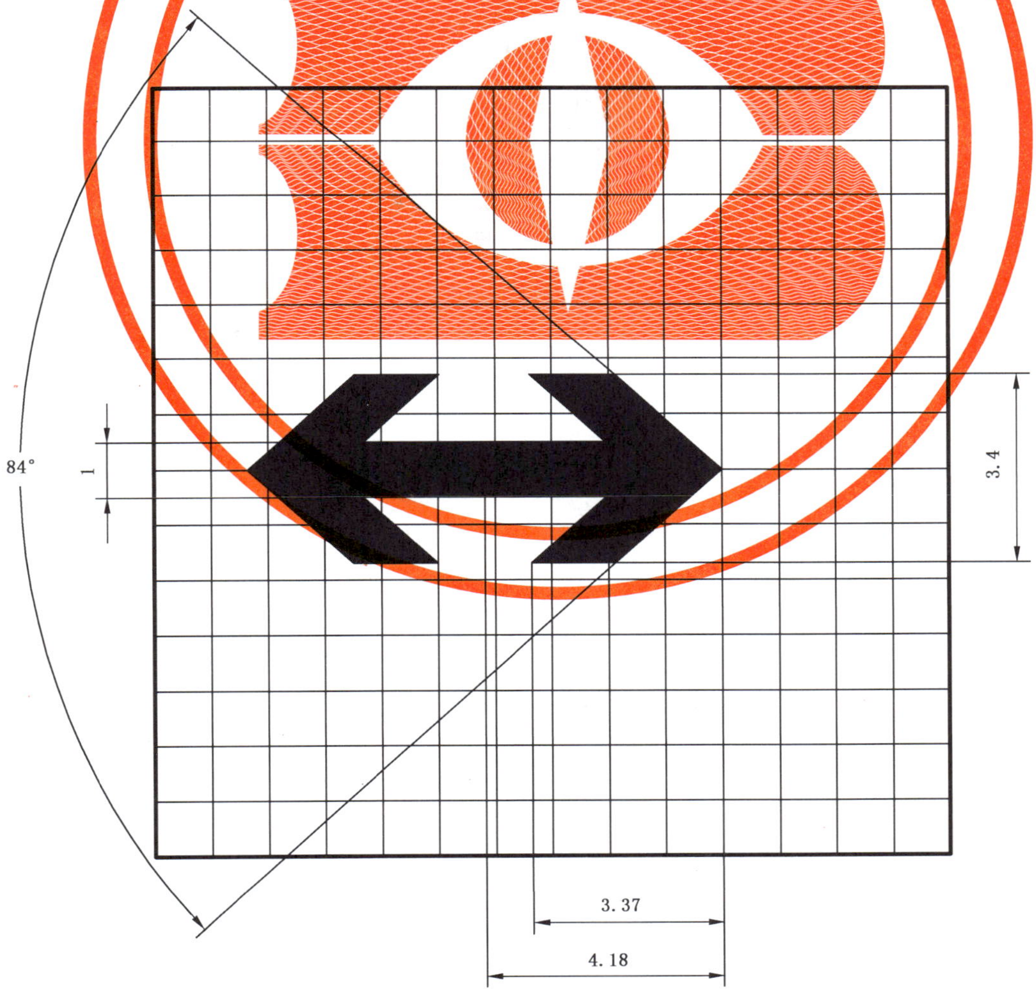

图 D.24 表示与危害保持一段安全距离意图的箭头

a)　　　　b)　　　　c)

图 D.25　表示与危害保持一段安全距离意图的箭头图例

D.9　禁止动作或危险位置的传递意图

用带有图示要素的通用禁止标志来描述禁止的动作。斜杠的取向总是从圆的左上点到右下点；并规定与水平方向成 45°角，然而角度可或多或少地少量调整，以避免遮蔽住重要的图示信息。仅当其图示信息明确时，才使用带斜杠的红色圆环。图 D.26 给出了一个图例。

图 D.26　使用通用禁止标志传递禁止动作的图例

附　录　NA
（资料性附录）
警示语在不同语种中的文字

表 NA.1 给出了警示语“危险”“警告”和“注意”在不同语种中所对应的文字。

表 NA.1　警示语在不同语种中的文字

语种 中文　（英文）		危险	警告	注意
汉语	（Chinese）	危险	警告	注意
丹麦语	（Danish）	FARE	ADVARSEL	FORSIGTIG
荷兰语	（Dutch）	GEVAAR	WAARSCHUWING	VOORZICHTIG
英语	（E nglish）	DANGER	WARNING	CAUTION
芬兰语	（Finnish）	VAARA	VAROITUS	HUOMIO
法语	（French）	DANGER	AVERTISSEMENT	ATTENTION
德语	（German）	GEFAHR	WARNUNG	VORSICHT
希腊语	（Greek）	ΚΙΝΔΥΝΟΣ	ΠΡΟΕΙΔΟΠΟΙΗΑΣΝ	ΠΡΟΣΟΧΗ
意大利语	（Italian）	PERICOLO	AVVERTENZA	ATTENZIONE
日语	（Japanese）	危険	警告	注意
朝鲜语	（Korean）	위험	경고	주의
挪威语	（Norwegian）	FARE	ADVARSEL	FORSIKTIG
葡萄牙语	（Portuguese）	PERIGRO	ATENÇÃO	CUIDADO
俄语	（Russian）	ОПАСНО	ОСТОРЖНО	ВНИМАНИЕ
西班牙语	（Spanish）	PELIGRO	ADVERTENCIA	ATENCIÓN
瑞典语	（Swedish）	FARA	VARNING	OBSERVER
泰国语	（Thai）	อันตราย	คำเตือน	ข้อควรระวัง
土耳其语	（Turkish）	TEHLIKE	UYARI	DİKKAT

附　录　NB
（资料性附录）
危害程度带及停止指示的英文图示

危险程序带警示语的英文图示见图 NB.1～图 NB.3，停止指示的英文图示见图 NB.4 和图 NB.5。

图 NB.1　警示语“危险”的危害程度带英文图示

图 NB.2　警示语“警告”的危害程度带英文图示

图 NB.3　警示语“注意”的危害程度带英文图示

图 NB.4　停止指示的英文图示

图 NB.5　“等到所有机器零部件完全停止，才能接触它们”停止指示的规避危害英文图示

参 考 文 献

[1] GB/T 2893.1—2004 图形符号 安全色和安全标志 第1部分:工作场所和公共区域中安全标志的设计原则(ISO 3864-1:2002,MOD)

[2] GB/T 2893.2—2008 图形符号 安全色和安全标志 第2部分:产品安全标签的设计原则(ISO 3864-2:2004,MOD)

[3] GB/T 2893.3 图形符号 安全色和安全标志 第3部分:安全标志用图形符号设计原则(GB/T 2893.3—2010,ISO 3864-3:2006,MOD)

[4] GB/T 8593.1 土方机械 司机操纵装置和其他显示装置用符号 第1部分:通用符号(GB/T 8593.1—2010,ISO 6405-1:2004,IDT)

[5] GB/T 8593.2 土方机械 司机操纵装置和其他显示装置用符号 第2部分:机器、工作装置和附件的特殊符号(GB/T 8593.2—2010,ISO 6405-2:1993,IDT)

[6] GB/T 16902.2 设备用图形符号表示规则 第2部分:箭头的形式和使用(GB/T 16902.2—2008,ISO 80416-2:2001,IDT)

[7] ISO 3864-1:2002 图形符号 安全色和安全标志 第1部分:工作场所和公共区域中安全标志的设计原则(Graphical symbols—Safety colours and safety signs—Part 1:Design principles for safety signs in workplaces and public areas)

[8] ISO 3864-2:2004 图形符号 安全色和安全标志 第2部分:产品安全标签的设计原则(Graphical symbols—Safety colours and safety signs—Part 2:Design principles for product safety labels)

[9] ISO 7000 设备用图形符号 索引和一览表(Graphical symbols for use on equipment—Index and synopsis)

[10] ISO 7010 图形符号 安全色和安全标志 工作场所和公共区域中用的安全标志(Graphical symbols—Safety colours and safety signs—Safety signs used in workplaces and public areas)

[11] ISO 17724 图形符号 词汇(Graphical symbols—Vocabulary)

[12] IEC 60417 设备用图形符号(Graphical symbols for use on equipment)

[13] ISO/IEC Guide 51 安全方面 标准中安全问题导则(Safety aspects—Guidelines for their inclusion in standards)

ICS 77.160
H 71

中华人民共和国国家标准

GB/T 20252—2014
代替 GB/T 20252—2006

钴酸锂

Lithium cobalt oxide

2014-07-24 发布　　2015-02-01 实施

中华人民共和国国家质量监督检验检疫总局
中国国家标准化管理委员会　发布

前　言

本标准是按照GB/T 1.1—2009给出的规则起草的。

本标准代替GB/T 20252—2006《钴酸锂》。本标准与GB/T 20252—2006相比主要技术变化如下：

——增加了术语条款；

——增加了钴酸锂产品的分类；

——增加了不同类型钴酸锂的性能指标要求；

——增加了残余碱含量、磁性异物含量的要求；

——修改了产品的主元素含量和要求；

——修改了产品的杂质元素含量和要求；

——修改了检验项目及取样内容。

——删除了产品的化学组成中Li与Co两种元素含量的摩尔比的要求；

——删除了标准中的附录A、附录B、附录C和附录D。

本标准由全国有色金属标准化技术委员会(SAC/TC 243)归口。

本标准起草单位：中信国安盟固利电源技术有限公司、广东邦普循环科技有限公司、北京当升材料科技股份有限公司、宁波金和新材料股份有限公司、厦门钨业股份有限公司、先进储能材料国家工程研究中心。

本标准主要起草人：江卫军、崔妍、李长东、余海军、钱连文、陈彦彬、刘大亮、高伟、石建珍。

本标准所代替标准的历次版本发布情况为：

——GB/T 20252—2006。

钴　　酸　　锂

1　范围

本标准规定了钴酸锂的术语、要求、试验方法、检验规则、标志、包装、运输、贮存、质量证明书及合同（或订货单）内容。

本标准适用于锂离子电池用正极活性物质钴酸锂。

2　规范性引用文件

下列文件对于本文件的应用是必不可少的。凡是注日期的引用文件，仅注日期的版本适用于本文件。凡是不注日期的引用文件，其最新版本（包括所有修改单）适用于本文件。

GB/T 1717　颜料水悬浮液 pH 值的测定

GB/T 5162　金属粉末　振实密度的测定

GB/T 5314　粉末冶金用粉末　取样方法

GB/T 6283　化工产品中水分含量的测定　卡尔·费休法（通用方法）

GB/T 13390　金属粉末比表面积的测定　氮吸附法

GB/T 19077.1　粒度分析　激光衍射法　第1部分：通则

GB/T 23365　钴酸锂电化学性能测试　首次放电比容量及首次充放电效率测试方法

GB/T 23366　钴酸锂电化学性能测试　放电平台容量比率及循环寿命测试方法

GB/T 23367.1　钴酸锂化学分析方法　第1部分：钴量的测定　EDTA 滴定法

GB/T 23367.2　钴酸锂化学分析方法　第2部分：锂、镍、锰、镁、铝、铁、钠、钙和铜量的测定　电感耦合等离子体原子发射光谱法

GB/T 24533—2009　锂离子电池石墨类负极材料

JCPDS[1)]（50-0653）　钴酸锂 X 射线粉末衍射标准图谱

3　术语和定义

下列术语和定义适用于本文件。

3.1

比容量　specific capacity

单位质量的活性物质在规定条件下充电或者放电的电化学容量，单位为毫安时每克（mAh/g）。

3.2

充放电效率　efficiency

活性物质在规定条件下的放电容量与充电容量的百分比。

3.3

倍率性能　rate capability

活性物质在某一大电流下放电容量与某一小电流下放电容量的百分比。

1）Joint Committee on Powder Diffraction Standards（粉末衍射标准联合委员会）

3.4

平台容量比率　plateau capacity ratio

活性物质在规定条件下的放电平台容量与放电至终止电压时的放电容量的百分比。

3.5

平台容量保持率　plateau capacity retention

活性物质在规定循环次数下的放电平台容量与首次的放电平台容量的百分比。

3.6

循环寿命　cycle life

活性物质在规定条件下充电-放电循环，当放电容量与首次放电容量的百分比达到规定值时的循环次数。

3.7

残余碱含量　residual alkali content

产品中可以与酸发生反应的水溶性物质占产品总量的百分比，通常以 Li_2CO_3 计。

3.8

磁性异物　magnetic impurities content

产品中 Fe、Ni、Cr、Zn 等具有磁性的物质。

4　要求

4.1　产品分类

钴酸锂按其性能和用途分为常规钴酸锂、高倍率型钴酸锂、高压实型钴酸锂、高电压型钴酸锂 4 类。

4.2　化学成分

产品的化学成分应符合表 1 的规定。

表 1　　%（质量分数）

化学成分		
主元素含量	Co	57～60
	Li	6.5～7.5
杂质元素含量	K	≤0.02
	Na	≤0.03
	Ca	≤0.02
	Fe	≤0.01
	Cu	≤0.01
	Cr	≤0.01
	Cd	<0.01
	Pb	<0.1

4.3　水分含量

产品中的水分含量应不大于 0.05%。

4.4 pH 值

产品的 pH 值应不大于 11.5。

4.5 残余碱含量

产品的残余碱含量应不大于 0.15%。

4.6 磁性异物

产品的磁性异物含量应不大于 0.000 03%。

4.7 粒度分布

产品的粒度分布特征值范围应符合表 2 的要求。

表 2

钴酸锂种类		常规钴酸锂	高倍率型钴酸锂	高压实型钴酸锂	高电压型钴酸锂
粒度分布	D_{50}/μm	7.0～13.0	4.0～8.0	10.0～25.0	10.0～25.0
	D_{max}/μm	≤50.0	≤40.0	≤70.0	≤70.0

4.8 振实密度

产品的振实密度应符合表 3 的要求。

表 3

钴酸锂种类	常规钴酸锂	高倍率型钴酸锂	高压实型钴酸锂	高电压型钴酸锂
振实密度/(g/cm^3)	≥2.3	≥1.8	≥2.5	≥2.4

4.9 比表面积

产品的比表面积应符合表 4 的要求。

表 4

钴酸锂种类	常规钴酸锂	高倍率型钴酸锂	高压实型钴酸锂	高电压型钴酸锂
比表面积/(m^2/g)	0.15～0.5	0.3～1.0	0.1～0.4	0.1～0.4

4.10 外观质量

产品的外观质量应为灰黑色粉末，颜色均一，无结块。

4.11 晶体结构

产品的晶体结构应符合 JCPDS(50-0653)，与标准图谱相比无杂质相检出。

4.12 比容量

产品在规定条件下的比容量应符合表 5 的要求。

表 5

钴酸锂种类	常规钴酸锂	高倍率型钴酸锂	高压实型钴酸锂	高电压型钴酸锂
比容量/(mAh/g)	≥155	≥155	≥155	≥180

4.13 充放电效率

产品在规定条件下的首次充放电效率应符合表 6 的要求。

表 6

钴酸锂种类	常规钴酸锂	高倍率型钴酸锂	高压实型钴酸锂	高电压型钴酸锂
首次充放电效率/%	≥95	≥95	≥95	≥95

4.14 平台容量比率

产品在规定条件下的平台容量比率应符合表 7 的要求。

表 7

钴酸锂种类	常规钴酸锂	高倍率型钴酸锂	高压实型钴酸锂	高电压型钴酸锂
平台容量比率/%	≥80	≥80	≥75	≥75

4.15 倍率性能

产品的倍率性能应符合表 8 的要求。

表 8

钴酸锂种类	常规钴酸锂	高倍率型钴酸锂	高压实型钴酸锂	高电压型钴酸锂
倍率性能/%	—	10C/1C≥90	—	—

4.16 平台容量保持率

产品在规定条件下的平台容量保持率应符合表 9 的要求。

表 9

钴酸锂种类	常规钴酸锂	高倍率型钴酸锂	高压实型钴酸锂	高电压型钴酸锂
平台容量保持率/%	≥70	—	≥70	≥70

4.17 循环寿命

产品在规定条件下放电容量达到首次循环放电容量的 80%时,其循环寿命应符合表 10 的要求。

表 10

钴酸锂种类	常规钴酸锂	高倍率型钴酸锂	高压实型钴酸锂	高电压型钴酸锂
循环寿命/次	500	—	500	500

5 试验方法

5.1 化学成分

产品化学成分中的Co、Li、Na、Ca、Fe、Cu的检验按GB/T 23367的规定进行，其他元素的检验按供需双方认可的方法进行。

5.2 水分含量

水分含量的测定按GB/T 6283的规定进行。

5.3 pH值

产品pH值的测定按GB/T 1717的规定进行。

5.4 残余碱含量

产品残余碱含量的测定按供需双方认可的方法进行。

5.5 磁性异物

产品磁性异物含量的测定按GB/T 24533—2009中附录K的规定进行。

5.6 粒度分布

产品粒度分布的测定按GB/T 19077.1的规定进行。

5.7 振实密度

产品振实密度的测定按GB/T 5162的规定进行。

5.8 比表面积

产品比表面积的测定按GB/T 13390的规定进行。

5.9 外观质量

产品外观质量用目视检查。

5.10 晶体结构

产品的晶体结构用X射线衍射仪检测。

5.11 比容量

产品首次放电比容量的测定按GB/T 23365的规定进行。其中高电压型钴酸锂的充放电电压范围为3.0 V～4.5 V，其他条件不变。

5.12 充放电效率

产品首次充放电效率的测定按 GB/T 23365 的规定进行。其中高电压型钴酸锂的充放电电压范围为 3.0 V～4.5 V,其他条件不变。

5.13 平台容量比率

产品平台容量比率的测定按 GB/T 23366 的规定进行。其中高电压型钴酸锂的充放电电压范围为 3.0 V～4.35 V,其他条件不变。

5.14 倍率性能

产品倍率性能的测定按供需双方认可的方法进行。

5.15 平台容量保持率

平台容量保持率按 GB/T 23366 的规定测出第 500 次的放电平台容量与首次的放电平台容量,第 500 次的放电平台容量与首次的放电平台容量的比值即为平台容量保持率。其中高电压型钴酸锂的充放电电压范围为 3.0 V～4.35 V,其他条件不变。

5.16 循环寿命

产品循环寿命的测定按 GB/T 23366 的规定进行。其中高电压型钴酸锂的充放电电压范围为 3.0 V～4.35 V,其他条件不变。

6 检验规则

6.1 检查和验收

6.1.1 产品应由供方进行检验,保证产品质量符合本标准及合同(或订货单)的规定,并填写质量证明书。

6.1.2 需方应对收到的产品按本标准进行检验,如检验结果与本标准及合同(或订货单)的规定不符时,应在收到产品之日起一个月内向供方提出,由供需双方协商解决。如需仲裁,仲裁取样由供需双方共同进行。

6.2 组批

产品应成批提交验收,每批由同一混合料组成,每批重量不超过 5 000 kg。需方有特殊要求时,双方可协商确定。

6.3 检验项目及取样

6.3.1 检验分类

本标准规定的产品检验分为:

a) 逐批检验;

b) 周期检验。

6.3.2 逐批检验

每批产品应逐批检验。

6.3.3 周期检验

周期检验的项目根据各项目检验的难易程度及稳定性确定,在正常生产情况下,每 1 个月至少应进行1次，当原材料或生产工艺发生重大变化时或长期停产后恢复生产时应进行周期检验。需方对周期检验的项目有特殊要求，应在合同中注明。

6.3.4 产品的检验项目及取样见表11。

表 11

检验项目	取样方法	取样数量	要求的章条号	试验方法的章条号	检验类别
化学成分	按照GB/T 5314中规定的方法取样	每批1份	4.2	5.1	逐批检验
水分含量		每批1份	4.3	5.2	逐批检验
pH值		每批1份	4.4	5.3	逐批检验
残余碱含量		每批1份	4.5	5.4	逐批检验
磁性异物		每批1份	4.6	5.5	逐批检验
粒度分布		每批5份	4.7	5.6	逐批检验
振实密度		每批2份	4.8	5.7	逐批检验
比表面积		每批1份	4.9	5.8	逐批检验
外观质量	—	逐桶/逐袋	4.10	5.9	逐批检验
晶体结构	按照GB/T 5314中规定的方法取样	每批1份	4.11	5.10	周期检验
比容量		每批1份	4.12	5.11	周期检验
充放电效率		每批1份	4.13	5.12	周期检验
平台容量比率		每批1份	4.14	5.13	周期检验
倍率性能		每批1份	4.15	5.14	周期检验
平台容量保持率		每批1份	4.16	5.15	周期检验
循环寿命		每批1份	4.17	5.16	周期检验

6.4 检验结果判定

6.4.1 产品的化学成分、水分含量、pH值、残余碱含量、磁性异物、粒度分布、振实密度、比表面积及晶体结构的检验有一项不合格，判该批产品不合格。

6.4.2 产品的外观质量检验不合格，判该桶(袋)产品不合格。

6.4.3 按GB/T 23365规定的方法制成6支试验电池，任取其中3支电池做比容量和首次循环充放电效率的检验，若有2支性能都达不到本标准要求，判该批产品不合格；但允许另取三支电池做重复试验，若有2支性能都达到本标准要求，判该批产品合格。

6.4.4 按GB/T 23366规定的方法制成6支试验电池，任取其中3支电池做倍率性能的检验，若有2支性能都达不到本标准要求，判该批产品不合格；但允许另取三支电池做重复试验，若有2支性能都达到本标准要求，判该批产品合格。

6.4.5 按GB/T 23366规定的方法制成6支试验电池，任取其中3支电池做平台容量比率，倍率性能，平台容量保持率和循环寿命的检验，若有2支性能都达不到本标准要求，判该批产品不合格；但允许另取三支电池做重复试验，若有2支性能都达到本标准要求，判该批产品合格。

7 标志、包装、运输、贮存及质量证明书

7.1 标志

外包装上应标明：

a) 产品名称；
b) 供方名称、地址；
c) 批号、种类；
d) 净重；
e) 检验日期；
f) 防潮标志；
g) 本标准编号。

7.2 包装

产品用铝塑袋包装，热塑密封后装入外包装桶中，每桶净重 25.00 kg。也可按需方要求，协商确定包装方式。

7.3 运输和贮存

7.3.1 产品在运输过程中应避免损坏包装。

7.3.2 产品在贮存过程中应避免受潮。产品自生产之日起，保质期为 2 年。

7.4 质量证明书

每批产品应附有质量证明书，其上注明：

a) 供方名称、地址、电话；
b) 产品名称；
c) 批号、种类；
d) 净重和件数；
e) 各项分析检测结果和供方质检部门检印；
f) 本标准编号；
g) 生产日期。

8 合同(或订货单)内容

本标准所列产品的合同(或订货单)应包括下列内容：

a) 产品名称；
b) 种类、数量；
c) 本标准编号；
d) 其他。

ICS 97.080
Y 62

中华人民共和国国家标准

GB/T 20291.1—2014/IEC 60312-1:2010
代替 GB/T 20291—2006

家用真空吸尘器　第1部分：干式真空吸尘器　性能测试方法

Vacuum cleaners for household use—Part 1:
Dry vacuum cleaners—Methods for measuring the performance

(IEC 60312-1:2010,IDT)

2014-12-05 发布　　　　2015-12-01 实施

中华人民共和国国家质量监督检验检疫总局
中国国家标准化管理委员会　发布

前　言

GB/T 20291《家用真空吸尘器》分为以下3个部分：

——第1部分：干式真空吸尘器　性能测试方法；

——第2部分：湿式真空吸尘器　性能测试方法；

——第3部分：家用清洁机器人　性能测试方法。

本部分为GB/T 20291的第1部分。

本部分按照GB/T 1.1—2009给出的规则起草。

本部分代替GB/T 20291—2006《家用真空吸尘器性能测试方法》。

本部分与GB/T 20291—2006的主要差异如下：

——根据IEC 60312-1:2010(第1版)《家用真空吸尘器　第1部分：干式真空吸尘器　性能测试方法》的内容设置，将湿式真空吸尘器的内容删除；同时，将标准的内容结构作规范性调整。

——增加了有关干式真空吸尘器试验中标准物质的规范性引用文件。

——第3章"术语和定义"作如下修改：

- 增加3.1"干式真空吸尘器"定义；
- 针对3.7"清洁头宽度"作了修订；
- 删除"Z模式""试验宽度""规定清洁时间""尘埃去除能力""线屑去除能力""纤维去除能力"等定义。

——第5章"干式吸尘器清洁试验"中：

- 针对5.1"光滑硬地板上的除尘"中"试验区域和运行长度""试验灰尘分布"和"去除灰尘的能力的确定"等作了修订补充；
- 针对5.2"带有缝隙的硬地板上的除尘"中"灰尘去除能力的确定"作了修订；
- 针对5.3"地毯上的除尘"中"试验地毯"的标准作了补充；
- 针对5.4"沿墙边的除尘"中"沿墙边去除灰尘能力的确定"作了修订；
- 针对5.7"集尘器的最大使用容积"中"集尘器最大可使用容积的确定"等作了修订；
- 针对5.9"集尘器带灰尘负载状态下的性能"作了修订；
- 针对5.10"真空吸尘器灰尘的溢出"删除了具体内容，改为在考虑中；
- 增加5.11"真空吸尘器过滤效率"。

——第6章"混合试验"中：

- 修改及补充6.10"寿命试验"；
- 增加6.12"握持力"；
- 增加6.16"能耗"试验内容。

——第7章"试验材料和设备"中，对试验时的标准物质——试验地毯、试验灰尘等重新作了标定。

——增加了资料性附录A、附录B、附录C。

本部分使用翻译法等同采用IEC 60312-1:2010(第1版)《家用真空吸尘器　第1部分：干式真空吸尘器　性能测试方法》及第1增补件。

本部分对IEC 60312-1及增补件进行了编辑性修改。

与本部分中规范性引用的国际文件有对应关系的我国文件如下：

——GB/T 4214.1—2000　声学　家用电器及类似用途器具噪声测试方法　第1部分：通用要求(eqv IEC 60704-1:1997)

——GB/T 4214.2—2008 家用和类似用途电器噪声测试方法 真空吸尘器的特殊要求(IEC 60704-2-1：2000,IDT)

——GB/T 2624.1—2006 用安装在圆形截面管道中的差压装置测量满管流体流量 第1部分：一般原理和要求(ISO 5167-1:2003,IDT)

——GB/T 10807—2006 软质泡沫聚合材料 硬度的测定(压陷法)(ISO 2439:1997,IDT)

——GB/T 13850—1998 交流电量转换为模拟量或数字信号的电测量变送器(idt IEC 60688:1992)

——GB/T 15964—2008 地毯 单位长度和单位面积绒簇或绒圈数目的测定方法(ISO 1763:1986,MOD)

——GB/T 17671—1999 水泥胶砂强度检验方法(ISO 679:1989,IDT)

——GB/T 26847—2011 纺织铺地物 词汇(ISO 2424:2007,MOD)

请注意本文件的某些内容可能涉及专利。本文件的发布机构不承担识别这些专利的责任。

本部分由中国轻工业联合会提出。

本部分由全国家用电器标准化技术委员会(SAC/TC 46)归口。

本部分主要起草单位:中国家用电器研究院、科沃斯机器人科技(苏州)有限公司、莱克电气股份有限公司、宁波富佳实业有限公司、美的集团股份公司、青岛海尔成套家电服务有限公司、松下家电研究开发(杭州)有限公司、浙江出入境检验检疫局检验检疫技术中心、中国家用电器检测所、深圳市检验检疫科学研究院。

本部分主要起草人:鲁建国、瞿卫新、熊开胜、周小林、张祺、杜毅林、贾春耕、孙鹏、马南、谢晋雄。

本部分所代替标准的历次版本发布情况为:

——GB/T 20291—2006。

家用真空吸尘器　第1部分：干式真空吸尘器　性能测试方法

1　范围

GB/T 20291 的本部分规定了真空吸尘器的基本性能特点并描述测量这些特点的方法。

本部分适用于家庭和类似条件下使用的干式真空吸尘器的性能测试。

注1：由于环境条件、时间变化、检测材料以及操作水平的影响，当进行比较试验时在同一时间、同一试验室、由相同的操作者进行试验，大多数测试方法将可得到更为可靠的结果。

注2：本部分不涉及电池驱动的真空吸尘器。

对于安全要求，参见 GB 4706.1 和 GB 4706.7。

2　规范性引用文件

下列文件对于本文件的应用是必不可少的。凡是注日期的引用文件，仅注日期的版本适用于本文件。凡是不注日期的引用文件，其最新版本(包括所有的修改单)适用于本文件。

IEC 60688　交流电量转换为模拟量或数字信号的电测量变送器(Electrical measuring transducers for converting a.c.electrical quantities to analogue or digital signals)

IEC 60704-1　家用和类似用途电器噪声测试方法　第1部分：通用要求(Household and similar electrical appliances—Test code for the determination of airborne acoustical noise—Part 1：General requirements)

IEC 60704-2-1　家用和类似用途电器噪声测试方法　第2-1部分：真空吸尘器的特殊要求(Household and similar electrical appliances—Test code for the determination of airborne acoustical noise—Part 2-1：Particular requirements for vacuum cleaners)

ISO 554　调节和/或试验用标准大气　规范(Standard atmospheres for conditioning and/or testing—Specifications)

ISO 679　水泥胶砂强度检验方法(Methods of testing cements—Determination of strength)

ISO 1763　地毯　单位长度和单位面积绒簇或绒圈数目的测定方法(Carpets—Determination of number of tufts and/or loops per unit length and per unit area)

ISO 1765　机制纺织铺地物　厚度的测定(Machine-made textile floor coverings—Determination of thickness)

ISO 1766　纺织铺地物　毯基以上厚度的测定(Textile floor coverings—Determination of thickness of pile above the substrate)

ISO 2424　纺织铺地物　词汇(Textile floor coverings—Vocabulary)

ISO 2439　软质泡沫聚合材料　硬度的测定(压陷法)[Flexible cellular polymeric materials—Determination of hardness (indentation technique)]

ISO 3386-1　泡沫柔性聚合材料　压缩应力应变特性的测定　第1部分：低密度材料(Polymeric materials, cellular flexible—Determination of stress-strain characteristics in compression—Part 1：Low-density materials)

ISO 5167-1　用安装在圆形截面管道中的差压装置测量满管流体流量　第1部分：一般原理和要

求(Measurement of fluid flow by means of pressure differential devices inserted in circular cross-section conduits running full—Part 1: General principles and requirements)

ISO 8543 纺织铺地物 质量的测定方法(Textile floor coverings—Methods for determination of mass)

ISO 12103-1 道路车辆 用于过滤评价的试验尘埃 第1部分:亚利桑那州的试验尘埃(Road vehicles—Test dust for filter evaluation—Part 1: Arizona test dust)

3 术语和定义

下列术语和定义适用于本文件。

3.1

干式真空吸尘器 dry vacuum cleaner

通过建立内部真空单元,产生空气流动进而去除被清洁表面上干性材料(例如:灰尘、纤维、线头)的电力驱动器具,被清除的物质经分离后留在器具中,而净化后的空气又回到大气中。

3.2

立式吸尘器 upright cleaner

自立式和地板支撑真空吸尘器,清洁头与器具部分结为一体或永久与清洁室连接,清洁头通常带有扰动装置帮助去除地板上灰尘并完全吸到集尘室中,吸尘器依靠安装的手柄在地板上移动。

3.3

清洁头 cleaning head

连接到吸入管的滚刷、地刷或电动地刷,与吸尘器主机分离或是它的一部分,是真空吸尘器用于清洁表面的部分。

3.4

动力吸嘴 active nozzle

带有动力扰动装置以帮助去除灰尘的清洁头。

注:动力扰动装置由一个组装在内部的电机驱动(电动嘴),一个组装在内部的气旋动力驱动(气旋嘴)或由内部摩擦/齿轮驱动清洁头进行表面清洁(机械吸嘴)。

3.5

被动吸嘴 passive nozzle

不带有任何扰动装置的清洁头。

3.6

自驱动清洁头 self-propelled cleaning header

带有推进机构的清洁头。

3.7

清洁头宽度 cleaning head width

B

清洁头外部最大宽度,单位为米(m)。

3.8

清洁头有效深度 active depth of the cleaning head

清洁头前边缘至后边缘的距离,或距下端吸嘴开口后边缘 10 mm 处的距离,二者取最短者。

3.9

清洁周期 cleaning cycle

对于给定的测量,在适当的运行模式下,按规定运行速度在被测区域上进行连续5次的前向与返回运行模式。

3.10

运行模式　stroke pattern

进行清洁时向前运行和返回运行的模式。

3.11

平行模式　parallel pattern

清洁头向前和向后轨迹一致的运行模式，并且沿地毯绒毛方向（制做的方向）运行。除非另有规定。

3.12

运行速度　stroke speed

清洁头移动的速度，在向前和返回运行过程中尽可能使清洁头移动的速度一致。

3.13

运行长度　stroke length

确定运行模式限度的两条平行线之间的距离。

3.14

往复运行　double stroke

清洁头向前和向后完成一个平行模式。

3.15

向前运行　forward stroke

运行模式的向前运动。

注：在测试毯上进行试验，前向运行沿地毯绒毛方向进行（制做的方向）。

3.16

返回运行　return stroke

运行模式的返回运动。

4　试验的一般条件

4.1　大气条件

除非另有规定，试验在下列条件下进行（依据 ISO 554）：

标准大气压23/50；

温度：　(23±2)℃；

相对湿度：(50±5)%；

空气压力：86 kPa～106 kPa。

注：在规定的范围内温度和湿度条件应有良好的重现性的保障能力，在试验过程中应避免变化。

除非在标准大气压下，测量环境温度保持在(23±5)℃ 范围内。

4.2　试验设备和材料

将静电现象减到最少，地毯测量应在未处理的松木板上或等同的光滑的平板上，至少有 15 mm 厚，适于试验的面积。

试验使用的设备和材料（装置、试验地毯、试验灰尘等），试验前在 4.1 规定的条件下放置 16 h。

注：建议地毯使用后，按照 4.1 规定大气条件下保存，不使用时应完全自由挂放，或绒毛向上平放，不能卷曲放置。

4.3　电压和频率

测量在额定电压下进行，允许偏差 ±1%，如果适用，在额定频率下进行。

设计使用直流的吸尘器只在直流电源下运行,设计交、直流两用的吸尘器应在交流电源下运行,吸尘器没有标注频率的试验使用所在国家的公用频率(50 Hz或60 Hz)。

标有电压范围的吸尘器,如果高、低电压值之间的差值小于平均值的10%,在电压范围平均值下测量,如果差值超过平均值的10%,在高、低电压下均进行测量。

如果额定电压不同于涉及国家的公用电压,在额定电压下测量会使试验结果误导消费者,需要附加测量试验,如果试验电压不同于额定电压,应在报告中说明。

4.4 真空吸尘器的预热

一台新的真空吸尘器初始试验之前,吸尘器和附件(如果带有)在无强制空气流速条件下运转至少2 h保证足够的运转,对于立式吸尘器或动力吸嘴,扰动装置应运行但不要接触地板。

系列试验之前,产品的使用寿命、状态以及使用记录都应当记录。

4.5 真空吸尘器的设备

如果真空吸尘器使用可丢弃的集尘器,应在每次测量之前装备新的制造商或供应商推荐的集尘器。

如果真空吸尘器使用永久性的集尘器(如单独的原装集尘器或如与外壳是一体的集尘器),测量之前集尘器和不借助工具可以拆卸的过滤材料应根据制造商的说明清洁至原始重量的1%以内或者2 g,取较轻者。

有些永久性集尘器是由一个刚性的集尘器和一个整体式过滤器组成的,这种情况刚性集尘器和过滤器被认为是集尘器,将它们作为同一单一部件处理。

真空吸尘器装有分离装置并作为器具的一部分,通过气流分离灰尘的装置或是使用者可不借助工具就可以更换和清洁的附带过滤器装置,这些装置的质量变化应该纳入清洁效率的计算。

真空吸尘器装有可丢弃或者永久性使用的集尘器可能会有二级过滤装置,但是二级装置在清洁效率测试中不用于大部分灰尘的集尘,但是对过滤效率和寿命测试有影响。该装置的更换或者维护应当根据制造商相关要求进行操作。

4.6 真空吸尘器的运行

真空吸尘器和其使用附件按照制造商使用说明书对测试实验进行正常操作。清洁头控制装置调整到恰当的清洁挡位并注明。任何电器控制装置设置在最大空气流速的状态,除非制造厂声明,任何旁边减小吸入功率的开口应关闭。如果打开,应报告备注。任何安全相关的装置允许动作。

带有软管的清洁头把手管或其他吸尘器的把手应按正常使用握持,握持高度为高于测试的表面(800±50)mm。

在测量过程中直立式清洁头或动力吸嘴的扰动装置在正常使用过程中不使用,动力装置应运转但不接触地板。

4.7 每次试验前的预置

如果真空吸尘器不使用超过1 h,那么真空吸尘器机器及其附件应该在4.4条件下运行至少10 min直到稳定状态。

4.8 机械操作

为得到可靠的测试结果,清洁头需按一定的速度在试验表面运动但不需在清洁头上施加额外的压力。

建议按7.3.12要求使用机械操作设备模拟操作真空吸尘器,带有吸嘴的吸尘器的手柄按照线性轨迹运行,以便使其中心支点高于运动表面(800±50)mm。对于没有旋转接头的吸嘴,应在偏差允许的范围内调节手柄高度使得清洁头的底部在运动表面相互平行，如果不可行，伸缩管的长度做适当调节。任何调节应当记录。

线性运动的方式使用电机或手工完成，操作方式应该记录。

4.9 样品数量

所有性能试验应该在同一连上其附件(如果有附件的话)的真空吸尘器机器上完成。

注：为增加测试结果可信度，建议最少使用3台真空吸尘器进行测试。

模拟吸尘器在正常使用中可能经受的应力，并可能引起吸尘器性能损伤的试验，可能需要额外的可更换部件。这样的试验应该放在整个试验的最后进行。

4.10 室内参考吸尘器系统

注1：本部分提及的参考吸尘器系统仅可用于实验室内部比对试验，不得用于实验室之间比对试验。

实验室中使用的确定吸尘能力的试验地毯应保持在初始状态，例如由于磨损或逐渐落入的灰尘，建议在室内定期使用参考吸尘器系统检查地毯情况，以此来证明得到的数据的有效性并记录。

注2：由于动力吸嘴和被动吸嘴在地毯上除尘能力不同，所以，动力吸嘴和被动吸嘴的测试结果不能进行比较。

被动吸嘴使用的地毯只能是被动吸嘴使用，动力吸嘴使用的地毯只能是动力吸嘴使用。两者不可混合使用地毯。

5 干式吸尘器清洁试验

5.1 光滑硬地板上的除尘

5.1.1 试验设备

符合7.3.1要求的试验地板。

5.1.2 试验区域和运行长度

试验区域的长度(700±5)mm，宽度等于清洁头宽度(见3.7)。

试验区域的前后分别至少增加200 mm和300 mm的运行长度用于清洁头的加速和减速。

因此，整个运动行程至少为1 200 mm。在试验开始时，清洁头前边沿的中心线对准加速区起始位置的中心线。试验过程中清洁头应通过整个试验区域，为了留有适当的距离用于减速，清洁头有效深度的后边沿至少通过试验区域后的200 mm。返回行程采用相同的方式直至清洁头的前边沿返回到加速区起始位置。

清洁头的有效深度应以(0.50±0.02)m/s的稳定运行速度直线通过整个测试区域。

往复运行推荐使用电力控制的机械装置(见4.8)来实现。

为了使清洁头以直线运动通过整个试验区域，推荐使用7.3.4描述的导向装置，同时应保证对清洁头的气流不产生干扰。

真空吸尘器带有自驱动装置，如果可以的话，以规定的(0.50±0.02)m/s运行速度操作，否则按照真空吸尘器自身运行速度进行运行。

5.1.3 去除残留灰尘

硬地板表面应干燥清洁，在每次测试之前不应有任何试验灰尘的残留。

5.1.4 试验灰尘分布

试验灰尘，按照7.2.2.1要求的1型，以50 g/m^{2}的密度尽可能均匀覆盖所有的实验面积。

试验灰尘的质量根据公式 $B\times0.7\ \mathrm{m}\times50\ \mathrm{g/m^2}$ 计算，其中 B 为清洁头宽度，以米(m)为单位，0.7 m为试验区域长度。

5.1.5 集尘器的预处理

为了使湿度影响最小，集尘器应按照以下方式进行预处理。

真空吸尘器在测试之前应装配干净的集尘器，并且吸嘴和清洁表面之间气流畅通运行 2 min 或者输入功率直至稳定。预处理之后，集尘器和任何不借助工具就能拆卸的过滤器进行称量。记录质量后并将集尘器和过滤器放回原处。

注：由于在 2 min 中的预处理中气流会对集尘器的质量有影响，所以在称量之前应确保集尘器质量已经稳定。

5.1.6 去除灰尘的能力的确定

分别进行 3 次测量，每次测量包含一次往复运行，往复运行之后，在真空吸尘器关闭之前清洁头应该提高至测试表面至少 50 mm。电机在完全停转之前集尘器不应取下。

一旦吸尘器完全停转，将集尘器小心取下并再次称量。真空吸尘器在除尘过程中由于静电的产生，在称量之前应确保集尘器已经完全稳定，无静电。

除尘能力以集尘器在布灰后的测试区域上一次往复运行后的质量变化的百分数来表示。三次测量的平均值以如下方式进行计算：

$$K_{\mathrm{B}}(3)=(K_{\mathrm{B1}}+K_{\mathrm{B2}}+K_{\mathrm{B3}})/3$$

式中：

$K_{\mathrm{B}i}=(m_{\mathrm{DRf}}-m_{\mathrm{DRe}})/m_{\mathrm{D}}\times100\%$。

$K_{\mathrm{B}}(i)$ ——i 次测量的除尘能力平均值，以百分数表示；

$K_{\mathrm{B}i}$ ——第 i 次测量的除尘能力，以百分数表示；

m_{D} ——测试区域上布的灰尘质量，单位为克(g)；

$m_{\mathrm{DR_e}}(i)$——集尘器预处理后的质量，单位为克(g)；

$m_{\mathrm{DRf}}(i)$——集尘器清洁后的质量，单位为克(g)。

当平均值低于 90%时，测量的分布高于 3 个百分点，需要增加 2 次测量并且以所有测量平均值作为检测结果。

当平均值等于或高于 90%时，测量的分布高于 0.3×(100%－平均值)，需增加 2 次测量并且以所有测量平均值为检测结果值。

在所有情况下，考虑在实验室对试验重现性的控制以及吸尘器与清洁头的设计与制造，以确定任何以前所观察到的因素对检测结果的影响。

5.2 带有缝隙的硬地板上的除尘

5.2.1 试验设备

试验表面应符合 7.3.2 要求，由带有可移动缝隙镶条的木制试验地板，缝隙与运行方向成 45°角。

试验地板应能装夹在根据 7.3.12 要求的测试装置上，如果测试时通过手工，那么应该放置在地板之上。

根据 7.3.4 要求的两个导轨用于清洁头在以直线运动通过测试区域时提供导向。导轨应该高于测试表面 10 mm 以保证气流的顺利通过。

5.2.2 试验灰尘的分布

镶条称量并且缝隙填满 7.2.2.1 要求的灰尘，用橡皮刮条刮平灰尘，再次称量镶条并且小心装在试验地板上，避免晃动。

5.2.3 灰尘去除能力的确定

在测量期间，清洁头通过缝隙以平行的方式往复运行，运行速度为(0.50±0.02)m/s，清洁头保持对准试验地板的中央。进行5次往复运行后，确定灰尘去除量，用镶条的质量变化测定灰尘去除量，两个值都应记录。

去除灰尘能力以百分比计算，按下列公式计算去除裂缝中灰尘量，裂缝宽度按倾斜45°角计算：

$$k_{cr}=\frac{m_L-m_r}{m_L}\frac{L}{B}\cos45°\times100\%$$

式中：

k_{cr}——灰尘去除能力，以百分数(%)表示；

m_L——试验前裂缝中的灰尘量，单位为克(g)；

m_r——试验后裂缝中保留的灰尘量，单位为克(g)；

L——裂缝长度，单位为米(m)；

B——清洁头宽度，单位为米(m)。

应进行2次独立的测量，建立5次往复运行的除尘能力值平均值为k_{cr5}，并分别记录。

5.3 地毯上的除尘

5.3.1 试验地毯

使用7.2.1要求的试验地毯，记录选择地毯的类型。根据7.2.1.4要求准备好地毯。由于湿度对试验的影响，在试验之前地毯应当在测试环境为标准大气压的环境中放置至少16 h。

用于比较试验的首选地毯是威尔顿机织绒头地毯(见7.2.1.3.2)，如果其他地毯用于试验，那么该地毯根据7.2.1.3所列举的进行选择。

在试验过程中通过使用地毯夹紧装置(见7.3.4)使地毯在测试表面保持固定的位置。地毯两端固定在测试表面上。在测试过程中地毯两端施加60^{+10}_{-0} N的张力。

5.3.2 试验区域和运行长度

试验区域的运行方向保持与地毯绒毛方向的一致，试验区域长度是(700±5)mm，试验区域宽度为清洁头宽度(见3.7)。

试验区域的前后分别至少增加200 mm和300 mm的运行长度用于清洁头的加速和减速。

从而，试验区域长度为700 mm而运行区域长度至少为1 200 mm，在运行开始200 mm用于加速，清洁头的前边沿中心点应与加速区开始边沿的中心线在一条线上。清洁头应运行至运行区终端，当其有效深度的后边沿至少超过试验区域后边200 mm，从而留有适当的距离用于减速。返回运行时仍然是相同的方法直至清洁头的前边沿和测试区前的加速区开始边沿在一条线上。

清洁头的有效深度应以(0.50±0.02)m/s的稳定运行速度直线通过整个测试区域。

真空吸尘器自身带有驱动装置，如果可以的话，以规定的(0.50±0.02)m/s运行速度操作，否则按照真空吸尘器自身运行速度进行。

注1：对于来回运行的最佳控制方式建议使用机械操作(见4.8)。

注2：在试验过程中为固定地毯位置的两个夹紧装置的作用是清洁头在以直线运动通过测试区域时提供导向。导轨应该高于测试表面10 mm已保证气流的顺利通过。

5.3.3 试验地毯要求

5.3.3.1 一般要求

测量试验地毯应清洁去除残留灰尘并达到下列要求。

5.3.3.2 去除残留灰尘

为清洁地毯，建议使用合适的地毯拍打机如 7.3.3 描述。

如果不使用地毯拍打机，地毯应平放在一个硬制的沙网支架上，手工拍打或者用动力清洁头进行清理。清理之后，使用有较好灰尘清洁能力的真空吸尘器进行一个周期的残余灰尘清洁。用于被动清洁头试验的地毯只能由被动清洁头进行清洁表面(动力清洁头可用于反面的清洁)。

5.3.3.3 确认和预检查

试验地毯清洁后，试验样机应装好一个清洁的集尘器(见 4.5)使用，以确认地毯达到没有可见灰尘的程度，如果在 5 次清洁循环中灰尘去除量小于 0.2 g 则认为已经达到这个清洁程度，如果大于或等于 0.2 g，则继续进行下一次清洁直到达到要求为止。

注 1：即使从地毯上清除剩余灰尘的设备足够可靠，能使地毯达到可接受的程度，进行这个预处理程序的重要原因是确保湿度对实验地毯的影响最小。

注 2：防止灰尘逐渐浸入地毯，试验地毯质量要尽可能地保持接近初始清洁状态的质量。

5.3.4 试验灰尘分布

试验灰尘按照 7.2.2.2 要求按(125±0.1)g/m^2 均匀分布，并尽可能均匀地覆盖所有试验区域。

灰尘量按公式 $B\times0.7\ \text{m}\times125\ \text{g/m}^2$ 计算，式中 B 为清洁头宽度，以米(m)为单位，试验区域长度为 0.7 m。为保证试验区域灰尘分布均匀，建议使用 7.3.5 描述的灰尘分撒器，通过观察地毯上的布灰情况进行该灰尘分撒器的调整。

5.3.5 地毯上灰尘的埋入

按照 7.3.6.1 要求的滚轮沿着地毯绒毛方向进行 10 次往复运行把灰尘压入地毯中。滚轮沿着地毯绒毛方向向前运行，以(0.50±0.02)m/s 的匀速压过整个试验区域。确保整个区域完全且平坦压过。然后地毯放置 10 min，以便其从碾压中恢复至常态。

5.3.6 集尘器的预检查

为了减小湿度的影响，集尘器应按以下进行预处理。

在 2 min 的预热过程中，吸尘器的气流摩擦可能产生静电，并影响集尘器的称重。集尘器质量应在读数稳定后记录。集尘器的接地有助于释放静电，得到更精确的质量。

真空吸尘器在装有干净或清洁过的集尘器或过滤器后应在无气流阻碍的状态下运行 2 min，例如在地毯从碾压状态后恢复至常态的 10 min 过程中。

预处理之后，集尘器和任何不借助工具就能拆卸的过滤器进行称重。记录质量后并将集尘器和过滤器放回原处。

5.3.7 去除灰尘能力的确定

每次清洁之前，按照 5.3.4～5.3.6 顺序的准备工作全部操作一遍。

分别进行 3 次测量，每次包含 5 个往复运行，第 5 次往复运行之后，清洁头应当抬离地毯至少 50 mm 高。在每次清洁之后，关闭真空吸尘器之前所有软管和金属管都要摇晃。集尘器不应在电机完全停转之前取下。

一旦吸尘器完全停转，将集尘器和可拆卸过滤器小心取下并再次称量。真空吸尘器在除尘过程中由于静电的产生，在称量之前应确保集尘器已经完全稳定，无静电。

除尘能力的计算是以集尘器和可拆卸过滤器在4.5定义的条件下和布过灰尘的测试区域上进行5次往复运行后的质量增加的百分数(%)来表示。3次测量的平均值按以下计算：

$$K_{T}(3)=(K_{T1}+K_{T2}+K_{T3})/3$$

式中：

$K_{Ti}=(m_{DRf}-m_{DRe})/m_{D}\times 100\%$；

$K_{T}(i)$ ——第 i 次清洁周期的地毯除尘平均值，以百分数(%)表示；

K_{Ti} ——第 i 次清洁周期的地毯除尘，以百分数(%)表示；

m_{D} ——分布在地毯上的灰尘质量，单位为克(g)；

$m_{DRe}(i)$——预处理后的集尘器和过滤器的总质量，单位为克(g)；

$m_{DRf}(i)$——5次往复运行后的集尘器和过滤器的总质量，单位为克(g)。

如果 K_{Ti} 结果的范围超出3个百分点，应该增加2次清洁周期的试验，这种情况除尘能力按照以下计算：

$$K_{T}(5)=(K_{T1}+K_{T2}+K_{T3}+K_{T4}+K_{T5})/5$$

注1：例如，K_{Ti} 的值分别为45%、47%和49%，给定的范围为4个百分点，因而应该增加2次清洁周期。

注2：如果测试可重复性有问题以及观察试验结果有向下偏的趋势，那么参考4.5，在试验过程中对设备进行称量。

注3：如果第一次清洁周期的试验结果与后两次相比超过3个百分点，那么在两次附加试验之前允许再重复一次试验并采用该数值。

对于除尘能力的平均值，值的范围和清洁周期的次数和使用的地毯类型应当被记录。

5.4 沿墙边的除尘

5.4.1 试验设备和材料

按图1准备T字形直角器，用两块木材或其他类似材料构成进行本试验，装置应有足够的质量以保持在测量时不移动，或使用夹紧装置与配重。

对于地毯上的测量，试验地毯应符合7.2.1.3.2要求，对于在光滑硬地板上测量的地板应符合7.3.1要求。

单位为毫米

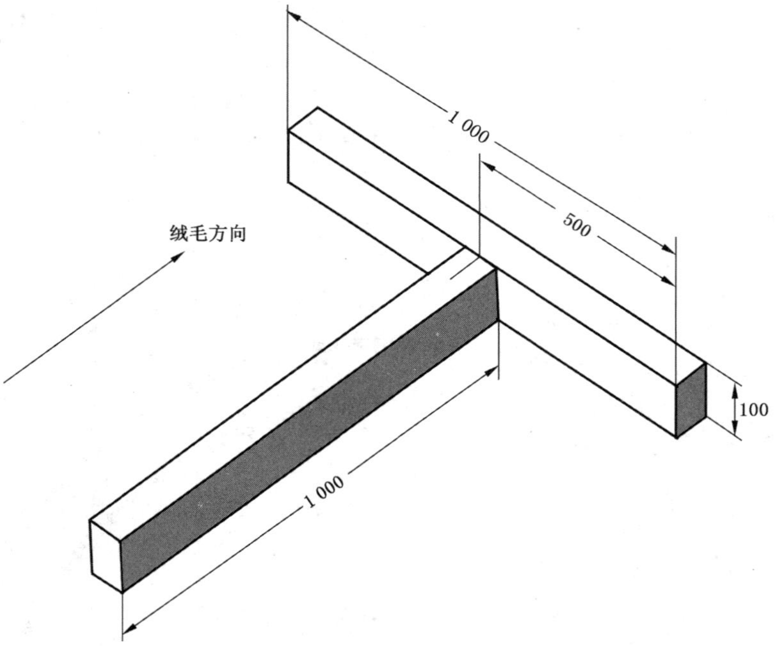

图 1 T 字形直角器

5.4.2 试验灰尘分布

按照 7.2.2.1 要求准备足够量的灰尘，灰尘覆盖的区域尽量接近 T 字形装置的末端，以确保良好的可视性。

5.4.3 沿墙边去除灰尘能力的确定

T 字形装置放在灰尘覆盖的试验表面上，如果需要，使用夹紧装置或配重。在放到地毯上时，T 字形的长端应与地毯的绒毛方向平行(见图 1)。

清洁头以(0.25±0.05)m/s 的速度沿 T 字形的长端的一边运行一个来回，向前到终端限定极限位置时停顿 2 s～3 s。

未清洁的可视区域的宽度是沿着 T 形装置的长端和横梁分别取三等分的点进行测量，精确到毫米(mm)，两组平均值代表了沿墙边的除尘能力，清洁头的侧边和前端的两个值都应进行记录，参考图 2。

如果清洁头不是对称结构，试验沿着 T 字装置的另一端重复进行试验。

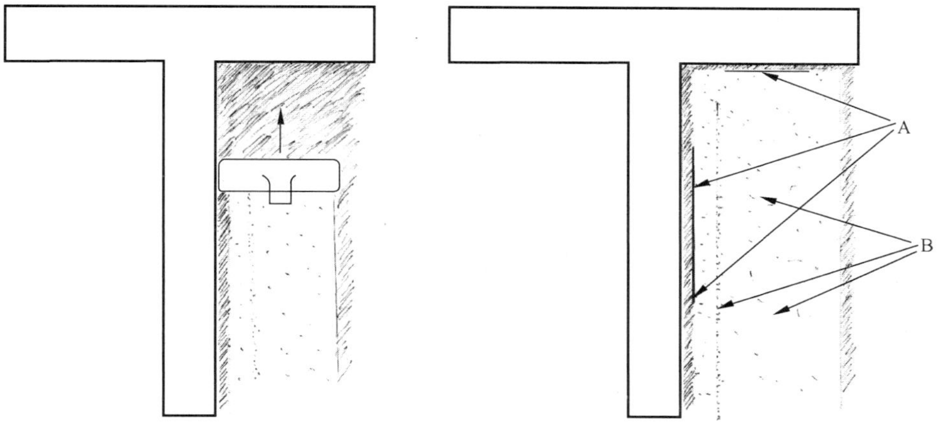

清洁头正在通过灰尘向前运行直到对面的 T 字装置。

清洁头运行后没有覆盖的区域 A，任意残留的灰尘颗粒或皮带防护装置，被忽略位置“B”。

图 2　清洁区域的确定

5.5　从地毯和装饰中去除纤维

5.5.1　一般要求

真空吸尘器应带有表面清洁的清洁头。

5.5.2　从地毯上去除纤维

5.5.2.1　试验地毯

试验地毯符合 7.2.1.3.2 要求，用作进行纤维试验的地毯不能进行其他试验。

测量前试验地毯表面应完全清洁直至没有洒落的可见纤维为止。

5.5.2.2　纤维分布

纤维分撒装置应符合图 3 的模板进行纤维分撒，模板厚度 3 mm，95 个孔，孔直径 30 mm，无毛边。模板放置在试验地毯上，1 000 mm 的长边与地毯的经线方向平行。

(150±5)mg 的纤维材料符合 7.2.3 要求，手工均匀地放置在 95 个孔中央位置，用大拇指按压纤维，不应出现搓揉以及捻。

去除模板后，纤维埋入地毯中按照 7.3.6.2 使用滚轮按压 5 个往复运行，运行的方向垂直于地毯的经线方向，运行速度大约 0.5 m/s，如果滚轮长度小于 1.0 m，滚动直至试验区域全部覆盖为止。

单位为毫米

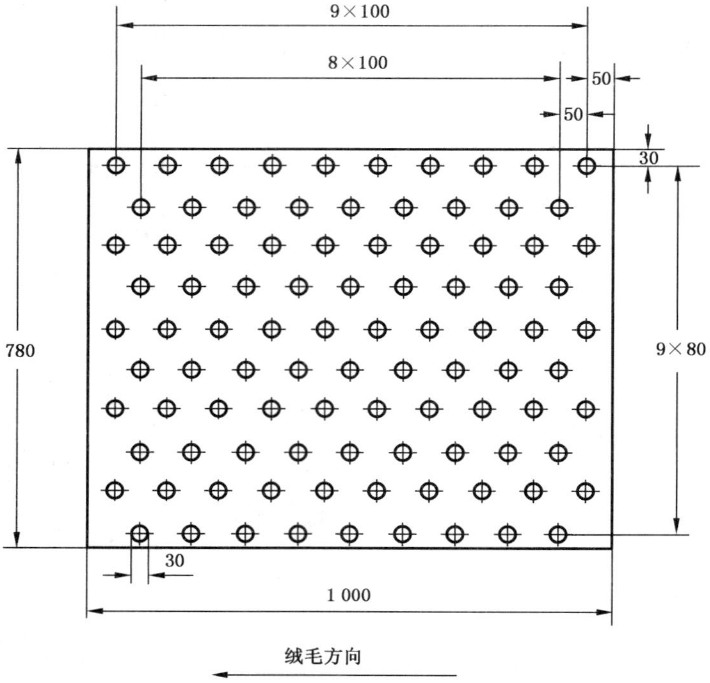

图 3　纤维在试验地毯分布模板

5.5.2.3　地毯上去除纤维能力的确定

测量之前，应去除粘在清洁头上的纤维。

清洁头参考图 4 的 Z 字模式以通过布满纤维的试验区域，方向与地毯径线方向成直角。如果清洁头的宽度不是试验区域宽度的整数倍，那么最后的一次运行要确保试验区域被完全覆盖。

残留的纤维沿着绒毛的方向应被去除，可以不根据要求的运行模式。运行速度为(0.5±0.05)m/s，试验过程中清洁头要完全与试验地毯接触。

记录去除所有纤维(由操作者在站立的位置判断)的时间，如果清洁时间超过 180 s，停止清洁。

分别进行 3 次测量，做 3 次的平均值作为纤维去除能力，去除清洁头上的纤维的时间不考虑。

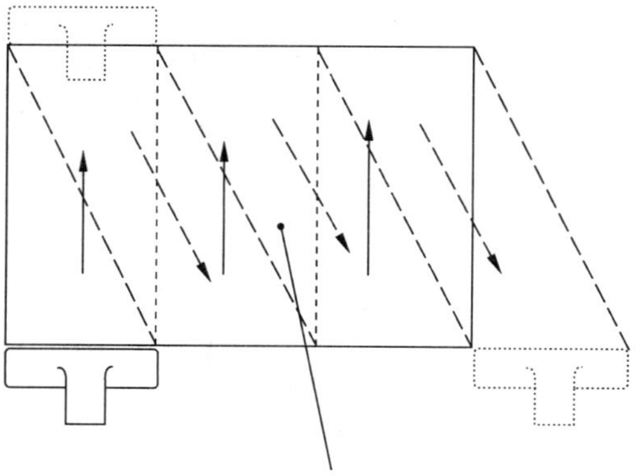

图 4　Z 字形运行模式

5.5.3 装饰上去除纤维的能力

5.5.3.1 试验垫

使用符合 7.2.6 要求的试验垫，测量前，试验垫表面应完全清洁直到垫子上没有散落的纤维为止。

试验垫子放在木质框架上，按照图 5 要求，工作高度高于地板 480 mm，框架上提供一可调节的固定边，使垫子在测量时不移动。

单位为毫米

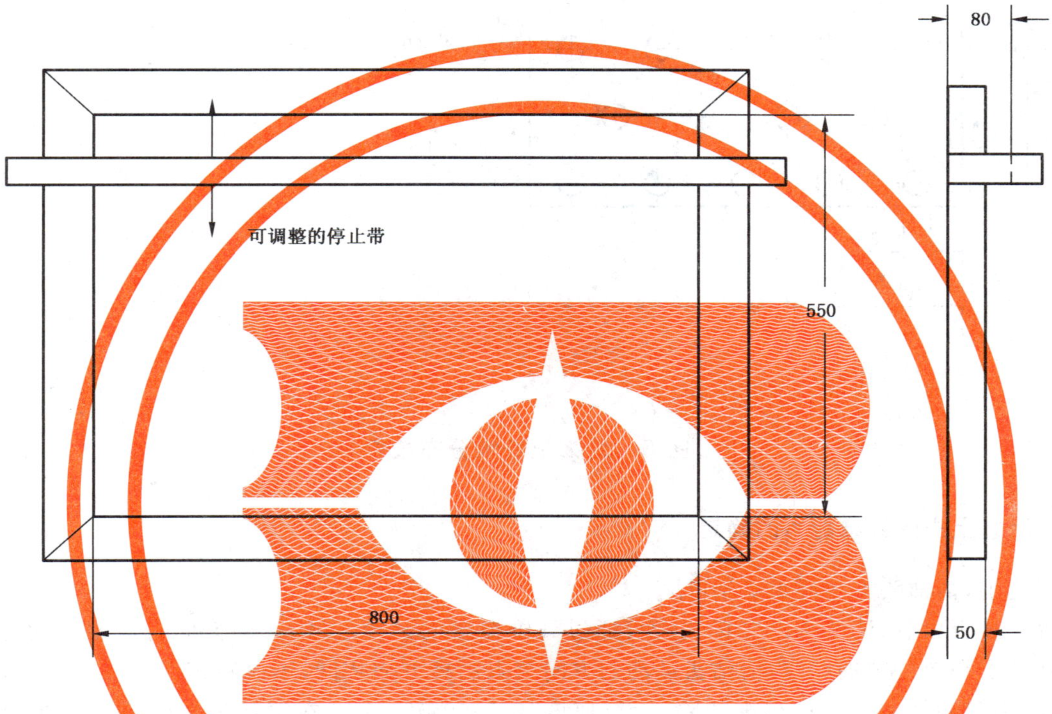

图 5 试验垫框架

5.5.3.2 纤维分布

纤维分布，模板按照图 6 制作，模板厚度 2 mm，23 个直径为 30 mm 的孔，孔边光滑无毛刺。

模板放置在 500 mm×800 mm 的试验垫上，停止板与最近的一排孔中心线的距离等于清洁头进入的深度。

(45±1)mg 的纤维材料符合 7.2.3 要求，手工均匀地放置在 23 个孔中央位置，用大拇指按压纤维，不应出现搓揉以及捻。

单位为毫米

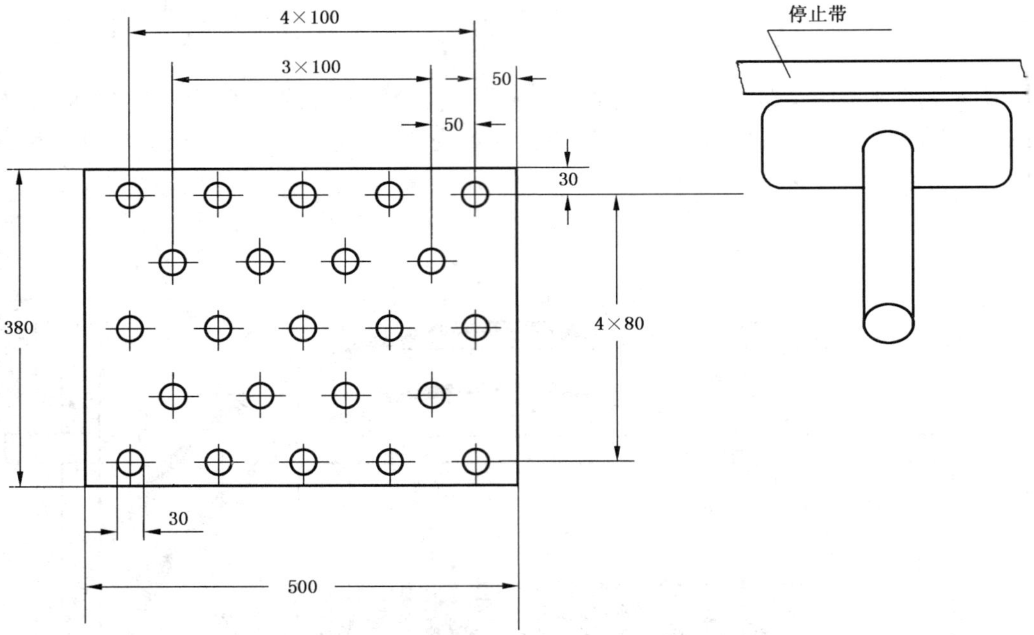

图 6 装饰上纤维分布模板

5.5.3.3 装饰上去除纤维能力的确定

测量之前,清洁头上的纤维应清除。

在移除模板以后,清洁头以 Z 模式运行通过纤维覆盖的试验区域,运动方向与限制杆的方向成直角。去除残留在垫子中的纤维,清洁头运动的方向与限制杆方向相同,不按特定模式运行,纤维由限制杆挡住,在沿限制杆的运行过程中清除,运行速度(0.5±0.05)m/s,在清洁过程中清洁头与垫子完全接触。

记录去除所有纤维(由操作者在站立的位置判断)的时间,如果清洁时间超过 300 s,停止清洁。

3 次测量的平均值为纤维去除能力,去除粘在清洁头上纤维的时间不计算在内。

5.6 从地毯上去除线头

5.6.1 试验地毯

使用符合 7.2.1.3.2 要求的 Wilton 测试地毯。

5.6.2 线头分布

40 段线头,符合 7.2.4 要求,分 4 排平行分布在试验地毯上,方向与绒毛方向相同,模式见图 7,每排的长度 0.7 m,排间距与清洁头的宽度一致。

使用 7.3.6.2 要求的滚轮,5 个往复运行将线头埋入地毯,通过每排的速度为(0.5±0.05)m/s。

单位为毫米

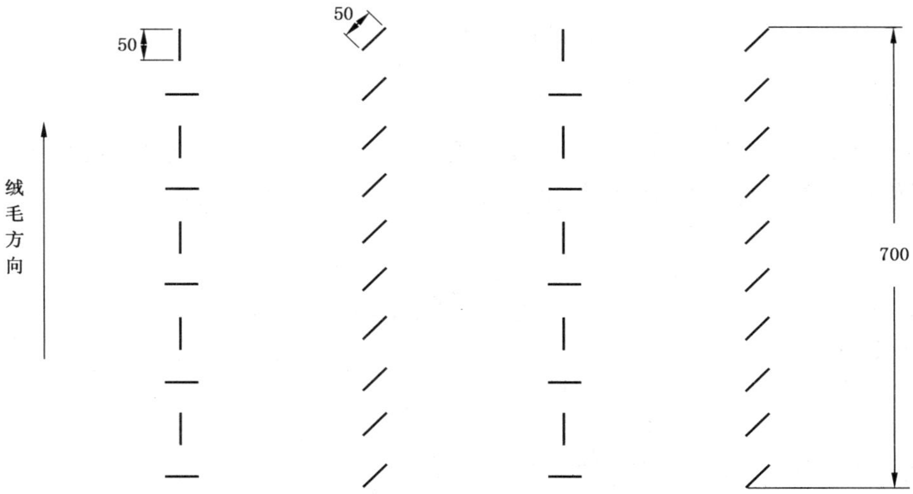

图 7　去除线头试验中线头的分布

5.6.3　线头去除能力的确定

清洁头调整至适于地毯清洁，如果适用，可使用辅助清除线头的部件。

测量前，应去除清洁头的线头。

测量过程中，每排线头进行一次往复清洁，速度为(0.5±0.05)m/s，除非清洁头有自驱动装置，运行长度符合 5.1.2 要求(见图 8)，去除线头的比例由计算得出并记录。

3 次分别的测量的平均值作为去除线头的能力，用百分数表示。

注：粘在清洁头上的线头也认为是从地毯上清除掉的，建议在试验中适当的观察。

单位为毫米

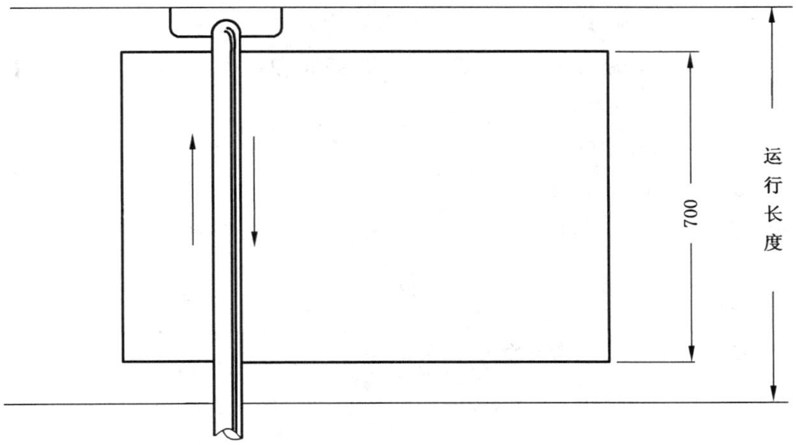

图 8　运行长度测量

5.7 集尘器的最大使用容积

集尘器最大的使用容积按照以下试验进行：

5.7.1 测量条件

装有集尘器的真空吸尘器(见4.6)放置在正常使用的位置。立式真空吸尘器放置在垂直位置试验。如果是集尘器使用纸袋或者类似编织的材质，那么以10 mg/cm^2 的粉笔灰缓慢吸入集尘袋使其完全膨胀。

注1：可用的选择性的粉笔灰在考虑当中。

注2：一些类似编织的集尘袋可能需要大量的粉笔灰，这种情况下允许使用其他膨胀方法，只要人工的膨胀方法不比正常使用的情况下膨胀得大。

试验使用的模制粒子应符合7.2.5的规定。

注3：4.1规定的大气条件可以不作要求。

注4：粒子可以重复使用，如果过量的粉笔灰没有损坏粒子。

5.7.2 模制颗粒输入

模制粒子以每次1 L的量缓慢吸入集尘器可视的最大容尘线的位置或吸至不能吸为止。

注：对于没有提供附件使用软管的立式吸尘器，通过握住正常使用位置的手柄使得粒子从吸嘴吸入集尘器，其他吸尘器通过软管吸入粒子。

5.7.3 集尘器最大可使用容积的确定

1 L的粒子称重10次以确认吸入真空吸尘器粒子的密度，集尘器吸入粒子之前和吸入之后都需要称量，质量的差值除以1 L粒子的密度得到集尘器的容积。

进行3次测量取平均值，作为试验用的集尘器可使用的最大容积。

5.8 空气数据

5.8.1 目的

本试验的目的是确定空气数据用于比较真空吸尘器之间的某个特定参数以及为其他试验测定某个数值，参考标准空气密度 $\rho=1.2\ kg/m^3$(在20 ℃，101.3 kPa和50%相对湿度)，应考虑以下参数：

q ——空气流速，单位为升每秒(L/s)；

h ——真空度，单位为千帕(kPa)；

P_1——输入功率，单位为瓦(W)；

P_2——吸入功率，单位为瓦(W)；

η ——效率，%。

注1：4.1规定的标准大气压条件不作要求。

注2：被测量的空气数据应由标准空气密度修正(见7.3.7.5)。

5.8.2 测量条件

真空吸尘器在正常使用时装有软管或连接管，这些部件除吸嘴和刷子以外的应在带有软管的连接管末端连接至均压箱。若连接管是可伸缩的应完全拉伸。

立式吸尘器的清洁头不带有软管连接头的应该将真空吸口的密封在均压箱上。对于立式吸尘器的使用可选择带有或者不带有软管，空气数据应在两者状态下测试并且分别在报告中说明。

真空吸尘器的准备和操作使用按照4.3～4.7进行。

5.8.3 试验设备

试验设备的使用应选择符合7.3.7的要求，选择内部尺寸符合500 mm×500 mm×500 mm或者460 mm×460 mm×250 mm要求的均压箱。

注：如果空气流量大于40 L/s，对于A和B可选的均压箱建议使用大的均压箱。

5.8.4 空气数据的确定

空气流速、真空度和功率的确定按照不同流速下的功率值得到的由多个点形成的真空曲线来确定(见图9)。

测量步骤前，真空吸尘器运行按照4.7要求不调节节流阀，建立一个出风栅温度参考值为进一步的测量点。

测量每一点的空气流速，真空度和输入功率记录在调节完成1 min以后的数据，然后调整吸尘器阀门获得参考条件，通过检测出风栅的温度来校验，整个程序一直持续到全部曲线完成得到最大真空度的最后一点。

测量每一点，吸入功率 P_2 从产品的空气流速速度 q 和真空度 h 获得，效率 η 由吸入功率与输入功率的比值来计算，吸入功率和效率曲线由空气流速点获得(见图9)。

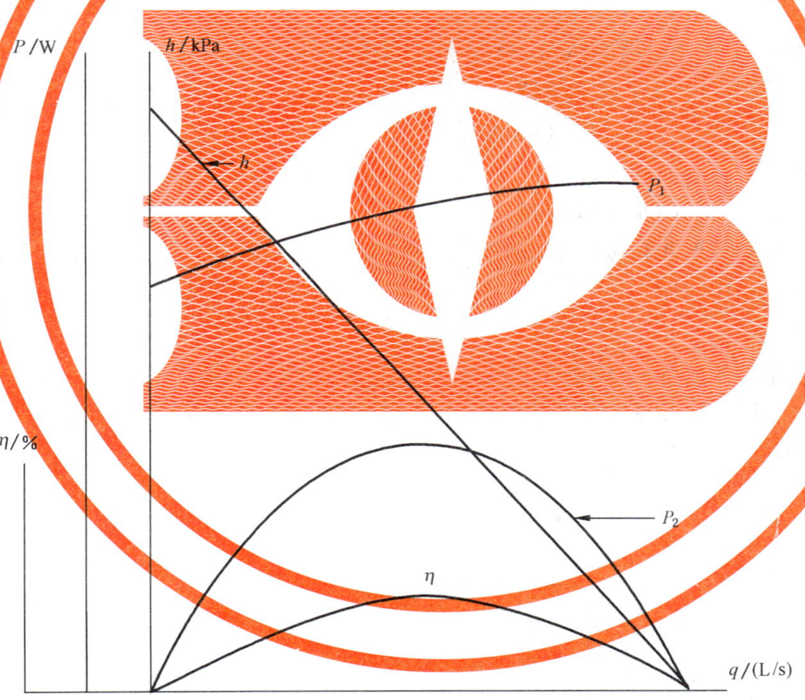

说明：

h ——测量盒的真空度，单位为千帕(kPa)；

q ——空气流速，单位为升每秒(L/s)；

P_1 ——输入功率，单位为瓦(W)；

P_2 ——吸入功率，单位为瓦(W)；

η ——效率，%。

图9 空气曲线

吸入功率最大值 P_{2max} 以及最大空气流量的理论值 q_{max} 根据 7.3.7.6 所给出的得到。

5.9 集尘器带灰尘负载状态下的性能

5.9.1 目的

注：本试验用于确定集尘器在每次吸灰后，对吸尘器系统性能的影响，但不代表集尘器尘满位置。该试验不属于长期的性能维持试验，长期的性能维持试验将会在以后版本中考虑。如果集尘器尘满指示灯动作，那么可认为集尘器已满。否则，集尘器尘满指示在空载和满载之间某一处。该处的确定是通过真空吸尘器随着集尘器和滤材不断填充和堵塞时的性能来决定。

本试验程序的目的是提供一个方法用于测量真空吸尘器在带灰尘负载状态下的性能，试验样品应在空载和模拟装载的情况下进行 5.1～5.6 的评估。

本试验不用于集尘器和滤材容量的测量。

5.9.2 集尘器带灰尘负载状态下真空度（吸入压力）变化的测定

5.9.2.1 试验条件

真空吸尘器的试验操作应该和性能试验在同样的状态。当吸入指定的试验物质后，测量连接头的真空度。

- 该试验时，旋风桶吸尘器或立式吸尘器的软管通过连接头连接至 5.8.3 描述的均压箱，见图 10。连接头不应改变真空吸尘器原有的流量，通过限制或者产生紊乱气流。进灰管的口径至少 14 mm±2 mm 且和真空度测试处至少有 150 mm 的距离，该口径在测试真空度过程中需有效密封。

  连接头上的口径不能削弱气流量。

  进灰管连接至软管和根据 5.9.2.3 描述均匀吸入试验物质的装置。7.2.2.3 要求的试验物质的吸入不能削弱其特性。
- 均压箱装配一 30 mm 的孔径板。

立式真空吸尘器没有配置软管的可允许按照图 24 安装在均压箱上面，真空度的测量可使用在均压箱上开口进行测试。在吸嘴和集尘器之间合适的位置安装一根上述连接头上面的吸灰软管。这种情况装配方式在报告中记录。

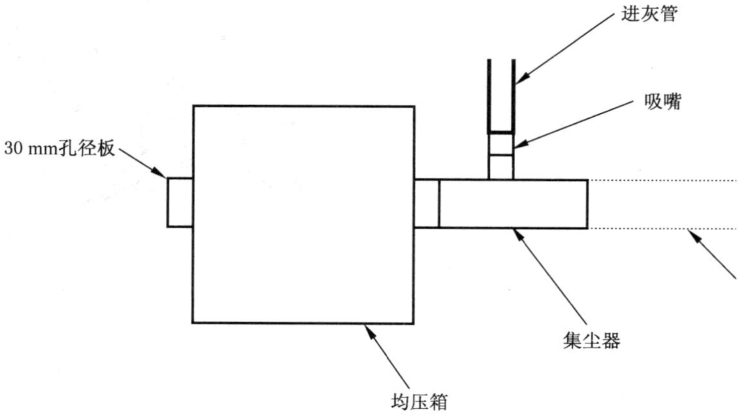

图 10 连接管开口

5.9.2.2 试验灰尘

试验灰尘，见图 11，根据 7.2.2.3 要求适用于集尘器的装载。

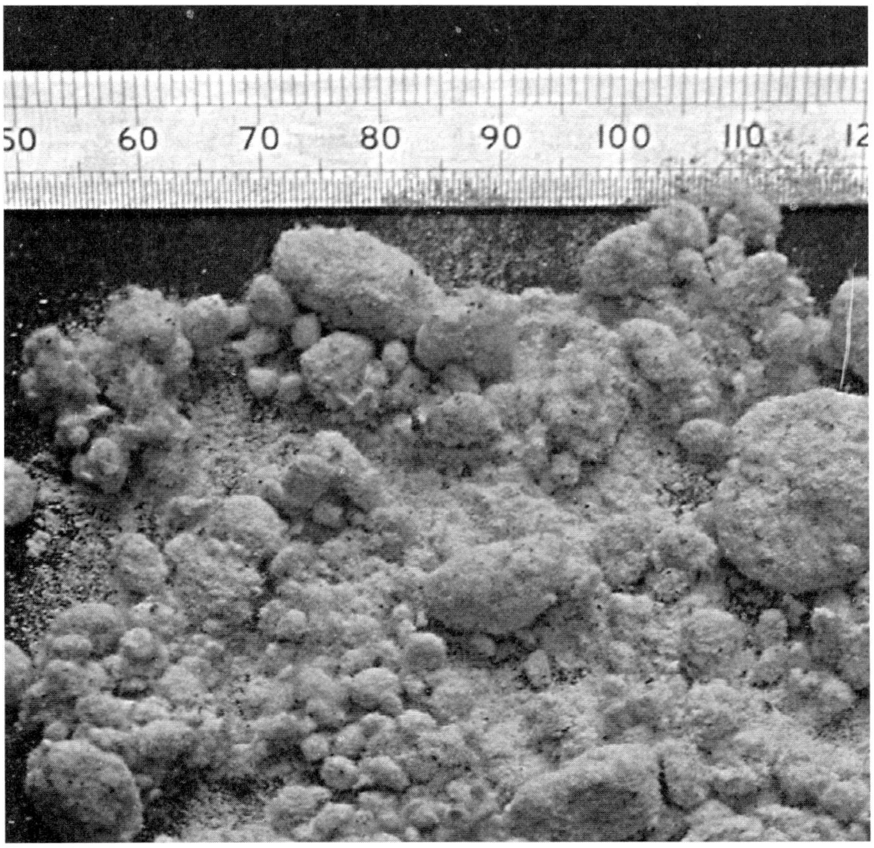

图 11 集尘器中的试验灰尘

5.9.2.3 试验方法

根据 5.9.2.1 要求准备真空吸尘器。

真空吸尘器在进灰管关闭的状态下至少运行 10 min，随后测量原始真空度 h_0。

试验物质每次吸入 100 g，在 60 s 之内吸完。

真空吸尘器带有自身清洁的过滤器或灰尘压缩功能的，根据说明书操作在每次吸完灰之后。

每次灰尘吸完进灰管关闭，测试真空度 h_f，应在 2 min 之后或者真空度已经稳定测量。然后进灰管再次打开继续下一份灰尘的吸入。

如果集尘器的容量小于 1 L 或者最大空气流量小于 15 L/s，那么进灰速率减小至 25 g/min。

只要下述其中任何一种情况出现，灰尘的吸入就停止：

状态 1：真空吸尘器上的指示信号灯表明集尘器应清理或更换。真空吸尘器在集尘器前面有尘满指示的，根据说明书当指示尘满时，应停止吸尘。

状态 2：真空度 h_f 已跌落至 h_0 的 $40^{+0.5}_{-0}$ %。

状态 3：吸入灰尘的质量应达到最大可利用容积（见 5.7）的 50 g/L。

h_0 和 h_f 的值和灰尘吸入的总质量有关，记录停止试验的状态。

注 1：如果 h_f 小于 h_0 的 40%，创造一个等于 40% 原始真空度的限制状态。

注 2：在试验灰尘(见 7.2.2.3)中加入棉线正在考虑之中，棉线长度的改变都会对集尘器的容积产生影响从而导致状态 3。

5.9.3 模拟灰尘装载风道堵塞

真空吸尘器根据 4.5 要求装有干净的集尘器和过滤器。

操作时根据 5.9.2 进灰管关闭。

真空吸尘器的容积流量同时连接至均压箱，适当时适量限制数值 h_f 直至 5.9.2 状态出现。

限流是采取在集尘器和马达/风扇处插入一个适当的装置来实现，然而，限制的本质是不能改变装载灰尘效果的性能，同时不能限制灰尘从清洁表面吸至集尘器的特性。

5.9.4 集尘装载灰尘性能的确定

5.1～5.6 描述的任何一个试验应在 5.9.3 描述的限制下进行试验。

为了补充清洁性能试验中的数据，限流真空吸尘器可用于空气数据的测量。

5.10 真空吸尘器灰尘的溢出

考虑中。

5.11 真空吸尘器过滤效率

5.11.1 目的

本试验的目的是确认真空吸尘器分离灰尘的能力，取决于灰尘粒子的尺寸，吸入经过预处理的含有灰尘浓度的浮质。

本试验不适用于渗透性的过滤器以及过滤器的原料。

5.11.2 试验条件

注 1：建议相对湿度静态控制在 45%～55%。

测试设备应符合 7.3.8 的要求。

注 2：ASTM F1977 所描述的设备同样适用于本试验的操作，与描述保持一致，包括进灰的试验方法或者同等的粒子。

试验的准备，根据要求真空吸尘器装配新的或彻底清洁过的集尘器和新的过滤器。设置在最大流量下操作。

真空吸尘器以正常操作的位置放置在试验罩中间。

灰尘的吸入：

- 带有软管的真空吸尘器，通过该软管；
- 没有软管的真空吸尘器(比如立式的)，通过适合的辅助软管连接，辅助软管通过吸嘴连接头紧紧地密封在吸嘴上。

5.11.3 试验灰尘量的确定

整个试验期间吸入的灰尘，满足 7.2.2.5 的规格，进灰管里的浮质中灰尘的浓度 c 为 0.1 g/m³。因此，对于给定过滤器设备的真空吸尘器的最大空气流量 q 应该确定。

吸灰的质量 m 根据试验持续时间 t_{DUST} 计算

$$m = c \times t_{DUST} \times q$$

在吸灰之前对试验灰尘采用适当的中和方法。

5.11.4 激光粒子计数器

电中和粒子应用于精确的过滤效率试验，通过以下三种方式可以得到：

- 中和排斥：排斥的粒子需要以某种方式进行中和使所带电量少于 1 000 个离子/cm^3，每年至少进行一次中和的校验，或者当系统变更时也需要校验；
- 使用带电采样线路；
- 试验台本身接地。

5.11.5 粒子供给确定

吸尘器放入试验罩之前，按照下面的方法保证上游的粒子总数在下游粒子总数的10%以内。

——进灰时间为 10 min，同时监控进灰管道里的粒子浓度。

——期间需要测量 5 次，每次由以下步骤组成：

- 进灰管道的粒子应记录 30 s（上游测量）；
- 如果使用一个粒子计数器：15 s 内完成粒子计数器的移至下游；
- 试验设备的上游粒子带电量应小于 1 000 ions/cm^3；
- 出风管道的粒子应记录 30 s（下游测量）；
- 15 s 内完成粒子计数器的移动；
- 如果使用两个粒子计数器，调整相应的采样时间，是可以连续测量的。

粒子的记录是由光学粒子计数器完成。光学粒子计数器的运转是带有与粒子计数速率相匹配的浮质稀释系统以及上下游的粒子浓度通道。测量周期内的结果按以下要求记录：

——计数器的范围和等级：也就是通过粒子计数器记录结果的数量，分别记录每段粒径范围内的数量。

——采样空气的流量：VA_U（上游）、VA_D（下游）。也就是在试验过程中通过粒子计数器对浮质取样分析气体的流量。

——粒子分析系统的可适用的稀释因素（上下游）k_{VA}：也就是进灰风道内的采样的空气流量与粒子计数器内的取样的空气流量之比。

5.11.6 试验程序

按照 5.11.3 准备真空吸尘器，按照 5.11.4 对排斥试剂进行中和，试验按以下进行：

——真空吸尘器在不进灰的状态运行至可接受或稳定的状态（至少 15 min）。

——粒子计数器在 30 s 内测得上下游的背景值。

——进灰时间为 10 min，同时监控进灰管道里的粒子浓度。

——期间需要测量 5 次，每次由以下步骤组成：

- 进灰管道的粒子应记录 30 s（上游测量）；
- 如果使用一个粒子计数器：15 s 内完成粒子计数器的移至下游；
- 出风管道的粒子应记录 30 s（下游测量）；
- 15 s 内完成粒子计数器的移动；
- 如果使用两个粒子计数器，调整相应的采样时间，是可以连续测量的。

粒子的记录是由光学粒子计数器完成。光学粒子计数器的运转是带有与粒子计数速率相匹配的浮质稀释系统以及上下游的粒子浓度通道。测量周期内的结果按以下要求记录：

——计数器的范围和等级：也就是通过粒子计数器记录结果的数量，分别记录每段粒径范围内的数量。

——采样空气的流量：VA_U（上游）、VA_D（下游）。也就是在试验过程中通过粒子计数器对浮质取样分析气体的流量。

——粒子分析系统的可适用的稀释因素(上下游)k_{VA}:也就是进灰风道内的采样的空气流量与粒子计数器内的取样的空气流量之比。

对于同一类型的样机至少测量三台。

注:稀释速率需要适当时校验,验证连续的稀释没有浓度超标,验证减小连续的稀释没有使得下游的浓度变稀,见7.3.8.5。

5.11.7 灰尘溢出的确定

基于粒子计数器在5次测量中得到的数据,对于进风管和出风管,过滤效率是根据粒子等级得到的。

每次测量认为取样是正态分布,根据统计学来分析。

假定 $z(k,l)_U$ 是在第 l 次单独测量进风道(上游)且粒子等级为 k 的粒子总量。相应的最低置信度为95%,$\underline{Z(k)}_U$,根据以下确定:

——上游5次独立测量的等级为 k 的粒子数量总和:

$$Z(k)_U = \sum_{l=1}^{5} z(k,l)_U$$

式中:

k ——粒子等级;

l ——每次测量次数;

$z(k,l)_U$——第 l 次时上游 k 等级的粒子数量;

$Z(k)_U$ ——所有测量次数中上游 k 等级的粒子数量和。

——基于95%置信度,粒子总数 $Z(k)_U$ 的置信度限值 $\underline{Z(k)}_{U\text{-}0.95}$:

如果 $Z(k)_U > 50$:$\underline{Z(k)}_{U\text{-}0.95} = Z(k)_U - 1.96 \times [Z(k)_U]^{\frac{1}{2}}$

如果 $Z(k)_U \leqslant 50$:$\underline{Z(k)}_{U\text{-}0.95}$ 查表1

假定 $z(k,l)_U$ 是在第 l 次单独测量出风道(下游)且粒子等级为 k 的粒子总量。相应的最低置信度为95%,$\overline{Z(k)}_{D\text{-}0.95}$,根据以下确定:

——下游5次独立测量的等级为 k 的粒子数量总和:

$$Z(k)_D = \sum_{l=1}^{5} z(k,l)_D$$

式中:

k ——粒子等级;

l ——每次测量次数;

$z(k,l)_D$——第 l 次时下游 k 等级的粒子数量;

$Z(k)_D$ ——所有测量5次数中下游 k 等级的粒子数量和。

——基于95%置信度,粒子总数 $Z(k)_D$ 的置信度限值 $\underline{Z(k)}_{D\text{-}0.95}$:

如果 $Z(k)_D > 50$:$\overline{Z(k)}_{D\text{-}0.95} = \underline{Z(k)}_D + 1.96 \times [Z(k)_D]^{\frac{1}{2}}$

如果 $Z(k)_D \leqslant 50$:$\overline{Z(k)}_{D\text{-}0.95}$ 查表1

根据以上统计学的计算,最低置信度为95%的置信区间的过滤效率 $\underline{E(k)}_{0.95}$,由粒子等级 k 确定:

$$\underline{E(k)}_{0.95} = 1 - \left[\frac{\overline{Z(k)}_{D\text{-}0.95} \times k_{VA\text{-}D} \times \left[\frac{VA_U}{VA_D}\right]}{\underline{Z(k)}_{U\text{-}0.95} \times k_{VA\text{-}U}}\right]$$

式中:

k ——粒子等级;

$\underline{E(k)}_{0.95}$ ——粒子等级为 k 的过滤效率的最低置信度；

k_{VA-D} ——粒子分析系统下游的稀释因素；

k_{VA-U} ——粒子分析系统上游的稀释因素；

VA_D ——下游取样空气流量；

VA_U ——上游取样空气流量；

$\overline{Z(k)}_{D-0.95}$——下游测量中 k 等级的粒子数量和的置信度上限值；

$\underline{Z(k)}_{U-0.95}$——上游测量中 k 等级的粒子数量和的置信度下限值。

每次试验都需要评估。

表 1　95%置信度时限值分布一览表

Z	$\underline{Z}_{0.95}$	$\overline{Z}_{0.95}$	Z	$\underline{Z}_{0.95}$	$\overline{Z}_{0.95}$	Z	$\underline{Z}_{0.95}$	$\overline{Z}_{0.95}$	Z	$\underline{Z}_{0.95}$	$\overline{Z}_{0.95}$	Z	$\underline{Z}_{0.95}$	$\overline{Z}_{0.95}$
0	0.0	3.7	10	4.7	18.4	20	12.2	30.8	30	20.2	42.8	40	28.6	54.5
1	0.1	5.6	11	5.4	19.7	21	13.0	32.0	31	21.0	44.0	41	29.4	55.6
2	0.2	7.2	12	6.2	21.0	22	13.8	33.2	32	21.8	45.1	42	30.3	56.8
3	0.6	8.8	13	6.9	22.3	23	14.6	34.4	33	22.7	46.3	43	31.1	57.9
4	1.0	10.2	14	7.7	23.5	24	15.4	35.6	34	23.5	47.5	44	32.0	59.0
5	1.6	11.7	15	8.4	24.8	25	16.2	36.8	35	24.3	48.7	45	32.8	60.2
6	2.2	13.1	16	9.2	26.0	26	17.0	38.0	36	25.1	49.8	46	33.6	61.3
7	2.8	14.4	17	9.9	27.2	27	17.8	39.2	37	26.0	51.0	47	34.5	62.5
8	3.4	15.8	18	10.7	28.4	28	18.6	40.4	38	26.8	52.2	48	35.3	63.6
9	4.0	17.1	19	11.5	29.6	29	19.4	41.6	39	27.7	53.3	49	36.1	64.8
10	4.7	18.4	20	12.2	30.8	30	20.2	42.8	40	28.6	54.5	50	37.0	65.9

5.11.8　粒子浓度与稀释

完美的粒子记录和分析需要监控和保持计数器里的粒子浓度在正确试验的规格范围内，每个粒径的粒子数量 z_{SAMPLE} 小于 $z_{COUNTER\_MAX}$，例如：

$z_{SAMPLE} < 0.2z_{COUNTER\_MAX}$

为了验证浓度无超标，增加总量的稀释度，验证计算会以同比例的速率下降。

为了验证稀释无超标，降低稀释度，验证计算会以稀释度变化率的相同比例增加。

5.11.9　记录

每次过滤效率试验需要记录以下信息：

——3 台样机的技术参数。

——集尘器和过滤器信息。

——吸入灰尘的质量。

——粒子分析系统的信息：

- 粒子计数器以及粒子等级的粒径范围；
- 上下游的稀释因素。

——每次的粒子计数：

- 稀释因素；

- 粒子计数器内的取样空气流量；
- 粒子计数器记录粒子每个等级。

——每个粒子等级的过滤效率(下限的95%置信区间)。
——周边气流如果适用。
——真空吸尘器的空气流量如果适用。

6 混合试验

6.1 一般要求

本章描述的试验是吸尘器相关的简易操作和吸尘器在装配好附件使用时涉及压力的性能特征。吸尘器抵抗压力的能力可采用第5章相适应的试验评估。

6.2 运动阻力

6.2.1 目的

本试验的目的是确定运动阻力，包括前进与后退运行，在地毯上正常工作条件下清洁头产生的摩擦力。

6.2.2 试验地毯和设备

试验地毯，按照7.2.1要求，应无灰尘。

用于测量运动阻力的试验地毯不应用于其他试验并且永远保存在标准大气压环境内，可挂起或平放，但不应卷起。

试验地毯用试验装置拉紧，能够测量运动阻力不得低于100 N之间，测量精度0.5 N。

适合的试验装置的结构原理见7.3.9。

注：建议使用机械装置模拟试验，以避免额外压力被施加在试验中的清洁头上(见7.3.12)。

6.2.3 运动阻力的确定

清洁头以(0.5±0.02)m/s的速度往复运行覆盖整个试验区域。清洁头沿着绒毛的方向运动，同时手柄不应出现偏斜。自行驱动的真空吸尘器按照规定的速度运行，如果不行，则按吸尘器能够达到的速度运行。

运动阻力是测量清洁头以运行速度在试验区域往复运行10次，记录在试验区连续或者以≤100 ms的时间间隔的力。

基于测量值的平均值和运动阻力的范围分别决定了向前和向后运行的运动阻力。

注：可调的连接管的长度保持与地毯除尘试验时的长度一致。

6.3 家具下面的清洁

6.3.1 目的

试验目的是确定从地板上测量家具的自由高度，清洁头能插入家具下面的深度，插入深度从家具的前表面测量，至清洁头可清理到的灰尘覆盖区域为止(见图12)。

注：不要求4.1规定的标准大气压。

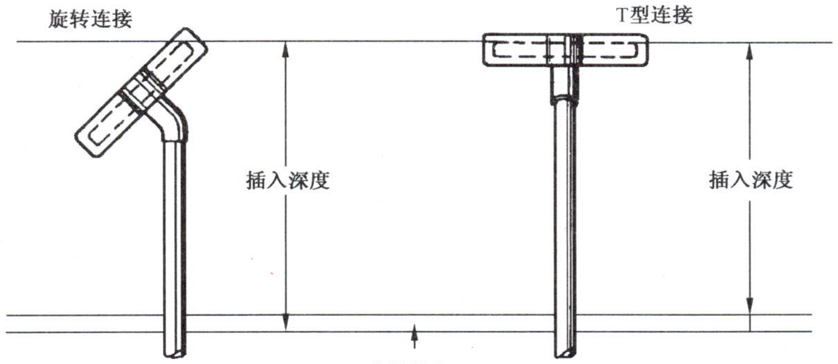

图 12 插入深度

6.3.2 试验灰尘分布

矿物灰尘按照 7.2.2.1 要求覆盖在试验地毯或硬地板上，当分布覆盖试验地毯时，试验灰尘不应埋入地毯中。

6.3.3 家具自由高度的确定

清洁头调整到适合在家具下面运行的位置。

真空吸尘器以最大流速连续运行，确定家具自由高度，以毫米为单位，使清洁头尽可能按家具的下列深度除尘：

1.00 m：代表床下、沙发等家具下清洁；

0.60 m：代表衣柜、书柜等家具下清洁。

6.4 操作半径

6.4.1 目的

试验的目的是确认吸尘器在正常操作的位置时插座和表面可清洁污点的最大距离。

6.4.2 测量条件

带有吸入软管的管形把手或其他吸尘器的手柄用来握持进行工作（见 4.6），施加在操作方向上的力最大为 10 N，清洁头的前边缘应与操作方向成直角。

注：不要求 4.1 的标准大气压条件。

6.4.3 操作半径的确定

操作半径由最大距离确定，精确到 0.05 m，清洁头前边缘到电源插头端面之间的距离。

6.5 可拆卸清洁头的耐冲击

6.5.1 目的

本试验的目的是确定可拆卸清洁头在撞击墙角、门槛等的冲击能力，在正常使用时或者其他形式的粗心操作会影响真空吸尘器的性能。

注：不要求 4.1 的标准大气压条件。

6.5.2 试验设备

按7.3.10的要求进行滚筒跌落试验。

6.5.3 冲击阻力的确定

清洁头放置在滚筒里,然后开始运行,在试验期间,经过适当的时间间隔将清洁头从滚筒中取出检查。

试验持续到清洁头出现损坏并开始影响清洁性能为止,例如,裂缝造成的泄漏、连接触松动等,或出现能够损坏地毯、脚垫的锐边等。

注:建议最多运行500个周期。

6.6 软管和连接管的变形

6.6.1 目的

本试验的目的是确定软管或连接管支撑负载的能力,相当于中等质量人的载荷,试验样品没有造成损害或吸尘器的永久变形。

注:不要求4.1的标准大气压。

6.6.2 试验设备

按7.3.11要求的试验设备包括压力螺丝刀、负载压力指示器。

6.6.3 永久性变形的确定

试验前,用游标卡尺或数显测圆器测量试验样品截面的直径。

试验样品放置在试验模块和地毯之间,按照图18要求并应用螺丝刀调整,直至负载显示器达到0刻度为止。力增加到700 N保持10 s,然后力随时间减小到0,对于软管,试验中应保持在自由状态(没有压力或拉力)。

截面如图13所示,测量外型尺寸的减小量至少在1 min以后进行,永久性变形值,用减小量与原外部直径的百分比表示。

单位为毫米

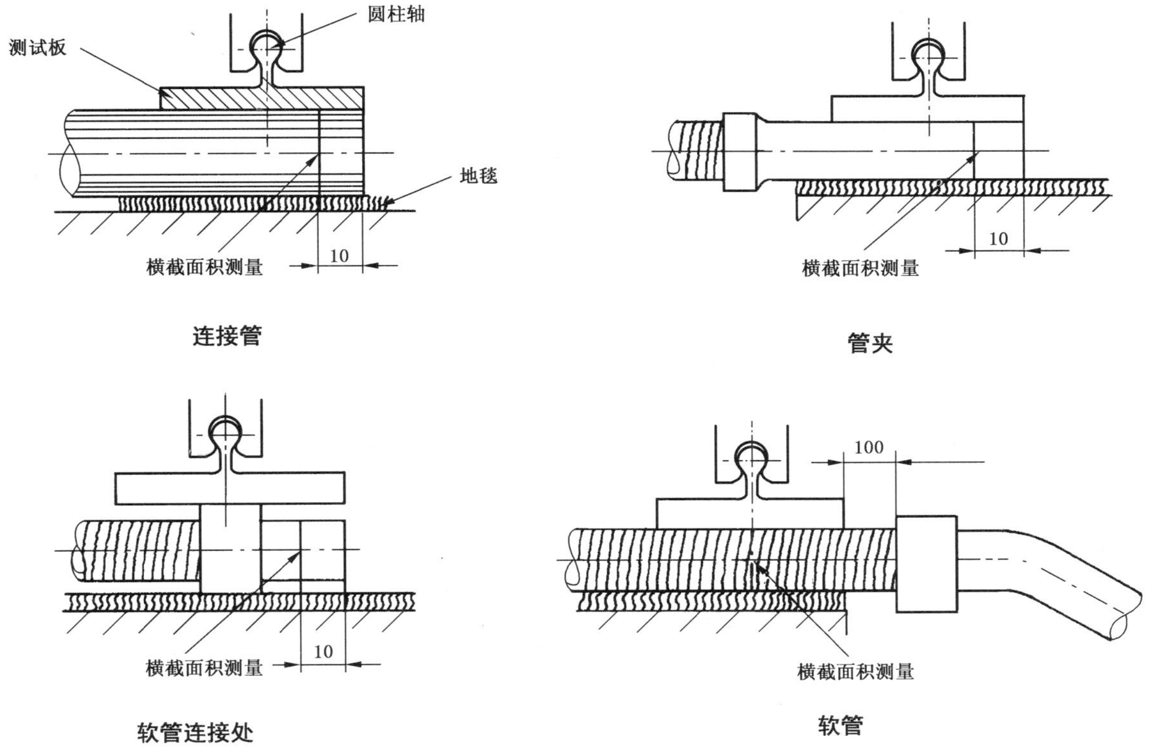

图 13　试验物体位置和横截面积变形测量

6.7　冲击试验

6.7.1　目的

本试验的目的是确定真空吸尘器在通过门槛或撞击门柱情况下抵抗压力的能力。试验仅适用在正常使用时,使用者拉着吸管的管夹的情况。

注：不要求 4.1 的标准大气压条件。

6.7.2　试验设备

试验在平的硬地板按照运行的距离(2±0.1)m 并且准备下列试验障碍：

——由聚酰胺 6 或同等硬木制成的门槛,截面尺寸按照图 14,在与试验表面中心线成直角处与吸尘器开始位置有 1 m 的距离(见图 15)；

——门柱用钢板制成,尺寸按图 15,放置在中心线任一边与吸尘器的开始位置有 2 m 的距离。

注：木地板可由弹性橡胶传送带覆盖为吸尘器重新回到启动位置(见 6.7.4)。

吸尘器前进运动需用力施加在管的手柄上,以高于试验表面(800±50)mm 位置沿中心线运行,吸尘器的速度为 $1^{+0}_{-0.1}$ m/s 以距开始位置 $0.8^{+0.1}_{-0}$ m 处。

为保持吸尘器在试验中接近中心线,建议使用适当的、低摩擦的导向系统间隙 20^{+0}_{-5} mm 在吸尘器的任意一边可调整边距的同步运行小车。

单位为毫米

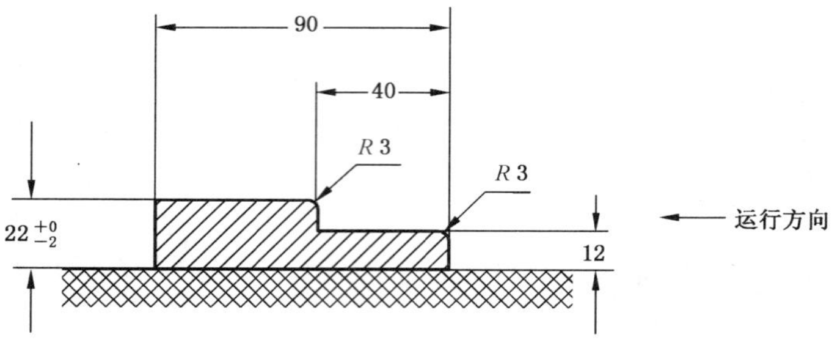

图 14 门槛剖面

单位为毫米

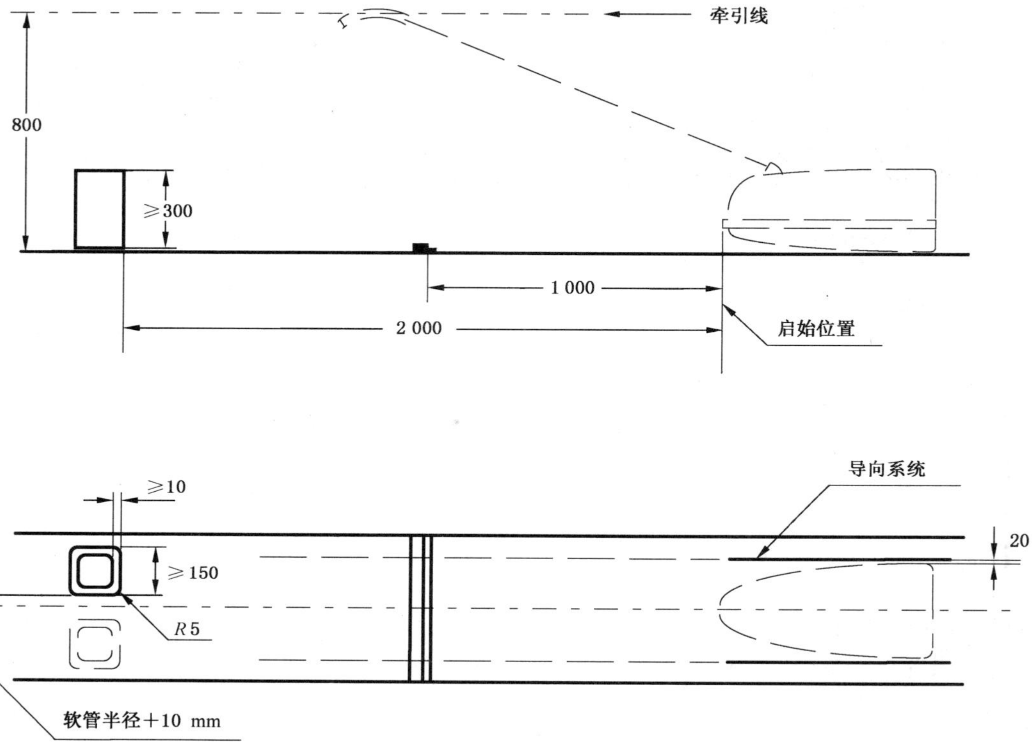

图 15 冲击试验布置

6.7.3 试验循环

每个试验周期包括的 22 次试验具体如下：

——10 次翻越门槛；

——1 次撞击左(或右)门柱；

——10 次翻越门槛；

——1 次撞击右(或左)门柱。

6.7.4 试验程序

试验前，吸尘器按4.5要求装好清洁的集尘器和过滤器。

翻越门槛时，吸尘器允许在运行距离结束时缓慢停止，在离初始位置1.5 m远处停止施加在手柄上的力并使用泡沫橡胶吸收能量。

在撞击门柱时，施加在手柄上的力应保持试验速度直到撞到门柱。

每次运行以后，吸尘器重新回到初始位置避免其轮子或滑杆承受负载，每次运行之间，要求停歇至少5 s。

试验过程中，吸尘器应以15 min开、15 min关间歇运行，不必同试验周期同步进行。

在每50个循环以后，应检验吸尘器损坏和其他相应功能。

注：建议运行500个周期。

6.8 软管扭曲

6.8.1 目的

本试验目的是确定在空气通过时，吸尘器软管避免起皱褶的能力。

注：不要求4.1规定的标准大气压条件。

6.8.2 试验样品的准备

1.5 m长的软管弯成U字形，按照图16要求软管的自由端捆在一起。

单位为毫米

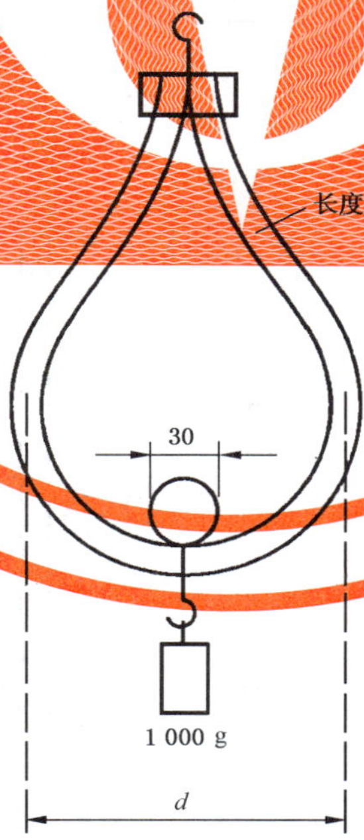

图16 软管弯曲试验准备

6.8.3 软管弯曲性能的确定

试验样品用夹子加住悬挂，1 min以后测量U字形两边中心线间的最大距离 d_0。在最低点悬挂

1 000 g重物 1 min 以后测量 U 字形两边中心线间的最大距离 $d_{1\,000}$。

软管的弯曲度(值越高表示弯曲性越好)用下列公式计算：

$$弯曲度=(d_0-d_{1\,000})/d_0$$

注：如果软管损坏，应在试验报告中说明。

6.9 软管的重复弯曲

6.9.1 目的

本试验的目的是确定软管重复弯曲的能力，如吸尘器在正常使用时，软管损坏引起泄漏影响吸尘器性能。

注：不要求 4.1 规定的标准大气压条件。

6.9.2 试验设备

试验设备按照图 17 要求，包括一个加紧机构、连杆机构。连杆通过摆动器操作，例如曲柄连杆机构操作完成上下运动，运动频率为每分钟(10±1)次。连杆的初始位置为水平位置，举起高点连杆与水平位置成(40±1)°。

单位为毫米

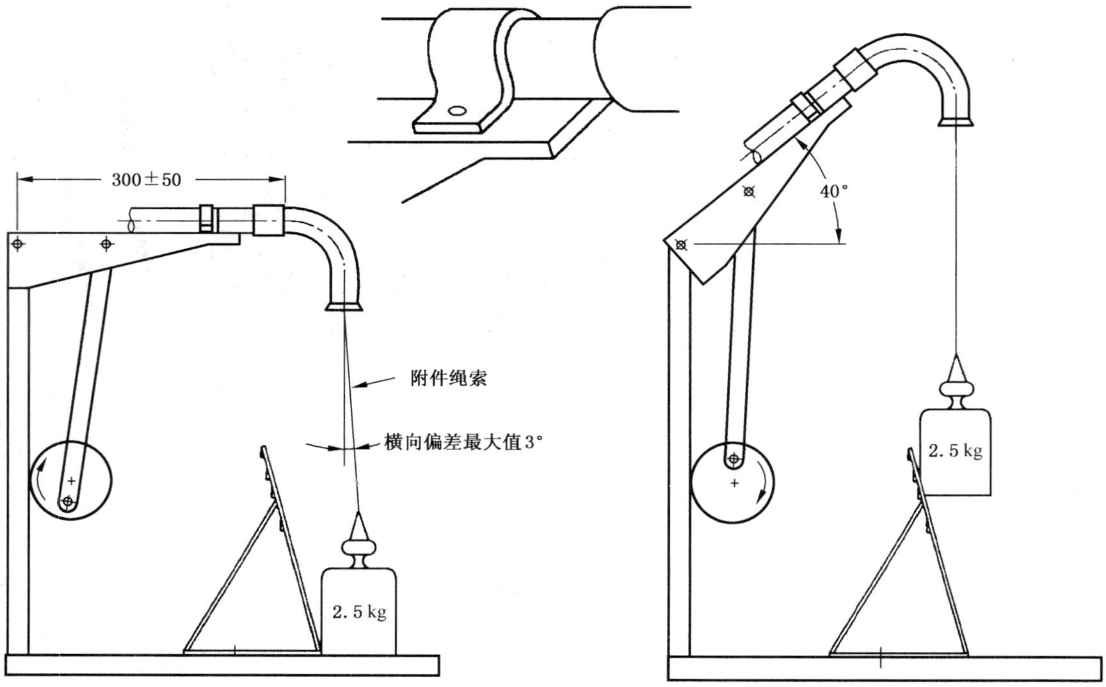

图 17 软管弯曲试验设备

6.9.3 试验方法

软管连接器夹住连杆，连杆支点与软管连接器固定端末尾的距离为(300±50)mm。

用 2.5 kg 重物挂在软管的下垂的部分，在摆动运行期间提升的距离高于安装板(100±10)mm，在运行的其他时间，停放在安装板使得软管无负载状态，完成全部运动后，软管长度需要减短到大约

300 mm。

为避免软管上的负载摆动,可使用一个最大斜度 3°的可调整的斜板。

完成摆动的次数为直至软管损坏到不能使用的程度,记录试验次数。

注:建议连续进行 40 000 次摆动试验。

6.10 寿命试验

6.10.1 目的

本试验的目的是确定真空吸尘器在集尘器部分填充灰尘时维持空气流量的特性的能力,以正常家庭使用或家庭灰尘为代表。

注 1:不要求 4.1 规定的标准大气压条件。

注 2:如果供应商提供可清洗的过滤器,应更换过滤器。

6.10.2 试验灰尘

集尘器装有符合 7.2.2.3 要求的灰尘,见图 11。

6.10.3 试验方法

试验之前,真空吸尘器应满足空气数据测量(见 5.8)和灰尘泄漏/过滤效率测量(见 5.11),然后集尘器应装在满足 5.9 试验总灰尘量 50%的灰尘。

吸入真空吸尘器总的灰尘量根据 5.9.2.3 描述吸入集尘器。

装有灰尘的吸尘器按运转 14 min 30 s,停 30 s 的程序间歇运行,如果吸尘器带有转动装置,则运行时滚刷不与地面接触。

真空吸尘器运行(50 ± 5)h 后,应更换清洁集尘器和过滤器(见 4.5),重复测量空气数据,并记录。

第 1 个循环集尘器装载相同质量的试验灰尘运行(50 ± 5)h,然后重复运行累计时间至 500 h。

按照制造商的要求进行袋子和过滤器的更换或保持,并记录,见 4.5。

6.11 质量

真空吸尘器及附件的质量,应一定并在报告中说明。如果提供,真空吸尘器的质量应包括电源软线和放置在附件盒中的附件,并且质量以克表示。

注:不要求 4.1 规定的标准大气压条件。

6.12 握持力

本试验的目的是使用者在握住真空吸尘器手柄时施加在手上的力。施加在手上的力是以垂直方向的静态力表示。

根据 4.6 测量真空吸尘器按照正常操作位置放置在地板上的力。任何伸缩管或者手柄应拉伸至最长状态。

测力装置(例如弹簧秤或类似装置)的精度为 0.05 N,手柄提高至(800±50)mm,软管自由悬挂不得施加额外力。如果手柄上带有电线,该电线从储线装置中全部拉出至吸尘器后面,随意放置在地板上。

真空吸尘器握持力的测量应在静止状态下,并作记录。

注:本试验不必开启吸尘器。

6.13 规定清洁时间

在地毯和地板上无阻碍的区域内的清洁时间通过下式计算:

$$t=\frac{2A}{v \cdot B}$$

式中：

t ——清洁时间，单位为秒(s)；

A ——面积，单位为平方米(m^2)；

B ——清洁头宽度，单位为米(m)；

v ——运行速度，单位为米每米秒(m/s)。

规定清洁时间——即以(0.5±0.02)m/s 速度清洁 1 m^2 的区域所需的时间——由下式计算：

$$t_s=\frac{4}{B} \qquad (s)$$

虽然，得到的值不包括清洁头的横向运动，应尽量考虑近似于平行和 Z 型模式的运动(见图 4 的 Z 型模式)。

6.14 尺寸

记录真空吸尘器存储器的重要尺寸。所有尺寸以 m 为单位记录。

6.15 噪声等级

见 IEC 60704-1 和 IEC 60704-2-1。

6.16 能耗

记录清洁地毯表面和带斜向缝隙的硬地板的能耗值，并计算这两种情况下在 10^2 区域内做 5 个往复运行(清洁 10 次)的等效能耗值。

平均能耗值需对地毯及硬地板进行测量计算得出，并分别记录。

当使用电动地刷时，能耗值为吸尘器能耗与电动地刷能耗之和。

6.16.1 地毯上能耗

6.16.1.1 试验设备

由 7.3.12 描述的机械测试设备进行试验。

试验用地毯需为按照 7.2.1.3.2 要求的 Wilton 地毯，并按照 7.2.1.4 要求预处理去除松弛的绒毛。

吸尘器需使用新的尘袋或是过滤装置，并需设置为最大吸力状态。如若地刷上有相关设置装置，需选择对应的“地毯”挡(与地毯清洁效率测试时相同)。

6.16.1.2 试验程序

以 0.5 m/s 的运行速度 5 次往复运行模式在长度为 1 m、宽度为清洁头宽度的测试表面来回移动。以此来确定吸尘器包括清洁头在内的平均动力输入。

注：当清洁头不能以 0.5 m/s 的速度运行时，允许清洁头以其自身允许速度运行，此种情况需在测试报告中说明。

清洁头的加速及减速区域不纳入计算。由平均动力输入和 5 次往复运行的时间来计算吸尘器在来回移动区域的平均能耗。根据清洁头宽度(参见 3.7)的值，再计算出 10 m^2 区域的数值。

6.16.1.3 建立平均动力输入

动力输入测量的精度是根据对应测量范围最大值为 2 500 W 时的 0.5%。测试设备需根据清洁头的移动进行控制，清洁头在运行长度上每次运行都测量至少 10 次。平均动力输入计算公式如下：

$$P_{\text{eff}}=\frac{1}{10}\times\frac{1}{n}\times\left\{\sum_{1}^{10}\left[\sum_{i=1}^{n}P_{\text{eff}}(i)\right]\right\}$$

式中：

P_{eff} ——5 次往复运行的平均有效输入功率，单位为瓦(W)；

$P_{\text{eff}}(i)$ —— 每次测量的有效输入功率，单位为瓦(W)；

n ——动力输入测量的次数($n\geqslant10$)。

6.16.1.4 确立能效

每 10 m^2 的能耗，5 次往复运行下的 E(10 m^2)，计算公式如下：

其中： P_{eff}＝平均动力输入；

B＝清洁头宽度(m)；

v＝运行速度(0.5 m/s)

E＝能耗(W·s)。

地刷覆盖区域

$$A_{\text{tot}}=N\times A$$

式中：

A——清洁区域(10 m^2)；

N——清洁过程次数(5 次往复运行)。

地刷覆盖区域 A_{tot} 对应的总清洁轨迹长度：

$$S_{\text{tot}}=A_{\text{tot}}/B$$

5 次往复运行清洁 10 m^2 区域清洁总用时：

$$t_{\text{tot}}=s_{\text{tot}}/v$$

输入动力：

$$E=P_{\text{eff}}\times t_{\text{tot}}$$

$$E=\frac{P_{\text{eff}}\times s_{\text{tot}}}{v}$$

$$E=\frac{P_{\text{eff}}\times A_{\text{tot}}}{(B\times v)}$$

$$E=P_{\text{eff}}\times N\times A/(B\times v)$$

代入 10 m^2 区域，5 个往复运行(10 次运行)及 0.5 m/s 运行速度：

$$E=P_{\text{eff}}\times 10\times 10/(B\times 0.5)$$

$$E=P_{\text{eff}}\times 200/B$$

6.16.2 带有缝隙的硬地板能效

6.16.2.1 试验设备

由 7.3.12 描述的机械测试设备进行试验。

测试用表面需按照 7.3.2 要求。缝隙需按照 5.2 要求。单独针对硬地板，其表面需与 5.1 描述一致或填入一个无缝隙的固体嵌块。

注：缝隙内不能有灰尘填入。

吸尘器需使用新的尘袋或是过滤装置，并需设置为最大吸力状态。如若地刷上有相关设置装置，需选择对应的“硬地板”挡。

6.16.2.2 试验程序

同 6.16.1.2 的描述。

6.16.2.3 建立平均动力输入

同 6.16.1.3 的描述。

6.16.2.4 确立能效

按照 6.16.1.3 测量得到的 P_{eff} 及每 10 m^2 的能耗，对应 5 次往复运行的 $E(10\ \text{m}^2)$ 计算公式如下。

$$E(10\ \text{m}^2)=P_{\text{eff}}\times 200/B$$

此结果需记录测试表面是否是固体，也就是硬地板，或者是带有缝隙，也就是，带缝隙的硬地板。

7 试验材料和设备

7.1 一般要求

本部分包含了系列试验使用的材料和主要设备的设计信息，应注意尽可能规定了材料的组成成分（见附录 A）。

7.2 测试材料

7.2.1 试验地毯

7.2.1.1 一般要求

国际性的试验和实验室内部比对试验首选的地毯是威尔顿机织绒头地毯。还有其他三种不同性质的地毯可用于清洁性能试验。这些应验证的地毯可从附录 A 所示的供应商处购买。附录 C 给定这些地毯的详细说明。

7.2.1.2 地毯数量和尺寸

试验地毯分别适用于平口吸嘴和电动刷的测量，用于测量去除纤维、细线和沿墙边的去除灰尘的能力，并且测量运动阻力。每个试验地毯是成对的，并且，最好在同一时间获得；一个用于实际检验，而另外一个作为参比地毯。

用于去除细线、纤维和沿墙除尘能力的测量，使用威尔顿机织绒头地毯。合适的地毯尺寸是纬向 1.2 m，经向 2.0 m，并有足够的试验面积。

用于测量地毯上的除尘能力和运动阻力，合适的地毯尺寸是纬向 0.5 m，经向 2 m，并有足够的试验面积。

7.2.1.3 地毯形式和品质

7.2.1.3.1 一般要求

不管选择何种地毯试验，应在报告中体现以及为什么使用该种地毯。

注：附录 A 列出了提供经验证地毯的供应商，附录 C 列出了地毯的规格说明。

7.2.1.3.2 威尔顿（Wilton）地毯

威尔顿（Wilton）机织绒头地毯是首选的试验地毯并用于国际性的比对试验。

7.2.1.3.3 A 类试验地毯

这种地毯是短毛聚酰胺类的。作为威尔顿机织绒头地毯的替补地毯，通常相对容易清洁，室内实验室试验可选择以及消费者试验。

7.2.1.3.4 B 类试验地毯

这种地毯是带有中等长度毛簇的长毛地毯，作为威尔顿机织绒头地毯的替补地毯，通常相对不容易清洁，室内实验室试验可选择以及消费者试验。

7.2.1.3.5 C 类试验地毯

这种地毯是带有长毛簇的粗毛地毯，作为威尔顿机织绒头地毯的替补地毯，通常相对比较难于清洁，室内实验室试验可选择以及消费者试验。

7.2.1.4 地毯除尘试验预处理

在试验之前新地毯应按以下方法进行预处理。

使用适合的真空吸尘器运行 5 min 把整个地毯表面上松弛的绒毛和纤维清理干净直至总质量不高于 0.5 g/m^2。记录地毯的质量。

使用室内参考真空吸尘器，根据 5.3 进行除尘试验，记录结果并绘制曲线图表。重复试验直至结果曲线图平坦并与水平轴平行为止，平均值和连续两组试验的结果不得大于：

——威尔顿(Wilton)机织绒头地毯和 C 类地毯为 1 个百分点；

——其他类型地毯为 3 个百分点。

再次称量，试验结果不应比去除纤维材质后记录的质量超出 2 g。如果超出，那么应再次进行清理直至质量达到 2 g 的公差范围内。这个质量即是标准的地毯质量，并将其用于参比试验中决定地毯寿命最小尘埃质量，此质量的最大允许偏差为±5 g。

平口吸嘴和电动刷试验地毯需区分开来，并标识。

7.2.1.5 地毯更换确认

室内参考吸尘器用于验证在必要时地毯是否适合更换。如果结果大于原始或者新地毯首次使用时的 5 个百分点，那么该地毯不应再使用。

7.2.2 标准试验灰尘

7.2.2.1 矿物灰尘——1 型

矿物灰尘包括大理石沙，用于硬地板和带有缝隙的硬地板试验，沙粒尺寸见下表(同见图 3)：

颗粒尺寸范围/mm	质量百分比/%
<0.020	20
0.020<0.040	10
0.040<0.075	10
0.075<0.125	10
0.125<0.25	20
0.250<0.5	16
0.500<1.0	11
1.0<2.0	3

7.2.2.2 矿物灰尘——2 型

地毯除尘能力的测量应使用下列灰尘：

——试验灰尘:按照 ISO 679 由 CEM1 过滤;
——颗粒尺寸:0.09 mm/0.20 mm。

7.2.2.3 模拟家庭灰尘

集尘器装载灰尘试验的灰尘的制定应类似混合:
——70%的矿石灰尘,参考 7.2.2.4;
——20%的纤维灰尘(Arbocel);
——10%的二次切割的棉线。

棉线在棉线切割机上切割的长度上限为 4 mm,在切割之前,棉线包裹放置在温度为(20+2)℃,相对湿度为(40+5)%的环境中压制,切割过的棉线残留湿度不得大于 2.5%。

注 1:在运输和存储灰尘时,可能会发生罐子中灰尘分散或压缩的情况。因而,建议罐子中的灰尘应轻轻松散开来。通过在实验室搅拌器内以每分钟 27 次的速度和 150°的角度慢慢均匀转动罐子几分钟或者在封闭的罐子内手工混合。

注 2:长的棉线用于该项试验正在考虑当中。

7.2.2.4 矿物灰尘——3 型

矿物灰尘模拟家庭灰尘包括大理石沙,沙粒尺寸见下表(同见图 3):

颗粒尺寸范围/mm	质量百分比/%
<0.000 5	9
0.000 5<0.010	5
0.010<0.020	8
0.020<0.040	11
0.040<0.075	10
0.075<0.125	7
0.125<0.250	20
0.250<0.500	24
0.500<1.000	6
1.000 0<2.000 0	0

7.2.2.5 矿物灰尘——4 型

矿物灰尘用于灰尘泄漏试验的根据是 ISO 12103-1。

7.2.3 纤维材料

为确定去除纤维能力,人造丝按照下列规定使用:
天然纤维
1.5 旦尼尔
干切至 19 mm
不抛光。

7.2.4 细线材料

为了确定线段去除能力,使用进行碱性处理的 16TEX(尺寸 50)长的棉制线头,细线是由风连续吹成适当的形状与一定的长度。

7.2.5 模制粒子

为确定集尘器的最大可用容积,使用注塑成形的有弹性的热塑模制颗粒(Kraton G7705-Evoprene 961)填充。

7.2.6 试验垫子

试验垫子由泡沫材料的芯、羊毛材料紧紧粘到泡沫材料上。

芯的材料应是聚氨基甲酸酯并符合下列规定:

密度	35 kg/m^3
压力	按照 ISO 3386-1 40% 每 4.4 kPa
硬度	按照 ISO 2439 40% 每 160 N
尺寸	800 mm×550 mm×80 mm

羊毛材料应是长的聚醚材料,质量为 100 g/m^2。

垫子片应由符合下列规定的装潢材料制成:

形式	丝绒、剪切绒面
绒面复制	3/6 纬纱,W-簇
颜色	深蓝,无图案
基本纤维	棉,(20 tex×2)×(20 tex×2)
绒棉支数	100% 精纺毛织物,42 tex×2
质量	约 625 g/m^2
厚度	3.4 mm
绒面质量	390 g/m^2
绒毛高度	约 2.8 mm
簇数	66/cm^2

垫子片由装饰材料的纬纱制成,方向平行于垫子片的 800 mm 长边,并在长边中央提供一拉链。泡沫芯有足够的压力,片的尺寸小于芯的尺寸 5%。

7.3 测试设备

7.3.1 试验地板

相对于硬地板的试验应在未经处理的松木层压板或等同的板上进行,厚度至少为 15 mm,建议尺寸为 0.5 m×2.0 m 用于机械操作,1.2 m×1.8 m 用于墙角除尘。

7.3.2 带凹槽的试验地板

装置由未经过处理的松木或等同板材和可移动带有(3±0.05)mm 宽,(10±0.05)mm 深平滑沟槽的松木板组成(见图 18)。

沟槽长度大约为两倍于清洁头的宽度。

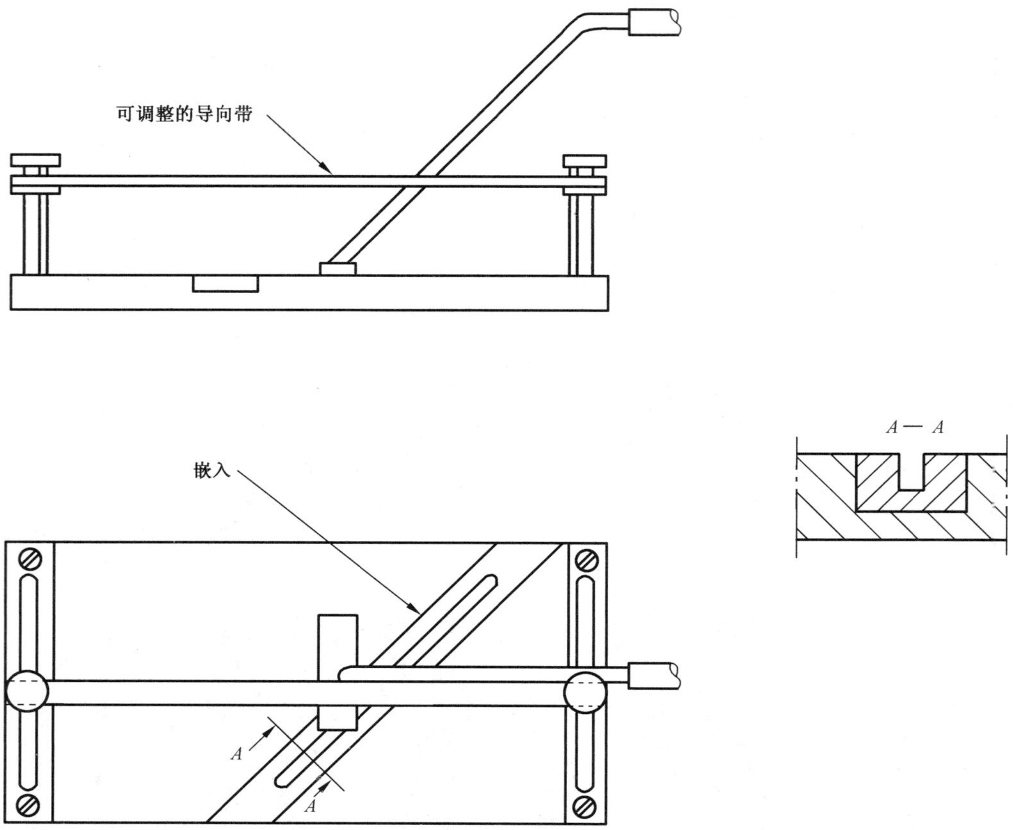

图 18 带有凹槽的试验板

7.3.3 地毯拍打机

设备用于清除地毯上残留灰尘同时不损坏地毯，由带有皮条的水平轴打击地毯背面以及同时在旋转轴下面的地毯进给装置组成(见图 19)。

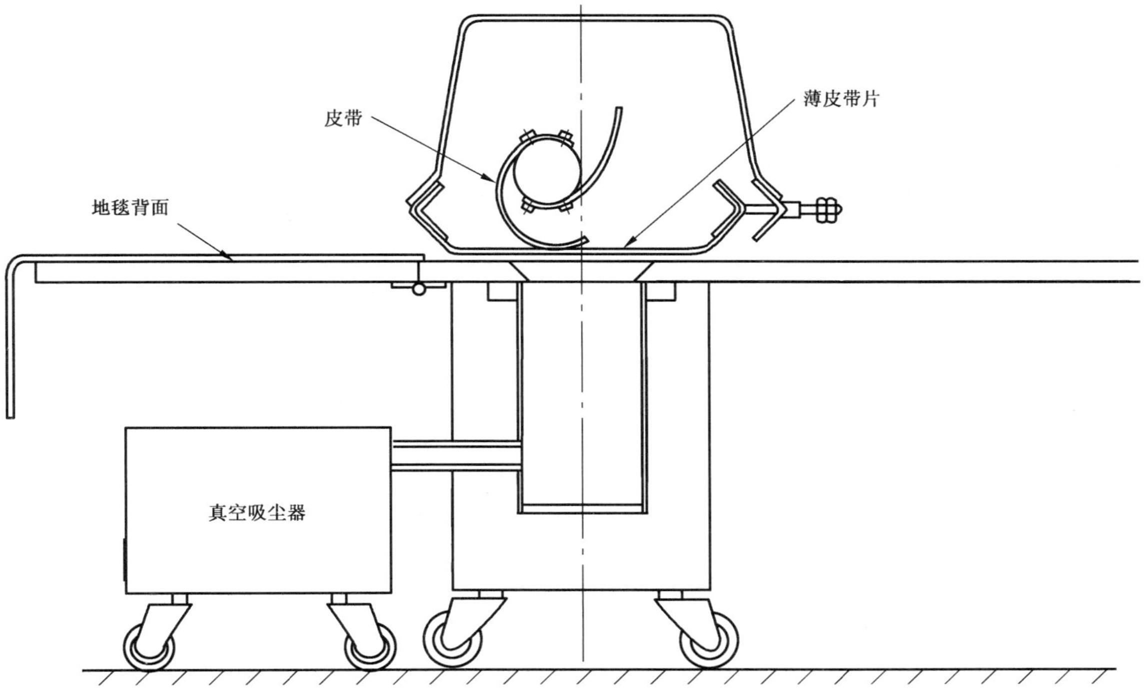

图 19　地毯拍打机

7.3.4　地毯夹紧装置和导轨

两个地毯夹紧装置尺寸为 1.4 m×0.05 m×0.05 m，质量 10 kg，装置应保证流动空气不通过清洁头(见图 20)。建议装置的边靠近清洁头的部分应加以处理以减少摩擦。

注：可用粘结低摩擦系数带子的方法减少摩擦。

夹紧装置的任意一边的试验区域与清洁头两边的间隙不大于 2 mm。

7.3.5　灰尘分撒器

灰尘分撒器为安装有轮子的盘子，盘子宽度与试验区域一致并且可沿着区域的长度方向移动，在未受撞击的情况下，盘子可沿着试验区域长度方向前后移动时，灰尘从盘子底部的孔中流出，均匀地从盘子洒落。移动距离和次数根据试验灰尘和试验区域而定。

振动可由安装振动器或轮子在右凸起的轨道上运动的方法产生(如图 21 所描述)。

单位为毫米

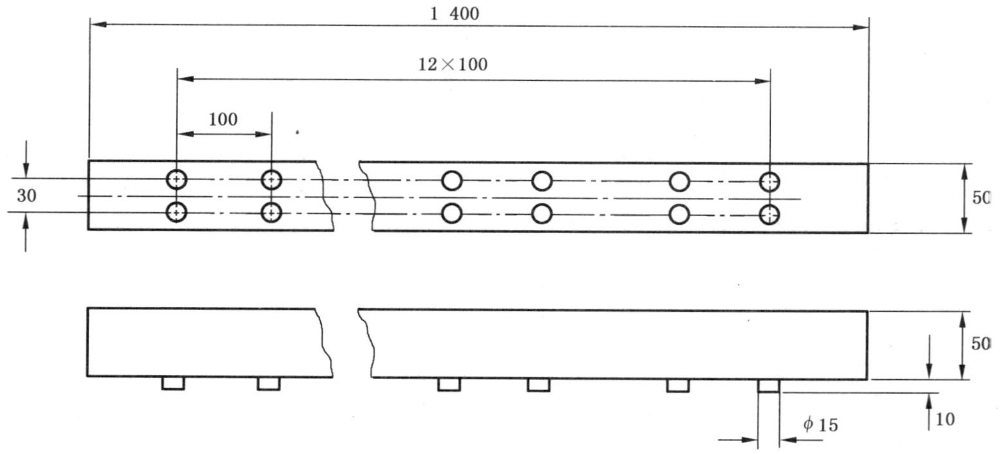

图 20 地毯牵引和导向

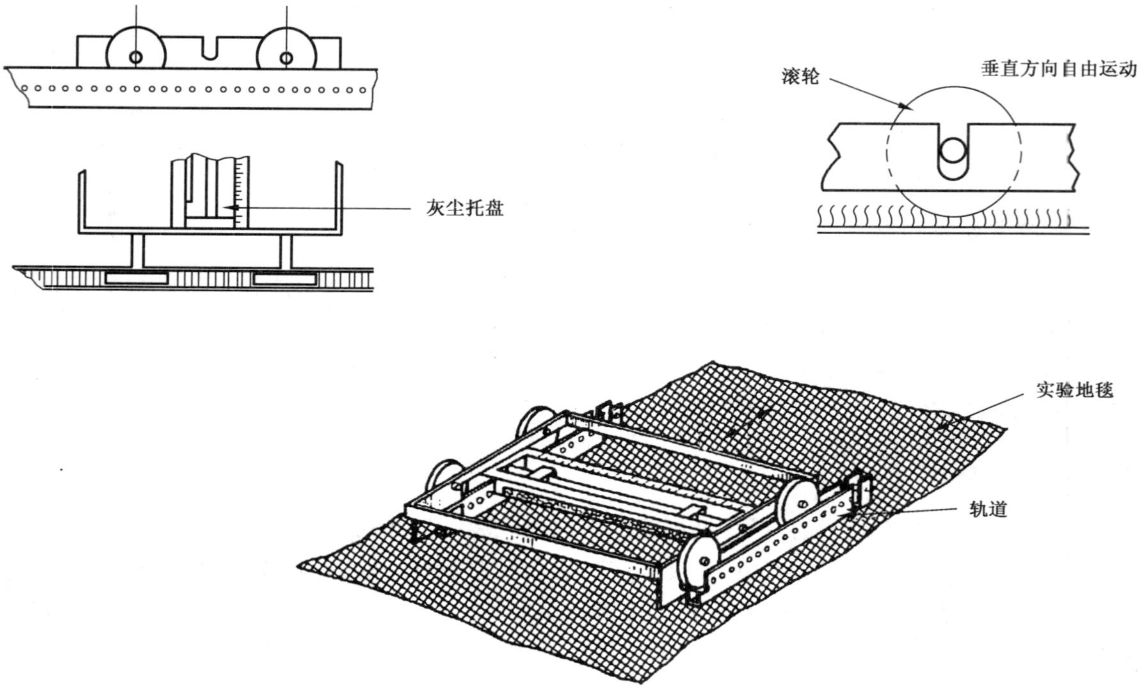

图 21 灰尘分撒器和在地毯中埋置灰尘的滚轮

7.3.6 埋置滚轮

7.3.6.1 灰尘埋置滚轮

滚轮的直径 50 mm，长 380 mm，至少比布灰宽度长 20 mm。滚轮由钢材制成并抛光，滚轮上应有手柄或电机带动滚轮运动。

滚轮的质量为 10 kg/m,滚轮可以装在灰尘分撒器中,见图 21。

7.3.6.2 纤维和线段埋置用滚轮

滚轮的直径 70 mm 每米长质量为 30 kg ,滚轮由钢材制成并抛光,滚轮上应有手柄或电机带动滚轮运动,手动滚轮质量为 15 kg。

7.3.7 设备和空气数据测量

7.3.7.1 一般要求

所有大气环境数据的测量精度在±2%。

提供两台可选的设备,每个包括一个功率计和测量箱,对于真空吸尘器,应有真空度表和设定空气流速的节流装置,试验报告中应说明测得空气数据所使用的设备。

测量箱由钢板制成并能与各种形式的吸尘器连接,连接接头内侧用于连接吸管,软管或者真空吸尘器的连接管应为圆形,其直径至少为 20 mm,应能防止收缩和气流变形。

测得的空气数据应修正为额定电压时标准空气密度条件下的值(见 7.3.7.5)。

7.3.7.2 供选设备 A

试验设定和测量箱细目见图 22 和图 23。

空气流速是由节流阀和带有适合吸嘴的测量管或带孔的盘来确定,并符合 ISO 5167-1(见图 22)。

注 1:气流阀门口根据 5.8.4 中间不作节流,在全开的状态是气流等于或小于 8 号孔径(见 7.3.7.3)数据。
气流由 10 个装置控制,通过节流管进行位置的预先选择。这些位置的气流阻力应接近于 B 设备不同孔径的气流阻力。

在标准大气环境中,空气流量 q 根据以下计算:

$$q = K(h)\sqrt{h_d} \quad (\mathrm{L/s})$$

式中:

h_d ——测量管的标准吸嘴或孔盘的微分压力,单位为千帕(kPa);

$K(h)$——吸嘴或孔盘基于试验样品校验数据的流量系数。

注 2:试验箱上装配一个根据 5.8.4 要求的独立的冷却装置。比如气流阀门口,在打开的位置气流阻力应等于或小于 A 设备最小的气流阻力。

注 3:A 设备尺寸可以不限制在图 23 给定的 460 mm×460 mm× 250 mm。图 24 给定的 500 mm×500 mm×500 mm的 B 设备是可选的,建议气流大于 40 L/s 时使用。

注 4:测量管可由任一含有气流表的管子替代,例如气流流量计,给定的测量结果符合 ISO 5167-1。

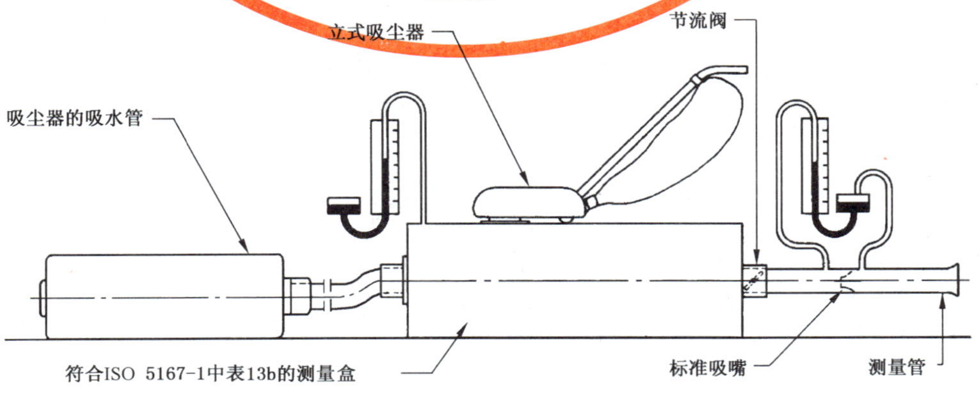

图 22 供选设备 A 空气数据测量

单位为毫米

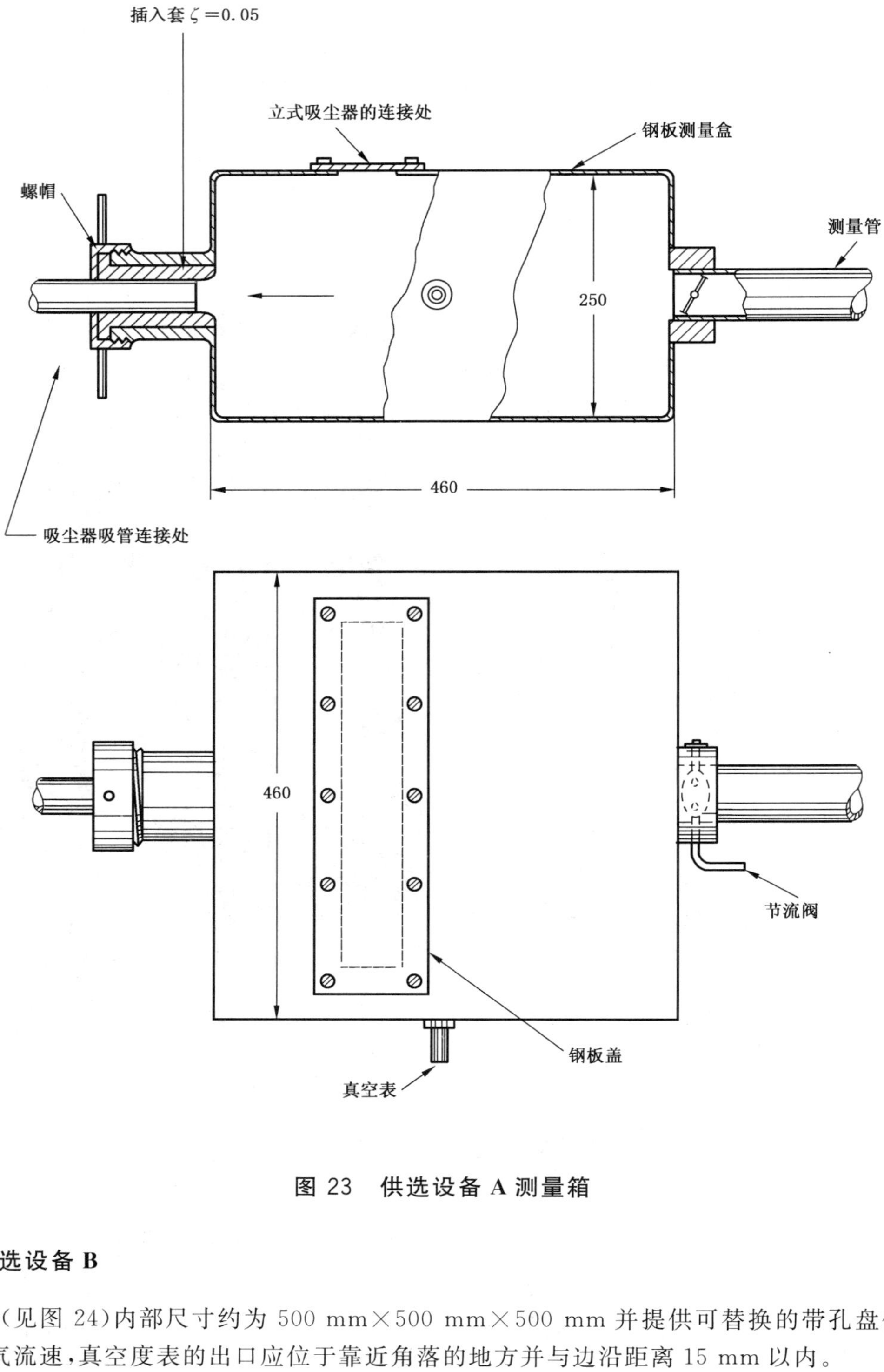

图 23 供选设备 A 测量箱

7.3.7.3 供选设备 B

测量箱(见图 24)内部尺寸约为 500 mm×500 mm×500 mm 并提供可替换的带孔盘作为夹紧装置,保证空气流速,真空度表的出口应位于靠近角落的地方并与边沿距离 15 mm 以内。

注 1:当最大气流小于 40 L/s 时,允许使用小的 A 类均压箱。

注 2:试验箱上装配一个根据 5.8.4 要求的独立的冷却装置。比如气流阀门口,在打开的位置气流阻力应等于或小于下表 9 号孔径的气流阻力。

气流阀门根据 5.8.4 中间不作节流,在全开的状态时气流等于或小于 9 号孔径(见下图)数据。

由一个带有 10 个孔的盘控制空气流速,孔的尺寸由真空吸尘器确定,孔盘由钢板制成,厚度 (2±0.1)mm,环绕靠口有锐边,开口标准直径 d_0 如下表:

尺寸	0	1	2	3	4	5	6	7	8	9
d_0/mm	0	6.5	10	13	16	19	23	30	40	50

单位为毫米

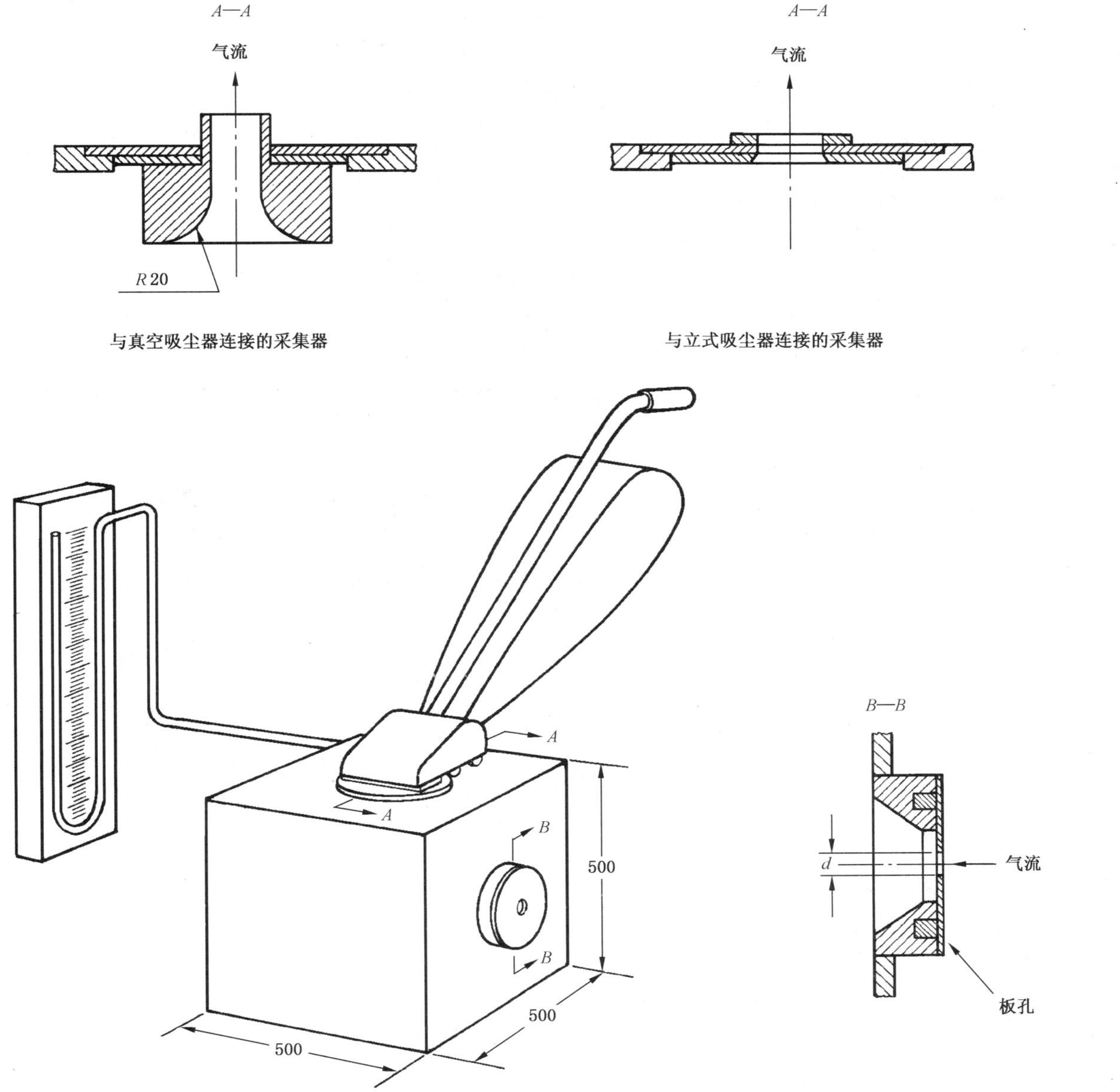

图 24 供选设备 B 空气数据测量

孔盘应紧密地安装在测量箱的前开口处或其突出部位，通过孔流入测量箱的空气应在半径 0.5 m 的半球范围内不受干扰，空气在与最大孔径成 90°的锥形范围内不受干扰。

在标准空气条件下，空气流速 q 由下式得出：

$$q = \alpha \times 0.032 d^2 \sqrt{h} \qquad (\mathrm{L/s})$$

$$\alpha = 0.595 + 0.077\,6 \frac{s}{d} - 0.001\,7h$$

式中：

α——孔系数；

d——孔直径，单位为毫米(mm)；

h——真空度，单位为千帕(kPa)；

s——孔盘厚度，单位为毫米(mm)。

在计算空气流速时，应考虑在 0.01 mm 以上的孔径偏差。

如果使用有斜角的孔板，那么光滑面贴向测量箱。

7.3.7.4 检测仪表

测量输入功率的瓦特表精度为 0.5 级。

真空度表的精度为±0.05 kPa。

真空度表测量 A 设备上测量管(7.3.7.2)的标准吸嘴处的压力应有全量程 0.5%的精度。节流阀在全闭时残留的压力数据在下个压力读数之前应修正。

测量环境气压的气压表不与海平面修正，其精度为±0.2 kPa。

测量环境温度的温度计精度为±1 ℃。在测量箱的空气进风口测量环境温度。

测量排出空气的温度的温度计的精度为±1 ℃。

环境相对湿度测量表的精度为±3%。

校验过的变压器连接至公共电源网络上，其额定频率最大谐波失真不大于 3%，并含有电压表测量校验电压。

测量实时电压曲线的电压表的精度根据 IEC 60688 为 0.2 的等级。

7.3.7.5 额定电压下标准空气密度修正

真空吸尘器通常使用串励绕组电机在一定程度范围内对电机负载空气密度变化和转速变化敏感，考虑到空气密度和串励绕组电机一般特性的相互影响，测量空气数据修正为标准条件下的。

已知带有串励绕组电机的真空吸尘器的特性和电压的偏差有关系。这种关系应考虑测得的 V_m 超过额定电压的 $\frac{V_{rv}-V_m}{V_{rv}}\pm 0.25\%$ 应修正至额定电压值。

真空度修正值为：

$$h=h_m D_m^{-0.67}\left(\frac{V_{rv}}{V_m}\right)^{+1.33}\quad(\text{kPa})$$

A 设备的修正压力值：

$$h_d=h_{dm} D_m^{-0.67}\left(\frac{V_{rv}}{V_m}\right)^{+1.33}\quad(\text{kPa})$$

气流 q 的修正值根据压力修正值 h_d (A 设备)和真空度修正值 h (B 设备)计算。

输入功率 P_1 根据以下修正：

$$P_1=P_{1m} D_m^{-0.5}\left(\frac{V_{rv}}{V_m}\right)^{+2.00}\quad(\text{W})$$

注 1：对于可选的气流表(7.3.7.2 注 4)根据以下修正：

$$q=q_m D_m^{+0.17}\left(\frac{V_{rv}}{V_m}\right)^{+0.67}\quad(\text{L/s})$$

注 2：风扇或电机的转速和环境有关，根据以下公式修正：

$$n=n_m D_m^{+0.17}\left(\frac{V_{rv}}{V_m}\right)^{+0.67}\quad(\text{s}^{-1})$$

对于 A 设备，q_m 的来源是通过测量管或气流表读数(空气密度无修正的)的压力差。

$$D_m = \frac{p_m + \Delta p_{RH}}{101.3} \times \frac{293}{t_m + 273}$$

和

$$\Delta p_{RH} = 0.001 \times [0.44 - RH \times (2.32 + 0.212 t_m + 0.000\ 28 t_m^3)]$$

式中：

V_m ——测试线性电压，单位为伏特(V)；

V_{rv} ——额定电压，单位为伏特(V)；

p_m ——测量的大气压，单位为千帕(kPa)；

t_m ——在测量箱处测得的环境温度，单位为摄氏度(℃)；

n ——测得的电机速度(s^{-1})；

h_m、q_m、P_{1m} ——周边环境中测试线性电压时的数值；

h、q、P_1 ——额定电压和标准大气环境的修正值；

RH ——相对湿度，以百分数(%)表示；

Δp_{RH} ——周边环境压力的修正值，根据环境温度 t_m <35(℃)和相对湿度 RH<80%。

7.3.7.6 吸入功率和空气流动最大估值

线性回归分析 $h = \alpha + \beta \times q$ 在后续空气流量曲线上测得的 $h(q)$ 使用于计算最大吸入功率 P_{2max} 和最大流量 q_{max} 的理论值。

记录安全阀动作的影响或输入功率的校验范围，回归计算的测量点的影响忽略不计。

空气流量计算值 $q_1 = \frac{-\alpha_1}{2 \times \beta_1}$ 类似于最大吸入功率 $P_{2max} = \frac{-\alpha_1^2}{4 \times \beta_1}$ 应在线性回归曲线 $h = \alpha_1 + \beta_1 \times q$ 后四次测量的范围之内。

如果不是，P_{2max} 的计算值忽略不计，测得的最大吸入功率作为最大值。

最大流量计算理论值 $q_{max} = -\frac{\alpha_2}{\beta_2}$ 是基于线性回归曲线 $h = \alpha_2 + \beta_2 \times q$ 后三次测量值(包括最大气流测量值)。

P_{2max} 和 q_{max} 需分别报告。

如果回归系数小于 0.9，最大测量值应记录报告。

7.3.8 灰尘真空吸尘器过滤效率测量设备

7.3.8.1 一般要求

试验设备由试验罩、进灰口、粒子分析系统包括上下游浮质的取样装置组成。进出风道的表面要求低沾粘的金属光滑材料。

7.3.8.2 试验罩

试验罩的形状如图 25，包括一个有直立围栏的地盘。试验罩需要有适当的开口为真空吸尘器的放入和软管与电源线的连接，真空吸尘器工作时开口需完全密封。试验罩的上端顶部的锥体连接至排气管，其直径 d_i =100 mm。

单位为毫米

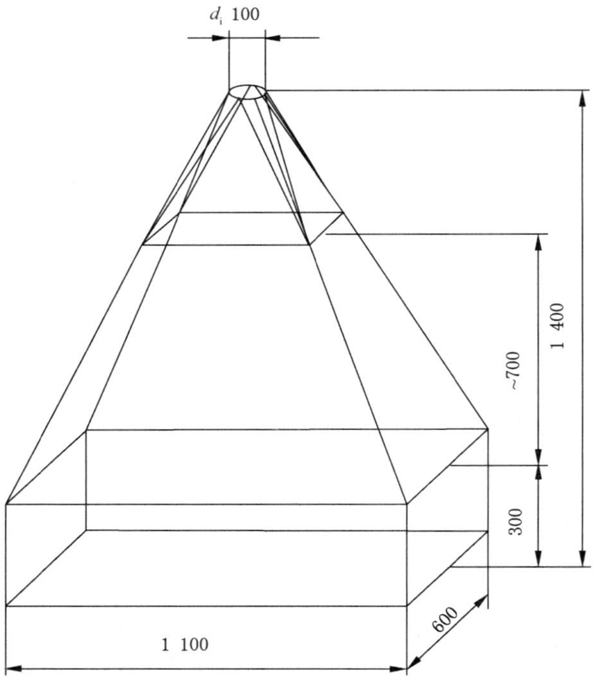

图 25 试验罩

7.3.8.3 灰尘分撒器

灰尘分撒器均匀的提供一定数量的灰尘并分散在浮质通道中(见图 26),为得到真空吸尘器进风管道中浓度要求为 $c=0.1\ g/m^3$ 试验灰尘。

装置包括储灰、进灰器和符合 ISO 5011 的工作流量为 5 m^3/h～20 m^3/h 的分散器吸嘴。浮质从分散器吹至直径 $d_i=100$ mm 的浮质通道,浮质通道的末端提供 $d_i=30$ mm 锥形的软管转接头。

单位为毫米

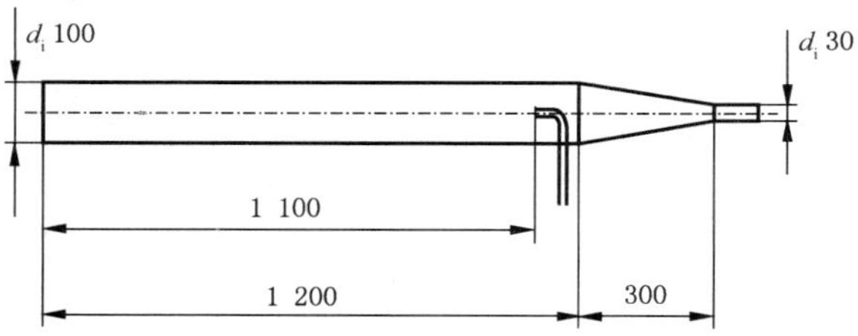

图 26 灰尘通道取样管

7.3.8.4 排气通道

试验罩中的真空吸尘器的所有排气需要通过一个出风管道,见图 27。

单位为毫米

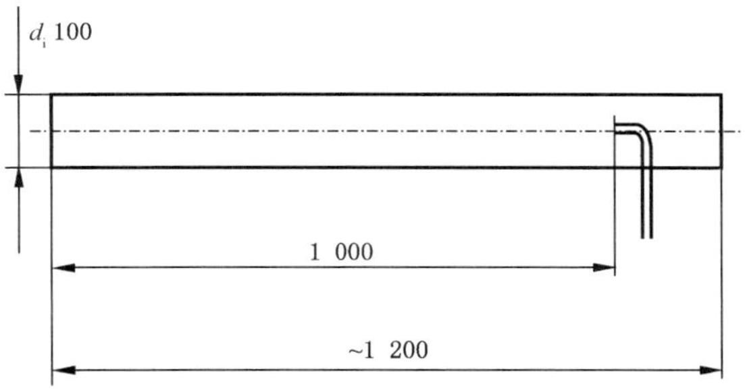

图 27 排气通道取样管

注：ASTM F1977 所描述设备也可使用。

7.3.8.5 粒子分析系统

试验需要浮质取样，在相似的情况下，吸入空气和真空吸尘器排出空气，空气样品应等份采样。也就是，通道中气流速度 v_{channel} 和采样系统进风速度 v_{probe} 的关系应满足：

$$0.8 < \frac{v_{\text{probe}}}{v_{\text{channel}}} < 1.2$$

取样管的孔径必须符合分析仪器入口的内径，且其设计应尽量减少对样本空气的改变。

为满足这些条件，可使用浮质测量稀释系统，与进灰通道中浮质样本的粒子浓度相比，它可通过确定且可重复性的稀释因子，降低进入粒子计数器中样本的粒子浓度，同时不改变粒径等级。

光学粒子计数器应在粒径为 0.3 μm～10 μm 之间的气流量为 28.3 L/min(1 cfm)，这些粒径分为统计学上的等级，其中粒径间隔 q 为：

$$q = \left(\frac{D_{\text{OK}}}{D_{\text{UK}}^{\left(\frac{1}{k}\right)}}\right)$$

式中：

D_{UK} ——记录的最小粒径；

D_{OK} ——记录的最大粒径；

k ——粒子等级。

为减小统计学上的影响，粒子间隔 q 应<2。

粒子计数器至少需要有 8 个可选的粒径等级，见表 2 。

表 2 粒径在 0.3 μm～10 μm 的 8 个等级

单位为微米

等级(k)	1	2	3	4	5	6	7	8
d_{UK}	0.3	0.5	0.7	1.1	1.7	2.7	4.2	6.5
d_{OK}	0.5	0.7	1.1	1.7	2.7	4.2	6.5	10

7.3.9 运动阻碍试验装置

装置包括木质地板和固定地毯的夹紧装置。

根据地毯除尘试验真空吸尘器的手柄应运动覆盖整个试验区域。

对于运动阻力的确认，试验地板的设计应满足清洁头和地毯绒线方向之间力的可测范围在 50 N～100 N 之间。

为保证测试结果不失真,试验装置应具有硬性和低摩擦系数的结构。试验装置的固有频率应大于35 Hz,试验结果应记录或类似的时间间隔小于或等于100 ms的记录模式。

装置包含固定的基地结构,硬性的试验面在绒线方向和基地以柔性连接。直接柔性连接或者试验面间接偏差的额外力应去除。

以上描述的设备可以和4.8描述的机械操作结合。

7.3.10 冲击试验装置

装置包括带有检查窗的钢板滚筒和钢板地板,钢板厚度5 mm,覆盖厚度20 mm的栎木或等同密度和硬度的材料(见图28)。

当滚筒以5 r/min速度旋转时,试验物体交替落在地板或滚筒壁上,跌落高度80 cm。

单位为毫米

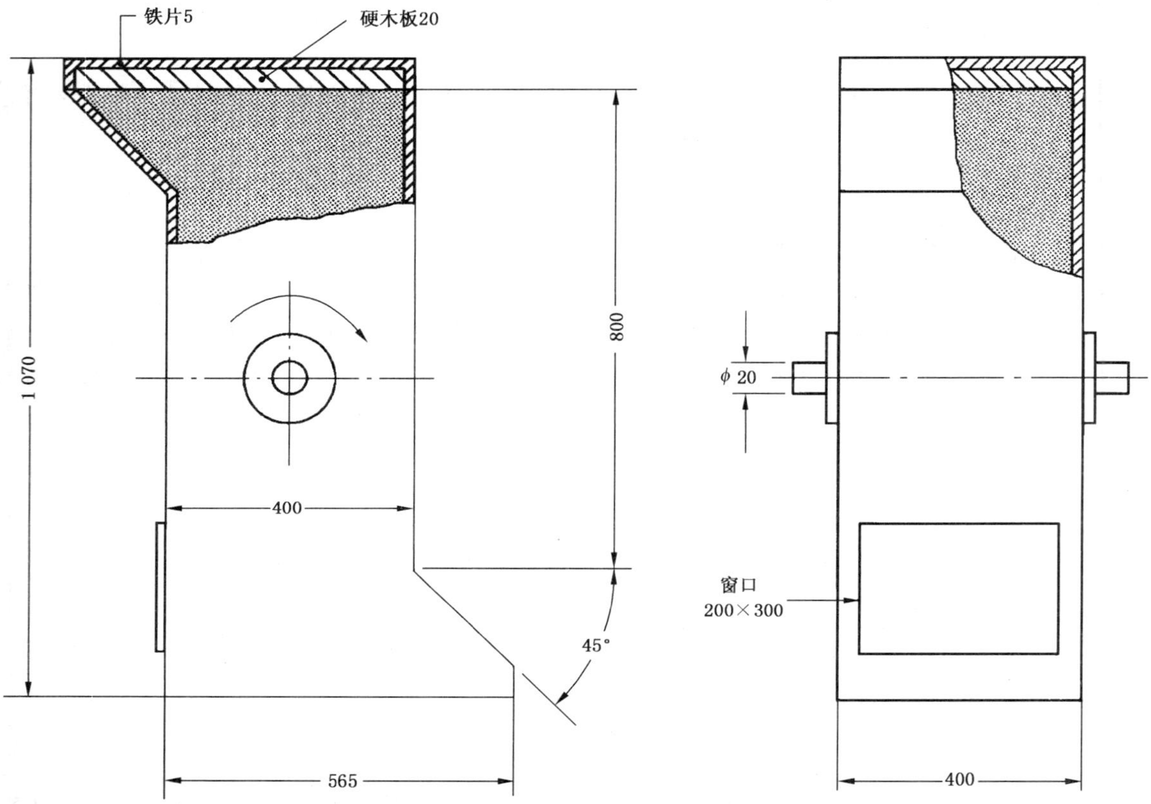

图28 冲击试验滚筒

7.3.11 确定软管和连接管变形的装置

试验装置见图29,由螺钉支撑试验地毯的压盖,符合7.2.1.3.2要求,螺钉压力由一弹簧传递到在圆柱体轴承的抛光钢板上,圆柱体轴线垂直于试验物体。

测力计上显示施加力的大小并且用千分尺测量横截面积的减少尺寸。

单位为毫米

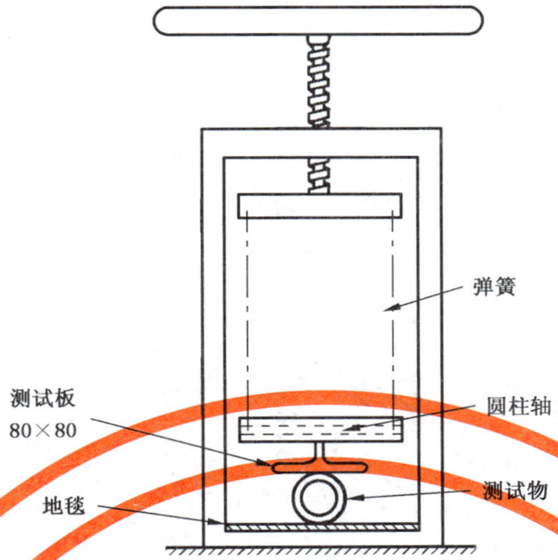

图 29 连接软管变形试验装置

7.3.12 机械运行装置

机械运行装置的原理结构见图 30,包括硬支架和能够进行双循环的线性驱动器,并且能够放置在试验地毯上(4.2)保持其位置。如图所示,采用测量运动阻力的试验装置,按 7.3.9 替换试验地板装置,允许木板沿其运行方向有足够的运动自由。

轨迹建议使用带有弹簧的灰尘分撒器,见图 21,没有运动阻力测试功能。

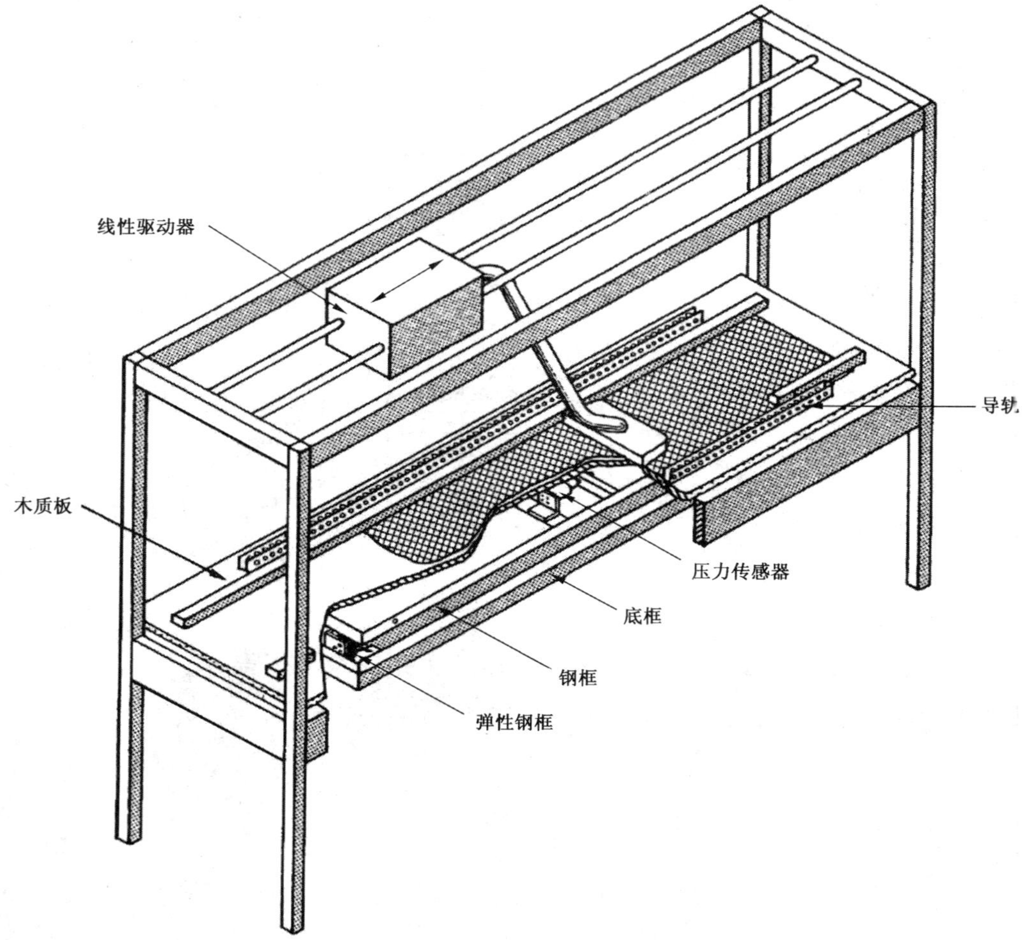

图 30 地毯除尘和运动阻力测试机械运行装置

7.3.13 称重机械

使用称重设备,使灰尘去除能力与试验地毯的预清洁度相关,其精度应为 0.01 g。用于去除纤维试验的称重设备的精度为 0.05 mg。

8 使用说明

使用说明书包含器具和附件的使用的信息,以及必要的清理以保证器具的性能。

附　录　A
（资料性附录）
材料信息

为方便本部分的使用者，试验材料和试验设备的信息在 IEC 的网站可以查看。这些信息在 IEC 网站 www.iec.com 通过连接在 IEC 60312-1 的概述中找到。这些信息应方便本部分的使用者且信息的构成不是 IEC 组织指定认可的。

这些信息会持续更新。

附　录　B
（资料性附录）
销售信息

以下信息在出售时应向消费者提供，如果可行：

a) 吸尘器型号；

b) 电压/电压范围(V)；

c) 频率(Hz)；

d) 输入功率(W)；

e) 电源线长度(m)；

f) 质量(g)(真空吸尘器，附件的质量)；

g) 尺寸(真空吸尘器包装尺寸)；

h) 噪声；

i) 能耗(kWh)；

j) 过滤说明。

附 录 C
（资料性附录）
地毯确认指导性规范

为了使测试客观公正，试验地毯应是以下校验过的其中一种：

C.1 威尔顿机织绒头地毯(7.2.1.3.2)

威尔顿机织绒头地毯信息规格如下：

形式：Wilton

绒线成分：羊毛 8.6/(2×2)

制造方式：威尔顿机织

颜色：暗色，一种颜色

背面：黄麻、棉和乳胶

类型：切断的绒毛

总高度：7.5 mm　　见同样的公差

绒毛高度：6.4 mm　　见同样的公差

总质量/m^2：2 100 g/m^2　　见同样的公差

绒毛质量/m^2：1 500 g/m^2　　见同样的公差

匝数/m^2：9 600 匝/m^2　　见同样的公差

穿筘：320 r/m

投梭：300 sh/m

标准宽度：400 cm

公差：±5%

C.2 A 类地毯(7.2.1.3.3)

A 类地毯的信息规格如下：

织造方式：簇绒

据 ISO 2424 标准，绒面结构：圈绒，隔距 1/10″

绒纱材质：100%尼龙

绒头质量：约 645 g/m^2

据 ISO 2424 标准，基布为：100%丙纶无纺布

据 ISO 2424 标准，第二层背衬：纺织品背衬

据 ISO 1763 标准，每平方米簇数：约为 230 000/m^2

据 ISO 1766 标准，基布以上绒高：约为 3.5 mm

绒头密度：约为 0.116 g/cm^3

据 ISO 1765 标准，总厚度：约为 6.0 mm

据 ISO 8543 标准，总质量：1 700 g/m^2

C.3 B类地毯(7.2.1.3.4)

C.3.1 总述

B类地毯的信息如下[(21±1)℃和相对湿度(65±2)%环境下测得]:

结构形式:切绒毛

背部:合成编织

绒毛线束平均质量:1 638 g/m²

总质量:3 211 g/m²

线束长度:11.8 mm

绒毛密度:3 731

缝针间隔:3.7/cm

规格:1/8

C.3.2 C类地毯(7.2.1.3.5)

C类地毯的信息如下[(21±1)℃和相对湿度(65±2)%环境下测得]:

结构形式:粗毛

背部:合成编织

绒毛线束平均质量:2 339 g/m²

总质量:

绒毛长度:28.1 mm

绒毛密度:2 246

缝针间隔:2.6/cm

规格:1/8

参 考 文 献

[1] GB 4706.1 家用和类似用途电器的安全 通用要求
[2] GB 4706.7 家用和类似用途电器的安全 真空吸尘器和吸水式清洁器具的特殊要求
[3] ISO 5011 内燃机和压缩机的空气进气清洁设备 性能测试
[4] ASTM F1977 真空吸尘器初级吸力、分部吸力和过滤能力的试验方法
[5] ASTM F2608 测定室内空中尘粒数量的变化作为真空吸尘结果的试验方法